应力吸收层结合料性能

车 法 周 燕 房娜仁 张 凯 著

人民交通出版社股份有限公司
北 京

内 容 提 要

本书全面系统地介绍了高性能应力吸收层结合料的研制、评价和应力吸收层施工技术，融合了应力吸收层领域的国内外最新研究动态及发展趋势，吸收了国内外的先进研究成果，力求系统完整、通俗易懂、先进实用。

本书可供道路桥梁与渡河工程、交通工程、土木工程等专业的本科生及研究生参考学习，也可作为道路桥梁与渡河工程、交通工程、土木工程、城市规划等专业领域技术人员的参考书。

图书在版编目(CIP)数据

应力吸收层结合料性能 / 车法等著. — 北京 : 人民交通出版社股份有限公司, 2021.9

ISBN 978-7-114-17216-8

Ⅰ. ①应… Ⅱ. ①车… Ⅲ. ①改性沥青—性能—研究 Ⅳ. ①TE626. 8

中国版本图书馆 CIP 数据核字(2021)第 067321 号

Yingli Xishouceng Jieheliao Xingneng

书　　名： 应力吸收层结合料性能
著 作 者： 车　法　周　燕　房娜仁　张　凯
责任编辑： 朱明周
责任校对： 孙国靖　扈　婕
责任印制： 张　凯
出版发行： 人民交通出版社股份有限公司
地　　址： (100011)北京市朝阳区安定门外外馆斜街 3 号
网　　址： http://www.ccpcl.com.cn
销售电话： (010)59757973
总 经 销： 人民交通出版社股份有限公司发行部
经　　销： 各地新华书店
印　　刷： 北京交通印务有限公司
开　　本： 720×960　1/16
印　　张： 18.75
字　　数： 330 千
版　　次： 2021 年 9 月　第 1 版
印　　次： 2021 年 9 月　第 1 次印刷
书　　号： ISBN 978-7-114-17216-8
定　　价： 80.00 元

前　　言

无论在新建半刚性基层或刚性基层沥青路面中，还是在旧路加铺结构中，均存在反射裂缝问题。如何防治或延缓反射裂缝的产生，是目前公路界面临的一项核心课题。反射裂缝的存在，一方面破坏了路面的整体性和连续性，影响了路面的使用品质和路表的美观；另一方面，为路表水提供了下渗通道，路表水通过裂缝进入基层、路基，极大削弱了路基的强度和刚度，在行车荷载反复作用下，产生冲刷和唧泥现象，导致裂缝加宽，裂缝两侧的沥青面层碎裂，加剧了沥青路面的破坏，严重影响沥青路面的使用性能。

应力吸收层混合料采用特种改性沥青制备。砂粒式沥青混合料应力吸收层（以下简称“应力吸收层”）技术是一项沥青路面抗反射裂缝的新技术，它采用自主研制的应力吸收层复合改性沥青结合料，沥青含量高达9%左右，形成富沥青砂粒式沥青混合料，设置于沥青面层与半刚性（或刚性）基层之间。该混合料的抗裂抗渗功能主要通过特种改性沥青高弹、超柔韧性以及高含量沥青混合料的自愈合能力和能量消散作用实现。

从应力吸收层结合料的应用来看，国外早已应用专利沥青并形成规范性要求，而我国对应力吸收层改性沥青的使用要求过宽，大多数试验段各自制订了自己的技术要求，应用的沥青结合料品质与国外专利沥青差别较大。对应力吸收层结合料制定规范并有效控制其各项指标，是保证沥青品质、实现应力吸收层抗裂功能的前提。本书旨在实现以下研究目标：从应力吸收层材料功能入手，着力研制高性能应力吸收层沥青结合料；在借鉴和参考国内外规范的基础上，提出和我国沥青路面规范体系相匹配的应力吸收层高性能沥青结合料的关键控制指标；在路面结构力学理论分析和室内试验模拟的基础上，摊铺试验路以进一步论证研究成果，探索其施工工艺。

全书由淄博市交通建设发展中心车法统稿，天津城建大学周燕编写第1~4章内容，房娜仁编写第5~6章内容。本书全面系统地介绍了高性能应力吸收层沥青结合料的研制、评价和应力吸收层施工技术，融合了应力吸收层领域的国内外最新研究动态及发展趋势，吸收了国内外先进的研究成果，力求系统完整、通俗易懂、先进实用。本书可供道路桥梁与渡河工程、交通工程、土木工程等专业的本科生及研究生参考学习，也可作为道路桥梁与渡河工程、交通工程、土木工程、城市规划等专业领域技术人员的参考书。

本著作得到天津市自然科学基金项目（17JCYBJC22300、17JCZDJC31800、18JCQNJC08300、18JCYBJC90800）和天津市交通运输科技发展计划项目（2021-20）的支持。

感谢交通运输部公路科学研究院丁润铎和天津市赛英工程技术咨询有限公司张凯对本书提供的重要建议。感谢长安大学王选仓教授及其研究生胡士清、李浩、李琪琪、辛磊、赵静、叶宏宇等人为本书提供的翔实可靠的数据资料。感谢天津城建大学杜蕾、张感恩、杨鹏飞等研究生在校核方面做出的贡献。在本书编写过程中，参阅了大量国内外有关文献资料，由于条件所限，未能与著作者一一取得联系，引用及理解不当之处，敬请见谅。在此，向这些文献资料的作者表示衷心的感谢。

鉴于应力吸收层复合改性沥青研究尚在不断发展和完善之中，且编写人员水平和手中资料有限，书中难免存在错误与不当之处，恳请读者和专家批评指正。

车　法　周　燕　房娜仁　张　凯

2021 年 5 月

目　　录

第1章　绪　　论

半刚性基层沥青路面自20世纪70年代末在我国应用以来,因其具有较高的强度,能够有效提高路面承载力,为面层提供稳定的支撑,并能充分发挥沥青面层行车舒适的优点,因此被广泛应用于我国高等级公路新(改)建工程中。我国半刚性基层沥青路面多采用石灰、粉煤灰、水泥等水硬性结合料处治稳定碎砾石等基层材料,这类材料在强度形成过程中,易产生干缩或温缩变形,在材料内部易产生收缩裂缝。而刚性基层沥青路面的基层可大大提高路面结构的承载力,沥青面层可有效改善路面行车的舒适性,刚柔并济,大大提高路面的使用性能。但为了解决刚性基层的收缩裂缝问题,一般在板面隔一定间距预制各类接缝,导致在温度循环变化和交通荷载的交互作用下,半刚性基层或刚性基层原有裂缝(接缝)边缘易于移动变形,引起与裂缝对应位置的沥青混凝土加铺层底部产生应力集中,从而形成反射裂缝。

另一方面,随着社会经济的快速发展和交通量的增加,对道路使用性能提出了更高要求,许多高等级公路进入改造或维修阶段,低等级路面也面临升级为高等级路面的任务。我国每年约有12%的路面需要大修,国家交通发展战略也由以前的“重在建设”转变为“建养并重”。无论是旧路养护还是低等级公路改造升级,在原有路面上加铺新沥青面层是普遍采用的措施。但是,如果不采取特殊的防治措施而直接在原有路面上加铺沥青面层,旧路面的横向裂缝、纵向裂缝、龟裂、板角开裂及结构缝等会很快反射到沥青加铺面层,形成反射裂缝。

水泥混凝土路面的养护与维修工作依然非常繁重,材料、工艺、设备等都有待进一步深入研究。水泥混凝土路面修复技术主要包括日常养护、面板破损处治、表面功能恢复和路面加铺等方面。其中,水泥混凝土路面的加铺主要有刚性加铺和柔性加铺两大类。

1)刚性加铺

即在旧水泥混凝土路面上再加铺水泥混凝土路面,也是俗称的“白加白”情形,主要分为以下几种加铺形式:

①结合式加铺。即对旧水泥混凝土路面板采取一定措施后,将加铺层与旧水泥混凝土路面板完全黏结在一起。这种加铺层厚度一般小于10cm,适用于旧路面

状况分级为"优"、无结构性损坏或虽有结构性损坏但已完全修复的水泥混凝土路面,加铺前可以对旧水泥面板表面进行凿毛,仔细清洗后在其上涂刷水泥浆、水泥砂浆或环氧树脂,再铺筑新的加铺层。

②直接式加铺。这种加铺是对旧水泥混凝土路面板进行清扫或清洗后,直接进行加铺。加铺层厚度一般不得小于 14cm,适用于旧路面质量评价为"良"或"中"、结构性损坏不大并进行了修复的水泥混凝土路面,需要对接缝或裂缝进行重新封缝。

③分离式加铺。这种加铺适用于路面很差,面板尺寸不一致,接缝位置不对应,路拱坡度多变的情况。此时一般要先对严重破碎的板、脱空、裂缝等病害进行处治,严重时要将部分板破碎后重新铺筑,然后在旧路面上加设隔离层,再铺筑加铺层。隔离层可以采用油毡、土工布、沥青砂、细粒式沥青混凝土或稳定类材料等,加铺层厚度不应小于 18cm。

从材料角度看,刚性加铺可分为普通水泥混凝土加铺层、钢纤维混凝土加铺层、钢筋混凝土加铺层和连续配筋混凝土加铺层等。

旧水泥混凝土路面刚性加铺最大的缺点是施工周期和加铺层的养护周期较长。对于高等级公路而言,较长时间的养护周期会延误正常交通,所以一般情况下,刚性加铺应用在交通量较小的路段,在高等级公路中较少采用。

2)柔性加铺

即在旧水泥混凝土路面板上,采取一定措施后加铺沥青混凝土路面,即通常所说的"白加黑"的加铺形式。对于柔性加铺而言,最重要的是如何处治反射裂缝。通常使用的防治方法有:土工布,土工格栅,改性沥青油毡,切缝填封橡胶沥青,柔性基层过渡,加铺半刚性基层等;还可以采用冲击破碎等措施,将旧水泥混凝土路面板全部破碎后,再加铺基层和沥青面层。从目前的使用效果看,这些方法要么不能很好地解决旧水泥混凝土路面板引起的反射裂缝问题,要么成本偏高、施工周期长或开放交通较晚,或耐久性不好,大都没能达到预期的使用效果。

尽管"白加黑"的加铺方案可以提高路面的行驶舒适性,减少运输成本,但如何有效防治旧水泥混凝土路面板接缝或裂缝对沥青加铺层的影响,一直是业内难以彻底解决的问题。近年来,在结构设计中采用复合改性沥青应力吸收层技术,可以有效延缓裂缝的产生,为工程界提供了全新的选择。但这种特殊材料的作用效果与其沥青结合料、混合料设计与施工控制分不开,为此需开展专门研究。

因而,无论在新建半刚性基层或刚性基层沥青路面中,还是在旧路加铺结构中,均存在反射裂缝问题。如何防治或延缓反射裂缝的产生是目前路面工程领域面临的一项核心课题。反射裂缝的存在破坏了路面的整体性和连续性,影响了路面的使用品质和路表的美观;更为严重的是,裂缝的存在为路表水提供了下渗通道,路表水通过裂缝进入基层、路基,大大削弱了路基的强度和刚度,在行车荷载反复作用下,产生冲刷和唧泥现象,使裂缝加宽、裂缝两侧的沥青面层碎裂,加速沥青路面的破坏,严重影响沥青路面的使用性能。

1.1 防治反射裂缝措施

国内外的研究表明,反射裂缝可以分成温度型反射裂缝、弯拉型反射裂缝和剪切型反射裂缝等类型。为防治或延缓反射裂缝的产生,研究的思路集中在以下两方面:一是分析不同类型反射裂缝产生的原因,有针对性地在结构设计和材料组成设计中加以限制或防治;二是对反射裂缝的形成扩展过程进行模型设计与数值力学计算,以指导路面材料结构设计实施。国内外研究人员在大量工程实践的基础上,结合反射裂缝的发生机理,提出了一系列复合式路面反射裂缝的防治措施,如加铺应力吸收层、优化混凝土板块尺寸等。

1.1.1 应力吸收层

通常采用橡胶沥青混合料作为高弹性、低劲度的应力吸收层,一般厚度为10~50mm,模量为100~600MPa,其作用是改善沥青加铺层和旧混凝土路面的层间结合,减少因温度引起的反射裂缝,同时减少应力集中作用,防止水的下渗导致路基的变形或强度降低。现阶段多种防裂材料正是基于弹性材料的应力吸收作用来防治反射裂缝,比如 Strata 反射裂缝应力吸收系统、橡胶应力吸收层、SMAI(Stress Absorbing Membrane Interlayer,应力吸收层)、超薄应力吸收层、SBS(Styrene-butadiene-styrene,苯乙烯-丁二烯-苯乙烯嵌段共聚物)改性沥青防水卷材等。此类材料常作为夹层加铺在沥青混合料面层和水泥混凝土基层之间,具有模量低、弹性高、变形好等特点,防反射裂缝效果较好;特别是美国科氏公司研发的 Strata 反射裂缝应力吸收系统,在国内外的试验路段均表明防反射裂缝性能特别突出,但该技术有单独的配合比设计环节,施工复杂,成本较高,使其推广应用受到极大的限制。应力吸收膜与前者不同的是吸收膜中没有矿料,而是在层间洒铺改性沥青,形成大约2mm厚的沥青膜,通过改性沥青优良的弹性恢复作用防治反射裂缝。

应力吸收层防治路面反射裂缝的机理主要有以下两点:首先,应力吸收材料弹性模量低,一般能承受较大的弹塑性变形而不发生破坏,应力吸收材料通过良好的塑性变形能力吸收反射裂缝扩展所释放的能量,消散部分因反射裂缝横向或纵向扩展而产生的弯拉应力与剪切应力，在裂缝尖端产生了一个反向应力场，钝化了裂缝尖端的应力集中程度，使面层内的应力场重分布并趋于均匀和连续，同样使传递到沥青面层底部的弯拉应力和剪切应力明显减小。其次，应力吸收作用还能改变应力的扩展方向，未加铺应力吸收层的路面产生的反射裂缝会沿着自由面垂直往上纵向扩展，而加铺应力吸收层后反射裂缝的传播方向有所改变，有部分应变能向水平方向扩展，使反射裂缝在垂直方向的扩展速度受到影响，进而防反射裂缝性能有所提高。

1.1.2 传力杆

传力杆是迄今最为可靠和有效的一种接缝传荷装置。为了减轻水泥混凝土路面接缝类的损坏，提高路面的使用寿命，通常在横缝处设置传力杆。当车辆荷载作用于路面横缝时，传力杆可将一部分轮载传递到相邻路面板上，减少面板底部的拉应力，使相邻路面板变形协调。一般在纵缝处设置传力杆，是为了保持纵缝两侧路面板的整体性。

对于复合式路面来说，在水泥混凝土路面板接缝间设置传力杆，可以保证相邻板之间有较好的传荷能力，使得板边缘和角隅处的挠度量减小，这就使进入接缝的水和细粒的不利影响（携细粒的水的高速喷射所引起的错台）大大降低。同时，缝隙宽度变化对传荷能力及其耐久性的影响也急剧下降。因此，设置传力杆可以在一定程度上延缓反射裂缝的发生，提升路面的使用性能。

例如，尉许高速公路结合滑模施工的特点，采用的横向传力杆为直径 32mm 钢筋，设计间距在路边缘为 45cm、中间为 30cm，每道共计 38 根，采用独立行走的钢筋传力杆植入机进行植入，设置传力杆后水泥混凝土路面板的缩缝传荷能力从无传力杆时的 30%～60%提高到 80%以上，使板内的荷载应力减小 20%以上，延长了路面的使用寿命。

1.1.3 水泥混凝土面层设计

保证水泥混凝土路面板的使用寿命是复合式路面设计的关键，水泥混凝土路面板是否发生疲劳破坏与板底疲劳应力的大小有着直接的关系。不同材料在同一应力水平下具有不同的疲劳寿命，但就同一种材料而言，要延长路面的使用寿命，就应保证板底有较低的应力。水泥混凝土路面板底应力越低，水泥混凝土路面板的使用寿命也就越长，当水泥混凝土路面板底部荷载疲劳应力和温度疲劳应力小于允许应力时，水泥混凝土路面板就不会在路面设计寿命期间发生疲劳破坏。

为了降低水泥混凝土路面板底部的疲劳应力，应该从高抗折水泥混凝土、大厚度水泥混凝土路面板、水泥混凝土路面板块尺寸划分三个方面对水泥混凝土面层进行分析、设计。

1）高抗折水泥混凝土设计

相关研究表明，混凝土抗弯拉强度每提高 0.5MPa，其板底应力降低 3%～4%，路面设计寿命可以提高 30 年左右。

2）大厚度水泥混凝土路面板设计

水泥混凝土路面板的承载能力与其厚度关系较大。按照规范，高速公路的水泥混凝土路面板设计厚度要求不应小于 26cm。随着水泥混凝土路面板厚度的增加，其承载能力也不断提高。比较不同厚度下车辆荷载作用在纵缝板边时的荷载应力，结果见表 1-1。

车辆荷载作用在纵缝板边时的荷载应力　　表 1-1

混凝土板厚度/cm	AC（Asphalt Concrete，沥青混凝土）层厚度/cm	荷载应力/MPa	疲劳应力/MPa
26	0	1.106	3.00
	4	0.952	2.81
	6	0.920	2.71
	8	0.888	2.62
28	0	0.916	2.70
	4	0.861	2.54
	6	0.833	2.46
	8	0.805	2.38
30	0	0.832	2.45
	4	0.784	2.31
	6	0.760	2.24
	8	0.736	2.17

从表 1-1 中可以看出，荷载应力及疲劳应力随混凝土板和 AC 层厚度的增加而减小；板厚每增加 2cm，荷载应力降低约 0.08MPa；AC 层厚度每增加 2cm，荷载应力降低约 0.028MPa。根据以上数据，可进一步计算出不同厚度下混凝土板的极限使用寿命，见表 1-2。

板厚对荷载应力及极限寿命的影响 表 1-2

PCC(Polymer Cement Concrete,聚合物水泥混凝土)板厚度 h_c/m	临界荷位处产生的荷载应力 σ_{ps}/MPa	极限寿命/年
0.26	0.999	13.7
0.27	0.948	27.9
0.28	0.901	51.9
0.29	0.858	91.3
0.30	0.818	152.3

由表 1-2 可以看出,随着混凝土板厚度的增大,混凝土板的层底拉应力会有较大降低,混凝土板厚度每增加 1cm,荷载弯拉应力约降低 5%,混凝土板极限寿命增加 15~50 年。

3)水泥混凝土路面板块尺寸划分

水泥混凝土路面板平面尺寸越小,越有利于减小温度和荷载综合应力。表 1-3 列出了水泥混凝土路面板底部温度翘曲应力与板底综合应力在不同板块尺寸下的计算结果。

不同板块尺寸下的板底应力 表 1-3

混凝土路面板尺寸/(m×m)	温度翘曲应力/MPa	板底综合应力/MPa
4.5×6	1.209	2.110
4×5	1.155	2.056
3×4	0.992	1.893

从表 1-3 中可以看到,采用 3m×4m 板块划分方式可以减少约 20%的板底温度翘曲应力、10%左右的板底疲劳应力,大大延长了水泥混凝土路面板的使用寿命。

计算过程还显示,水泥混凝土路面板平面尺寸的大小对其温度应力和荷载应力均有影响,其中对温度应力的影响比较明显,且板越长,温度应力也越大。以 3m×4m、4m×5m 的水泥混凝土路面板为例,计算不同尺寸下的温度应力,不同水泥混凝土路面板的设计弯拉强度均为 5.5MPa,计算结果见表 1-4、表 1-5。

对比表 1-4、表 1-5 中的数据可以看出:4m×5m 水泥混凝土路面板的温度应力比 3m×4m 的混凝土板大;在板厚与 AC 层厚相同时,前者比后者大约 0.11MPa;当板长大于 5m 后,板长对温度应力的影响逐渐变缓。

3m×4m 水泥混凝土路面板的温度应力 表1-4

水泥混凝土路面板厚度/cm	AC层厚度/cm	温度翘曲应力/MPa	温度疲劳应力/MPa	有AC层时的疲劳应力/MPa
26	0	1.850	0.852	0.852
	4	1.303	0.453	0.463
	6	1.093	0.312	0.323
	8	0.903	0.192	0.201
28	0	1.748	0.774	0.774
	4	1.232	0.403	0.412
	6	1.033	0.273	0.282
	8	0.854	0.167	0.169
30	0	1.568	0.640	0.640
	4	1.105	0.319	0.326
	6	0.927	0.206	0.212
	8	0.766	0.110	0.115

4m×5m 混凝土板的温度应力 表1-5

水泥混凝土路面板厚度/cm	AC层厚度/cm	温度翘曲应力/MPa	温度疲劳应力/MPa	有AC层时的疲劳应力/MPa
26	0	2.114	1.060	1.060
	4	1.489	0.583	0.597
	6	1.249	0.415	0.430
	8	1.033	0.273	0.286
28	0	2.033	0.938	0.994
	4	1.432	0.542	0.554
	6	1.201	0.383	0.396
	8	0.993	0.248	0.289
30	0	1.960	0.938	0.938
	4	1.381	0.506	0.517
	6	1.158	0.354	0.365
	8	0.958	0.225	0.235

对于旧水泥混凝土路面板，在结构损坏较严重、断板率较高、对损坏板进行修复后再采用其他措施已不经济时，可以对旧水泥混凝土路面板进行破碎和稳定处理。由于破碎板块尺寸减小，温度下降时的收缩位移大大降低，从而也降低了加铺层的拉应力。同时，接缝和裂缝两侧板块的弯沉量和弯沉差也随着板块尺寸的减小而减小。但破碎板的稳固是施工关键所在，若破碎板有松动现象，对其上的沥青加铺层也会带来不利影响。

在计算路面应力时，可将破碎的旧水泥混凝土路面板当作底基层或基层，用落锤式弯沉仪或贝克曼梁测定弯沉反算破碎板顶面的当量抗压模量，也可采用承载板法直接测定破碎板顶面的当量抗压模量。

对旧水泥混凝土路面可采用带有改进型桩靴的打桩机、安装在拖拉机牵引的拖车上的落锤、截断机落锤或滑动落锤进行破碎，也可采用冲击压路机进行破碎稳固。旧水泥混凝土路面的破碎结果应为边长为 45 ~ 60cm 大小的块，边长大于 60cm 的块不超过 70%。碎块并非一般意义上的明显碎块，裂缝(纹)贯穿块与块之间形成嵌锁结构，从而保全原路面具有的大部分结构强度。破碎形式应既能减少板的过度位移(垂直和水平)，又能使板作为加铺层的稳定基础，使板保持足够的结构完整性。

1.1.4 连续配筋混凝土路面

反射裂缝是复合式路面的典型病害，这种裂缝产生的主要原因是沥青面层在水泥混凝土路面板上的接缝处产生了应力集中，由面层底部向上反射。采用连续配筋混凝土，可以极大减少水泥混凝土路面板上的接缝数量，还能进一步提升路面的承载能力。

连续配筋混凝土路面是指沿纵向配置连续的钢筋，除了在与其他路面交接处或邻近构造物处设置胀缝以及视施工需要设置施工缝外，不设横向缩缝的水泥混凝土路面。连续配筋混凝土路面的特点有：

①承载力强。连续配筋混凝土路面是在对高速公路承载力要求越来越高的情况下出现的。路面连接处以钢筋为连接点，这种模式大大增强了路面的承载力。在低温情况下，钢筋和混凝土的强度随着温度的降低而增加，这使得连续配筋混凝土路面开裂荷载随着温度的降低而增加，即使路面开裂，裂缝处混凝土退出工作，但钢筋应力增强，仍可提高路面的承载力。

②外观平整。路面平整是路面施工的首要要求，这不仅是因为路面的平整度关系到路面使用过程中的舒适性，而且影响路面的耐久性和安全性。连续配筋混

凝土路面采用钢筋构造，路面设计主要采用纵向、平缝、假缝来处理路面的断裂处，这三种方式结合，极大提高了路面的平整度。

③工艺要求高，施工操作复杂。当选用连续配筋混凝土路面时，需要在混凝土中大量配置钢筋，因此不同于一般的混凝土路面，连续配筋混凝土路面对工艺提出更高的要求，施工更加复杂。在施工过程中，要充分考虑温度和天气的影响，气温低于5℃或者高于35℃时都不能施工，施工时间长、难度大。

1.1.5　土工合成材料夹层

土工合成材料对于防治反射裂缝主要可起到以下几个作用：①隔离阻断作用，将旧水泥混凝土路面接缝或裂缝与沥青加铺层隔离，降低了水泥混凝土路面板接缝或裂缝尖端的应力集中，使应力强度因子减小，从而延缓裂缝反射到路表；②加筋作用，土工合成材料夹层具有一定的强度，可承受一定的裂缝拉应力，提高了沥青加铺层的抗拉强度，减少了裂缝张开变形；③具有传荷能力，铺筑于接缝上的土工合成材料可提高接缝处的传荷能力，当荷载作用在接缝一侧时，能将部分荷载传递至另一侧，减小接缝的弯沉差，降低了裂缝尖端的剪应力集中。

土工合成材料模量较低，且厚度较薄，对减少由车辆荷载引起的垂直方向的剪应力作用不大，主要减小由温度引起的水平应力，且由理论分析可知，土工合成材料的模量越大，其减小各种应力的作用就越明显，因此从理论上来说，土工格栅（模量较大）防治反射裂缝的能力要好于土工布（模量较小），但它们防治反射裂缝的实际效果尚需要试验路的长期观测验证。

1.1.6　加筋或加厚沥青面层

1.1.6.1　*加筋沥青面层*

近年来，随着交通量的持续增长，传统的路面结构在设计使用年限内会产生各种病害，大大缩短了路面的使用寿命。拥有适当刚度的加筋路面被各国道路建设者所重视，被用来替代传统的公路路面。对沥青面层进行加筋处理是防治路面反射裂缝的一种关键措施。

沥青混凝土同水泥混凝土一样，能承受较大的压力，但抗拉性能明显不足，当沥青路面结构内产生拉应力时，路面结构非常容易产生裂缝且裂缝能迅速贯穿整个面层，破坏路面结构的整体性，缩短路面结构的使用寿命。此时，通过加筋材料的抗拉伸性能来消减沥青面层内的拉应力，改善路面结构的应力分布，可以有效延缓和阻止反射裂缝的产生和发展，起到良好的防反射裂缝效果。加筋作用的强弱主要由加筋材料自身的抗拉性能决定，同时也与加筋层和原路面层的相互交织作用、相互摩擦作用以及增韧作用有关。

1999 年，美国弗吉尼亚州第一次成功在路面结构中铺装了新型钢丝网，经过 20 多年的使用，发现这种钢丝网防裂夹层能显著减少路面反射裂缝的产生与发展。1992 年，北京八达岭公路水泥混凝土路面大修工程中铺设了一段 500m 金属网加筋试验段，实际使用结果表明金属网防裂夹层防反射裂缝效果较好。浙江开化县修建了一段使用双绞合网的试验路段，通过几年的跟踪观察，路面使用情况良好，仅出现微小裂缝。

1.1.6.2 加厚沥青面层

增加沥青面层的厚度是减少反射裂缝最常见且行之有效的方法。随着沥青面层厚度的增加，裂缝尖端应力强度因子逐渐减小。增加沥青面层的厚度，一方面可以减少旧路面结构的温度变化，减小接缝处沥青面层的温度拉（弯拉）应力；另一方面可以增加路面结构的弯曲刚度，减小接缝处的弯沉及弯沉差，减小加铺层的剪切应力。同时，对于较厚的加铺层来说，裂缝由加铺层底面扩展到顶面需要经历较长的距离与时间，即可以延长其使用寿命。

由有限元计算结果可知，水泥混凝土路面板接缝处沥青面层底的车辆荷载应力及温度应力均随着沥青面层厚度的增加而减小，且接缝处的应力集中现象逐渐趋于平缓。当沥青面层厚度从 6cm 增加到 22cm 时，车辆荷载的最大主应力、等效应力及最大剪应力分别降低了 79.0%、58.7%、58.8%；加铺层平均每增加 1cm 厚度，最大主应力、等效应力及最大剪应力可分别降低 0.005MPa、0.064MPa 及 0.036MPa。此外，接缝两侧弯沉及弯沉差随着加铺层厚度的增加也较快减小，平均每增加 1cm 厚的沥青面层，可使接缝两侧的弯沉差减小 0.0007mm。

增加沥青面层的厚度对减小加铺层底的温度应力作用更加明显。在温度荷载的作用下，当加铺层厚度从 6cm 增加到 22cm 时，最大主应力、等效应力及最大剪应力分别减小了 85.4%、85.0%、84.6%；即加铺层厚度平均每增加 1cm，最大主应力、等效应力及最大剪应力可分别降低 0.318MPa、0.275MPa 及 0.152MPa。

可以看出，增加沥青面层的厚度可有效减小接缝处加铺层车辆荷载应力及温度应力。为防治或减缓加铺层反射裂缝的出现，沥青面层应保证一定的厚度，一般不应低于 10cm，太薄的沥青面层厚度势必在短期内会出现反射裂缝。当然，若不采取其他防治反射裂缝的措施，仅通过无限制地增加加铺层厚度的方法来减小车辆荷载应力及温度应力，显然是不经济的。此外，如果沥青面层的厚度太厚，易出现车辙。

1.1.7 基层预切缝

通过总结大量的工程实例，发现半刚性基层沥青路面的反射裂缝发展到沥青面层之后呈现极大的不规则性，因此，研究人员提出了一种针对半刚性基层沥青路面的防反射裂缝措施——基层预切缝。

基层预切缝具体施工流程为铺筑沥青面层前，对半刚性基层进行预切缝，每隔8~12m做1条预切缝，深6~8cm，宽10~12mm，切缝后马上用沥青玛碲脂处理切缝，保持有效的密封性，防止水或其他异物渗入，从而延缓反射裂缝的扩展。这种方法可以改善基层的边界条件，减少不规则开裂，从而延缓沥青面层的开裂，保证路面结构的整体性。根据德国的相关规范，当沥青面层厚度小于14cm且基层抗压强度小于12MPa时，必须进行基层预切缝处理。法国的结构设计指南对半刚性基层通常都要求采取基层预切缝处理，当交通量达到一定规模时，较厚的半刚性基层也应该进行预切缝处理。

长安大学蒋应军提出在基层切缝处布置60~100cm宽的土工布能起到防渗作用，防止水和异物进入切缝，可以有效延缓和防治反射裂缝。

1.1.8 沥青碎石过渡层

美国沥青协会建议采用AM-75、AM-63及AM-50特粗粒径沥青碎石铺筑于旧水泥混凝土路面与沥青面层之间，作为裂缝缓解层。沥青（针入度为40~50，单位：0.1mm）用量为1.5%~3.0%，混合料含有25%~35%的连通孔隙，阻碍裂缝尖端的扩展，因而可提供缓解裂缝扩展的作用。该结构层具有一定的厚度，可以减轻温度对水泥混凝土路面板的影响，减小水泥混凝土路面板接缝张开量和翘曲量，并且减小接缝处的弯沉及弯沉差，从而降低反射裂缝产生的可能性。

沥青碎石混合料的集料由坚硬、多棱角的碎石、轧制砾石或矿渣组成。美国沥青协会建议的3种集料级配范围见表1-6。混合料的拌和温度为93~121℃，拌和时间不超过30s。采用4~10t的钢轮压路机碾压1~3遍。

开级配沥青碎石混合料集料级配建议范围（单位：%） 表1-6

类别	通过下列筛孔的百分率									
	75mm	63mm	50mm	37.5mm	19.0mm	9.5mm	4.75mm	2.36mm	0.15mm	0.075mm
A	100	95~100	—	30~70	3~20	0~5	—	—	—	—
B	—	100	—	35~70	5~20	—	—	0~5	—	0~3
C	—	—	100	75~90	50~70	—	8~20	—	0~5	—

1.1.9 常见防治反射裂缝措施的适用性对比

在众多的反射裂缝防治措施中，连续配筋混凝土路面造价较高且常用于北方寒冷地区；加筋沥青面层施工复杂，工艺要求较高；基层预切缝要求保证填缝料材料质量的可靠性，否则可能加剧路面破损。设置传力杆和修改水泥混凝土路面板尺寸只能在一定程度上优化路面的荷载分布，对反射裂缝的防治作用并不是非常显著。对比来看，应力吸收层施工难度小，质量易控制，且种类较多，能适用于各种情况，在实际工程中应用广泛，防反射裂缝效果良好，是当前反射裂缝防治的主要研究方向。

1.2 砂粒式沥青混合料应力吸收层技术

1.2.1 砂粒式沥青混合料应力吸收层技术特点

应力吸收层混合料采用特种改性沥青制备。砂粒式沥青混合料应力吸收层（以下简称“应力吸收层”）技术是一项抗反射裂缝的沥青路面新技术，它采用自主研制的改性沥青，沥青用量高达9%左右，形成富沥青砂粒式沥青混合料，设置于沥青面层与半刚性（或刚性）基层之间。该混合料的抗裂抗渗功能主要通过特种改性沥青高弹、超柔韧性，以及高含量沥青混合料的自愈合能力和能量消散作用实现。其技术优势主要集中在以下6个方面：

①该技术从材料黏-弹-塑的流变学的角度解决了旧路与沥青面层之间的过渡黏结问题，消散裂缝或接缝在荷载作用下的应力集中，缓解来自车辆荷载的应力；也可解决因新建路面半刚性或刚性基层后期产生温缩、干缩裂缝引发路面早期反射裂缝的问题。

②该技术采用特种改性沥青配制的砂粒式沥青混合料，矿料级配比较细，公称最大粒径一般为4.75mm，沥青用量占比较高，一般在7.5%~10%，空隙率小（0.5%~2.5%为宜），可有效防止雨水下渗，确保基层或路基不受水损害，如图1-1所示。

③应力吸收层沥青混合料采用优质的特种改性沥青，与普通沥青混凝土罩面相比，可以消散接缝或裂缝处的应力集中，在较大面积上产生应力，其良好的黏弹性可减轻瞬时冲击荷载，避免产生反射裂缝，如图1-2所示。同时该混合料具有优良的抗疲劳性能，可有效延长路面结构整体使用寿命，并使路面具有良好的行驶性能，如图1-3所示。

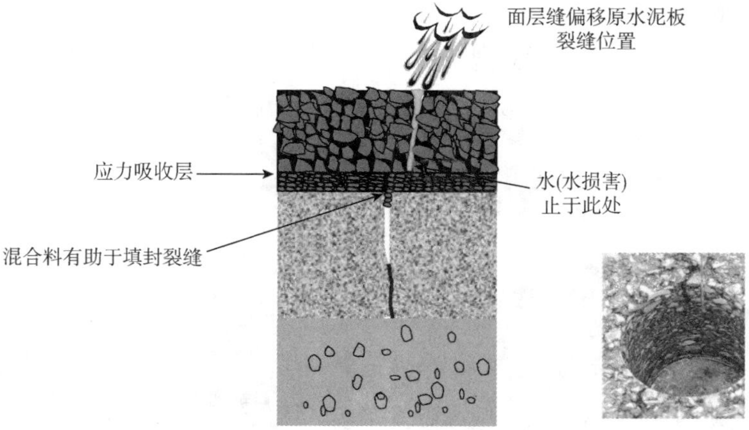

图 1-1　应力吸收层结构层防水示意图

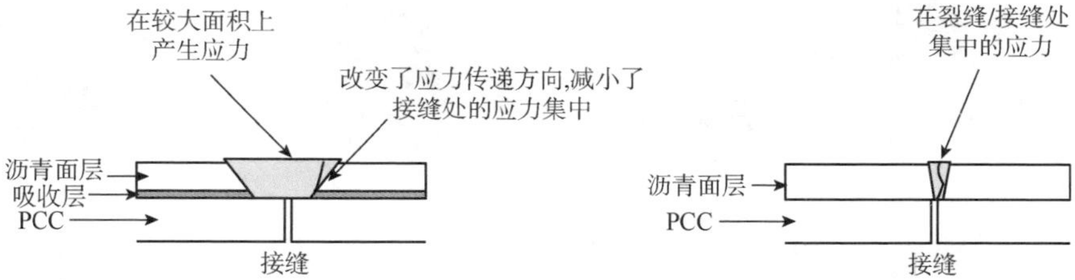

a)设置应力吸收层罩面　　b)普通沥青混凝土罩面

图 1-2　应力吸收层技术防裂机理图

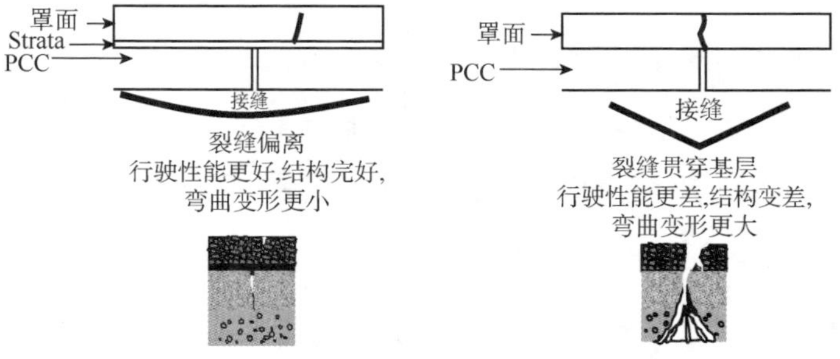

a)应力吸收层中间层　　b)简单的罩面

图 1-3　良好的路用特性

④应力吸收层采用的沥青结合料黏结效果非常突出,可使基层和面层、旧水泥混凝土路面板和沥青面层之间有效黏结在一起,使路面结构能整体受力,避免基层与面层之间产生剪切破坏。

⑤采用薄的结构层可避免因高程限制带来的不便,也可避免桥梁等结构物对自身荷载的限定要求,在桥面上应用可有效增强桥面与铺装层之间的结合,应用范围非常广泛。

⑥该技术除了沥青结合料采用特种改性沥青、矿料级配采用设定的级配外,生产、摊铺、碾压(图 1-4)等施工工艺与普通沥青混合料基本无差异,适合当地生产能力与施工技术水平,便于推广应用。

图 1-4　摊铺与碾压

因此,该技术的开发、利用可以进一步推进耐久性路面结构应用技术的发展,使材料性能达到或超过国外同类产品,推动公路建设事业的发展,促进贫混凝土等刚性基层在公路面层结构中的应用,拓宽半刚性基层在新建公路中的应用范围,降低公路建设成本,实现公路建设的可持续发展。

1.2.2　应力吸收层技术与其他防裂技术的比较

应力吸收层技术对裂缝具有积极的引导和消散作用,而其他防裂技术只是采用某种措施强行阻隔裂缝,因而应力吸收层防裂效果更加突出。与其他防裂技术相比,应力吸收层技术特点明显不同:

①与水泥混凝土面层设计相比,该技术通过应力吸收层的高抗拉变形能力抵御了基层开裂向面层的反射蔓延,无须对水泥混凝土路面板进行“预裂”处理,同时避免了水泥混凝土路面板预裂缝对路面造成的进一步损坏。

②与加厚沥青面层法相比,该技术通过比加厚沥青面层法更小的应力吸收层厚度,同样阻止了反射裂缝的扩展。从综合经济效益来看,应力吸收层技术的经济代价更小,是一种符合我国国情的技术措施,而且可避免因加厚沥青面层引起的净空、高程、桥梁自重增加等不良问题。

③与土工合成材料相比,土工合成材料对沥青混凝土起加筋和应力扩散作用,不能解决层间剪切作用引起的路面破坏,而应力吸收层技术通过应力吸收层对基层开裂的反射应力起到“吸收”作用。土工合成材料的应用效果不太理想,而且土工合成材料层需要翻修,土工合成材料不易处理和回收利用;相比之下,应力吸收层可以像普通沥青混合料一样实现再生利用。此外,土工织物往往因施工质量难以控制、施工车辆行走碾压后易产生推挤、在面层间形成不良夹层,影响路面质量。

④与沥青碎石过渡层相比,沥青碎石过渡层以其较大的空隙率,使得接缝或反射裂缝不至于向上反射;应力吸收层技术通过应力吸收层的高变形能力抵御了基层开裂对面层的反射蔓延。同时,应力吸收层的孔隙率较小,不至于发生透水现象;而大空隙沥青碎石可能会因雨水下渗而对下承层不利。

⑤与水泥混凝土面层设计中的水泥混凝土路面板破碎法相比,水泥混凝土路面板破碎法通过人为破碎水泥混凝土路面板,减小板的尺寸,从而显著降低裂缝的集中和反射,但是对强度和板体效果较好的板来说是一种资源浪费,没有充分利用板的整体强度高的特点;板体破碎需要特殊施工工艺,增加了工程量,延长工期;破碎水泥混凝土路面板后其弹性模量难以确定,面层厚度难以确定;破碎作业还容易造成破碎尺寸不均匀和环境污染等问题。而应力吸收层技术不仅可以有效发挥旧水泥混凝土路面板的残余强度,而且其施工工艺同普通沥青面层一样,简易可行,方便大面积推广应用。

从以上比较可见,砂粒式沥青混合料应力吸收层具有变形能力强、加铺层厚度小、可再生利用、空隙率小、施工工艺简单等技术特点,具有良好的应用前景。

美国科氏公司的Strata技术在美国旧路面加铺罩面中成功应用后,于2001年首次应用于我国湖北武黄高速公路旧路面加铺,后来在湖北汉宜高速公路旧水泥混凝土路面加铺工程和北京、山东等地的旧路维修中逐渐大面积推广,取得了良好的使用效果。但是一般改性沥青难以达到应力吸收层结合料的技术要求,需采用美国科氏公司提供的特种Strata沥青材料,价格较高,并要在其工程技术人员的指导下实施,初期建设成本比较高,限制了其全面推广。而且,其结合料的评价指标采用美国公路战略研究计划(Strategic Highway Research Program,SHRP)指标体系,混合料采用维姆稳定度等指标,与我国规范采用的指标不相符。鉴于目前我国半刚性(或刚性)基层沥青路面的修建以及水泥混凝土路面的维修任务十分繁重,防反射裂缝措施又是维修质量保证的关键,因此迫切需要研制适合我国特点的应力吸收层材料,制订适合我国国情的应力吸收层评价指标体系,以便大面积推广应用应力吸收层技术,以适应我国道路修建的需要。

1.3 应力吸收层结合料在国内外的研究及应用

应力吸收层混合料实质是一种富沥青用量的沥青砂,结合料性质对于应力吸收层混合料的路用性能有着至关重要的影响。国内外关于应力吸收层结合料的研究及应用汇总见表1-7。

1.3.1 应力吸收层结合料在国内的研究及应用

长安大学从2001年开始对应力吸收层结合料改性方案和应力吸收层材料特性进行研究,先后在湖北汉宜高速公路、山东济聊高速公路、桂海高速公路、青银高速公路山西段路面改造工程,以及济福高速公路河南商菏段、子洲—靖边高速公路等新建道路中加铺应力吸收层实体工程,经过多年的野外观察,未发现反射裂缝。

除了对闪点、老化后弹性恢复要求提高外,长安大学将应力吸收层结合料的135℃黏度指标要求提高到2.2~3.2Pa·s,这对保证改性沥青的高温品质是极其重要的。工程实际应用证明,应力吸收层结合料黏度较大,其混合料的摊铺碾压等温度均高于一般改性沥青,所以提高应力吸收层结合料的黏度范围要求是合理的。

哈尔滨工业大学根据沥青结合料指标与混合料疲劳寿命关系,归纳出应力吸收层混合料所用高黏改性沥青的指标要求,并在吉林省科尔沁右翼前旗—铁力公路C合同段铺筑了305m的二级公路试验段。其应力吸收层结合料采用了60℃黏度、15℃及20℃针入度、黏韧性等多指标进行控制,但未对老化后的沥青结合料指标做出明确的规定。

成都市一环路旧水泥混凝土路面改造工程中,应力吸收层采用美国科氏公司泸州分公司提供的专用罐装沥青结合料,其技术要求基本采用美国科氏公司推荐的指标要求(表1-7),并对针入度、5℃延度、老化后5℃延度及软化点等指标进行了调整,而沥青结合料的实际试验结果远高于所提出的技术要求。

汉宜高速公路应力吸收层结合料采用美国科氏公司专有的Strata聚合物改性沥青,高温黏度和低温延度指标均较高。汉宜高速公路指挥部在美国科氏公司提出的结合料技术要求的基础上,对结合料提出了更高的施工控制要求。其结合料指标要求将结合料的针入度指标限制到85~100(0.1mm),5℃延度、老化后5℃延度及老化后弹性恢复指标比美国科氏公司要求稍有提高,提出的指标要求与美国科氏公司结合料的实测结果较为接近,但未充分考虑结合料的感温性。

国内外应力吸收层结合料技术要求汇总 表1-7

指标		长安大学	科尔沁右翼前旗—铁力公路	宁常高速公路	科氏Strata	成都一环路	汉宜高速公路	尉许高速公路	102国道	南柳高速公路	虎门高速公路	JSP-97-10规范	指标范围
测力延度比(4℃)/%		—	—	—	—	—	—	—	—	—	—	≥0.8	≥0.8
针入度/0.1mm	15℃	—	>40	—	—	—	—	—	—	—	—	—	>40
	20℃	—	>60	—	—	—	—	—	—	—	—	—	>60
	25℃	>70	—	≥25	>60	≥70	85~100	>60	>70	30~60	<70	—	25~100
软化点/℃		>75	>75	≥54	>65	≥60	>65	>75	>85	≥60	>65	—	≥54
5℃延度/cm		>50	—	—	>30	≥40	>50	>30	>50	≥20	>50	—	≥20
60℃黏度/(Pa·s)		—	>20000	—	—	—	—	—	—	—	>30000	—	>20000
135℃黏度/(Pa·s)		2.2~3.2	<3	—	<4	≤4	2.2~3.0	<3	<3		<3.5	—	2.2~4.0
177℃黏度/(Pa·s)		—	—	1.5~4	—	—	—	—	—	—	—	—	1.5~4.0
韧性/(N·m)		—	>16	—	—	—	—	—	—	—	—	—	>16
溶解度/%		>99	—	—	—	—	>99	>99	>99	—	—	≥99	≥99
25℃弹性恢复/%		—	—	≥60	—	—	—	—	—	≥75	>90(3min内)	—	≥60

续上表

指　标	长安大学	科尔沁右翼前旗—铁力公路	宁常高速公路	科氏 Strata	成都一环路	汉宜高速公路	尉许高速公路	102 国道	南柳高速公路	虎门高速公路	JSP-97-10 规范	指标范围
老化后弹性恢复/%	>80	—	—	>70	≥70	>80	>85	>70		>75（3min 内）	75	>70
闪点/℃	>245	—	—	—	—	>230	>230	>230	—	—	—	>230
48h 离析/℃	<4	—	—	<6	≤6	<4	<2.5	<6	≤2.5	—	13	<(2.5~6)
老化后质量变化/%	<1	—	—	<1	≤1	<1	<1	—	≤1	—	—	≤1
老化后 5℃ 延度/cm	>35	—	—	>20	≥30	>35	>30	—	≥15	>30	—	≥15
老化后针入度比/%	>65	—	—	>60	≥60	>60	>65	—	≥75	>60	—	≥60
复合剪切模量（G^*）	—	<500	—	—	—	—	—	—	—	—	—	—
疲劳因子（$G^* \times \sin\delta$，δ 为相位角）	—	<450	—	—	—	—	—	—	—	—	—	—
车辙因子（$G^*/\sin\delta$）	—	<250	—	—	—	—	—	—	—	—	—	—
PG 分级	—	—	—	—	—	—	—	—	—	—	70~34	70~34

尉氏至许昌高速公路应力吸收层沥青混合料为SMA(沥青玛碲脂碎石混合料),从现场铺筑到通车后1年多,未发现有反射裂缝,使用状况良好。所用结合料为壳牌SBS I-D改性沥青,相对于美国科氏公司技术要求,其应力吸收层结合料软化点提高10℃,老化后5℃延度指标提高10cm,老化后针入度提高5(0.1mm),老化后弹性恢复提高了15%,针入度相差27(0.1mm)。

102国道锦州段试验路应力吸收层结合料对老化前三大指标的要求较高,具有一定的区分度;但对老化后的指标要求较低,未采用老化后5℃延度以及老化后针入度比等指标,仅用弹性恢复和PG低温等级来控制。

南柳高速公路和惠州博罗大道加铺工程采用了应力吸收层沥青混合料,以减少和延缓反射裂缝,取得了良好的效果。其结合料选用了高黏弹性的SBS改性沥青,采用我国规范和PG分级进行了控制,其等级可达到PG76-22,但其他技术要求明显偏低,如5℃延度仅要求不小于20cm。

广州市一环线、虎门高速公路、广州北环高速公路等工程也采用了应力吸收层技术,取名为应力吸收防水黏结层,是一种富沥青混合料。其结合料为一种特制的高弹性改性沥青,在优质基质沥青中掺加10%SBS及其他改性剂共同改性。与其他工程的应力吸收层结合料技术要求相比,虎门高速公路工程等提出了应力吸收层结合料的关键控制指标为25℃条件下3min弹性恢复和旋转薄膜烘箱后残留物数据,重点控制弹性恢复和老化后性能,这对有效控制结合料的工程品质极其重要。但是,所提出的3min弹性恢复对应力吸收层结合料的适用性有待于深入研究。

宁常高速公路应力吸收层试验段的结合料采用橡胶粉改性,采用撒布法施工工艺,区别于以上应力吸收层混合料,这里不做过多论述。其技术要求参考美国亚利桑那州橡胶沥青技术标准和我国现行规范对改性沥青的技术要求。

1.3.2　应力吸收层结合料在国外的研究及应用

1998年美国密苏里州西北部的Holt县铺筑了SAF(Sand Anti-Fracture)应力吸收层试验段,一方面用来减少反射裂缝,另一方面用于减少加铺层的厚度。2000年6月,在DeKalb县铺筑了1条厚2.5cm的应力吸收层试验路,目的是对比分析铺筑应力吸收层和未铺筑应力吸收层的路面在防反射裂缝、节省养护费用以及延长路面使用寿命等方面的区别,取得了良好的效果。

明尼苏达州推出了防反射裂缝沥青砂规范JSP-97-10,规定应力吸收层结合料应满足PG70-34分级要求和测力延度比、老化后弹性恢复、离析及溶解度等要求。

Strata 应力吸收层是由美国科氏(Koch)公司研发的一种防反射裂缝路面结构层,已经在美国得克萨斯州、伊利诺伊州、新泽西州、威斯康星州等多个地区应用,并申请了专利。从 2001 年开始,Strata 应力吸收层技术开始在中国得到推广,美国科氏材料(中国)公司制订了应力吸收层结合料的技术要求,并被中国的应用单位广泛采用。

可见,在国外,应力吸收层结合料主要以 PG 分级为标准进行控制。在国内,由于 SHRP 沥青结合料试验仪器并未普及,应力吸收层结合料在工程应用中大都参考表 1-7 的技术要求。美国科氏公司针对中国的施工技术规范,提出了一套简易的技术要求。但其要求明显过低,甚至一般改性沥青也可达到表 1-7 要求,大多数工程应用单位针对该技术要求进行了提高,进而导致国内外的应力吸收层结合料指标大相径庭。

1.4 存在的问题

从应力吸收层结合料在国内外的应用来看,国外早已申请专利并形成规范性要求,而我国现行规范对应力吸收层结合料的使用要求过宽,大多数试验段各自制订了自己的技术要求,应用的沥青结合料品质与国外专利沥青结合料差别也较大,根据国内外应力吸收层结合料应用情况及其技术要求的汇总结果,归纳起来,主要存在如下问题:

(1)评价指标混乱

美国明尼苏达州 JSP-97-10 规范主要以 PG 分级指标和其他改性沥青评价指标来控制应力吸收层结合料质量;宁常高速公路以美国亚利桑那州橡胶沥青规范进行应力吸收层结合料质量控制;其他各应用单位提出的评价指标大都依据我国《公路沥青路面施工技术规范》(JTG F40—2004)中的技术要求进行修改。虽然应力吸收层结合料评价指标较多,但真正反映其路用性能的关键控制指标过少,不能较好地区分一般改性沥青和应力吸收层结合料,而一个好的沥青结合料技术指标应该能充分反映应力吸收层混合料的路用性能。

(2)评价指标值范围过宽

表 1-7 中指标的技术要求范围非常宽,甚至一般改性沥青也可达到该表中的要求,区分度较差,这对广大施工单位进行应力吸收层结合料的选取及施工控制造成较大的困惑,易形成施工质量隐患,为应力吸收层结合料的质量控制和推广应用带来困难。

(3)考虑沥青结合料的感温性不足

道路沥青结合料的黏度依赖于温度。随着温度降低,沥青结合料将逐渐丧失流动变形的能力。应力吸收层结合料的黏温关系对于沥青路面的使用品质和工艺特性影响巨大。应力吸收层结合料黏度一般较大,在施工温度,沥青结合料应具有较小的黏度,使得应力吸收层混合料易于成型密实;在高温季节,沥青结合料应具有较高的黏度来抵抗混合料的流动变形;特别是在低温时,沥青结合料应保持足够低的黏度,以适应降温引起的沥青路面收缩能力,或者具有较大的变形能力来消减裂缝尖端的应力。因此平衡沥青结合料在施工、高温使用条件、低温使用条件下的黏度至关重要,合理描述沥青结合料的感温性是评价应力吸收层结合料黏温特性及其技术品质的关键。

(4)评价沥青结合料低温性能的指标不完善

美国SHRP沥青结合料路用性能规范提出了弯曲梁流变仪的小梁弯曲蠕变试验及直接拉伸试验两个方法,来评价沥青结合料低温抗裂性能。SHRP的低温指标是优越的,但SHRP试验仪器目前必须进口,而且价格昂贵,两种试验方法在我国尚难以推广,这也是应力吸收层结合料在应用中没有采用SHRP低温指标的原因。选择简单的方法、普通的指标更具有实用价值和符合我国国情。

欧洲推荐用沥青结合料针入度(5℃)和脆点来评价沥青结合料的低温指标。加拿大在针入度指数的基础上,提出了针入度黏度指数,形成了世界上第一个以温度敏感性为主要指标的标准,沥青结合料的低温指标由60℃及135℃黏度决定的感温图来反映。在我国,低温延度指标的使用具有多年的经验,一直被用来评价沥青结合料的低温性能,但应力吸收层的抗裂性能对其改性沥青提出了更高的要求,现有的延度指标由于其局限性已不能完全满足应力吸收层的要求,需结合感温性指标、老化指标等对其进行修正和完善。

(5)较少考虑沥青结合料在路面使用期间的老化性能

沥青结合料老化是路面病害的主要产生原因之一,沥青结合料的类型以及老化的速率直接影响路面的使用寿命,进而影响沥青路面的耐久性。而工程中应用的应力吸收层结合料大都经过高温运输、施工的过程,发生了不同程度的短期老化。而且应力吸收层结合料黏度一般较大,施工过程中无论拌和、摊铺还是碾压,加热温度都要高于一般改性沥青,老化程度将进一步增加。

应力吸收层结合料一般由多种改性剂复合改性而成,高温老化时高分子聚合物会发生分解或聚合反应,化学组分也会发生转化,并会引起分子结构和分子量的改变,老化呈现复杂性。因此,如何从微观结构上评价改性沥青的老化性质,进而找出影响应力吸收层结合料老化的内在因素并加以控制,提出反映老化性能的应力吸收层结合料技术要求或技术指标，对保证应力吸收层结合料的使用品质尤为重要，还可为应力吸收层结合料的制备提供理论依据。

(6)沥青结合料品质多种多样

由于评价体系不健全，以及国外专利沥青结合料的高昂价格，导致国内各应用单位对应力吸收层结合料采用了较低的技术要求，甚至采用一般的改性沥青作为应力吸收层结合料。在低标准情况下，沥青结合料的品质多种多样，形成较大的工程质量隐患。因此，从应力吸收层材料的功能入手，着力研制国产应力吸收层品牌沥青结合料，是保证应力吸收层质量的关键。

针对以上存在的问题，需要进一步开展下列研究工作：

(1)从应力吸收层材料功能入手，着力研制高性能应力吸收层结合料

自1898年法国通过在基质沥青中掺加天然橡胶进行改性以来，对改性沥青的研究已超过百年。我国也自20世纪80年代后期广泛开展了改性沥青的研究工作，包括掺废轮胎粉、氯丁橡胶、丁苯橡胶、金属皂等，取得了成功经验。目前SBS改性沥青在我国的应用较为普遍，并成为流行趋势。但是，对于应力吸收层结合料材料而言，采用何种改性剂类型、改性剂掺量、改性工艺等，目前尚无成功经验可以借鉴，因此必须通过不断尝试进行选择。

(2)在借鉴和参考国内外规范的基础上，提出和我国沥青路面规范体系相匹配的应力吸收层结合料的关键控制指标

应力吸收层混合料是一种富沥青结合料材料，沥青用量通常在9.0%左右，远高于普通沥青混合料的沥青用量，这就决定了应力吸收层材料性能的好坏受沥青结合料性能的影响更加显著。因此，采用的应力吸收层结合料不同于普通的基质沥青以及一般的改性沥青，除应具有一般改性沥青的优点外，应力吸收层结合料应同时具有优良的感温性能、高温性能、耐老化性能及弹性恢复性能，在低温条件下更应保持足够的变形能力，防止冬季温度骤降引起的温度开裂或者基层的反射裂缝。因此，有必要以我国沥青路面规范体系为依据，提出应力吸收层结合料的关键控制指标，从而进一步保证应力吸收层混合料的各种优良性能。

应力吸收层结合料在实际应用中的性能要求各不相同，品质也多种多样，现行评价指标体系存在诸多不足之处。因此，对应力吸收层结合料进行有效控制并规范其指标要求，是保证沥青结合料品质、真正实现应力吸收结构层抗裂功能的前提。

研发应力吸收层结合料，可形成具有自主产权且价格低廉、性能优越的品牌沥青结合料。该技术的推广应用，可以推动改性沥青技术的发展，使加铺结构总投入

降低，减少路面维修养护次数，降低施工交通干扰，延长路面大中修周期，提高路面的耐久性和社会及公众满意度，实现良好的经济效益与社会效益。

(3)研究应力吸收层混合料施工技术

在路面结构力学理论分析和室内试验模拟的基础上，摊铺试验路以进一步论证研究成果，探索其施工工艺特点，解决施工现场一系列问题，总结施工质量控制指标，根据各种机械的施工能力相匹配的原则，确定适宜的施工机械，按生产能力决定机械数量与组合方式。制订适宜的压实工艺与压实程序，明确具体碾压时间，压实顺序，碾压温度，碾压速度，静压与振压最佳遍数，压路机型组合，压路机型号与吨位，压路机振幅、频率与行走速度的组合等，全面检查材料及施工质量是否符合要求，为后续研究提供更多的依据。

本章参考文献

[1] PAN Rui, LI Yiming. Effect of warm mix rubber modified asphalt mixture as stress absorbing layer on anti-crack performance in cold region [J]. Construction and Building Materials, 2020, 251:118985.

[2] 万建军，赵立东，韩丁丁，等.严寒地区高黏高弹改性沥青应力吸收层沥青混合料路用性能研究[J].公路工程，2020，45(02):68-71.

[3] 徐亚林，张辉，张志祥.复合式防水黏结应力吸收层性能试验研究[J].中外公路，2020，40(02):216-219.

[4] 孙红军，谢晓杰，王永贵.基于ANSYS的旧水泥混凝土路面沥青加铺层应力状态研究[J].公路工程，2020，45(01):173-177，211.

[5] 王海朋，陈静，张晓华，等.应力吸收层沥青混合料设计及性能研究[J].公路，2020，65(02):18-24.

[6] 颜可珍，王绍全，田珊，等.基于Overlay Test评价应力吸收层抗反射裂缝性能[J].湖南大学学报(自然科学版)，2020，47(01):108-115.

[7] 潘睿.应力吸收层温拌橡胶沥青混合料性能[J].长安大学学报(自然科学版)，2019，39(06):49-56.

[8] 孙雅珍，孙晓芳，房辰泽，等.基于三点弯曲试验的高黏沥青砂应力吸收层的裂缝扩展过程研究[J].中外公路，2019，39(02):218-222.

[9] 姜利，苏禹，程维，等.基于应力吸收层的“白改黑”路面温度应力有限元分析[J].科学技术与工程，2019，19(03):232-238.

[10] 潘睿.寒冷地区温拌橡胶沥青混合料应力吸收层防治反射裂缝的力学分析[J].公路，2019，64(01):52-58.

[11] 祝谭雍，程其瑜，许兵，等.稳定型橡胶沥青再生应力吸收层技术性能研究[J].公路交通科技，2018，35(12):35-41.

[12] 欧震宇,高冠群,陈畅朗,等.农村公路旧水泥混凝土路面加铺沥青混凝土层防裂试验研究[J].公路,2017,62(12):245-248.

[13] 宋丽霞,伍晓华,宋利军.基于应力吸收层的旧水泥混凝土路面沥青加铺层材料研究[J].公路工程,2017,42(03):286-291.

[14] 孙洁.基于 TPS 改性沥青应力吸收层材料性能研究[J].中外公路,2017,37(03):257-260.

[15] 闫卫红,刘贺.旧砼沥青罩面层及应力吸收层有限元分析[J].公路工程,2017,42(01):202-205,289.

[16] 常颖.LDPE 与橡胶粉复合改性沥青应力吸收层混合料技术性能研究[J].公路工程,2017,42(01):295-300.

[17] 程梅.高模量剂与橡胶粉复合改性沥青应力吸收层混合料技术性能研究[J].公路工程,2016,41(06):271-275,282.

[18] 郝晓红.基于抗裂性能的橡胶沥青应力吸收层混合料关键指标研究[J].中外公路,2016,36(05):266-270.

[19] 沈佳.应力吸收带抗反射裂缝试板疲劳试验研究[J].公路,2016,61(10):47-51.

[20] 周娟兰,郑木莲,马强,等.设应力吸收层的复合式路面反射裂缝扩展路径模拟[J].铁道科学与工程学报,2016,13(08):1507-1514.

[21] 曹冬,胡卫国,陈振伟.Superflex 沥青混合料试验研究[J].中外公路,2016,36(03):314-317.

[22] 孙雅珍,刘畅,王金昌,等.复合式路面层间界面力学特性试验研究[J].公路,2016,61(04):36-40.

[23] 樊永华.旧水泥混凝土路面沥青罩面层间处治方案对比研究[J].公路工程,2015,40(05):27-31.

[24] LIHaizhan.Application of stress absorbing layer in project[J].Applied Mechanics & Materials,2014,587-589:1095-1099.

[25] WANG Hui.A comparative study of fatigue performance to resist reflective cracking:among three different stress-absorbing materials[J].Applied Mechanics & Materials,2013,303-306:2625-2635.

[26] XUE P T,WANG X S.The thermal stress analysis on stress absorption interlayer of asphalt overlay[J].Applied Mechanics & Materials,2012,174-177:570-574.

[27] LI Z Z,CHEN S F,LIAO W D,et al.Lab simulation study on anti-cracking performance of asphalt concrete overlays for fatigue[J].Advanced Materials Research,2012,510:478-483.

[28] LIU J Y,ZHANG L J,KOU B,et al.The environment-friendly high-elasticity asphalt mixture using as stress absorbing layer[J].Advanced Materials Research,2012,490-495:3753-3761.

第2章　复合改性沥青影响因素

水泥混凝土具有热胀冷缩的特性,随着温度的升降,水泥混凝土路面板会发生伸缩变形。当温度差在40℃时,板块变形量将不小于2mm,若其上直接加铺普通沥青混凝土面层,则很容易使加铺层出现裂缝。一旦裂缝贯通,水就会通过裂缝渗到基层,引起路面唧泥、翻浆或坑槽等病害。而应力吸收层结合料可以消散接缝或裂缝处的应力集中,减小水泥混凝土路面板收缩变形对上部沥青面层产生的影响。

应力吸收层最大的特点是其聚合物改性沥青在受力后产生的黏结流动是以大分子链或胶团为单位的整体移动,在一定的变形范围内,这种固有的流变特性使得应力吸收层在外力冲压、推挤作用下能发生塑性变形,从而有效减小中、上面层与旧水泥混凝土路面形成的剪切变形。应力吸收层沥青混合料中沥青用量通常在9.0%左右,远高于普通沥青混合料。应力吸收层结合料宜通过优选原油、改性剂、助剂等原材料和调整改性方案进行研究,借助化学组分、荧光显微镜等微观方法分析各因素对改性效果的影响,进而制备出符合应力吸收层结合料性能要求、价格低廉并易于推广应用的高性能应力吸收层结合料。

2.1　改性沥青作用机理

目前国内外对改性沥青作用机理的研究较多,其中采用微观结构分析方法来研究改性沥青的作用机理是较常采用的方法。如采用胶凝色谱来分析改性沥青老化前后分子量及其分布的变化,并与宏观性能建立相关性;采用红外光谱来分析聚合物的含量和改性沥青的分子结构;采用核磁共振来研究化学结构的变化及其芳香度;采用热分析方法研究改性沥青的玻璃化转变温度;采用原子力显微镜来研究改性沥青的结构;采用荧光显微镜、电子显微镜等研究改性剂的分散过程。当前的研究大都从胶体结构理论和高分子溶液理论对改性沥青的作用机理进行阐述。

2.1.1　胶体结构理论

胶体结构理论认为,胶体结构以固态微粒的沥青质为分散相,液态的饱和分、芳香分为分散介质,半固态的胶质起着胶溶剂的作用。

改性沥青一般在高温状态下生产,聚合物在机械力的作用下被剪切为微米级颗粒,颗粒越细,粒子的表面能越高。根据能量最低原理,体系有自动降低表面能的趋势。这种趋势要么使聚合物重新聚结,体系界面减少从而降低表面能,最终形成稳定的体系,这种情况将产生严重的两相分离;要么聚合物粒子有选择地吸附基质沥青中结构相近的组分到其表面,粒子充分溶胀,从而降低其表面能,同时形成了基质沥青相和聚合物相之间界面吸附层,这种情况下聚合物粒子能够充分发挥其性能,是改性沥青理想的稳定体系。

基于胶体理论,把溶胀的聚合物粒子看作一种“胶团”,则改性沥青的结构便是高聚物胶团和沥青质胶团分散在油分介质中,改性沥青中存在沥青相、聚合物相以及二者之间的界面相。显然,聚合物粒子的充分溶胀是界面层形成的关键,对改性沥青起到重要的稳定作用,其溶胀后的界面层组成及其结构性能均区别于聚合物和基质沥青的性质。聚合物与基质沥青之间的界面作用不仅了促进了两者的结合,在一定程度上还使聚合物微粒之间有了隔离层,阻止了微粒的聚合反应,使聚合物粒子均匀分布于基质沥青中。

2.1.2 高分子溶液理论

高分子溶液理论认为,聚合物与基质沥青的相容性是分子级的可混性,相容性好则可以形成均质混合体系。

聚合物和基质沥青大分子链在机械力的作用下被切断,生成的大分子自由基会互相结合,从而构成界面相,其溶解度参数介于聚合物和基质沥青之间,在两种共混材料之间起过渡作用,而大分子间的扩散程度取决于基质沥青和聚合物两种材料溶解度参数的差异。材料的溶解度参数是定量反映物质极性的数据,根据一般规律,两种物质的极性越接近,两物质的溶解度参数差就越小,则越容易混溶,故聚合物改性剂与基质沥青的溶解度参数可作为评价相容性好坏的指标。

高分子聚合物的溶解度参数 δ 可按 Small 公式计算:

$$\delta=\frac{\sum F}{V}=\frac{\sum F\times\rho}{M} \tag{2-1}$$

式中:F——化学分子团的引力常数;

V——分子容积;

ρ——密度;

M——分子量。

聚合物在基质沥青中的溶融行为与低分子的溶解是不同的,除了化学组成外,聚合物的结构形状、链的长短、链的柔性和结晶情况等都对其溶融性有明显影响。

需要指出的是，上述两种改性沥青机理分析并无矛盾之处，只是分别从不同的微观角度进行解释。

总之，基质沥青与改性剂的充分混溶是改善沥青结合料性能的前提，它取决于基质沥青和改性剂两种不同相界面上的相互作用，两者的溶解度参数或分子结构越是接近，相容性越好。当两种相容性较差的材料混掺后，材料的整体性质在很大程度上是由两相的界面性质决定的，而界面性质又取决于两相界面上局部扩散的深度及两相的相互作用能。只有具备适当的相容性，又有良好的界面性质，才能得到性能优良的改性材料。用聚合物改善基质沥青的性质，同样也应满足良好的界面性质与很好的分散状态，这样才能使改性剂自身特有的性质充分体现出来，起到明显的改性效果。在此基础上，改性剂吸附基质沥青中的轻质组分而发生溶胀，已溶胀的改性剂又与基质沥青其余组分相互作用，从而形成一种新结构体系。加上改性剂自身的固有特性，使沥青结合料性能得到相应改善。在研磨过程中，或在稳定剂、催化剂的作用下，会发生断链与交联反应，形成一些网状结构，从而使改性沥青黏度与储存稳定性得到提高。

因此可以认为，改性沥青既不是结构全新的材料，也不是沥青结合料结构的重复，而是一种同时具有原基质沥青和聚合物基本特点的新型结构。

2.2　影响沥青结合料改性效果的因素

2.2.1　基质沥青组分及配伍性研究

沥青结合料是由高分子量的沥青质分散在低分子量的软沥青中而形成的悬浮胶体结构（图 2-1）。在胶质和有充分溶解能力的芳香分作用下，沥青质被胶溶形成胶团，自身处于平衡状态。当改性剂加入基质沥青后，基质沥青中的一部分软沥青质（芳香分与饱和分）进入改性剂网络，使沥青相中各组分的配合比例与原沥青相比有了改变，破坏了沥青结合料原有的平衡状态，从而形成沥青胶团和改性剂争夺轻质组分的局面，最终达到一种新的平衡状态。

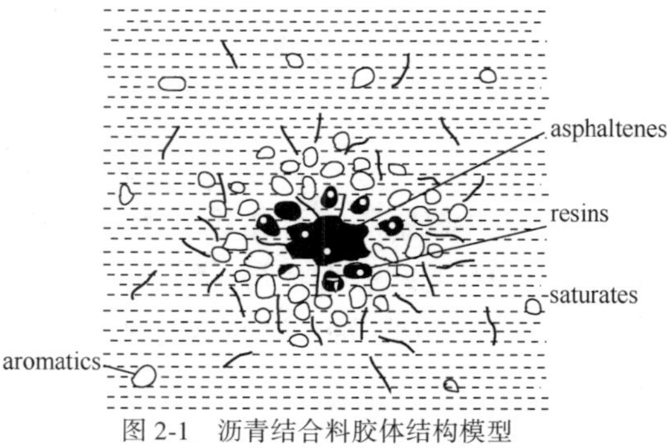

图 2-1　沥青结合料胶体结构模型

如果原基质沥青各组分的比例已经十分恰当，当聚合物改性剂加入之后，通过溶胀吸附，会破坏基质沥青原有的平衡状态，使原有基质沥青性质向差的方面转化，改性效果不好。相反，有些基质沥青组分的比例不一定很好，芳香分、饱和分组分占有相当的数量，而当聚合物改性剂加入后，通过吸收部分芳香分、饱和分等组分，使沥青结合料各组分之间的比例变得比之前更加协调，性质会向着好的方面转化，改性效果非常突出。Brule 研究 4 种不同组分构成的基质沥青与 SBS 的相容性及改性后在-10℃情况下的应力-应变情况，发现含有较多沥青质、较少饱和分和芳香分含量的基质沥青与聚合物的相容性差，呈现脆性破坏。当沥青质含量大，但含有较多的饱和分和芳香分时，与 SBS 的相容性较好，表现出较好的低温力学性质，呈延性破坏。所以基质沥青和改性剂之间的配伍性是影响聚合物改性剂溶胀效果的关键，对改性沥青的性能起决定性的作用。选择 SK90 号、兰炼 90 号、盘锦 90 号进行改性，各基质沥青的化学组分见表 2-1。

基质沥青化学组分(单位：%)　　表 2-1

基质沥青	沥青质	饱和分	芳香分	胶质	胶质+芳香分	(沥青质+饱和分)/(胶质+芳香分)	饱和分+芳香分
SK90 号	6.77	34.53	32.95	25.72	58.67	70.38	67.49
兰炼 90 号	4.20	27.76	32.56	35.48	68.04	46.96	60.32
盘锦 90 号	8.15	36.45	33.06	22.34	55.39	80.51	69.51

加入相同比例的 SBS、稳定剂、助剂等对 3 种基质沥青进行复合改性，测试改性后针入度、软化点、延度指标，试验结果对比如图 2-2 所示。

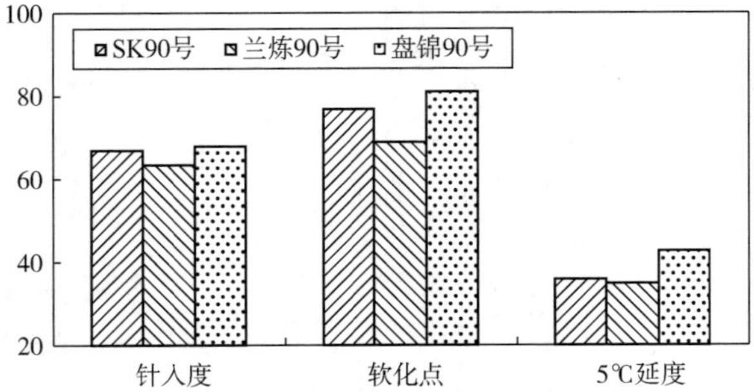

图 2-2　改性剂与基质沥青配伍性试验

有文献建议采用组分指数 CI❶ 为 26%～32%，作为选择基质沥青的条件。从表 2-1和图 2-2 可以看出，组分指数 CI 值较高的基质沥青比 CI 值较低的基质沥青配伍性好。比如盘锦 90 号的 CI 值为 80.51%，SK90 号的 CI 值为 70.38%，兰炼 90 号的

❶ 组分指数 CI=(沥青质含量+饱和分含量)/(芳香分含量+胶质含量)。

CI 值为 46.96%；从改性效果来看，盘锦 90 号优于 SK90 号，SK90 号优于兰炼 90 号。

对于组分比例，Brule 曾提出：饱和分含量为 8%～12%、芳香分和树脂含量为 85%～89%、沥青质含量为 1%～5%时，基质沥青与改性剂相容性较好。从表 2-1 和图 2-2可以看出，组分指数 CI 值较高的基质沥青比 CI 值较低的基质沥青配伍性好。比如盘锦 90 号的 CI 值为 80.51%，SK90 号的 CI 值为 70.38%，兰炼 90 号的 CI 值为 46.96%。从改性效果来看，盘锦 90 号优于 SK90 号，SK90 号优于兰炼 90 号。

沥青结合料是一种成分极其复杂的有机高分子化合物，采用不同原油炼制而成的组分显然是不同的；即便是同一种原油，由不同的炼制工艺所得化学组分比例也不尽相同。因此，这种通过比较同种改性剂对不同基质沥青改性效果的方法存在很大的缺陷，正确的思路应该是对同一种基质沥青进行改性。为了进一步验证复合改性剂与盘锦基质沥青的配伍性，对盘锦基质沥青其他标号的化学组分进行了进一步验证，试验结果见表 2-2。

盘锦基质沥青各标号化学组分　　表 2-2

基质沥青	试样质量/g	瓶质量/g	各组分+瓶质量/g	各组分含量/%		(沥青质+饱和分)/(胶质+芳香分)/%	(饱和分+芳香分)/%
盘锦70号	1.0249	113.0196	113.1506	沥青质	12.78	87.62	67.1
	1.0249	114.8834	115.2310	饱和分	33.92		
	1.0249	136.9678	137.3079	芳香分	33.18		
	1.0249	137.4396	137.6457	胶质	20.11		
盘锦90号	1.0140	120.2952	120.3778	沥青质	8.15	80.51	69.51
	1.0140	121.6880	122.0576	饱和分	36.45		
	1.0140	160.1020	160.4372	芳香分	33.06		
	1.0140	107.9584	108.1849	胶质	22.34		
盘锦110号	1.0061	113.0171	113.0885	沥青质	7.1	71.54	68.52
	1.0061	114.8815	115.2297	饱和分	34.61		
	1.0061	116.9640	117.3052	芳香分	33.91		
	1.0061	137.4376	137.6829	胶质	24.38		
盘锦130号	1.2120	118.3661	118.4395	沥青质	6.06	62.56	69.7
	1.2120	121.6891	122.0821	饱和分	32.43		
	1.2120	160.1010	160.5528	芳香分	37.28		
	1.2120	107.9595	108.2532	胶质	24.23		

L. W. Corbett 认为饱和分的含量不能过多,否则,将使沥青结合料中分散介质的芳香度过低,不能形成稳定的胶体分散体系;芳香分的存在有利于提高沥青结合料中分散介质的芳香度,使胶体体系易于稳定;胶体本身具有良好的塑性和黏附性,能使沥青质稳定地胶溶于胶体体系中;沥青质的存在对改善沥青结合料的高温性能有利,但沥青质含量过高会降低沥青结合料的延度。一般认为,沥青质是液态组分的增稠剂,胶质对改善延度有显著效果,芳香分对沥青质有较好的胶溶作用,可形成稳定的胶体结构,而饱和分则是软化剂。

由表 2-2 可以看出:随基质沥青标号的增加,沥青质含量降低,沥青组分指数 CI 值下降,盘锦 130 号基质沥青的 CI 值降到 70%以下,但各标号的芳香分含量均在 33%以上。

沥青结合料的标号不仅影响基质沥青与聚合物的相容性,还影响改性后的性质。研究认为:随着针入度的减小,相容性降低,网状结构形成所需要的聚合物量增加,搅拌的时间会延长,温度敏感性也增强,所以改性宜采用高标号的基质沥青。另外,高标号沥青结合料修筑的路面,低温柔性好,不容易产生温度裂缝,即使产生温度裂缝也会在较高的温度下愈合。正是由于上述原因,采用高标号低黏度的沥青结合料,可发挥高分子聚合物改善高温性能的特点,而低黏度沥青结合料低温柔性也能得到保持和加强,从而达到同时改善高、低温性能的改性效果。为了研究基质沥青标号对改性沥青性能的影响,采用同种复合改性剂分别对 4 种标号的基质沥青进行改性,改性前后对比结果见表 2-3。

基质沥青标号对改性沥青性能的影响 表 2-3

基质沥青	针入度(100g,5s,25℃)/0.1mm		软化点/℃		延度/cm	
	改性前	改性后	改性前	改性后	改性前(10℃)	改性后(5℃)
70 号盘锦	75.5	58.8	48.7	94.3	>100	28.3
90 号盘锦	84.1	71.8	45.6	87.4	>100	42.7
110 号盘锦	107.3	81.5	44.5	81.0	>100	61.9
130 号盘锦	129.4	88.0	46.3	75.1	>100	64.8

可以看出,在掺加相同的改性剂剂量情况下,随着基质沥青标号的增大,复合改性沥青的延度和针入度增大,而软化点下降;其中,标号从 70 号增大到 110 号时,5℃延度增加趋势最为明显;而从 110 号增大到 130 号时,5℃延度增加程度明显变弱。也就是说,随着基质沥青标号的增加,延度并不是呈线性增长,软化点下降较为明显。因此,用复合改性来改善沥青结合料的综合性能时,要根据实际情况

选择合适的基质沥青标号，标号越高，要达到同样的软化点需要相应增加改性剂的剂量，成本也会增加。根据改性结果，110号基质沥青和130号基质沥青改性后低温延度明显改善，均大于60cm且相差不大，但130号基质沥青改性后软化点为110号基质沥青改性后软化点的93%。从改性效果和经济角度考虑，110号基质沥青的改性效果更优于其他标号。

从表2-2可以看到，130号基质沥青的CI值为62.56%，而其他标号基质沥青的CI值均在70%以上，均不满足基质沥青CI值为26%~32%的选择条件，但改性效果较好，因此无法从CI值的大小判定这种复合改性剂对沥青的改性效果。盘锦基质沥青各标号的饱和分与芳香分含量均在65%以上（其中芳香分含量均在33%以上），远大于兰炼90号（含量为60.3%），为复合改性剂能够较好地溶胀提供了充分的轻质组分，改性效果较好。

2.2.2　SBS 改性剂影响

不同种类的聚合物的溶解度参数不同，范围也不同，不同改性剂在基质沥青中溶胀所吸收的组分及吸附的组分也不完全相同，因此不同改性剂对基质沥青具有不同的改性效果，而同一类聚合物也会由于剂量、粒子大小的差异产生不同的改性效果。实践表明，塑料在常温下较硬，有利于改善沥青结合料的高温性能；SBR（Styrene Butadiene Rubber，丁苯橡胶）具有较大的黏弹性范围，在低温时仍呈弹性，对改善低温性能效果显著；SBS软段与硬段相嵌，兼具塑料和橡胶特点，对同时改善沥青的高温与低温性能具有独特功能。SBS属于热塑性橡胶类，其分子式如图2-3所示。

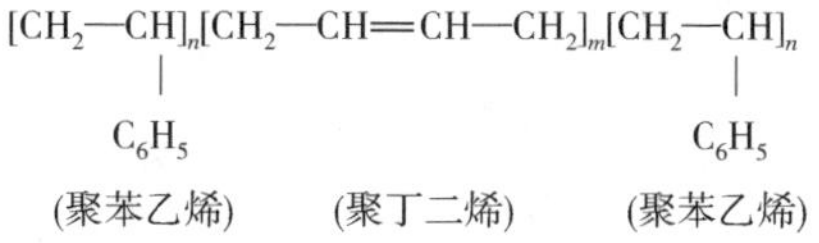

图2-3　SBS分子式

SBS最大的特点是它的高弹性，高温下不软化，低温下不发脆。目前改性沥青使用最多的是SBS改性沥青。图2-4为SBS热塑性弹性体结构示意图。

2.2.2.1　SBS 改性剂种类

由于不同SBS微观结构上的差异，即使对同一种基质沥青进行改性，SBS吸附在表面的组分和数量也不完全一样。为了选择与基质沥青相容性好的改性剂，选择多种SBS改性剂进行配伍性试验，其中SBS-1、SBS-2、SBS-3、SBS-4、SBS-5、SBS-6、SBS-7、SBS-8共8种改性剂的外观及技术指标见表2-4。

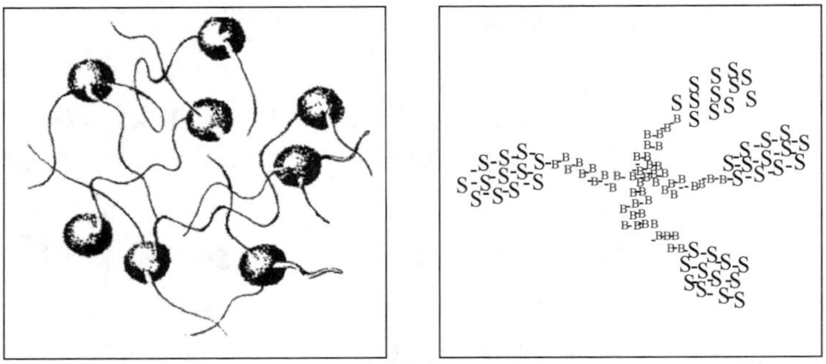

a)星形

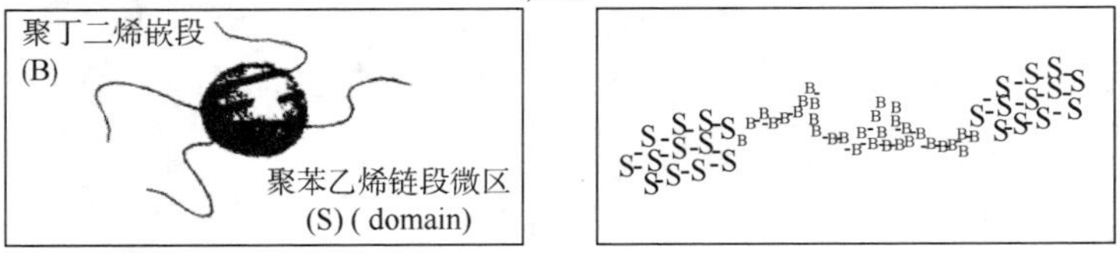

b)线形

图 2-4　SBS 热塑性弹性体结构示意图

SBS 改性剂技术指标　　表 2-4

指标	SBS-1	SBS-2	SBS-3	SBS-4	SBS-5	SBS-6	SBS-7	SBS-8
结构	星形	线形	线形	星形	星形	线形	星形	线形
外观	碎粒状	碎粒状	碎粒状	碎粒状	碎粒状	碎粒状	碎粒状	碎粒状
嵌段比 S/B	30/70	40/60	30/70	30/70	30/70	30/70	22/78	30/70

采用同一种基质沥青和其他助剂的情况下，上述 8 种改性剂改性后的针入度、软化段、延度指标如表 2-5 所示。

SBS 改性效果对比　　表 2-5

SBS 类型	针入度(100g,5s,25℃)/0.1mm	软化点/℃	5℃延度/cm
基质沥青	110.6	43.4	5.58
SBS-1	84.4	83.1	61.80
SBS-2	109.5	63.4	124.31
SBS-3	87.6	64.2	>150.00
SBS-4	80.3	85.1	52.19
SBS-5	85.3	63.0	>150.00
SBS-6	75.1	74.9	57.36
SBS-7	81.8	71.2	65.94
SBS-8	100.4	51.7	>150.00

从表 2-5 可以看出,线形 SBS 与星形 SBS 对于改性沥青各方面性能具有不同的影响。星形结构 SBS 对改性沥青的高温性能影响较大,对于本试验中的改性沥青,星形结构 SBS 改性后软化点比基质沥青提高幅度大,普遍在 70℃以上(只有 SBS-5 低于 70℃);星形结构 SBS 对改性沥青的低温性能影响较小,5℃延度普遍低于 70cm,只有 SBS-5 大于 150cm。而线形结构 SBS 对于改性沥青的低温性能改善效果良好,低温延度普遍达到 120cm 以上(只有 SBS-6 偏低),但软化点提高的幅度较小,只有 SBS-6 达到 70℃以上。

对比各种改性剂的改性效果可以发现,各改性沥青的针入度均大于 75(0.1mm),5℃延度均大于 50cm,而软化点有较大的区别。按美国科氏公司应力吸收层结合料软化点不低于 65℃的要求,则只有 SBS-7、SBS-6、SBS-1 和 SBS-4 改性沥青满足要求。进一步对比 4 种改性沥青可以发现,SBS-7 和 SBS-1 改性沥青的延度均大于 60cm,明显优于其他两种改性沥青。而 SBS-1 改性沥青的软化点远大于 SBS-7 改性沥青。所以,综合比较分析,星形 SBS-1 改性剂在其他助剂相同的情况下,不仅对基质沥青的高温性能影响较大,对软化点提高幅度大,而且对基质沥青的低温延度提高幅度大,改性效果较好。

2.2.2.2　SBS 改性剂剂量

SBS 改性沥青是 SBS 改性剂相与沥青相共混存在的非均相共混体系。一般地,SBS 颗粒越细,体积分数越高,溶胀率越高且分散越均匀,改善效果会越明显。有文献研究认为 SBS 含量的增加以及聚苯乙烯链段(S)提供的物理交联点是网络形成的主要原因。SBS 加入基质沥青后,S 段保持不变,聚丁二烯链段(B)吸附基质沥青的轻组分而溶胀,随着 SBS 含量的增加,改性沥青体系将从沥青连续相转变为聚合物连续相,形成连续的 SBS 网状结构,网格之间较强的相互作用对沥青质点位移和胶体流动形成限制,进而提高了沥青结合料的内聚力和黏度,弹性和柔韧性也大幅度增加。随着 SBS 聚合物剂量的增加,改性效果会更加明显,而当聚合物剂量达到临界剂量时,即当一个连续的聚合物网络结构形成时,沥青结合料高温和低温性能将会被大幅度改善,之后再增加 SBS 的剂量,改性效果的提升不显著。通常情况下,SBS 的合理剂量是通过技术经济比较确定的。因此,在其他助剂相同的情况下,对同一种基质沥青掺加不同的 SBS 剂量进行临界剂量的确定。改性沥青针入度、软化点、延度指标随 SBS 剂量的变化见表 2-6。

从表 2-6 可以看出,加入少量的改性剂就可对基质沥青的针入度、软化点和低温延度产生较大的影响。SBS 剂量分别为 3%、5%和 7%时,针入度分别减小为基质沥青的 77.6%、68.3%和 67.9%;软化点分别增大为基质沥青的 1.1 倍、2.0 倍和

2.1倍；低温延度改善更加明显，分别为基质沥青的9.7倍、11.8倍和10.4倍。当SBS的剂量达到5%之后，改性沥青各指标的变化趋势变缓，改性效果的提升不显著；SBS剂量小于5%时，低温延度较3%剂量时有大幅度增长，但在剂量增加到5%之后，反呈下降的趋势。说明SBS剂量为5%时，网状结构已基本形成，剂量再增加，反而对改性沥青低温延度有不利影响。

改性沥青性能随SBS剂量的变化　　表2-6

配比类型	针入度(100g,5s,25℃)/0.1mm	软化点/℃	延度(5cm/min,5℃)/cm
基质沥青	96.5	44.2	4.2
基质沥青+3%SBS	74.9	49.0	40.8
基质沥青+5%SBS	65.9	86.4	49.6
基质沥青+7%SBS	65.5	92.6	43.5

为了进一步研究SBS在改性沥青中的结构状态，借助荧光显微镜观察了不同SBS剂量对改性沥青微观结构的影响。

荧光显微镜（Fluorescence Microscope，简称FOM）以紫外线为光源，照射被检物体，使之发出荧光，然后观察物体的形状及其所在位置。荧光显微镜用于研究细胞内物质的吸收、运输、化学物质的分布及定位等。利用荧光显微技术从微观结构上研究改性沥青的性质，是从根本上掌握改性沥青宏观路用性能的方法之一。样品制作如图2-5所示，SBS含量为3%时的荧光显微镜照片和5℃低温延度分别如图2-6与图2-7所示。

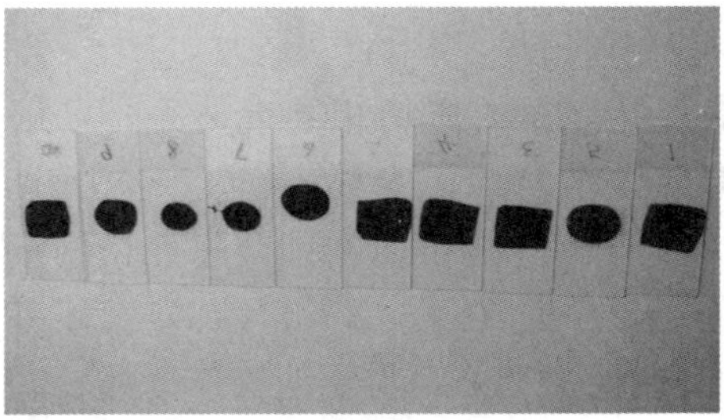

图2-5　样品制作

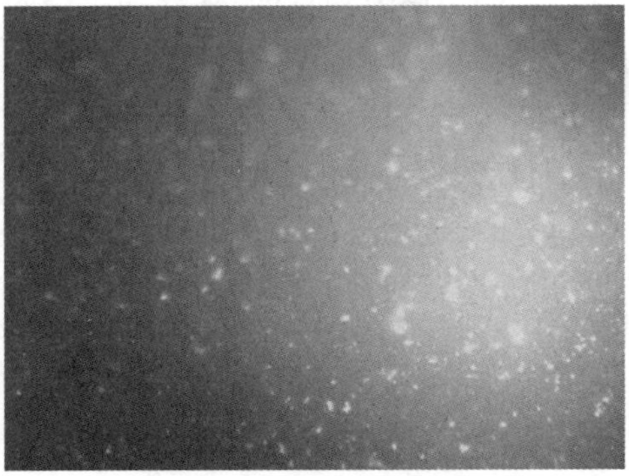

图2-6　110+3%SBS荧光显微镜照片(400倍)

图2-7　5℃低温延度

SBS 剂量为 3%时的荧光显微照片显示：由于基质沥青中能够进入高分子网络的组分数量有限，因此当 SBS 的剂量比较小时，单位体积 SBS 数量少而较难形成网络结构，SBS 以独立的微粒悬浮于基质沥青中。由于 SBS 数量少，被溶胀的程度较大，与 SBS 作用力较大的沥青组分较多地聚集于改性剂表面，形成较厚的界面吸附层。由于 SBS 被溶胀的程度有限，未形成网络结构，宏观表现为改性沥青的软化点较低，改性沥青流动性较好，针入度较大，低温延度较大。

随着 SBS 剂量的增加，单位体积内微粒增多，微粒间距离缩短，微粒间的相互作用力增大(图 2-8)。改性剂与基质沥青的相互作用程度继续增大，界面吸附层厚度变大。当剂量增加到临界剂量时，改性沥青结构就如 SBS 微粒吸附了沥青组分而形成的粒子以及与胶体粒子共同形成的堆积。SBS 的性质以及基质沥青的界面性质更多地影响改性沥青的性能，表现为改性沥青的软化点升高，低温延度增大，针入度减小，温度敏感性降低，改性沥青的性能得到了明显改善。

当 SBS 的含量为 7%时，改性沥青的微观形态结构发生了质的变化，SBS 已形成连续相，基质沥青为分散相，出现了明显的相转变。由于 SBS 与相当于 SBS 自身质量 6~9 倍的软沥青质通过溶胀形成 SBS 相，因此虽然只有 7%的掺量，但也会形成连续相(图 2-9)。所以，随着 SBS 含量的继续增加，改性沥青的软化点升高，针入度减小。但是由于单位体积内 SBS 微粒过多，分子之间的相互作用力大，SBS 溶胀程度变得较差，界面吸附层很薄，在这种情况下，过多的 SBS 对低温延度的贡献反而减少。因此，从性价比考虑，本试验中 SBS 的掺量不宜高于 5%。

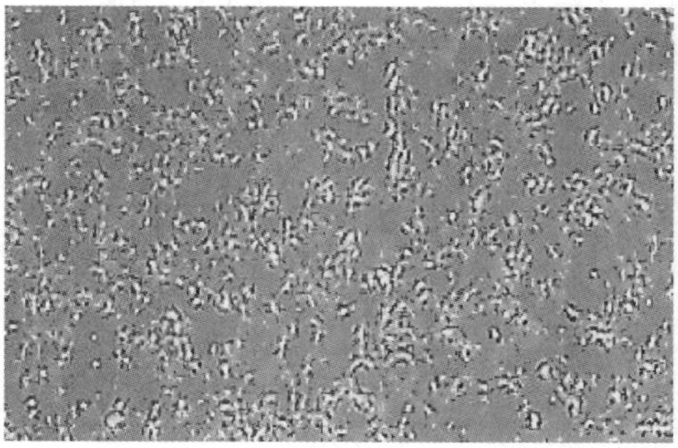

图 2-8　SBS 含量为 5%的改性沥青荧光显微镜照片

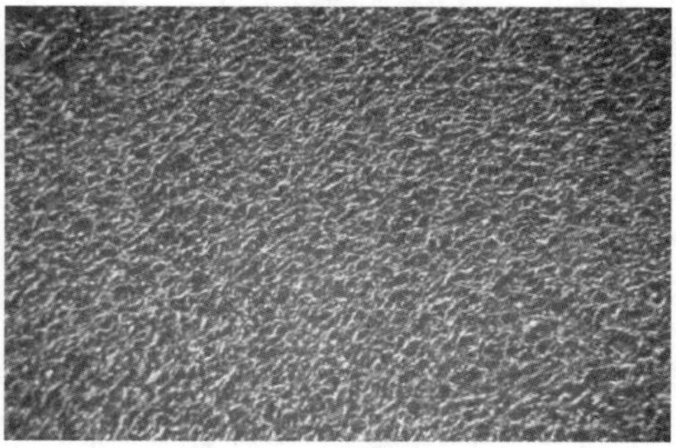

图 2-9　SBS 含量为 7%的改性沥青荧光显微镜照片

2.2.3　相容剂影响

不加相容剂时，聚合物改性剂未充分展开，溶胀程度较低，在基质沥青中呈团絮状分布(图 2-10);加入适量的相容剂后,聚合物改性剂充分展开,溶胀程度较高,分散均匀并相互搭接成网格状(图 2-11)。

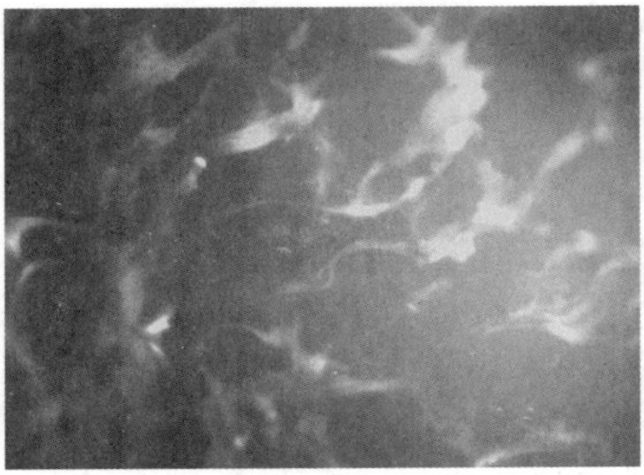

图 2-10 未掺加相容剂的改性沥青荧光显微镜照片(400 倍)

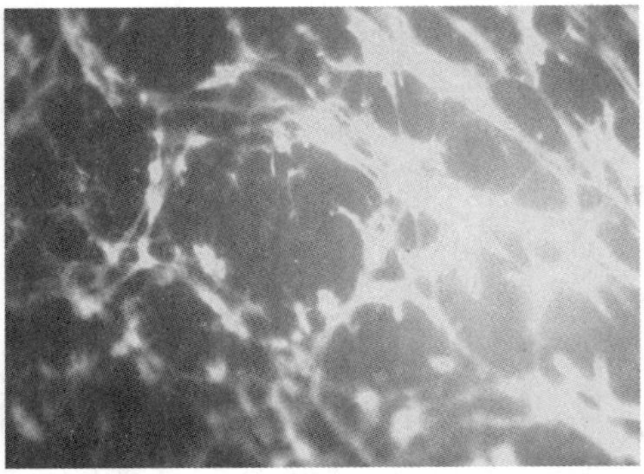

图 2-11 相容剂含量为 0.3%时的改性沥青荧光显微镜照片(400 倍)

相容剂能够使改性剂溶胀,增大各链段间的距离,改变聚合物的柔性,减小各链段间的相互作用力,减弱链段间运动的摩擦力,使链段运动能力增强,促进改性剂在基质沥青中分散更均匀,增加了基质沥青和改性剂的相容性,起到类似塑料增塑剂的作用,使改性剂和基质沥青及稳定剂的接触机会增多,有利于在反应过程中改性剂自身更好地交联形成网络结构,也有利于基质沥青更好地接枝到改性剂上生成改性剂-基质沥青接枝物。相容剂的合理剂量对改性沥青的性能影响较大,因此在其他改性剂相同的条件下,改变相容剂剂量,改性沥青的性能指标随相容剂剂量的变化趋势如图 2-12 所示,图中的相容剂剂量为基质沥青的百分比。

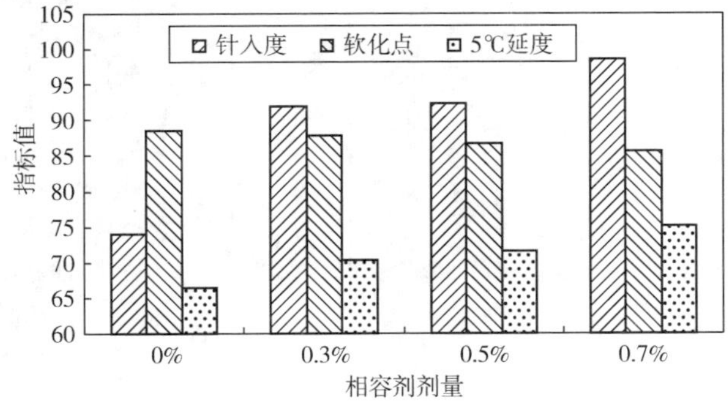

图 2-12 相容剂剂量对改性沥青性能的影响

从图 2-12 可以看出,相容剂剂量较小的变化便可对改性沥青的针入度、软化点、延度指标产生显著的影响。随着相容剂剂量的增加,针入度指标明显增大,低温延度和软化点均有不同程度的增大或减小。当相容剂剂量分别为 0.3%、0.5% 和 0.7%时，针入度分别为不掺加相容剂时的 1.24 倍、1.25 倍和 1.33 倍，软化点分别降低为 99%、98%和 97%，低温延度分别增大为 1.06 倍、1.08 倍和 1.13 倍。说明相容剂剂量从 0.3%增加到 0.5%时，增塑效果已不太明显。相容剂对软化点有降低的作用，这是因为相容剂的添加，增大了改性剂各链段间的距离，降低各链段间的作用力，软化点下降。因此，综合考虑微观结构和宏观各指标的变化，相容剂剂量宜采用 0.3%~0.5%。

2.2.4　稳定剂影响

2.2.4.1　稳定剂类型

由于基质沥青中能够进入高分子网络的组分数量有限，所以改性剂被溶胀的程度也是有限的。相容剂的加入可使改性剂溶胀更加充分并均匀分散。但相容剂和改性剂之间的作用仅仅是一种物理作用，其作用力较弱。这样 SBS 与基质沥青之间会存在密度差，在热储存过程中，SBS 微粒上浮，与基质沥青分离，造成离析现象。即使改性剂剂量较高，聚合物微粒之间的相互作用力也比较大，细小的微粒聚集成为较大的粒子，众多粒子相互搭接成空间网状结构，形成溶胀 SBS 与基质沥青共有体系，但由于动力热力的影响，这种体系也是不稳定的。

稳定剂是一种含氧、氮、磷、硫等杂原子的化学交联剂，具有较活泼的化学反应能力。稳定剂加入后，在一定温度条件下产生活性游离基，与 SBS 聚丁二烯段中的双键或双键邻位的亚甲基发生交联反应，并进一步使基质沥青中的杂原子及活性基团接枝到 SBS 上，形成稳定的胶体体系。稳定剂的加入，一方面提高了改性沥青的热稳定性，解决了改性沥青的高温储存离析问题；另一方面也可减少改性剂的剂量，提高改性沥青的综合指标。试验选择 W-1、W-2、W-3、W-4 四种稳定剂，在其他助剂相同的条件下进行对比试验，针入度、软化点、延度试验结果如图 2-13 所示。

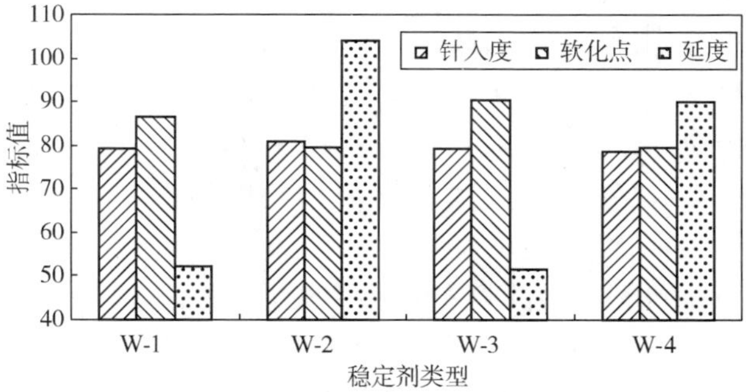

图 2-13　稳定剂类型对改性沥青的影响

添加稳定剂后,降低了聚合物粒子界面的表面张力,增加了聚合物相和沥青相之间的亲和力,使得聚合物相与沥青相的界面吸附层更加稳定,从而促进两相之间的相容,提高改性剂的利用效率,降低改性剂的用量。从图 2-13 可以看出:W-1 与 W-3 对改性沥青的低温延度贡献较小,而对软化点提高贡献很大;W-2 与 W-4 加入后,改性沥青的针入度、软化点、延度指标比较均衡;相比之下,改性沥青中加入 W-2后,低温延度明显优于其他三种稳定剂改性效果,因此最终采用 W-2 稳定剂。

2.2.4.2　稳定剂剂量

如果稳定剂用量太少,则交联反应不足,空间网络结构不稳定,同时接枝物降低改性剂相和沥青相界面张力的作用不明显,不足以抑制聚合物相和沥青相的分离。只有稳定剂达到一定用量后,对界面吸附层的稳定作用才能体现出来。改性沥青针入度、软化点、延度指标随稳定剂剂量的变化如图 2-14 所示。图 2-14 中,稳定剂剂量为基质沥青的百分比。

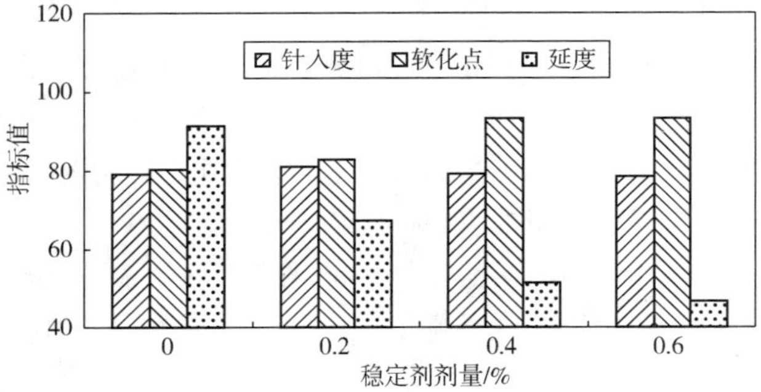

图 2-14　稳定剂剂量对改性沥青的影响

由图 2-14 中可以看出,随着稳定剂剂量的增加,针入度和软化点变化幅度较小,而低温延度明显下降。当稳定剂剂量分别为 0. 2%、0. 4%和 0. 6%时,针入度分别为不掺加稳定剂时的 96%、96%和 94%,软化点分别增加为 1. 03 倍、1. 12 倍和 1. 12 倍,低温延度分别降为 74%、46%和 51%。说明稳定剂的加入虽然有利于胶体的稳定,但对低温延度却有一定的降低作用,稳定剂的剂量不能过多。

少量稳定剂的加入,可使得聚合物与基质沥青的反应更充分,空间网络结构更稳定。图 2-15、图 2-16 分别为其他改性剂相同的情况下未掺加稳定剂与掺加 0. 2%稳定剂的改性沥青荧光显微镜照片。

由图 2-15 可以看出,由于试验采用多种改性剂复合改性,改性剂剂量比较高,未添加稳定剂时,高分子微粒之间的相互作用力已经比较大(单位体积内微粒数多,微粒间距离缩短),改性剂微粒相互搭接融合形成了连续网状结构;但网格结构不稳定，一部分改性剂粒子聚集成大粒子从而出现凝聚现象。而掺加 0.2% 的稳定剂后，在稳定剂产生的活性游离基作用下，改性剂微粒与沥青相界面吸附层稳定，改性剂分布均匀，呈现连续的网状结构。改性剂剂量不同，相应的稳定剂剂量也会变化。因此，稳定剂剂量的确定应同时考虑改性效果和经济成本。稳定剂产品推荐剂量一般为基质沥青质量的 0.5%~0.9%，但对于试验中的复合改性沥青来说显得过高。从高温和低温性能均衡考虑，选择稳定剂剂量为 0.2%~0.4%。

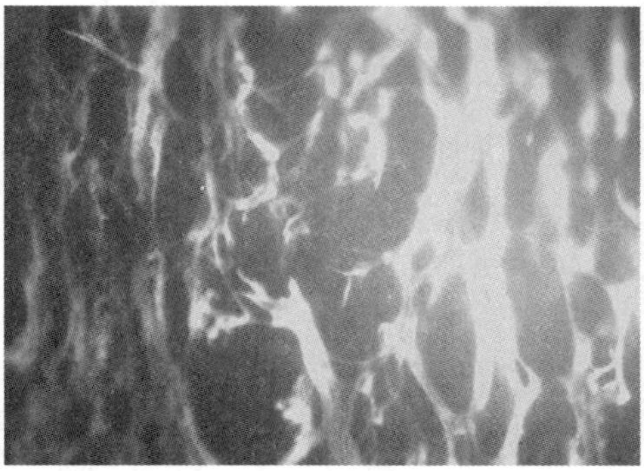

图 2-15　未掺加稳定剂的改性沥青荧光显微镜照片(400 倍)

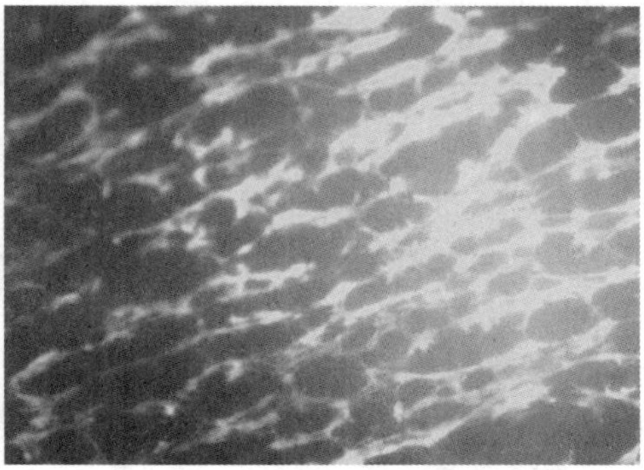

图 2-16　稳定剂含量为 0.2%时的改性沥青荧光显微镜照片(400 倍)

2.2.5　复合改性影响

各种改性剂对改性效果影响不同，而单掺某一种改性剂，难以满足应力吸收层结合料高低温均衡的技术要求。因此为了进一步提高改性沥青性能，采用含量为 5% 的 SBS 和改性剂 SBR(简称 B)复合改性，并加入稳定剂 C 和相容剂 D 改善改性效果，试验结果见表 2-7。

SBS 改性剂与其他改性剂复合改性　　表 2-7

沥青结合料类型	针入度(25℃，100g，5s)/0.1mm	软化点/℃	延度(5℃，5cm/min)/cm	黏韧性/(N·m)		135℃黏度/(Pa·s)	弹性恢复/%
				黏韧性	韧性		
基质沥青	107.3	44.5	5.8	—	—	—	—
基质沥青+SBS	89.3	52.7	55.5	9.4	6.0	0.842	93
基质沥青+B	103.4	50.5	>100.0	4.4	1.1	1.033	65
基质沥青+SBS+B	80.5	72.1	63.5	9.2	4.8	1.705	97

续上表

沥青结合料类型	针入度(25℃,100g,5s)/0.1mm	软化点/℃	延度(5℃,5cm/min)/cm	黏韧性/(N·m)		135℃黏度/(Pa·s)	弹性恢复/%
				黏韧性	韧性		
基质沥青+SBS+B+C	80.3	84.0	58.3	26.7	22.3	1.975	99
基质沥青+SBS+B+C+D	80.5	81.4	60.9	27.3	23.3	1.805	99

由表2-7可以看出,单掺SBS和SBR可使基质沥青的低温延度增加很多,但软化点和针入度改善并不大。但采用复合改性后,针入度下降比较明显,而软化点有较大提高,均达到70℃以上,尤其加入稳定剂及相容剂后,软化点达到80℃以上。其他指标(如5℃延度、黏韧性、韧性、135℃黏度)也明显改善。这是因为,无论单掺SBS(图2-17)还是改性剂B,仅形成改性剂为分散相、基质沥青为连续相的单相连续结构,聚合物虽然颗粒较细并分散均匀,但体积百分比较小,因此对基质沥青的改善效果不是很明显。

进行SBS和SBR复合改性后,SBS和SBR在基质沥青中相互交联形成网状结构,部分SBS颗粒附着在纤维状的SBR之上,未发现孤立的SBS或SBR颗粒;两者组成的复合改性剂与沥青相界面模糊,界面吸附层厚度较大,因此界面具有良好的黏结性能。两种改性剂形成的交联网络结构如图2-18所示。

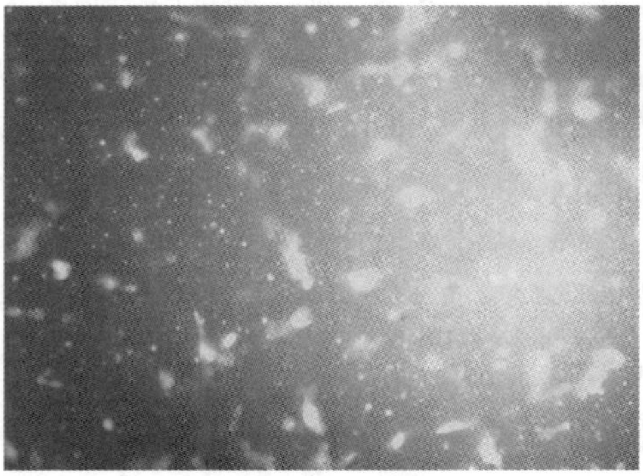

图2-17　单掺SBR荧光显微镜照片(400倍)

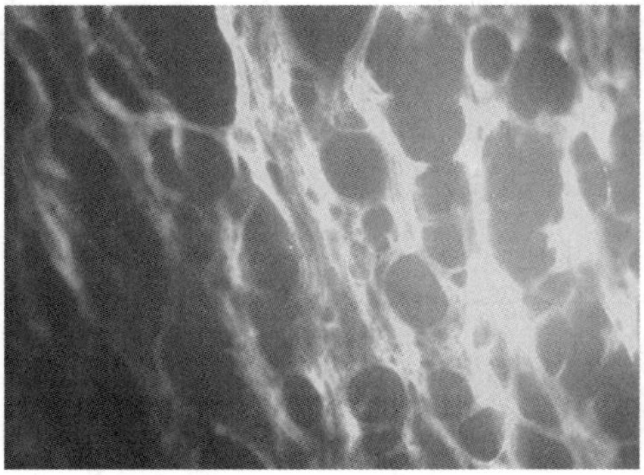

图2-18　SBS+SBR荧光显微镜照片(400倍)

当SBR与SBS组合形成复合改性剂掺加在基质沥青中后,由于大分子交联作用,橡塑材料(复合改性剂)在基质沥青中形成比一种SBR或者SBS改性扩展更充分、延伸后更具无规则性和复杂性的互穿网结构。其中,环状结构材料主要起抗流动作用，提高沥青胶体结构的高温性能；线形结构材料主要起延伸变形作用，提高沥青胶体结构的延伸性能。复合改性剂的互穿网络经无规“延伸”，某段结构存在线形结构或者在一定范围内存在长链线形结构，赋予沥青胶体结构弹性性能，进而大大提高了改性沥青的低温形变能力，宏观表现为低温条件下脆点降低和延度增大；另一方面，由于复合改性剂网络经过无规“扩展”胀大，局部互穿网团或互穿网结构整体形成阻力，赋予沥青胶体结构抵抗流动变形的能力，宏观表现为黏度增加和软化点增高。同时，互穿网络结构使复合改性剂网络“节点”在沥青胶体结构中形成局部应力吸收中心，在外力作用下，先在复合改性剂网络“节点”附近产生应力剪切银纹，应力要克服复合改性剂网络“节点”的应力才能进一步作用到沥青分子上，宏观表现为改性沥青的低温结晶速度减缓和高温变形受阻，从而起到复合改性同时改善低温和高温性能的效果。正是由于这些微观结构上的特征，使得复合改性沥青具有良好的高、低温性能以及优良的黏弹性和黏结性，表现为软化点、运动黏度等大幅度提高，弹性恢复、低温延度和黏韧性增加。

稳定剂C的加入，抑制了复合改性剂和基质沥青相分离，使改性剂的体积分数升高，形成更加稳定的网格结构，软化点、运动黏度等指标继续增加，如图2-19所示。相容剂D主要使各种改性剂充分扩展，增大了改性剂各链段间的距离，降低各链段间的作用力，对低温延度贡献较大，而对高温性能指标（如软化点、运动黏度等）反而有降低作用，但为了均衡各性能指标，加入相容剂D是必要的。加入相容剂D后的网络结构如图2-20所示。

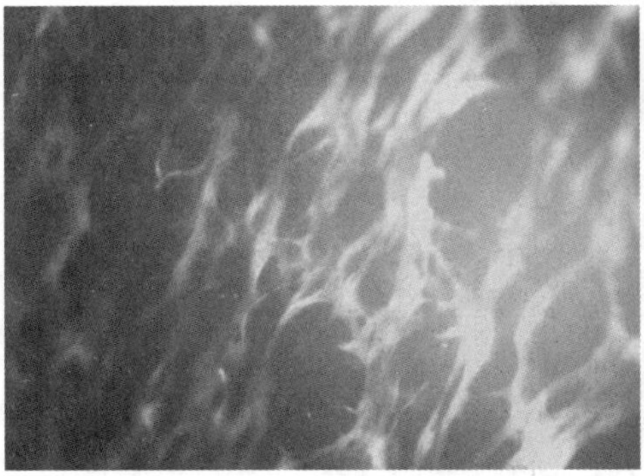

图2-19　SBS+B+C荧光显微镜照片（400倍）

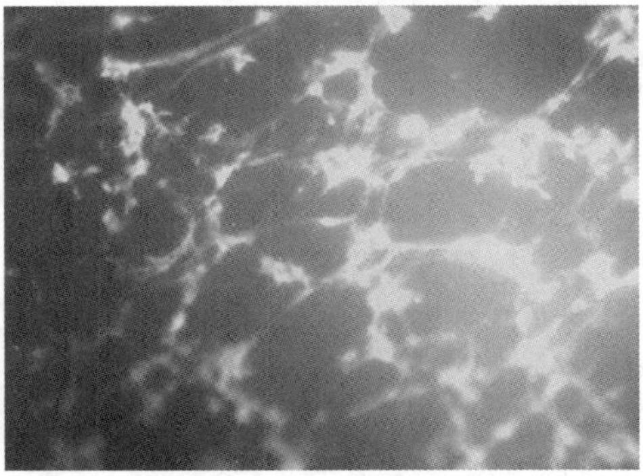

图2-20　SBS+B+C+D荧光显微镜照片（400倍）

2.2.6　加工工艺影响

改性沥青的性能除了与聚合物品种及基质沥青的类型有关外，很大程度上与其改性加工工艺有关。不同的加工工艺将直接影响聚合物改性沥青的各种力学性能、储存性能及耐老化性能等。目前国内外研究最多且成熟的加工方法是混融法，生产设备主要包括胶体磨、高速剪切设备、高速研磨机或混炼机等。现场使用的改性沥青设备有胶体磨式与高速剪切式两大类，一般需要经过改性剂的溶胀、分散磨细、继续发育三个阶段。每一阶段的工艺流程和时长随改性剂和加工设备的不同而不同。因此在研究改性沥青的性能时不能脱离其生产加工工艺。本节采用室内加工工艺(高速剪切机和混炼机)、中试加工工艺和工厂化生产工艺等，对所研制的改性沥青进行了改性效果对比分析。

2.2.6.1 室内加工工艺

1)高速剪切机

室内改性沥青制备是在基质沥青中加入预定比例的聚合物改性剂使其充分溶胀，升温至适当温度后用剪切机在6000r/min转速下剪切(图2-21)，改性剂在剪切作用下逐渐变细，最终以微米级颗粒均匀分散于基质沥青中。然后按先后顺序加入一定量的稳定剂和相容剂，整个剪切过程不超过60min。剪切完成后抽真空30min，以消除高速剪切带入的大量气泡，最后将制得的改性沥青成型并测试其各项性能指标。

图2-21 室内制备改性沥青

2)炼塑机

采用X(S)K-160型开放式炼塑机，工作辊面直径为160mm，工作辊面长度为320mm。该方法是将各种改性剂混炼成一种成品改性剂，再用剪切机在6000r/min转速下剪切，待成品改性剂以微米级颗粒均匀分散后，抽真空30min，最后成型并测试各项性能指标。炼塑机及炼塑工艺分别如图2-22和图2-23所示，炼塑成品如图2-24所示。

图2-22 炼塑机

图2-23 炼塑工艺

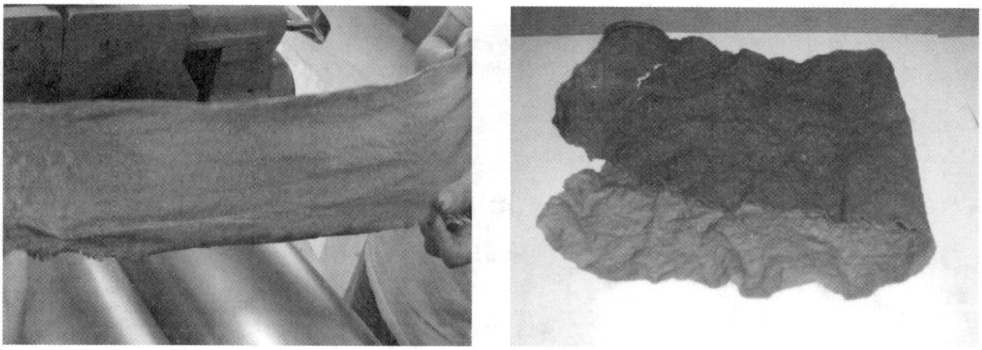

图 2-24　炼塑成品

对两种改性沥青样品做了室内高速剪切工艺和混炼后剪切工艺的对比,结果见表 2-8。

室内改性工艺对比分析　　表 2-8

性能指标	样品 1		样品 2	
	高速剪切	混炼后剪切	高速剪切	混炼后剪切
针入度(25℃,100g,5s)/0.1mm	82.4	82.0	72.2	70.8
软化点/℃	79.9	73.7	78.3	76.3
延度(5℃,5cm/min)/cm	54.3	51.5	44.3	33.1

由表 2-8 可以看出,改性沥青经过高速剪切和混炼后剪切工艺后性能差别较大,尤其是软化点和低温延度指标方面,高速剪切后的性能优于混炼后剪切后的性能,而针入度差别不大。其原因在于:与直接采用高速剪切机不同的是,混炼时各种改性剂同时加入基质沥青中,不存在先后顺序的差别;而采用高速剪切机时,严格按照“改性剂→稳定剂→相容剂”的加料顺序进行,稳定剂先加入后,改性剂分子链、基质沥青活性官能团首先发生交联接枝,使聚合物与基质沥青形成稳定的胶体体系,在聚合物相与沥青相之间形成一层相界面吸附层,在这种状态下加入相容剂,使改性剂和基质沥青及稳定剂的接触机会增多,有利于在反应过程中改性剂自身更好地交联形成网络结构,也有利于基质沥青更好地接枝到改性剂上生成改性剂-沥青接枝物,使得链段间伸展程度增大,增塑作用明显。而各种改性剂同时加入基质沥青里面时,相容剂首先进入改性剂微区使其溶胀,同种改性剂剂量作用下,基质沥青轻质组分进入改性剂网络的机会相对减少,宏观性能则表现为软化

点、延度等较低。

可见,对于应力吸收层结合料,即使改性过程中采用同样的加热温度和同样的改性剂比例,若改变添加顺序,则改性结果也大不一样,因而改性工艺尤其重要。

2.2.6.2 中试加工工艺

为了模拟工厂化产生过程,采用室内中试设备(图 2-25)进行改性,设备主要由自动控温的改性剂与基质沥青混合发育釜、在线三级无机变速高速剪切机、导热油伴热的管路控温系统、成品釜、自动控制与计量系统等组成,一次可生产 30kg 成品改性沥青。

图 2-25 改性沥青中试设备

中试试验是按照室内确定的可行性改性方案,将基质沥青、改性剂、稳定剂、相容剂等原材料按照一定的添加顺序投入发育釜中恒温发育 1h 左右,启动管路控温系统对设备进行温度控制(一般在 165~180℃),开启剪切机,经过多次循环剪切后,制备得到成品改性沥青,取样品进行试验验证,并对室内改性方案进行校核与调整。

2.2.6.3 工厂化生产工艺

工厂化生产工艺中,各种改性剂的添加顺序也严格按照室内确定的方案,其工艺流程如图 2-26 所示。

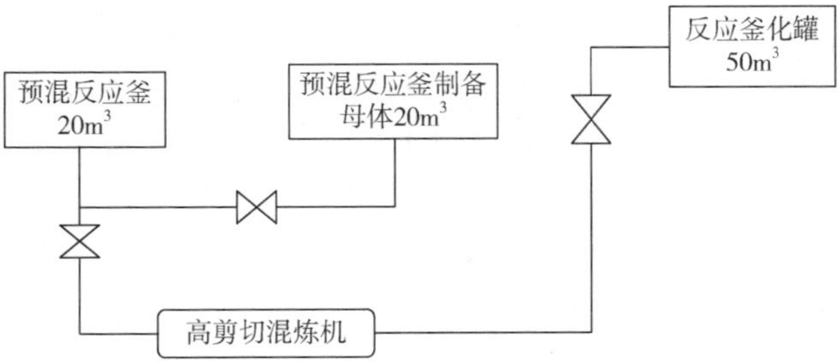

图 2-26 改性沥青设备工艺流程图

2.2.6.4 各工艺对比

在基质沥青相同、改性剂类型和剂量等均相同的情况下,对室内高速剪切工艺、中试工艺、工厂化生产工艺的改性沥青性能进行了对比分析,结果见表 2-9。

改性工艺对比分析　　表 2-9

性能指标	室内高速剪切工艺	中试工艺	工厂化生产工艺
针入度(25℃,100g,5s)/0.1mm	86.9	85.6	85.3
软化点/℃	79.5	82.4	83.5
延度(5℃,5cm/min)/cm	60.8	64.1	65.3

由表 2-9 可以看出,中试工艺与工厂化生产的改性沥青性能差别不大,而室内采用高速剪切机的改性沥青延度和软化点都稍有偏低。其中,低温延度比中试生产小 5cm 左右,这可能是改性剂颗粒大小以及分散程度的差异造成了改性效果不同。一般来说,改性剂溶胀率越大、体积分数越高、颗粒越细以及分散越均匀,改性效果越明显。室内高速剪切机改性采用干锅容器,一次改性 500g 左右,加入改性剂后,即使不停搅拌,颗粒也难免沾到剪切机和干锅内侧,这样影响了改性剂颗粒体积百分数和分散的均匀性。而中试工艺和工厂化生产的改性沥青生产量较大,保证了颗粒分散均匀性,产品质量比较稳定。

因此,综合改性加工工艺,应力吸收层结合料的改性剂要严格按照一定的顺序添加。改变添加顺序将导致改性结果大不一样。室内剪切工艺完成的改性沥青产品低温延度及软化点均不如中试生产的改性沥青产品,进行实体工程铺筑时,建议改性沥青要经过中试生产验证才能进行工厂化生产。

2.2.7　存储稳定性

应力吸收层结合料在实际使用过程中,均需要较长时间的储存,会导致改性沥青的性能发生一些变化。因此有必要研究应力吸收层结合料的存储稳定性,以便控制离析,更好地应用于生产。目前,国内外对改性沥青存储稳定性(如热存储稳定性、软化点衰减机理等)的评价方法可分为两种:一是通过观察改性沥青内部结构的变化来评价储存稳定性,如扫描电子显微镜、红外光谱法、透射电子显微镜、热分析法等;二是模拟改性沥青在实际应用中发生凝聚和离析的过程,通过改性沥青性能下降的程度来评价其储存稳定性,如 LAST(Laboratory Asphalt Stability Test)、离析试验等。但这两种方法均不能真实评价改性沥青的路用性能和存储稳定性的关系。因此,为了和工程应用存储条件一致,选择常温存储和 140℃高温存储两种条件,通过对比分析应力吸收层结合料在常温存储和高温存储条件下针入度、软化点、低温延度和 135℃运动黏度的变化,找出各项常规试验指标随存储时间和温度条件的变化规律,这对保证应力吸收层结合料的使用品质具有极其重要的意义。

改性沥青制备完成后,分别测试应力吸收层结合料在上述两种存储条件下各项常规指标随时间(0h、6h、12h、24h、36h、48h、60h)的变化。改性沥青不同存储条件下针入度随时间的变化趋势如图2-27所示。

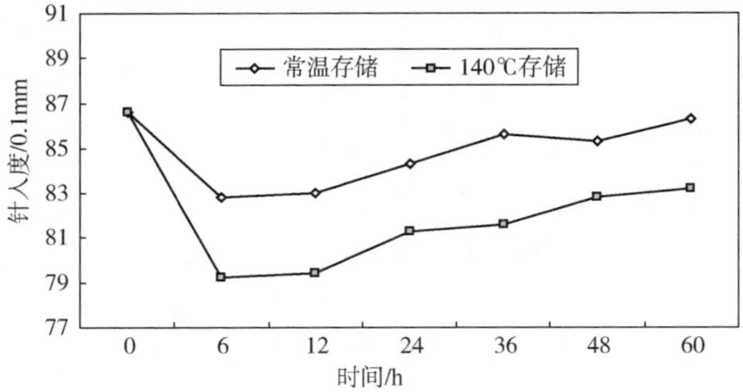

图2-27　不同存储条件下改性沥青针入度随时间的变化

可以看出,虽然存储条件不同,但针入度指标随时间的变化规律类似,即在0~6h内针入度迅速减小,6h后稍有上升的趋势,但变化不大。这是因为复合改性剂加入基质沥青后,吸收了基质沥青中的芳香分和饱和分等轻质组分,使得原有沥青胶体结构发生了较大变化,形成了复合改性剂胶团和沥青胶团共同作用的胶体结构。在改性完成后,由于撤去剪力场的作用,复合改性剂链段被恢复、接枝,更多的“毛絮”聚集到一起,使得复合改性剂颗粒增大,微粒之间的相互作用力较大。因此宏观表现为在改性完成0~6h内,复合改性剂的溶胀平衡和沥青胶体结构新的平衡还未形成,各存储条件下针入度迅速减小。6h之后基质沥青与复合改性剂处于均相的相容状态,新的平衡形成,宏观表现为针入度指标较稳定。

另外,高温存储条件下,沥青组分中大分子组分增加、小分子组分减小,羧基、亚砜基等极性官能团的生成,使得分子间的相互作用力增大,分子运动或分子链段产生相对位移时更加困难,宏观性能表现为针入度比常温存储条件下小。

应力吸收层结合料软化点随存储条件和时间的变化趋势如图2-28所示。

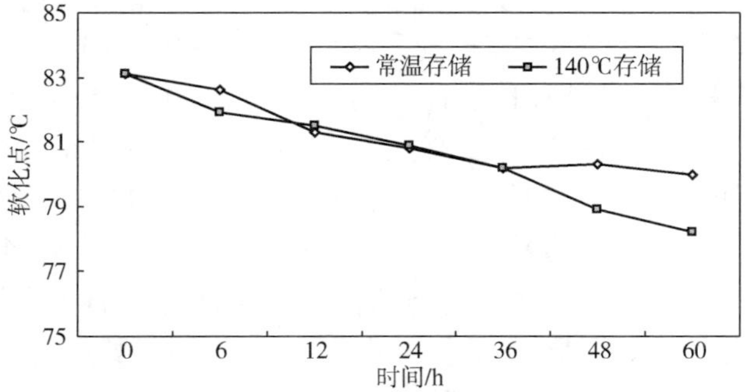

图2-28　不同存储条件下改性沥青软化点随时间的变化

从图 2-28 可以看出,应力吸收层结合料软化点在不同存储条件下随时间均出现下降的趋势。常温存储的样品在 36h 后软化点趋于稳定,而 140℃存储的样品呈继续下降趋势。研究表明,软化点受各种因素影响较为明显,如改性剂的性质、掺量、与基质沥青的混合时间、存储温度等对软化点会产生影响。

聚合物相的体积分率对改性沥青的软化点有很大影响,体积分率越大,软化点越高。改性沥青在高温条件下混合时,复合改性剂被较多的软沥青质充分溶胀,体积分率较大。改性完成后,温度降低至常温或 140℃,复合改性剂的溶胀能力随温度的降低而下降。有较多数量的软沥青质从复合改性剂相中析出,界面吸附层厚度减薄,复合改性剂粒径面积百分率减小,从而造成聚合物相的体积分率减小,软化点降低。应力吸收层结合料在高温存储条件下软化点继续降低,是因为复合改性剂相的粒径随存储时间延长而减小。

应力吸收层结合料 5℃延度随存储条件和时间的变化趋势如图 2-29 所示。

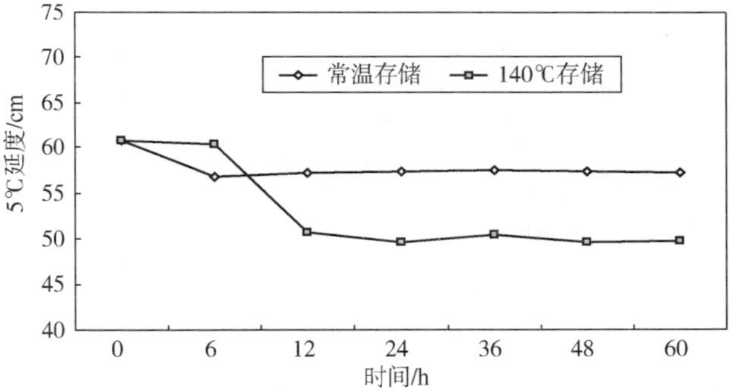

图 2-29　不同存储条件下改性沥青 5℃延度随时间的变化

应力吸收层结合料常温存储样品 5℃延度在 0~6h 内有些下降,6h 之后随时间变化不大,而高温存储样品在 0~12h 均有明显下降趋势。进一步说明在 0~6h 内复合改性剂的溶胀平衡和沥青胶体结构新的平衡还未形成,应力吸收层结合料的结构与宏观性质均不稳定。高温存储样品在 6h 后延度呈继续下降趋势,是因为改性沥青在高温存储条件下大分子的沥青质含量增加,沥青变硬,劲度增大,塑性下降,改性沥青的变形能力变差,所以低温延度继续减小。

应力吸收层结合料 135℃存储条件下黏度随时间的变化趋势如图 2-30 所示。

基质沥青的黏度、聚合物的分布形状以及聚合物在改性沥青中所占的体积百分率均对改性沥青的黏度产生较大的影响。Kriege-Dougherty 方程(KD 方程)可以较好表征改性沥青黏度与聚合物相显微结构的关系,即:

$$\eta_{PMA}=\eta_A\left(1-\frac{\phi_P}{\phi_M}\right)^{-2} \tag{2-2}$$

式中：η_{PMA}——聚合物改性沥青的黏度；

η_A——基质沥青的黏度；

ϕ_P——聚合物相在改性沥青中所占的体积百分率；

ϕ_M——最大固相分率。

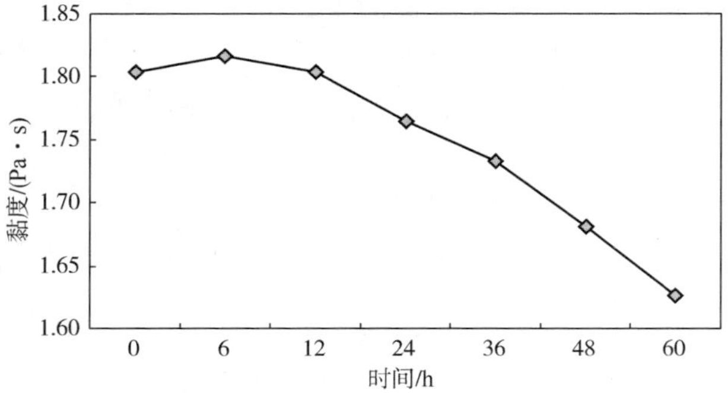

图 2-30　改性沥青 135℃存储条件下黏度随时间的变化

ϕ_P 越大，改性沥青的黏度越高，当 ϕ_P 接近 ϕ_M 时，ϕ_P 较小的变化会显著影响改性沥青的黏度。ϕ_M 是粒子形状的函数，与聚合物的分布形状有关。当复合改性剂呈不规则形状或丝状时，ϕ_M 会变得很小，改性沥青的黏度会较大。所以 0～6h 内，复合改性剂新的溶胀平衡状态的建立，使得其形状不规则变化，改性沥青黏度稍有增加。而 6h 之后，复合改性剂的溶胀平衡和沥青胶体结构新的平衡逐渐建立，此时改性沥青的黏度主要由两者的界面层黏度决定。

综上所述，对于应力吸收层结合料，无论 140℃高温存储还是常温存储，在 0～6h 内存在改性剂继续溶胀的现象，改性剂的溶胀平衡和沥青胶体结构新的平衡不稳定，表现为针入度、软化点、延度、黏度等指标在此时间段的变化不规律。存储 6h 之后，无论是常温还是在高温条件下，随着存储时间的延长，应力吸收层结合料的软化点会随着时间的变化出现类似的下降趋势；而高温存储样品的低温延度指标持续缓慢下降，常温存储样品的低温延度指标基本不变化。

2.3　改性效果检验

对确定的改性沥青方案进行中试和工厂化生产，并进行常规试验和性能分级性能检验。其中，常规试验结果见表 2-10。

改性沥青常规试验结果　　表 2-10

项　目	单　位	试验指标
针入度(25℃,100g,5s)	0.1mm	86.6
软化点	℃	83.1
延度(5cm/min,5℃)	cm	63.5
溶解度	%	99.5
135℃运动黏度	Pa·s	2.31
密度	g/cm^3	1.005
闪点	℃	261
48h 软化点差	℃	2.1
RTFOT(旋转薄膜烘箱老化)残留物		
质量损失	%	≤0.17
针入度(25℃,100g,5s)	0.1mm	78.0
(5℃,15℃,25℃,30℃)针入度指数 PI	—	0.6
弹性恢复(25℃)	%	98
延度(5cm/min,5℃)	cm	52.5

美国公路战略研究计划(SHRP)结合料规范中提出的 PG 分级标准(标号以字母 PG 和温度的区间数值来表示)与以往的针入度或黏度分级标准不同,其最大特点是与实际路用性能挂钩,测试结果精确。受美国 SHRP 的影响,目前我国公路建设中许多工程对沥青结合料采取我国标准和美国 SHRP 性能分级标准的双指标体系控制,实际检验结果表明,即使我国标准中常规的指标能满足要求,但 PG 分级指标不一定能达标,而且 PG 分级指标更能反映生产的波动性,因此对应力吸收层结合料进行 SHRP 试验检验十分必要。从储存罐内取样进行 SHRP 性能 PG 分级试验,结果见表 2-11。

改性沥青 PG 分级试验结果　　表 2-11

<table>
<tr><th>样　品</th><th>项　目</th><th>单位</th><th>试验温度/℃</th><th>试验指标</th></tr>
<tr><td rowspan="4">初始结合料</td><td>黏度</td><td>Pa·s</td><td>135</td><td>2.31</td></tr>
<tr><td rowspan="2">动态剪切试验,车辙因子($G^*/\sin\delta$)</td><td rowspan="2">kPa</td><td>70</td><td>5.34</td></tr>
<tr><td>76</td><td>2.87</td></tr>
<tr><td>闪点</td><td>℃</td><td>—</td><td>261</td></tr>
</table>

续上表

<table>
<tr><th>样　　品</th><th colspan="2">项　　目</th><th>单位</th><th>试验温度/℃</th><th>试验指标</th></tr>
<tr><td rowspan="3">残渣</td><td colspan="2" rowspan="2">动态剪切试验($G^*/\sin\delta$)</td><td rowspan="2">kPa</td><td>70</td><td>3.44</td></tr>
<tr><td>76</td><td>2.47</td></tr>
<tr><td colspan="2">质量损失</td><td>%</td><td>163</td><td>0.06</td></tr>
<tr><td rowspan="4">PAV(Pressurized Aging Vessel)残渣</td><td colspan="2" rowspan="2">动态剪切试验,疲劳因子
($G^* \sin\delta$)</td><td rowspan="2">kPa</td><td>25</td><td>2.91</td></tr>
<tr><td>28</td><td>2.81</td></tr>
<tr><td rowspan="2">BBR(Bengding Beam Rheometer)</td><td>弯曲蠕变劲度 S</td><td>MPa</td><td rowspan="2">-18</td><td>292</td></tr>
<tr><td>斜率 m</td><td>—</td><td>0.311</td></tr>
</table>

通过以上分析可以看出,应力吸收层复合改性沥青具有优良的高温性能、低温性能、弹性恢复性能、耐老化性能等,并且可达到PG76-28的性能要求。

本章参考文献

[1] VENUDHARAN V,BILIGIRI K P.Effect of crumb rubber gradation on asphalt binder modification:rheological evaluation, optimization and selection [J]. Materials and Structures, 2017 (50):129.

[2] ZAKIEVA R R,GUSSAMOV I I,GADEL'SHIN R M,et al.Effect of modification of a copolymer of ethylene with vinyl acetate on the performance of cement and asphalt concrete based on it[J]. Chemistry and Technology of Fuels and Oils,2015(51):480-486.

[3] ALI S A,GHABCHI R,RANI S,et al.Feasibility of using XRF for assessment of surface free energy components of asphalt binder [C]//Proceedings of the 5th GeoChina International Conference 2018—Civil Infrastructures Confronting Severe Weathers and Climate Changes:From Failure to Sustainability.2019.

[4] SOMOV V E,ZALISHCHEVSKII G D,BRUSNIN A G,et al.Effect of group chemical composition of a mixture of west Siberian oils on road asphalt quality[J].Chemistry and Technology of Fuels and Oils,2016(52):527-535.

[5] OLIVOS PERALTA E U,GONZÁLEZ GARCÍA E A,NÁjera R H.Study on the concentration of a silicon oxide micro-sphere on modified asphalt with SBS copolymer[J].MRS Online Proceedings Library,2015(1768):10-14.

[6] GONZÁLEZ GARCÍA E A,HERRERA NÁJERA R.Effect of stirring speed in hot mixing process of modified asphalt with SBS copolymer on polymeric distribution and its rheological properties[J].MRS Online Proceedings Library,2015(1813):3.

[7] JIANG Y,LIU Y,GONG J,et al.Microstructures,thermal and mechanical properties of epoxy as-

phalt binder modified by SBS containing various styrene-butadiene structures[J].Materials and Structures,2018(51):86.

[8] SHAH P M, MIR M S. Effect of kaolinite clay/SBS on rheological performance of asphalt binder[J].Innovative Infrastructure Solutions,2020(5):21.

[9] KOCAK S,KUTAY M E.Combined effect of SBS and Devulcanized Rubber(DVR) modification on performance grade and fatigue cracking resistance of asphalt binders[C]//8th RILEM International Conference on Mechanisms of Cracking and Debonding in Pavements.Springer Netherlands,2016.

[10] IBRAHIM A H A. Effects of long-term aging on asphalt mixes containing SBS and PP-polymer[J].International Journal of Pavement Research and Technology,2020,14(2).

[11] SUGANO M,KAJITA J,ARAI T,et al.Additive effects of aromatic oil and styrene-butadiene-styrene triblock copolymer upon feedstock recycling of degraded polymer modified asphalt[J].Waste Biomass Valor,2019(10):3579-3586.

[12] AL-ADHAM K, BAIG M G, WAHHAB H A. Prediction of dynamic modulus for elastomer-modified asphalt concrete mixes at desert environment[J].Arabian Journal for Science and Engineering,2019(44):4141-4149.

[13] AURILIO M,MIKHAILENKO P,BAAJ H,et al.Correction to:Properties of asphalt binders with increasing SBS polymer modification[C]//Proceedings of the 5th International Symposium on Asphalt Pavements & Environment(APE),2020.

[14] ALATAŞ T,KİZİRGİL M E.The effects of using Styrene-Butadiene-Styrene and fly ash together on the resistance to moisture-induced damage,permanent deformation and fatigue of hot mixture asphalt[J].KSCE Journal of Civil Engineering,2013(17):1030-1039.

[15] SINGH D,KATAWARE A V.Comparison of different rheological parameters for rutting susceptibility of SBS + WMA modified binders[J].Innovative Infrastructure Solutions,2016(1):28.

[16] TARAR M A,KHAN A H,UR REHMAN Z,et al.Compatibility of sunflower oil with asphalt binders:a way toward materials derived from renewable resources[J].Materials and Structures,2020(53):64.

[17] NODARI C,CRISPINO M,TORALDO E.Bituminous mixtures with high environmental compatibility:laboratory investigation on the use of reclaimed asphalt and steel slag aggregates[C]//Proceedings of the 9th International Conference on Maintenance and Rehabilitation of Pavements,2020.

[18] DU X,XU P,CONG P,et al.Compatibilization and toughness modification of linear aliphatic epoxy compound on paving epoxy asphalt[J].Materials and Structures,2020(53):42.

[19] RAMADAN K Z,AL-KHATEEB G G,TAAMNEH M M.Mechanical properties of styrofoam-modified asphalt binders[J].International Journal of Pavement Research and Technology,2019(2):205-211.

[20] ISRAEL Rodríguez-Fernández, CAVALLI M C, POULIKAKOS L D, et al. Long-term aging behaviour of asphalt mixtures modified with crumb rubber using the dry process[C]//Proceedings of the 5th International Symposium on Asphalt Pavements & Environment(APE), 2020.
[21] 郝培文,申艳梅.SBS与沥青相容性的研究[J].西安公路交通大学学报,2001,21(2):27-29.
[22] 廖克俭,从玉凤.道路沥青生产与应用技术[M].北京:化学工业出版社,2004.
[23] 温贵安.橡胶反应共混改性沥青的高性能化和稳定化研究[D].上海:上海交通大学,2001.
[24] 李克友,张菊华,向福如.高分子合成原理及工艺学[M].北京:科学出版社,1999.
[25] 李福普,沈金安.聚合物改性沥青的配伍性与相容性[J].公路交通科技,1999,16(3):1-5.
[26] 陈华鑫.SBS改性沥青路用性能与机理研究[D].西安:长安大学,2006.
[27] 陈华鑫,王秉纲.基质沥青和SBS改性剂的相互作用机理分析[J].公路,2007(2):134-137.
[28] 沈金安.改性沥青与SMA[M].北京:人民交通出版社,1999.
[29] 陈拴发,周燕,陈华鑫,等.改性沥青性能指标合理测试时间的确定[J].长安大学学报(自然科学版),2008,28(6):1-4.
[30] 廖卫东,陈拴发,刘云全.STRATA应力吸收层抗疲劳特性研究[J].武汉理工大学学报,2003,25(12):1-4.
[31] 李祖仲,陈拴发,华敏.Sampave层厚度对沥青结构层内力影响分析[J].郑州大学学报(工学版),2007,28(4):92-95.
[32] 杨斌.旧水泥混凝土路面沥青加铺层结构研究[D].西安:长安大学,2005.
[33] 李祖仲.应力吸收层沥青混合料路用性能研究[D].西安:长安大学,2005.
[34] 周燕.应力吸收层结合料性能及其关键评价指标研究[D].西安:长安大学,2010.

第 3 章　应力吸收层结合料性能

沥青混合料是由粗集料、细集料、矿粉和沥青结合料形成的多级空间网状结构的分散系。沥青结合料是沥青混合料中重要的组成部分,而沥青结合料具有黏弹性力学特点,其技术性能显著影响沥青混合料的路用性能,进而影响沥青路面的使用品质。美国公路战略研究计划(SHRP)研究成果表明,沥青结合料对于高温车辙贡献率为 29%,对疲劳贡献率为 52%,对温度裂缝贡献率为 87%。世界各国都非常重视道路石油沥青的工业标准问题,并为此付出了巨大的努力。

沥青结合料作为一种化工产品,必须按照某个技术指标对等级进行划分以形成不同的标号,以满足不同地区和工程的需要。1918 年,美国率先制定了以针入度指标为分级依据的标准。20 世纪 70 年代,又提出了以黏度指标为分级依据的标准。20 世纪 90 年代,美国在 1989—1993 年实施的公路战略研究计划(SHRP)后又提出了基于性能的分级方法。

1)针入度分级

针入度分级,是指以 25℃针入度大小来划分石油沥青的标号。针入度分级标准体系历史最长,使用的国家也最多。按针入度划分标号时,标号之间的针入度值可以是连续的,也可以是不连续的,并以针入度中值或区间值命名。我国的道路石油沥青基本是按针入度级分类,如《重交通道路石油沥青》(GB/T 15180—2010)是按连续针入度(40~140)分为 5 个标号,每个标号针入度区间值为 20,以中值命名,如针入度 40~60 的石油沥青命名为 AH-50。

2)黏度分级

长期的实践表明,石油沥青在 60℃下的黏度与夏季路面最高温度下沥青混合料的强度、抗车辙能力有良好的相关性。按 60℃黏度大小划分石油沥青标号,能更好地体现相应标号的高温性能,方便用户选用。如美国 ASTM D3381 中采用了黏度分级体系,即按照 60℃黏度,将石油沥青分为 AC-2.5(60℃黏度为 25Pa·s±5Pa·s)、AC-5(60℃黏度为 50Pa·s±10Pa·s)、AC-10(60℃黏度为 100Pa·s±20Pa·s)、AC-20(60℃黏度为 200Pa·s±40Pa·s)、AC-40(60℃黏度为 400Pa·s±80Pa·s)5 个等级。为了控制沥青路面车辙问题,日本也制定了按 60℃黏度分级的重交通道路石油沥青的技术标准。

一些代表性国家的现行道路石油沥青指标

表 3-1

指标	中国	阿根廷	澳大利亚	奥地利	比利时	加拿大	丹麦	芬兰	法国	德国	英国	意大利	马来西亚	日本	荷兰	新西兰	挪威	南非	西班牙	瑞典	瑞士	泰国	美国1	美国2	苏联
针入度	●	●	●	●	●	●	●	●	●	●	●	●	●	●	●	●	●	●	●	●	●	●	●	●	●
软化点	●			●	●		●	●	●	●	●	●	●	●		●		●		●	●				●
延度	●	●		●		●	●		●	●		●	●	●		●		●	●		●	●	●		●
黏度（60℃/135℃）			●	●	●	●		●								●	●			●	●			●	
弗拉斯脆点				●			●			●		●							●		●				●
针入度指数		●													●				●		●				●
密度（比重）	●	●		●	●			●	●	●		●	●	●	●					●	●				
闪点	●	●	●		●			●	●	●			●	●	●	●	●			●		●	●	●	●
溶解度	●	●	●	●	●	●	●	●	●	●	●	●	●	●	●	●	●	●	●	●	●	●	●	●	●
介电常数											●														
蒸发损失试验	●	●		●					●		●	●	●							●		●			
TFOT（Thin film oven test）或 RTFOT	●		●			●	●	●						●	●	●	●	●	●		●		●	●	●

续上表

指标	中国	阿根廷	澳大利亚	奥地利	比利时	加拿大	丹麦	芬兰	法国	德国	英国	意大利	马来西亚	日本	荷兰	新西兰	挪威	南非	西班牙	瑞典	瑞士	泰国	美国1	美国2	苏联
旋转烧瓶试验										●															
灰分										●															
蜡含量	●						●		●	●		●													
沥青质含量																									
耐久性试验			●																						
老化后试验																									
针入度比	●	●		●		●	●		●	●	●	●	●	●	●	●		●	●		●	●	●	●	
软化点升高							●			●		●													●
延度	●	●	●				●	●		●						●	●	●		●			●	●	
黏度比			●			●		●									●			●				●	
质量损失	●		●		●	●	●		●	●	●	●	●			●	●	●	●	●	●	●	●	●	
弗拉斯脆点							●	●		●							●			●					
针入度指数															●										●
与集料黏结力																									●

注:美国 1 为针入度级标准,美国 2 为黏度级标准。

3)基于性能的分级

基于性能的分级是以石油沥青在相应的使用环境条件下应具备的性能特征作为分级依据。这个概念是美国公路战略研究计划(SHRP)中提出来的,并形成了以石油沥青所能使用的环境最高温度和最低温度所限定的温度区间来划分标号的标准体系(标号以字母PG和温度的区间数值来表示)。例如,标号为PG76-22的石油沥青,表示其要符合高温性能指标的最低试验温度不低于76℃,低温性能指标要求的试验温度不高于-22℃。

一些代表性国家的现行道路石油沥青标准所采用的指标见表3-1。

应力吸收层结合料不同于普通的基质沥青以及一般的改性沥青,除具有一般改性沥青的优点之外,通常还具有较低的温度敏感性、优良的高温性能、低温性能、弹性恢复性能、抗疲劳性能以及耐老化性能等。选取工程常用的7种改性沥青进行各种性能的对比分析,采用常规试验、动态剪切流变试验、测力延度试验、弹性恢复、黏韧性等试验方法对应力吸收层结合料进行感温性能、高温性能、低温性能、黏韧性、弹性恢复性能、耐老化性能等评价。通过对比分析,推荐经济实用并符合我国国情的应力吸收层结合料技术要求。

3.1 应力吸收层结合料感温性指标

公路沥青路面要经受四季气温变化的考验。人们希望夏天沥青结合料要硬一些、不发软,冬天要柔韧一些、不发脆。但沥青结合料是一种典型的感温性材料,在施工和使用过程中经历的温度范围极其广泛,其黏度随温度的变化也相当显著。沥青路面施工时,沥青混合料拌和、摊铺、碾压成型时的温度可达到100~180℃。开放交通后,沥青路面裸露于自然环境中,夏季,由于材料吸收热量,路面温度可达到70℃;冬季,在北方寒冷地区,温度可能降到-40℃甚至更低。沥青结合料从牛顿液体变成接近胡克弹性体,中间经历了黏弹性体阶段。由于沥青结合料的黏弹性,它的任何性质都是温度和时间的函数。并且对于不同的沥青结合料,即使温度变化相同,其针入度或黏度的变化也不同,这种性质的变化受温度变化的影响程度称为温度敏感性,简称感温性。

针对国内近年常用的改性沥青进行调查,从中选择6种以及Strata(简称STR)改性沥青进行性能对比分析。根据SHRP研究成果,当PG分级高、低温差值超过90℃时,需采用改性沥青。

因此,选择7种代表性改性沥青:SBR改性沥青、SBS改性沥青、SAM改性沥青、QP改性沥青、GC改性沥青、TPS改性沥青以及STR改性沥青。其中GC改性和 QP 改性沥青满足美国科氏(中国)公司规定的应力吸收层结合料技术要求;TPS 改性沥青满足南柳高速公路应力吸收层结合料技术要求;SAM 改性沥青满足尉许高速公路、成都一环路等应力吸收层结合料技术要求,并在湖北汉宜高速公路、陕西子洲至靖边高速公路应力吸收层试验段中应用;STR 改性沥青满足美国科氏材料(中国)公司规定的应力吸收层结合料技术要求,并在成都市一环路、汉宜高速公路中应用;SBR 改性沥青和 SBS 改性沥青为对比用改性沥青。沥青结合料样品中,25℃针入度值位于 40~60(0.1mm)的有一种,位于 60~80(0.1mm)的有三种,位于 80~100(0.1mm)的有三种。各指标按照《公路沥青路面施工技术规范》(JTG F40—2004)中规定的技术要求进行测定,其中老化前后针入度、60℃动力黏度以及 135℃运动黏度指标测试结果列于表 3-2 中。

改性沥青老化前后指标值　　表 3-2

改性沥青类型	老化前						老化后				
	针入度(100g,5s)/0.1mm				135℃黏度/(Pa·s)	60℃动力黏度/(Pa·s)	针入度(100g,5s)/0.1mm				135℃黏度/(Pa·s)
	5℃	15℃	25℃	30℃			5℃	15℃	25℃	30℃	
SBR 改性	14.8	37.5	97.1	149.9	1.015	253	10.4	27.0	82.5	142.3	1.175
SBS 改性	13.5	32.5	83.0	121.4	1.042	261	10.5	25.1	66.5	116.9	1.220
SAM 改性	17.5	39.7	86.6	134.2	1.875	20010	15.5	34.7	78.0	129.2	2.217
QP 改性	12.3	31.0	67.0	106.0	1.965	80267	10.0	23.6	63.2	101.2	2.310
GC 改性	19.0	37.7	79.6	115.2	1.970	25336	16.6	33.9	74.8	104.3	3.170
TPS 改性	9.9	20.8	50.0	73.8	2.335	41000	9.2	20.0	46.7	71.7	2.865
STR 改性	15.4	35.3	77.0	105.2	2.445	>300000	12.6	36.9	60.5	88.5	3.415

道路石油沥青的针入度是沥青稠度的一种表示方法,针入度值越大,沥青稠度越小。对于高软化点的石油沥青,针入度也表示石油沥青的软硬程度,针入度越小表明石油沥青越硬。软化点和针入度指标相结合,可以表示石油沥青的感温性。此外,软化点和针入度有较好的对应关系。

道路石油沥青的黏度依赖于温度。随着温度降低,石油沥青将逐渐丧失流动变形的能力。石油沥青的黏温关系对于沥青路面的使用品质和工艺特性影响巨大。在施工温度区域,人们希望石油沥青具有较小的黏度,使得沥青路面易于成型密实;在沥青路面使用温度范围内的高温区域,例如 60℃左右,希望石油沥青具有较高的黏度,或者说较强的流动变形抵抗能力,以防止产生车辙、推移、拥包等病害;在低温区域,希望石油沥青仍然保持足够低的黏度,以适应降温引起的沥青路面收缩,防止路面开裂。因此,合理地描述石油沥青的黏温关系是评价石油沥青黏温特性及其技术品质的关键。另一方面,为便于研究及工程应用,通常希望石油沥青的黏温关系能够在某一坐标系下呈直线关系。

平衡石油沥青在施工、高温使用条件、低温使用条件下的黏度至关重要。除了多蜡沥青、深度氧化沥青和特殊的改性沥青外,多数石油沥青的黏温关系在特定的坐标系下均呈直线关系,该直线的斜率代表了石油沥青的温度敏感性,工程研究中通常采用黏温曲线的斜率来讨论黏性流动特性对于温度的依赖关系。表示石油沥青感温性能的指标有许多,现在普遍采用的有针入度指数(PI,Penetration Index)、针入度黏度指数(PVN,Pen-Vis Numbers)及黏温指数(VTS,Viscosity-Temperature Susceptibility)。

3.1.1 针入度指数

3.1.1.1 老化前针入度指数

针入度指数 PI 是评价石油沥青感温性最常用的指标。1936 年,Pfeiffer 和 J. Phand van Doormaal 通过大量的试验,将不同温度下的针入度标注在对数坐标上,得出了针入度(对数)温度直线关系:

$$\log P = AT + K \tag{3-1}$$

式中:P——试验温度下的针入度(0.1mm);

A——回归常数,为针入度温度关系直线的斜率,表示沥青的温度敏感性;

T——试验温度(℃);

K——回归参数。

则针入度指数 PI 为:

$$\mathrm{PI} = \frac{20-500A}{1+50A} \tag{3-2}$$

PI 值越低,石油沥青温度敏感性越高,性能越差。通常认为,PI>2 的石油沥青为凝胶型沥青,其耐久性较差,虽然低温脆性小,但与牛顿流动特性偏离较大,在大变形或低变形速率条件下抗裂性能差;PI<-2 的石油沥青为溶胶型沥青,该类石油沥青的温度敏感性过高,不适于修筑沥青路面;PI 值介于 2~-2 的石油沥青为溶凝胶型,其感温性适宜作为道路石油沥青使用。理想的针入度指数最好保持在-1~+1

范围内。

由于针入度试验结果重现性差,我国“八五”攻关专题提出用 3 个或 3 个以上不同温度的针入度作为主要指标。为了评价应力吸收层结合料低温区域的感温性,增加了 5℃ 的低温针入度来计算 PI 值。表 3-3 分别计算了 5℃、15℃、25℃、30℃四个温度的 PI 值和 5℃、15℃、25℃以及 15℃、25℃、30℃三个温度的 PI 值,另外还计算了当量软化点 T_{800} 和当量脆点 $T_{1.2}$。

各改性沥青 PI 值计算结果　　表 3-3

指标		SBR	SBS	SAM	QP	GC	TPS	STR
PI(5,15,25,30)	A	0.040	0.039	0.035	0.037	0.031	0.035	0.034
	PI	-0.066	0.239	0.889	0.545	1.673	0.850	1.194
	K	0.969	0.938	1.068	0.916	1.116	0.809	1.030
	相关系数	1.000	0.999	1.000	0.999	1.000	0.999	0.998
	T_{800}	47.9	50.9	52.3	53.9	56.9	59.3	55.7
	$T_{1.2}$	-22.0	-22.2	-28.2	-22.7	-33.0	-20.7	-28.3
PI(5,15,25)	A	0.041	0.039	0.035	0.037	0.031	0.035	0.035
	PI	-0.132	0.101	0.969	0.563	1.742	0.870	0.929
	K	0.965	0.929	1.072	0.917	1.119	0.810	1.016
	相关系数	1.000	1.000	1.000	0.997	0.999	0.998	1.000
	T_{800}	47.5	50.1	52.8	54.0	57.4	59.5	54.1
	$T_{1.2}$	-21.7	-21.6	-28.6	-22.8	-33.4	-20.8	-26.9
PI(15,25,30)	A	0.040	0.039	0.035	0.035	0.032	0.037	0.032
	PI	-0.050	0.256	0.889	0.850	1.450	0.545	1.450
	K	0.972	0.940	1.070	0.957	1.091	0.768	1.091
	相关系数	1.000	0.998	0.999	0.998	1.000	0.999	0.997
	T_{800}	47.9	51.0	52.2	55.1	55.9	57.9	55.9
	$T_{1.2}$	-22.2	-22.3	-28.2	-24.9	-31.2	-18.7	-31.2

由表 3-3 可以看出,虽然相关系数都达到 0.997 以上,但由 3 个温度和 4 个温度计算得出的 PI 值差别较大,直观对比结果如图 3-1 所示。

可以看出,虽然各计算结果的相关系数都大于 0.997,但同一种改性沥青在不同温度区间的 PI 值却差别较大。比如 STR 改性沥青,由(5℃,15℃,25℃)以及(15℃,25℃,30℃)的针入度计算的PI值最大误差达到0.521,远大于规范中不同等级石油沥青之间PI值最小间隔为0.2的规定试验误差。而由(5℃,15℃,25℃,30℃)的针入度计算的PI值明显减小了这种试验误差。由图3-1可以看出,由4个温度计算的PI值基本介于前3个温度和后3个温度之间。从选择的7种改性沥青来看,4个温度的针入度与温度在对数坐标下呈良好的线性关系,由(5℃,15℃,25℃,30℃)针入度计算的PI值可较好地反映应力吸收层结合料的温度敏感性。7种改性沥青PI值按照计算值大小的排序为:

①(5℃,15℃,25℃,30℃)针入度确定的PI计算结果为:GC改性>STR改性>SAM改性>TPS改性> QP改性> SBS改性> SBR改性。

②(5℃,15℃,25℃)针入度确定的PI计算结果为:GC改性>SAM改性>STR改性>TPS改性> QP改性> SBS改性> SBR改性。

③(15℃,25℃,30℃)针入度确定的PI计算结果为:GC改性 = STR改性>SAM改性> QP改性>TPS改性> SBS改性> SBR改性。

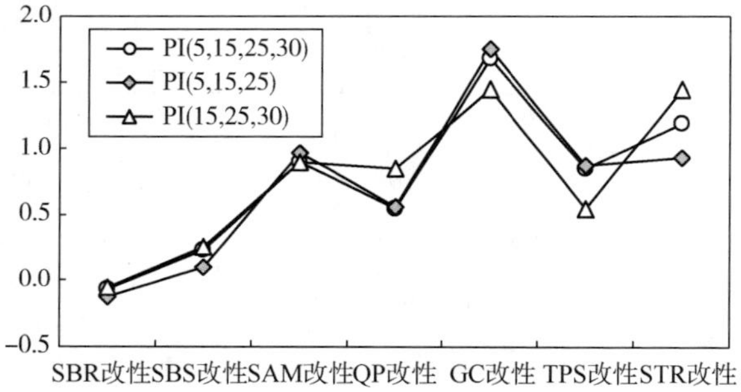

图3-1 老化前PI值对比图

因为温度感应系数A极小的误差都会被式(3-3)放大50倍,所以使得PI值稳定性较差,准确性降低,而所选改性沥青存在温度较高时(如30℃)的针入度值过大(>140)的情况,人为操作误差将更加明显。这样,即使在针入度误差范围内,不同的针入度值、不同的温度组合得到的PI值差异很大,所以采用4个温度计算的PI值的准确率将大大增加。同时,T_{800}与$T_{1.2}$的计算结果也更加准确。

$$PI=\frac{30}{1+50A}-10 \quad (3\text{-}3)$$

3.1.1.2 老化后针入度指数

各改性沥青老化后的针入度指数PI、当量软化点T_{800}和当量脆点$T_{1.2}$对比结果见表3-4。针入度指数PI对比结果如图3-2所示。

老化后各改性沥青 PI 值计算结果 表 3-4

指标		SBR	SBS	SAM	QP	GC	TPS	STR
PI(5℃,15℃,25℃,30℃)	A	0.046	0.042	0.036	0.040	0.032	0.036	0.035
	PI	−0.868	−0.276	0.638	−0.066	1.472	0.772	0.989
	K	0.773	0.797	1.000	0.786	1.055	0.777	0.920
	相关系数	0.999	0.998	0.998	0.999	0.999	1.000	0.998
	T_{800}	46.6	50.5	52.3	52.4	57.2	59.5	57.3
	$T_{1.2}$	−15.2	−17.2	−25.3	−17.5	−30.2	−19.6	−24.3
PI(5℃,15℃,25℃)	A	0.045	0.040	0.035	0.040	0.033	0.035	0.035
	PI	−0.769	−0.017	0.889	0.000	1.385	0.850	0.889
	K	0.780	0.813	1.015	0.791	1.051	0.782	0.915
	相关系数	0.998	0.999	1.000	0.998	0.999	0.999	0.997
	T_{800}	47.2	52.1	53.8	52.8	56.6	60.1	56.6
	$T_{1.2}$	−15.6	−18.3	−26.6	−17.8	−29.7	−19.9	−23.8
PI(15℃,25℃,30℃)	A	0.048	0.044	0.038	0.042	0.033	0.037	0.032
	PI	−1.202	−0.654	0.417	−0.354	1.364	0.545	1.450
	K	0.710	0.732	0.969	0.741	1.042	0.747	0.978
	相关系数	1.000	0.999	0.997	1.000	0.998	1.000	1.000
	T_{800}	45.5	49.1	51.4	51.2	56.7	58.4	59.4
	$T_{1.2}$	−13.1	−14.8	−23.7	−15.7	−29.4	−18.1	−27.7

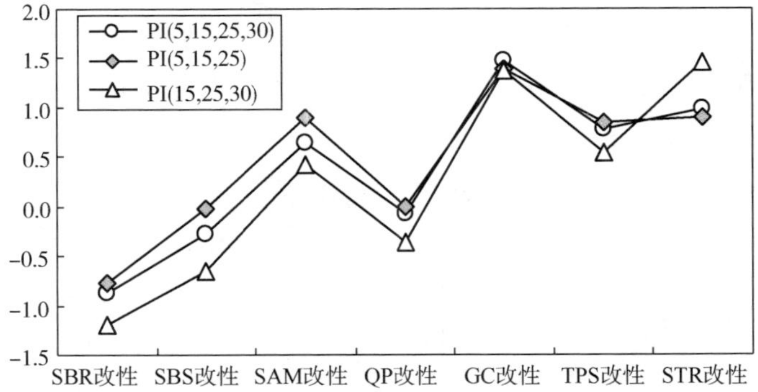

图 3-2 老化后 PI 值对比图

可以看出,由4个温度的针入度计算的PI值基本位于前3个温度计算的PI值和后3个温度计算的PI值中间,误差减小,在老化后更加明显。按4个温度的计算结果,老化后7种改性沥青PI值大小排序为:GC改性> STR改性> TPS改性> SAM改性> QP改性> SBS改性> SBR改性。

对比老化前、后PI值计算结果发现,老化后针入度指数均有不同程度的下降,其中SBR改性沥青下降最为明显,表明其耐老化性能较差。而TPS改性沥青老化前PI值小于SAM改性沥青,而老化后明显优于SAM改性沥青,表明其耐老化性能较SAM改性沥青好,老化后针入度指数的变化反映了改性沥青耐老化性能的优劣。工程中应用的改性沥青大都经过高温存储、运输、施工的过程,发生了不同程度的短期老化。应力吸收层结合料黏度一般较大,施工过程中无论是拌和、摊铺还是碾压,加热温度都要高于一般改性沥青,老化在所难免。所以,用老化后的针入度指数来评价应力吸收层结合料的感温性更加合理。

建议应力吸收层结合料老化后的PI值应满足表3-5的要求。

应力吸收层结合料感温性指标技术要求推荐 表3-5

指　标	单位	I-A	I-B	I-C	I-D
RTFOT,针入度25℃,100g,5s	0.1mm	>100	80~100	60~80	40~60
RTFOT,(5℃,15℃,25℃,30℃)针入度指数PI	—	≥-1.2	≥-0.8	≥-0.4	≥0

应用表3-5对选择的7种改性沥青进行评价,发现SBR改性沥青不符合要求。说明采用单一的SBR进行改性,还达不到应力吸收层结合料感温性指标的技术要求。而如果采用老化前PI值进行评价,7种沥青的感温性都远远大于规范的要求。一方面,说明老化前针入度指数区分度不好;另一方面,说明随着高黏改性沥青、应力吸收层结合料等优质改性沥青的研发,我国规范还未能针对其感温性的优劣进行有效评价。针对以上问题,采用老化后(5℃,15℃,25℃,30℃)4个温度的针入度确定的PI值进行评价(表3-6),有效区分了各种改性沥青的感温性,为应力吸收层结合料的选择提供了依据。

应力吸收层结合料感温性评价 表3-6

指　标	SBR改性	SBS改性	SAM改性	QP改性	GC改性	TPS改性	STR改性
老化后针入度(25℃,100g,5s)	82.5	66.5	78.0	63.2	74.8	46.7	60.5
老化后(5℃,15℃,25℃,30℃)针入度指数PI	≥-0.8	≥-0.4	≥-0.4	≥-0.4	≥-0.4	≥0	≥-0.4

续上表

指　　标	SBR 改性	SBS 改性	SAM 改性	QP 改性	GC 改性	TPS 改性	STR 改性
老化后(5℃,15℃,25℃,30℃)针入度指数 PI	-0.9	-0.3	0.6	-0.1	1.5	0.8	1.0
老化前(5℃,15℃,25℃,30℃)针入度指数 PI	-0.1	0.2	0.9	0.5	1.7	0.8	1.2

3.1.2 针入度黏度指数

由于沥青针入度显著地受存储、再加、人为因素、计算误差等的影响,针入度试验结果重现性较差。Mcleod 建议用针入度黏度指数 PVN 反映沥青的感温性。PVN(25~60)和 PVN(25~135)分别采用以下公式计算:

$$\mathrm{PVN}(25\sim60)=\frac{-1.5(6.4890-1.5\log P_{25}-\log V_{60})}{1.05-0.223\log P_{25}} \tag{3-4}$$

$$\mathrm{PVN}(25\sim135)=\frac{-1.5(4.258-0.79674\log P_{25}-\log V_{135})}{0.79511-0.1858\log P_{25}} \tag{3-5}$$

式中:P_{25}——25℃的针入度(0.1mm);

V_{60}——60℃的黏度(Pa·s);

V_{135}——135℃的黏度(mm^2/s)。

各改性沥青的针入度黏度指数见表 3-7。

沥青针入度指数、针入度黏度指数、黏温指数汇总　　表 3-7

沥青类型	60℃动力黏度/(Pa·s)	135℃黏度/(Pa·s)	25℃针入度/0.1mm	PI	PVN(25~60)	PVN(25~135)	VTS
SBR 改性	253	1.015	97.1	-0.066	4.684	1.168	-2.887
SBS 改性	261	1.042	83.0	0.239	4.356	0.988	-2.881
SAM 改性	20010	1.875	86.6	0.889	9.027	1.926	-3.951
QP 改性	80267	1.965	67.0	0.545	9.695	1.613	-4.312
GC 改性	25336	1.970	79.6	1.673	9.023	1.870	-3.988
TPS 改性	41000	2.335	50.0	0.850	8.208	1.451	-4.016
STR 改性	>300000	2.445	77.0	1.194	11.484	2.137	-4.516

3.1.3 黏温指数

将不同的黏度按式(3-6)汇成黏温曲线,将成一良好的直线关系,其中回归系数 m 表示黏度随温度变化的斜率,用VTS 表示,称为黏温指数,其表达式如式(3-7)所示:

$$\lg\lg(\eta\times10^3)=n-m\lg(T+273.13) \tag{3-6}$$

$$\mathrm{VTS}=\frac{\lg\lg(\eta_1\times10^3)-\lg\lg(\eta_2\times10^3)}{\lg(T_1+273.13)-\lg(T_2+273.13)} \tag{3-7}$$

式中:η_1、η_2——分别为不同温度 T_1 及 T_2 时的黏度(Pa·s),通常采用的温度是 60℃和 135℃。

黏温指数越小表示沥青结合料的感温性越小,各改性沥青的黏温指数见表 3-7。

为便于比较,将各感温性指数绘于同一图中,如图 3-3 所示。

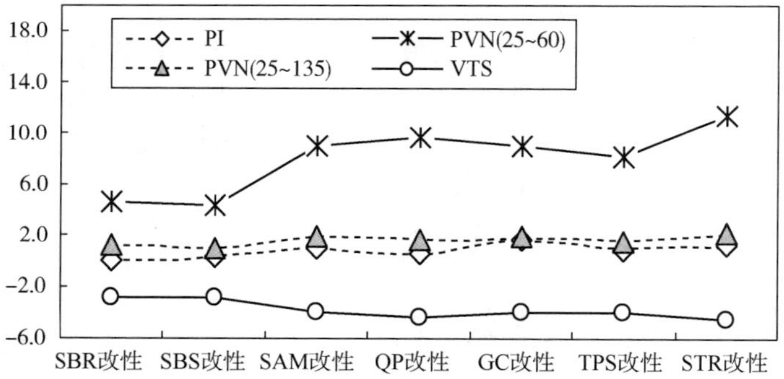

图 3-3 老化前各感温性指数对比图

可以看出,按各种方法评价的感温性优劣明显不同,老化前各指标排序如下:

①按 PI 值排序,感温性的优劣为:GC 改性>STR 改性>SAM 改性>TPS 改性>QP 改性> SBS 改性> SBR 改性。

②按 PVN(25~60)排序,感温性的优劣为:STR 改性> QP 改性> SAM 改性>GC 改性> TPS 改性> SBR 改性> SBS 改性。

③按 PVN(25~135)排序,感温性的优劣为:STR 改性> SAM 改性> GC 改性>QP 改性> TPS 改性> SBR 改性> SBS 改性。

沥青结合料的 PVN 值越小,温度敏感性越强。对 PI 及 PVN 两个指标哪个更能反映沥青结合料的感温性,不同的研究者有不同的看法。北美及加拿大用 PVN 较多,认为其更能反映沥青低温时的感温性;但也有人认为 PVN 对于含蜡量多的沥青结合料不适用。

按 VTS 排序,感温性的优劣为:STR 改性> QP 改性> TPS 改性> GC 改性> SAM 改性> SBR 改性> SBS 改性。

可以看出,按针入度指数、针入度黏度指数与黏温指数对改性沥青进行感温性评价时,各评价方法得出的结论相差很大。对于应力吸收层结合料,如 STR 改性沥青 60℃动力黏度>300000Pa · s,测试准确率降低,而 PVN(25~60)和 VTS 指数受其影响较大,其评价结果缺乏可靠性。PI 值反映沥青在 25℃至软化点温度范围内的感温性,PVN 反映了沥青在 25~135℃(或 60℃)温度范围内的感温性,而 VTS 反映沥青在 60~135℃温度范围内的感温性。

通过以上分析可以看出,由于选择的改性沥青老化前后(5℃,15℃,25℃,30℃)4 个温度的针入度与温度在对数坐标下呈良好的线性关系,选择老化后的 PI 值进行评价,有效地区分了各种改性沥青的感温性,为应力吸收层结合料的选择提供了依据。

3.2　应力吸收层结合料高温性能指标

路面高温稳定性是沥青路面最基本的路用性能,工业发达国家的资料显示,在高速公路以及城市干线公路上,车辙变形是路面最主要的破坏形式。在高速公路进行路面维修、罩面的原因中,车辙的比例高达 80%以上。沥青路面在高温条件下的流动变形能力是世界各国研究者普遍关注的问题。

车辙、拥包等变形实际上是沥青混合料各种成分位置的变化过程,这时沥青黏度较低,黏结集料抵抗变形的能力有限。沥青混合料的高温稳定性实际上是抵抗车辙反复压缩变形及侧向流动的能力,矿料骨架尤其是粗集料的相互嵌挤起关键作用,而沥青结合料起到阻碍混合料发生剪切变形的牵制作用,两者都很重要。尤其对于密实型的应力吸收层沥青混合料,粗集料呈悬浮型结构状态,相互嵌挤作用非常有限,沥青结合料的高温劲度就起到更为重要的作用。

各国沥青结合料标准中都列入了高温性能指标,主要包括软化点和黏度。显然,软化点越高,60℃黏度越大,沥青结合料的耐高温能力就越强。但是,含蜡量对软化点影响较大,使软化点出现假象。美国 SHRP 沥青结合料使用性能规范中,用布氏旋转黏度和动态剪切试验得到的复数劲度模量和相位角来反映沥青结合料的高温性能。沥青针入度也与沥青混合料的高温性能密切相关,是选择沥青标号的主要依据,针入度越大,一般高温变形也越大,但相关关系不如 60℃黏度密切。

3.2.1 常规试验

3.2.1.1 软化点

由于沥青结合料由液态凝结为固态,或由固态熔化为液态时,没有明显的固化点和液化点,通常采用有条件的硬化点和滴落点来表示。沥青结合料在硬化点至滴落点之间的温度阶段时,是一种黏滞流状态。在工程实践中为了保证沥青结合料不产生流动状态,取液化点和固化点之间的温度间隔的82.21%作为一个标志,它就是软化点。道路石油沥青的软化点表示在一定的外力存在下,石油沥青受热从固体或黏稠不易流动的物态转变为具有一定流动能力的物态时的温度。软化点是道路石油沥青最基本的一种性质指标,它既是反映石油沥青感温性的一个指标,也是黏度的一种量度。它是我国道路石油沥青最常用的指标之一,数值表达也很直观,直接与表示路面发软变形的程度相关联。软化点和针入度一样,常常被用来控制制造工艺、检验产品质量、评定石油沥青性质及选择使用条件。软化点的高低常用于评价石油沥青的高温性能。石油沥青的软化点表示一种等黏温度,软化点高意味着等黏温度高,混合料的高温稳定性也好。

3.2.1.2 当量软化点

许多研究认为,软化点温度大体相当于针入度为800(0.1mm)或黏度为1300Pa·s的温度。反过来,将针入度为800(0.1mm)的温度定义为当量软化点T_{800}。计算公式见式(3-8)。

$$T_{800}=\frac{\lg800-\lg P_{25}}{A}+25=\frac{2.9031-K}{A} \tag{3-8}$$

式中:A、K——计算针入度指数PI时的回归系数。

在30℃及以下温度时,蜡处于结晶状态,不会影响测试结果。“八五”专题研究表明T_{800}与动态剪切模量相关性良好。当量软化点本质仍是针入度指数,对针入度相当的石油沥青,其当量软化点高低能够充分地反映高温性能。但是两种石油沥青的针入度不同,仅仅比较当量软化点从而评价两种石油沥青的高温性能优劣是不合适的。

3.2.1.3 黏度

沥青结合料的黏度依赖温度,随着温度的降低,沥青结合料逐渐丧失流动变形的能力。黏温关系对于沥青路面的工艺特性和使用品质有巨大影响。在施工温度区域,沥青结合料黏度较小,则易于成型密实。在路面使用期的高温区域,如60℃左右,沥青结合料黏度越大,抵抗流动变形能力越强,则路面抗车辙变形能力越强,可防止车辙、拥包等病害。在低温区域,沥青结合料保持足够低的黏度可适应降温引起的路面收缩应力，防止路面开裂。合理地描述沥青结合料的黏温关系是评价沥青结合料黏温特性以及技术品质的关键。

我国夏季路面温度一般为50~70℃，因此，60℃黏度可较为真实地反映路面实际情况。60℃黏度测量采用真空减压毛细管黏度计，根据哈根定律(Hagen Poiseuille's Law)求得，黏度(η)计算值为沿管壁处的剪应力(S)与管内流体剪变率(D)的比值，公式为：

$$\eta=\frac{S}{D}=\frac{\pi pR^4}{8QL} \tag{3-9}$$

式中：p——毛细管两端的压力差；

R——毛细管孔半径；

Q——流出液体的流量；

L——毛细管长度。

但哈根公式只适用于牛顿流体，对非牛顿流体需进行修正，即：

$$\eta=\frac{\pi pR^4}{8QL}\cdot\frac{4n}{3n+1} \tag{3-10}$$

式中：n——非牛顿指数，其取值范围为[0,1]；n越小则非牛顿性质越强，$n=1$时为牛顿流体。

一般基质沥青和改性沥青都按照牛顿流体的哈根定律进行黏度计算，忽略n的存在。但是60℃时，一些基质沥青和几乎所有的改性沥青都表现为非牛顿特性，所以黏度的计算值会高于真实值。尤其对于应力吸收层结合料，60℃黏度较大，测试试验误差较大，试验精度降低；135℃运动黏度则反映了测试条件下沥青结合料的黏稠程度。

对选择的改性沥青进行了上述相关指标的测试，并测试了各温度各转速下改性沥青的运动黏度指标，结果见表3-8。

沥青高温指标 表3-8

改性沥青类型	60℃动力黏度/(Pa·s)	软化点/℃	T_{800}	120℃黏度/(Pa·s)		135℃黏度/(Pa·s)			160℃黏度/(Pa·s)		175℃黏度/(Pa·s)
				12r/min	30r/min	30r/min	50r/min	100r/min	50r/min	100r/min	100r/min
SBR改性	253	50.5	47.9	1.938	1.800	1.025	1.015	1.013	0.323	0.320	0.238
SBS改性	261	52.7	50.9	2.163	2.083	1.045	1.042	1.028	0.335	0.335	0.248
SAM改性	20010	81.1	52.3	5.229	5.042	1.967	1.875	1.753	0.555	0.550	0.325

续上表

改性沥青类型	60℃动力黏度/(Pa·s)	软化点/℃	T_{800}	120℃黏度/(Pa·s)		135℃黏度/(Pa·s)			160℃黏度/(Pa·s)		175℃黏度/(Pa·s)
				12r/min	30r/min	30r/min	50r/min	100r/min	50r/min	100r/min	100r/min
QP改性	80267	84.0	53.9	5.167	5.083	1.992	1.965	1.935	0.590	0.583	0.325
GC改性	25336	81.5	56.9	5.667	5.492	2.008	1.970	1.947	0.558	0.555	0.338
TPS改性	41000	89.9	59.3	5.896	5.633	2.342	2.335	2.280	0.705	0.690	0.330
STR改性	>300000	85.4	55.7	8.042	7.858	2.458	2.445	2.415	0.785	0.7775	0.440

由表3-8可以看出,软化点和T_{800}差别较大,这对于软化点高于80℃的改性沥青更为明显。说明对于改性沥青,用T_{800}表征沥青结合料的高温性能不一定比直接测得的软化点更优越。对于60℃动力黏度,SBS改性沥青和SBR改性沥青较小,其他改性沥青都大于20000Pa·s,STR改性沥青甚至大于300000Pa·s,不仅给试验操作带来困难,试验结果的可靠性也降低,因此用60℃动力黏度表征应力吸收层结合料的高温性能也不合适。

运动黏度随温度和转速变化显著,温度越高,转速越大,各改性沥青黏度越小。将各温度条件下运动黏度采用Saal公式[式(3-11)]进行回归。黏度采用重对数坐标,温度采用单对数坐标,得出120~175℃温度区间各改性沥青的黏度与温度的关系曲线,如图3-4、图3-5所示。

$$\lg\lg(\eta\times10^{3}) = n - m\lg(T+273.13) \tag{3-11}$$

式中:m、n——回归系数,m值反映了沥青黏度对温度的敏感性,其值越大,黏度对温度的敏感性越强。

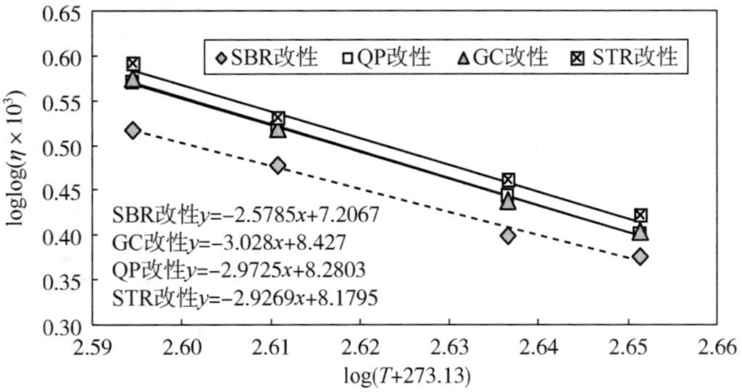

图3-4 SBR、QP、GC、STR改性沥青黏温曲线

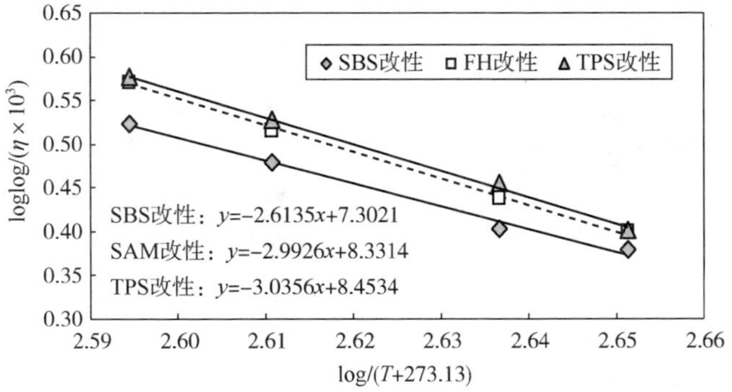

图 3-5　SBS、SAM、TPS 改性沥青黏温曲线

可以看出:在选择的坐标系下,各改性沥青的黏温关系均呈直线关系,在 120~175℃温度区间内,各改性沥青显示出不同的温度敏感性。按 m 值对感温性进行排序为:SBR 改性>SBS 改性>STR 改性>QP 改性>SAM 改性>GC 改性>TPS 改性。各沥青结合料感温性的排序与较低温度域内针入度指数的排序完全不同。这是因为在较高的温度下,黏流态高分子发生构象变化,改性剂高分子沿外力方向伸展及取向,温度越高,剪变率越大,高分子链段越容易取向,原本卷曲的高分子链段变得较为顺直、舒展,减少了大分子链之间某些段落所形成的物理结点;另一方面,改性剂分子与沥青结合料中某些分子间的物理结点也消失。从胶体结构观点分析,改性沥青中胶团之间的结构也因温度的升高而逐渐遭到破坏,所以黏度随温度升高而下降。到 175℃时,各改性沥青的黏度已经很接近。而到 190℃时,改性沥青黏度与基质沥青的黏度差别不大。但 STR 改性沥青与上述规律不同,STR 改性沥青 120℃黏度是最大的,但其 120~175℃温度域的感温性却不是最小的,说明在 175℃高温条件下,当各改性沥青胶团之间的结构大部分被破坏时,STR 改性沥青仍表现出较好的抗变形能力。

由不同转速和温度下的运动黏度可以看出,大多数改性沥青在测试温度下属于非牛顿流体,黏度会随剪切速率的变化而发生显著的变化。黏度反映了测量系统和流体的特性,而不是唯一的材料性质。因此不能用规定测试条件下获得的黏度值预测其他条件下的性能,也不可用某一特定温度下的黏度去预测其他温度条件的黏度。

3.2.2　动态剪切流变试验

Superpave 沥青结合料规范采用动态剪切流变仪(DSR)评价沥青结合料的高温性能与中温疲劳性能,要求对原样沥青、旋转薄膜烘箱老化(RTFOT)后残留沥

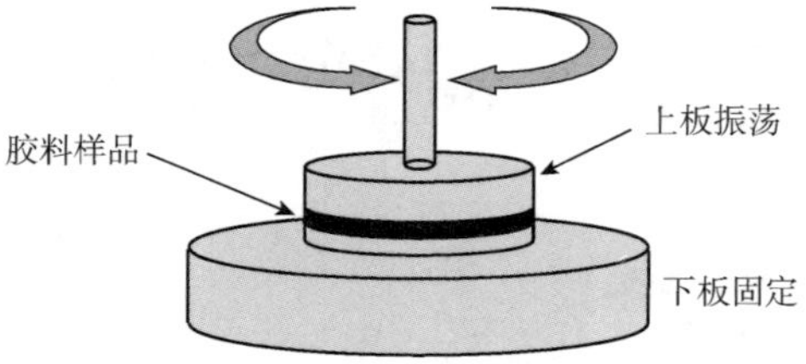

图 3-6　动态剪切流变仪加载

青、RTFOT/压力老化容器(PAV)残留沥青进行3次动态剪切试验。DSR属于平板式流变仪,沥青试样夹在平板之间(图3-6),旋转板以一定的速率旋转,测得复数剪切模量 G^* 和相位角 δ。

在相同的复数剪切模量 G^* 下,在高温状态,相位角 δ 越大,则 $\tan\delta$ 越大,表示在荷载作用下模量的黏性成分越高,即变形不可恢复的部分越大,越容易产生永久变形。相反,在较低的疲劳试验温度条件,$\tan\delta$ 越大,表示沥青结合料在低温时仍具有较高的黏性成分及柔性,其抗疲劳性能越好。

$G^*/\sin\delta$ 为损失剪切柔量的倒数,其值越大,沥青结合料在高温时的耗能越少,流动变形小,抗车辙能力越强。SHRP规范规定原样沥青结合料的 $G^*/\sin\delta \geq 1.0$kPa,RTFOT后残留沥青结合料 $G^*/\sin\delta \geq 2.2$kPa。

疲劳性能指标的衡量采用损失剪切模量 $G'' = G^* \times \sin\delta$,其值越大,则重复荷载作用下的能量损失越多。研究表明,沥青结合料的疲劳损伤或疲劳寿命与循环加载过程中的能量损失具有比例关系,因此,较小的 G'' 代表较好的疲劳性能。SHRP规范规定RTFOT/PAV残留沥青结合料的 $G^* \times \sin\delta \leq 5000$kPa。

为了增强对比性,另外选取了6种高速公路中常用的国外品牌的面层用改性沥青(样品8~样品13),与上述7种改性沥青,共13个改性沥青样品,进行DSR试验,试验结果见表3-9。

DSR 试验结果　　表3-9

改性沥青类型	初始结合料DSR试验结果 ($G^*/\sin\delta$)/kPa			RTFOT残留物DSR试验结果 ($G^*/\sin\delta$)/kPa				PG高温等级
	64℃	70℃	76℃	58℃	64℃	70℃	76℃	
SBR	1.38	0.70	—	3.55	1.83	—	—	58
SBS	1.42	0.82	—	—	2.34	1.08	—	64
SAM	3.19	2.15	1.23	—	4.09	2.28	—	70
QP	1.25	0.59	—	—	2.42	1.07	—	64
GC	3.21	1.94	1.28	—	4.31	2.34	—	70
TPS	3.67	2.21	1.53	—	9.08	3.06	1.66	70
STR	4.15	2.81	2.08	—	4.89	3.26	2.03	70

续上表

改性沥青类型	初始结合料 DSR 试验结果 ($G^*/\sin\delta$)/kPa			RTFOT 残留物 DSR 试验结果 ($G^*/\sin\delta$)/kPa				PG 高温等级
	64℃	70℃	76℃	58℃	64℃	70℃	76℃	
样品 8	—	5.34	2.87	—	—	3.44	2.47	76
样品 9	2.41	1.03	—	—	4.06	2.07	—	64
样品 10	—	5.67	3.13	—	—	2.39	1.66	70
样品 11	2.12	1.00	—	—	3.38	1.63	—	64
样品 12	—	3.51	1.84	—	—	4.39	2.38	76
样品 13	—	5.33	3.13	—	—	2.29	1.47	70

将各样品的 DSR 试验结果与常规软化点、135℃黏度、25℃针入度试验结果列于同一表中，见表 3-10。

DSR 与各指标对比结果　　表 3-10

改性沥青类型	指　标			
	PG 高温等级	软化点/℃	135℃黏度/(Pa·s)	25℃针入度/0.1mm
SBR	58	50.5	1.02	97
SBS	64	52.7	1.04	83
SAM	70	81.1	1.88	87
QP	64	84.0	1.97	67
GC	70	81.5	1.97	80
TPS	70	89.9	2.34	50
STR	70	85.4	2.45	77
样品 8	76	81.1	2.31	81
样品 9	64	68.8	1.15	62
样品 10	70	81.0	2.21	67
样品 11	64	58.9	1.12	79
样品 12	76	87.6	1.61	75
样品 13	70	63.6	1.46	65

从 DSR 试验结果看，样品 8 和样品 12 的高温性能最好，达到 PG76，但是样品

8 的 $G^*/\sin\delta$=2.87kPa，老化后为 2.47kPa，而样品 12 老化前、后的 $G^*/\sin\delta$ 分别为 1.84kPa 和 2.38kPa。显然样品 8 的高温性能要略好于样品 5。但是从常规指标软化点看，样品 8 的软化点为 81.1℃，而样品 12 为 87.6℃，与 DSR 结果的评价是不一致的。另外，STRATA 沥青的 DSR 高温等级低于样品 8，但软化点却高于样品 8。同样，SAM、GC、TPS、样品 10 和样品 13 属于同一个高温等级 PG70，但 TPS 与样品 13 的软化点却相差 26℃。

按 DSR 结果进行高温性能优劣排序为：样品 1>样品 5>样品 3>样品 6>STRATA>样品 2>样品 4。按软化点结果进行高温性能优劣排序则为：样品 5>STRATA>样品 1>样品 3>样品 2>样品 6 >样品 4。

应用常规体系和 SHRP 指标进行高温性能评价的结果不一致。所以采用单一的指标评价，会出现某一种指标偏低的现象（如样品 13 达到 PG70，但是软化点仅为 63.6℃）。美国规范和科氏公司对应力吸收层结合料采用了两套指标进行控制。所以，应力吸收层结合料的高温性能指标最好同时满足两种体系的要求。参照美国科氏材料公司对应力吸收层结合料高温指标的规定，建议应力吸收层结合料 PG 高温等级应达到 70 以上，同时软化点应不低于 65℃。

3.3 应力吸收层结合料低温性能指标

沥青路面的低温开裂一般有两种形式：一是气温骤降造成面层温度收缩，在有约束的沥青面层内产生的温度应力超过沥青混凝土的抗拉强度时造成开裂；二是温度疲劳裂缝。在我国，温缩裂缝较多，这是由于石灰、粉煤灰、水泥稳定类半刚性基层的收缩（温缩和干缩），或者是沥青面层的低温收缩、荷载作用与已经开裂了的半刚性基层在裂缝部位的应力集中的综合作用而产生。这些裂缝是半刚性基层收缩裂缝的反射性裂缝和温缩裂缝的综合裂缝。在已经开裂的沥青路面上设置加铺层，温缩裂缝也容易与反射裂缝一起产生，降低了路面的使用寿命，增加了养护费用。

沥青路面的低温收缩裂缝与沥青结合料及沥青混合料的低温性能有关。因为开裂表现为寒冷季节沥青混合料集料间沥青膜的拉伸破坏，然后集料才破裂。因此，沥青结合料的低温拉伸变形性能对路面的低温抗裂性能起到重要的作用，其贡献率达到 90%。沥青混合料在此时非常坚硬，级配对抵抗收缩变形引起的开裂无能为力，贡献率只有 10%。加拿大、日本、澳大利亚及欧洲多国针对沥青路面开裂问题铺筑了试验路，研究表明沥青结合料本身的特性是影响低温开裂的主要因素，并提出了表征其低温品质的指标，包括沥青结合料针入度、劲度、针入度指数 PI、针入度黏度指数 PVN、低温延度、弗拉斯脆点等。另外,美国 SHRP 规范提出以弯曲蠕变试验的极限劲度模量和 m 值,以及直接拉伸试验破坏时的极限拉伸应变作为评价沥青结合料低温性能的指标。对于哪个指标评价低温性能更为有效,目前还没有得出一致的结论,对于改性沥青更是如此。

3.3.1　常规试验

弗拉斯脆点试验历来被不少国家用作为反映沥青结合料低温脆性的方法,一般认为针入度大、针入度指数大的沥青结合料,其脆点低,抗裂性好。但普遍认为弗拉斯脆点试验重复性较差,只是某一种特定试验条件下的条件劲度温度,试验方法发生改变,结果也会改变,而且沥青结合料在低温时的脆性还与沥青结合料老化性质及荷载的作用方式有关。我国含蜡量较高的沥青结合料脆点的测定值经常偏低,但实际的低温抗裂性能并不好。“八五”攻关课题测定了 7 种代表性沥青结合料的弗拉斯脆点和当量脆点 $T_{1.2}$,发现弗拉斯脆点不可靠,而当量脆点 $T_{1.2}$与沥青路用性能有很好的相关性。

延度表示沥青结合料在一定温度下拉伸至断裂前的变形能力,是道路石油沥青最重要的指标之一。抗拉强度大、延伸度大的沥青结合料可以在较大的变形范围内不破坏,承受较大的负荷冲击力,因此许多国家增加了低温延度的指标。但有些国家的道路沥青标准并不设延度指标,也有些人认为延度指标没有什么意义。虽然对沥青结合料的延度指标还有异议,但是大量的统计结果显示,沥青结合料的延度高,低温变形能力强,沥青路面不易开裂,低温下的延度对沥青结合料的使用性能影响极为显著。对于改性沥青的低温延度,我国规范要求温度为 5℃,8 字形试模,拉伸速率为 5cm/min。

将各改性沥青样品短期老化后(简称老化后)针入度、老化后针入度指数、老化后 $T_{1.2}$、老化前 5℃ 延度以及老化后 5℃ 延度汇总,见表 3-11。

低温指标　　表 3-11

改性沥青类型	指标				
	RTFOT,25℃ 针入度/0.1mm	RTFOT,PI(5℃,15℃,25℃,30℃)	RTFOT,$T_{1.2}$/℃	老化前 5℃ 延度/cm	RTFOT,5℃ 延度/cm
SBR 改性	82.5	−0.9	−15.2	>100	18.1
SBS 改性	66.5	−0.3	−17.2	55.5	44.2
SAM 改性	78.0	0.6	−25.3	63.5	52.5

续上表

改性沥青类型	指　　标				
	RTFOT,25℃针入度/0.1mm	RTFOT,PI(5℃,15℃,25℃,30℃)	RTFOT,$T_{1.2}$/℃	老化前5℃延度/cm	RTFOT,5℃延度/cm
QP 改性	63.2	-0.1	-17.5	40.0	20.2
GC 改性	74.8	1.5	-30.2	37.6	26.5
TPS 改性	46.7	0.8	-19.6	44.1	18.6
STR 改性	60.5	1.0	-24.3	54.5	36.5

按上述各指标对改性沥青的低温性能进行评价,则按老化后 PI 值大小排序为:GC 改性>STR 改性>TPS 改性>SAM 改性>QP 改性>SBS 改性> SBR 改性;按老化后 $T_{1.2}$值大小排序为:GC 改性>SAM 改性>STR 改性>TPS 改性>QP 改性>SBS 改性> SBR 改性;按老化前 5℃延度值大小排序为:SBR 改性> SAM 改性>SBS 改性>STR 改性>TPS 改性>QP 改性>GC 改性;按老化后 5℃延度值大小排序为:SAM 改性>SBS 改性> STR 改性>GC 改性>QP 改性>TPS 改性>SBR 改性。

按老化后 $T_{1.2}$值排序和按老化后 PI 值排序基本是相同的,有文献认为 $T_{1.2}$和 PI 本质是相同的,都是基于线性关系,而回归系数 A、K 也对 $T_{1.2}$影响较大,结果的变异性较大。况且,$T_{1.2}$是基于沥青结合料在弗拉斯脆点时针入度为 1.2,是一个概数而非精确值,所以不适合用来评价沥青结合料的低温性能,因而我国现行规范也不再要求。

按老化前 5℃延度值和老化后 5℃延度值的评价也有很大差别,尤其是 SBR 改性沥青,老化后延度下降较多,其排序由老化前延度最大变成老化后延度最小。由于改性沥青老化后性能降低较为严重,所以,采用老化后 5℃延度值进行低温性能的评价要优于老化前 5℃延度。

若按美国科氏公司规定应力吸收层结合料老化前 5℃延度值不小于 30cm 或者按照我国《公路沥青路面施工技术规范》(JTG F40—2004)对Ⅰ类改性沥青老化前 5℃延度的要求,则上述所有改性沥青样品的低温性能均满足要求,应力吸收层结合料和一般改性沥青结合料低温标准没有多少区别,这显然不能满足应力吸收层结合料抗反射裂缝的高标准要求。只有提高对应力吸收层结合料低温延度的要求才可以有效选择满足需求的改性沥青,而老化后 5℃延度可显著区分各改性沥青样品的低温抗裂性能。按老化后针入度进行分级并以老化后 5℃延度满足我国规范中相应的指标要求,从而提高应力吸收层结合料抗反射裂缝的低温指标要求是完全可行的。应力吸收层结合料低温性能评价指标见表 3-12。

应力吸收层结合料低温指标　　表 3-12

指　标	SBR 改性	SBS 改性	SAM 改性	QP 改性	GC 改性	TPS 改性	STR 改性
RTFOT,针入度(25℃,100g,5s)/0.1mm	82.5	66.5	78.0	63.2	74.8	46.7	60.5
RTFOT,(5℃,15℃,25℃,30℃)针入度指数 PI	≥-0.8	≥-0.4	≥-0.4	≥-0.4	≥-0.4	≥0	≥-0.4
RTFOT,5℃延度,5cm/min	≥40	≥30	≥30	≥30	≥30	≥20	≥30
样品,RTFOT,5℃延度,5cm/min	18.1	44.2	52.5	20.2	26.5	18.6	36.5

按表 3-12 进行应力吸收层结合料低温性能的评价,则只有 SBS 改性、SAM 改性和 STR 改性沥青满足要求,显然区分度要优于老化前 5℃延度指标。

3.3.2　测力延度

低温延度指标在实际中应用较多,但是延度只是从变形大小的角度反映了沥青结合料延性的一个方面。不能简单认为延度值越大的沥青结合料,其抵抗低温变形能力越好。有些沥青结合料的延度值虽然一样,但试件拉伸时变形截面有粗有细,变形特性并不是一样的,说明在延度试验中,即使沥青结合料延度值相等,沥青结合料的抗拉伸变形能力并不一样,不能反映沥青结合料在混合料中的界面特性。为了弥补延度指标的缺陷,国内外进行了测力延度的研究。

我国"八五"攻关专题利用 8 字模和直线试模,采用 5cm/min 的拉伸速率,在不同试验温度(10℃、5℃)下进行了不同基质沥青的测力延度试验。结果表明:采用 8 字模时,选用单位峰值力所产生的变形(即延度 D/力峰值 F_{max})为延度拉伸柔度,可较好地反映沥青结合料的抗变形能力,D/F_{max} 越大,表示柔度越大。当采用直线试模时,可采用测力-变形曲线下的面积作为评价指标,测力延度更适合于改性沥青。试验所采用的测力延度设备是在普通的延度仪上附加一个测力传感器,试模采用弹性恢复用的直线试模,试验温度采用与低温延度相同的温度(5℃),拉伸速度为 5cm/min。

3.3.2.1　测力延度曲线特征

图 3-7 和图 3-8 为改性沥青测力延度典型曲线。图 3-7 是基质沥青或 SBR 改性沥青的测力延度曲线,应力在很短的时间内达到一个峰值,此时的力为屈服应

力(F_1),随着变形的增加,拉力很快降低,沥青结合料试样中间部分很快变细,在拉力上显示近似为零。

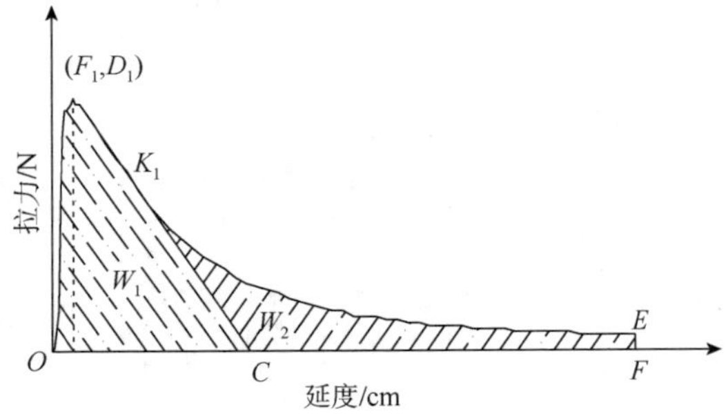

图 3-7　Ⅰ型测力延度

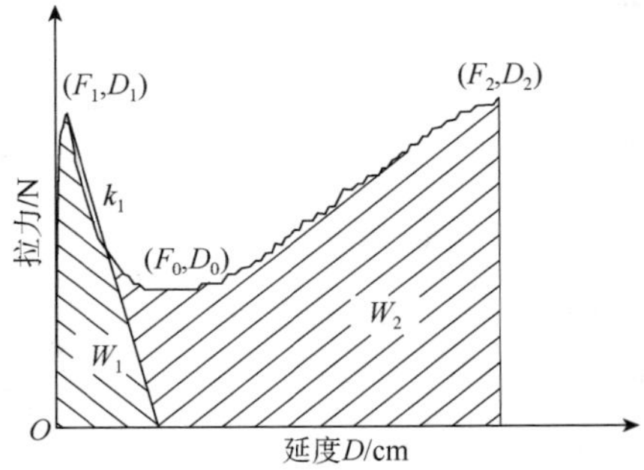

图 3-8　Ⅱ型测力延度

图 3-8 为 SBS 类改性沥青测力延度图,沥青结合料试件在开始拉伸时迅速出现颈缩现象,表现为一段拉力与变形成比例增加的直线,即 OF_1 段。随着继续拉伸,中间截面面积逐渐减小,拉力下降。直至转折点 F_0,细颈的截面面积变化不大,拉力维持在一定的数值不变化,即 F_1F_0 下降段和 F_0 之后的相持阶段。随后试件两端未成细颈部分的长度不断减小,而中间细颈部分的长度逐渐增加,拉力开始增加,直至某一程度时突然断裂,力突变为零,即 F_0F_2 上升段。

3.3.2.2　试验参数

采用与弹性恢复试验相同的直线试模进行测力延度试验,试验温度为 5℃,同一个样品平行试验 3 次,取平均值。通过对试验曲线和数据的处理,可以得到的参数主要有拉伸柔度和黏韧性。

1)延度拉伸柔度 f

拉力达到第一个峰值时为 F_1,对应的延度值为 D_1;达到第二个峰值时力为 F_2,对应的延度值为 D_2,总延度值为 D。Ⅰ型测力延度只有一个峰值力 F_1。F_1 与 F_2 中的较大者为 F_{max},则拉伸柔度的表达式为:

$$f=\frac{D}{F_{max}} \tag{3-12}$$

拉伸柔度较好地反映了沥青结合料的抗变形能力,随着温度的降低,拉力增加,延度降低,拉伸柔度骤减,说明沥青结合料的脆性增强,柔度减少。

2)黏韧性 W

测力延度试验实质是沥青结合料在一定条件下的单向拉伸试验,而黏韧性和韧性是表征沥青结合料最大拉伸变形能力以及屈服点之后较长一段时间变形能力的两个参数。这里,以拉力和延度变形曲线所围成的面积表征改性沥青的黏韧性。以 K_1 作为第一峰值力之后下降阶段的斜率,后面上升段的转折点力为 F_0,延度为 D_0。W_1 表示 K_1 直线与左侧曲线所围面积,W_2 为 K_1 直线与右侧曲线所围面积。W 为 W_1 与 W_2 的和,如图 3-8 所示。

根据断裂力学理论,破坏力所做的应力功一部分伴随流动变形以热能被消耗,一部分作为弹性应变能被储存;当材料产生微小的裂缝时,还有一部分能量被消耗于产生新表面所需要的表面能。当弹性应变能积累到一定程度并超过材料的容许极限时材料将发生断裂,积蓄的能量消耗于新表面的形成。以拉力和变形曲线所围成的面积(即黏韧性 W)代表沥青结合料试样发生断裂所需的能量,其面积越大,储存的弹性应变能越大,表明沥青材料抗拉伸断裂能力越强。

3.3.2.3　改性剂类型对测力延度的影响

图 3-9 为基质沥青和改性沥青测力延度曲线的对比图,分别采用 SBR 和 SBS 对同一种基质沥青进行改性。

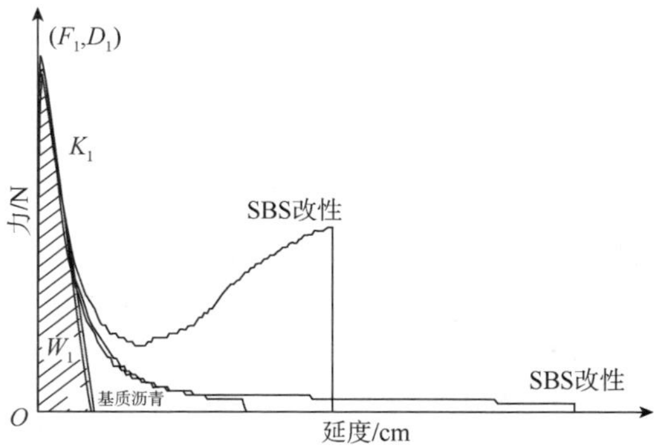

图 3-9　基质沥青与改性沥青测力延度对比

可以看出测力延度曲线的前半部分基本是重合的,说明峰值力 F_1、延度 D_1 和黏弹性 W_1 主要由基质沥青性能决定,而测力延度曲线的后半部分韧性 W_2 是改性沥青拉伸性能和改性效果的体现,主要受各种改性剂的类型、基质沥青类型以及两者的相容性的影响。

基质沥青测力延度曲线和 SBR 大部分的曲线是重合的,所不同的是:基质沥青最后成细丝状断裂,而 SBR 类改性沥青的延度甚至可能会大于 150cm,断面较基质沥青粗,但拉力较小,最后降至 2N 甚至更小。沥青结合料的模量受温度的影响较大,在较低的温度下,沥青结合料的分子组成会产生聚集态的变化或者缔合,分子间距离减小,作用力增大,从而沥青结合料宏观流动性变差,塑性下降,低温延度较小。而 SBR 橡胶的模量受温度的影响较小,在低温条件下沥青结合料硬而 SBR 分子相对较软,外力作用时,胶粒的拉伸变形起到了一定程度的增塑增韧作用,降低了材料的脆性,改善了低温变形性能。另一方面,由于 SBR 胶粒属于线性结构,分子间距大,分子间作用力也较小,因而劲度小,应力吸收的能力不足,所以受到拉伸部位的内应力很小,宏观表现为拉力较小。这也表明 SBR 改性沥青抗拉能力不足,承载能力较弱。

与 SBR 改性沥青或基质沥青的颈缩断裂现象明显不同,SBS 测力延度试件在断面较粗时发生断裂,并且具有明显的回弹收缩。在 5℃低温条件下,SBS 是形变的承载主体,具有较强的变形能力、较大的回弹力和弹性恢复能力。在外力持续作用时,众多被分散的 SBS 微粒协同作用,使得改性沥青受拉伸部分的内应力很大,试件缩颈处横截面面积基本不变而试件两端未成细颈部分的长度缩短。当 SBS 相中聚集的应力超过了沥青相产生变形所需应力或者形变量超过 SBS 微粒最大形变量时,沥青相分子将产生移动,SBS 相间产生较大的相对位移,削弱了 SBS 微粒间的相互作用,当形变速度赶不上拉伸的速度时,试件薄弱环节将产生应力集中而断裂。

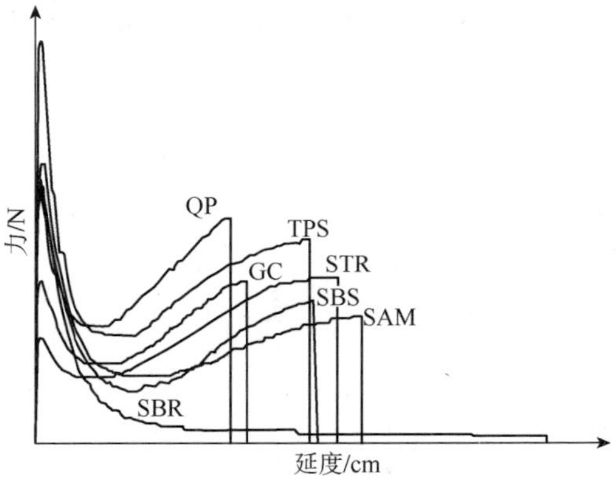

图 3-10 改性沥青测力延度对比

3.3.2.4 老化对测力延度的影响

对各样品进行老化前后测力延度的试验,老化前各样品的测力延度曲线对比如图 3-10 所示。

提取各样品老化前后测力延度的试验参数,汇总结果见表 3-13。

测 力 延 度 参 数 表 3-13

老化前							
指标	改性沥青类型						
	SBR 改性	SBS 改性	SAM 改性	QP 改性	GC 改性	TPS 改性	STR 改性
D_{max}/cm	100.0	54.5	67.0	39.0	40.0	58.5	59.5
F_1/N	83	80	82	77	50	123	33
F_2/N	—	45	38	67	48	62	52
F_0/N	—	16	19	36	24	32	21

续上表

指标	改性沥青类型						
	SBR 改性	SBS 改性	SAM 改性	QP 改性	GC 改性	TPS 改性	STR 改性
F/(cm/N)	1.20	0.68	0.82	0.51	0.80	0.48	1.14
W_1/(N·m)	4.8	5.3	5.1	4.6	3.4	6.0	2.5
W_2/(N·m)	3.6	12.4	15.3	15.2	10.4	19.5	18.4
W/(N·m)	8.4	17.6	20.4	19.8	13.7	25.6	21.0
RTFOT 残留物							
D_{max}/cm	100.0	50.5	62.5	36.0	38.0	46.0	41.5
F_1/N	109	98	106	97	66	160	46
F_2/N	—	32	35	60	55	76	67
F_0/N	—	22	31	49	34	49	31
f/(cm/N)	0.92	0.52	0.59	0.37	0.58	0.29	0.62
W_1/(N·m)	6.0	6.0	5.4	6.2	4.6	7.3	3.4
W_2/(N·m)	9.8	10.5	15.7	16.6	13.1	22.9	15.6
W/(N·m)	15.9	16.5	21.2	22.8	17.6	30.2	19.0

对比表3-13中的试验参数可以看出，老化后改性沥青拉伸长度和柔度均减小；第一峰值力、转折点力均增大，第二峰值力变化不规律；W_1均变大，而W受W_2影响，变化不规律。改性沥青老化后第一峰值力F_1明显变大，转折点力也变大，而不论老化前还是老化后，均在位移为1.0~1.5cm时达到第一峰值力，所以老化后W_1均是增大的。而F_2变化的不规律性，导致W_2和W变化也出现不规律性。老化前、后F_1和F_0对比分别如图3-11和图3-12所示。

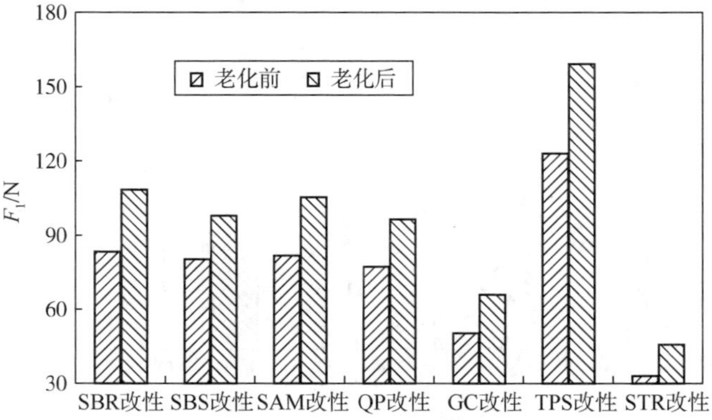

图3-11　老化前、后第一峰值力对比

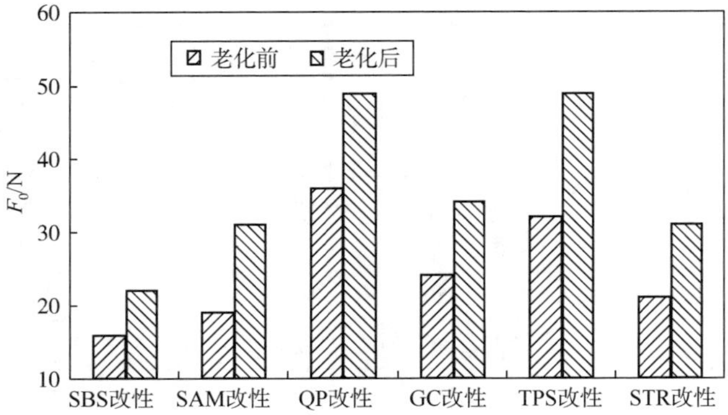

图 3-12　老化前、后转折点力对比

沥青结合料老化后大分子的沥青质含量增加，沥青结合料变硬，劲度增大，从而增加了分子键长和键角伸张的阻力，宏观表现为第一峰值力增加。而 F_0 反映了基质沥青的性能以及改性剂与基质沥青的融合程度，受基质沥青的影响较大，从而 F_0 也变大。

F_0 到 F_2 值的变化反映了在第二变形阶段改性沥青聚合物高分子在外力作用下的链端伸长和取向的过程。在这个过程中，聚合物相与沥青相之间以及聚合物相之间产生较大的相对位移，当聚合物相中聚集的应力超过了沥青相产生变形所需应力或者形变量超过聚合物微粒最大形变量时，产生应力集中而断裂。由于 F_2 值受到基质沥青性质、聚合物性质以及两者界面性质等因素的影响，F_2 值老化后出现不规律的变化，从而引起 W_2 和 W 的不规律变化，如图 3-13 与图 3-14 所示。

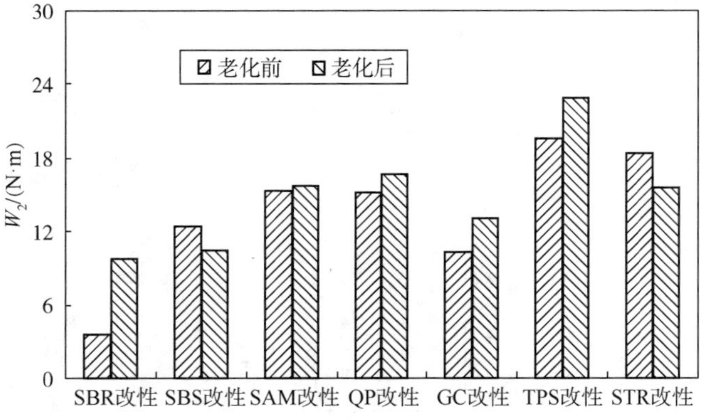

图 3-13　老化前、后 W_2 对比

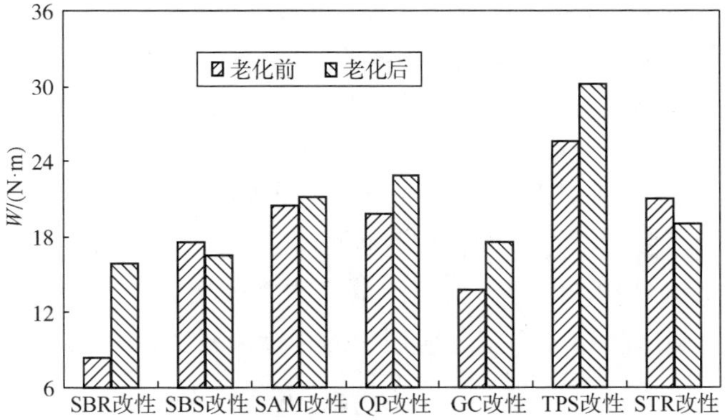

图 3-14　老化前、后 W 对比

老化后改性沥青拉伸长度和柔度均减小,减小幅度在 50%~80%,各样品老化前、后拉伸柔度的变化如图 3-15 所示。

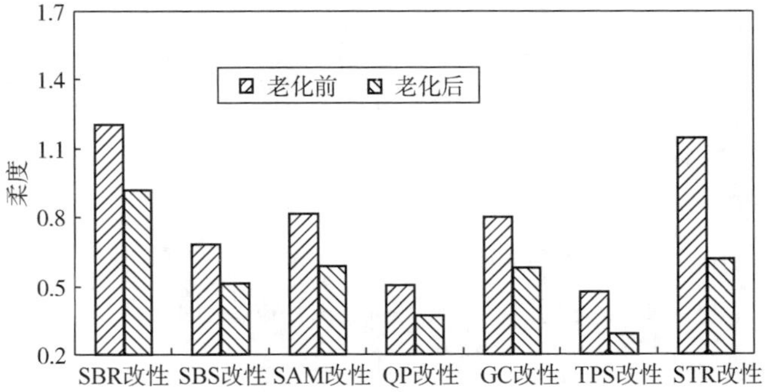

图 3-15　老化前、后拉伸柔度对比

由于试验采用直线试模,所以大部分样品老化前、后拉伸长度变化不大,而由于 STR 改性沥青老化后延度降低较多,所以老化后拉伸柔度仅是老化前的 54%;而 SBR 改性沥青老化前、后延度均大于 100cm,但由于其拉力小于 2N,所以均取值 100cm,导致拉伸柔度降低最小,是老化前的 76%。其他样品拉伸柔度减小的程度均因第一峰值力的增幅不同而不同。由于 SBR 改性沥青延度取值存在偏差,这里只讨论其他 6 种改性沥青老化前、后拉伸柔度的变化。尽管老化后拉伸柔度降低的程度不同,但各样品老化前、后拉伸柔度排序存在一致性,即:STR 改性>SAM 改性>GC 改性>SBS 改性>QP 改性>TPS 改性。

3.3.2.5　拉伸柔度推荐

由以上分析可以看出,改性沥青老化后虽然变形能力减弱,但第一峰值力显著增大,同时第一峰值力与第二峰值力综合作用引起的黏韧性变化远大于变形减小引起的变化。各峰值力、黏韧性以及韧性变化的不规律性,说明单凭测力延度试验得到的力的峰值、延度以及黏韧性指标中的任何一个单一指标,都难以反映改性沥青的低温抗裂性能。单位峰值力所产生的变形,即延度拉伸柔度,考虑了低温状态下拉力和变形双重因素,则较好地反映了改性沥青的低温变形性能。因此,用拉伸柔度来评价应力吸收层结合料的低温性能是可行的。由于试验样本数量较少,对铺筑时间超过 1 年以及未出现反射裂缝的应力吸收层试验路进行了总结,给出了拉伸柔度在应力吸收层结合料实际应用中的指标值,见表 3-14。

实际工程中结合料的拉伸柔度 表 3-14

指　　标	工程 1	工程 2	工程 3	工程 4	工程 5	工程 6	工程 7
老化前 5℃拉伸柔度/(cm/N)	1.08	0.89	0.85	0.82	0.80	0.84	0.83
老化后 5℃拉伸柔度/(cm/N)	0.71	0.61	0.58	0.55	0.52	0.57	0.57

可以看出,应力吸收层结合料成功应用的实例中,老化前 5℃拉伸柔度均在 0.8cm/N 以上,而老化后 5℃拉伸柔度均在 0.5cm/N 以上。在选择的改性沥青样品中,SAM 改性沥青和 STR 改性沥青已经成功应用于多个工程,其老化前 5℃拉伸柔度也均超过 0.8cm/N,老化后 5℃拉伸柔度均超过 0.5cm/N。因此,以此为依据,推荐采用直线试模,拉伸速率为 5cm/min 的 5℃拉伸柔度不小于 0.8cm/N,老化后 5℃拉伸柔度不小于 0.5cm/N。各样品改性沥青拉伸柔度评价结果见表 3-15。

应力吸收层结合料拉伸柔度评价 表 3-15

指　　标	SBR 改性	SBS 改性	SAM 改性	QP 改性	GC 改性	TPS 改性	STR 改性
老化前 5℃拉伸柔度/(cm/N)	1.20	0.68	0.82	0.51	0.80	0.48	1.14
老化后 5℃拉伸柔度/(cm/N)	0.92	0.52	0.59	0.37	0.58	0.29	0.62

按推荐的指标值进行评价,仅 SBR 改性、SAM 改性、GC 改性、STR 改性沥青同时满足老化前、后拉伸柔度的要求,而 SBR 改性沥青延度取值存在偏差,则仅 3 种改性沥青满足要求,推荐的指标具有一定的区分度。另外,由于试验样品数量较少,而拉伸柔度指标在实际的工程中应用也较少,没有较多的工程资料可以借鉴,建议应用时结合工程实践进行指标优化。

3.4 弹性恢复和黏韧性

3.4.1 弹性恢复

SBS 等热塑性橡胶改性沥青具有较强的弹性恢复能力，路面在荷载作用下产生变形，但能在荷载通过后迅速恢复，从而残余变形小，具有良好的自愈性。而应力吸收层沥青混合料位于裂缝尖端，除了要求具有良好的变形能力以阻止裂缝进一步向上传递外，在发生较大的变形后还需具有良好的变形恢复能力。否则，在连续的荷载作用下将产生永久变形进而引起上面层的破坏。应力吸收层沥青混合料的变形恢复能力主要取决于沥青结合料的弹性恢复能力。

对各改性沥青样品进行了老化前、后 25℃ 温度下的弹性恢复试验，并测试了 1h 内弹性恢复随时间的变化情况。为了更为直观地进行对比，将各样品弹性恢复随时间的变化情况绘于同一图中，如图 3-16 和图 3-17 所示。

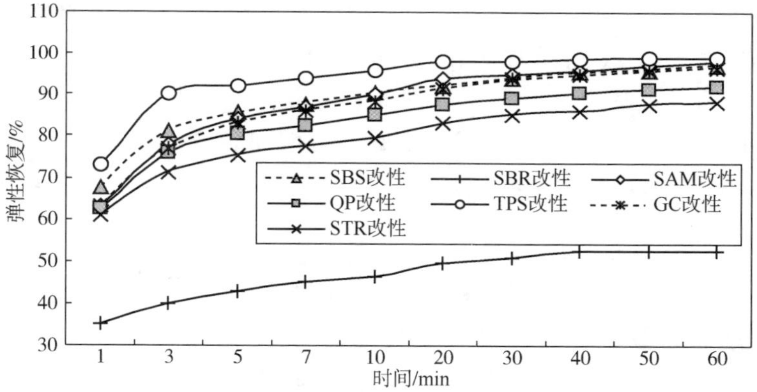

图 3-16　老化前弹性恢复对比

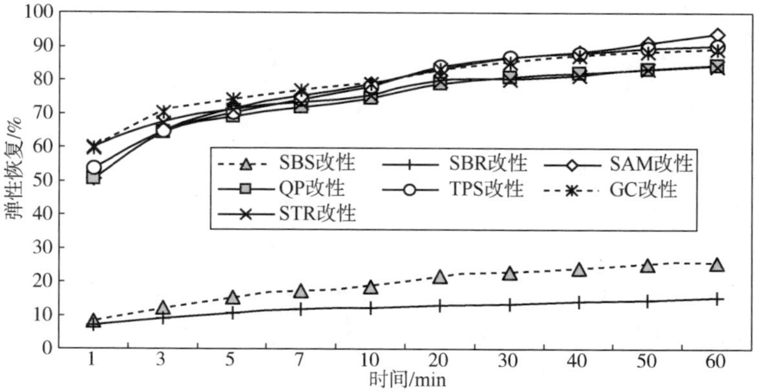

图 3-17　老化后弹性恢复对比

可以看出,老化前除了 SBR 改性沥青弹性恢复为 52.2%之外,其他样品弹性恢复均超过 90%,但老化后仅有 SAM 改性和 TPS 改性沥青弹性恢复超过 90%。老化后各样品弹性恢复均有不同程度的降低,说明老化对弹性恢复性能有显著的影响。其中,SBR 改性和 SBS 改性弹性恢复降低最为严重,仅分别为老化前的 29%和 26%。其他样品弹性恢复为老化前的 91%~96%,SAM 样品老化后弹性恢复性能最好,为弹性恢复降低最小的样品。

还可以看出,不论是老化前还是老化后,各样品前 3min 内弹性恢复变化最快,之后曲线变得平缓。30min 后,随着时间的延长,弹性恢复变化已经不大。对于老化后弹性恢复性能,除了 SBR 改性和 SBS 改性沥青较小外,其他样品均较大,没有较好的区分度。有文献假设车辆速度为 72km/h,荷载作用时间为 0.1s,车距保持 500m,则路面上某点每隔 25s 会经受第二次车轮荷载作用。假设车道横向分布系数为 0.42,则路面上某点每隔 60s 会经受第二次车轮荷载作用。为了方便试验,测量沥青结合料 3min 时的弹性恢复,并推荐应力吸收层用高弹改性沥青老化前 3min 时的弹性恢复应大于 90%,老化后应大于 75%。此指标对于选择的改性沥青样品要求过于苛刻,STR 改性沥青老化前 3min 时的弹性恢复为 71.2%,老化后为 67.0%,均不满足上述要求。STR 改性沥青老化前后弹性恢复随时间的变化如图 3-18所示,前 20min 测量频率较高,之后每隔 5min 测量一次。

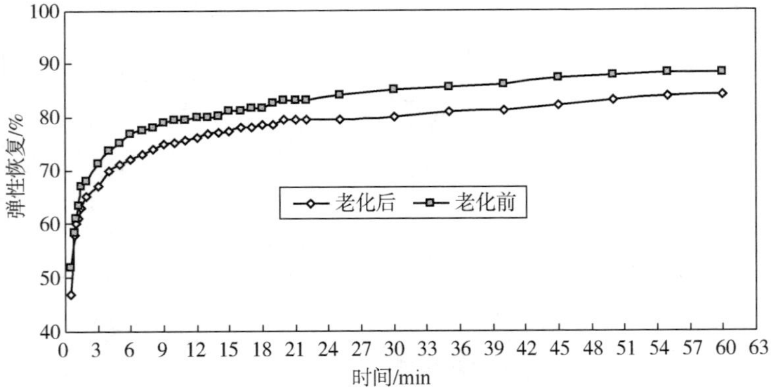

图 3-18 STR 改性沥青老化前后弹性恢复对比图

我国规范仅对 SBS 类改性沥青老化前 25℃ 弹性恢复性能有要求。这一指标要求过低,各样品中,除了 SBR 改性沥青不满足外,其他样品均远远超出该要求。除了 SBS 改性和 SBR 改性沥青弹性恢复性能较差外,各样品老化后弹性恢复均大于 80%。即使采用老化后弹性恢复满足我国规范对老化前 25℃ 弹性恢复性能的要求,其他 5 种样品的弹性恢复也远远超出指标要求。

对于应力吸收层结合料,JSP-97-10 规范和美国科氏公司分别提出老化后残留物 25℃弹性恢复不小于 75%和 70%。这里,选取我国规范要求的最大值 75%、SP-97-10 规范要求的 75%以及美国科氏公司要求的 70%中的最大值——75%,进行老化后残留物弹性恢复的控制,可筛选掉 SBS 改性沥青和 SBR 改性沥青,具有一定的区分度,但无法区分其他 5 种改性沥青的变形恢复能力。鉴于一般优质改性沥青老化前后均具有良好的弹性恢复性能,弹性恢复单一指标无法真正体现应力吸收层结合料的抗变形能力,需要结合其他指标一起控制。

3.4.2　黏韧性

黏韧性试验用于评价聚合物改性沥青的改性效果,最早由 Benson 于 1955 年提出,1974 年被日本橡胶协会定为标准。黏韧性是在规定温度条件下金属半球从试样中完全分离出来所需的总功,而韧性则为沥青结合料试样拉伸过初始峰以后所需的功。其实质是材料在一定条件下的单向拉伸试验黏韧性和韧性是表征沥青结合料材料最大拉伸变形能力和之后较长一段时间内变形能力的两个参数。黏韧性大小反映了沥青结合料的抗冲击能力和握裹能力,韧性则反映了沥青结合料黏结力大小。

SBS 类和 SBR 类改性沥青黏韧性变形曲线分别如图 3-19 所示,曲线形状和测力延度曲线类似。

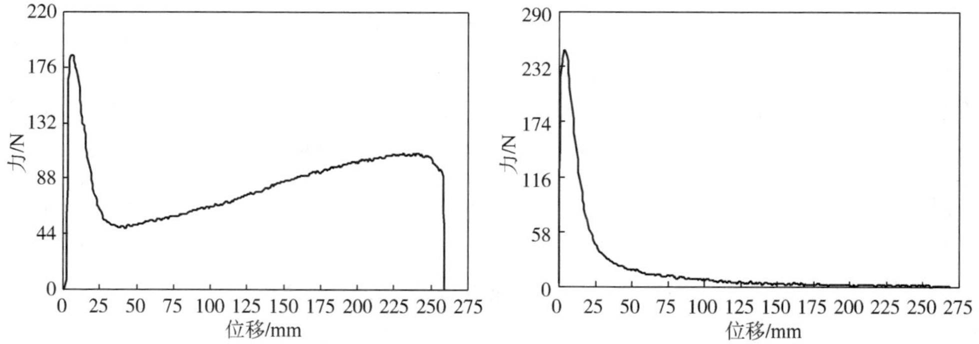

a)SBS类改性沥青　b)SBR类改性沥青

图 3-19　SBS 类、SBR 类改性沥青黏韧性曲线

对各改性沥青样品进行老化前后黏韧性试验,黏韧性和韧性试验结果汇总见表 3-16。

可以看出,各样品老化前、后韧性值呈现不规律的变化。其中,QP 改性、GC 改性和 STR 改性沥青老化后韧性值降低,其他 4 种样品韧性值增大。老化后 QP 改性和STR改性沥青黏韧性值降低,其他样品黏韧性值增大。老化后25℃黏韧性的变化同5℃测力延度黏韧性变化一致,整体趋势为变大,这与老化后第一峰值力变大有关。

老化前后黏韧性及韧性试验结果 表3-16

改性沥青类型	老化前		RTFOT残留物	
	黏韧性/(N·m)	韧性/(N·m)	黏韧性/(N·m)	韧性/(N·m)
SBR改性	4.4	1.1	5.3	1.5
SBS改性	9.4	6.0	11.6	7.3
SAM改性	19.4	15.9	20.0	16.2
QP改性	20.7	12.9	17.8	5.0
GC改性	21.4	15.7	22.4	5.0
TPS改性	29.6	16.9	36.0	20.1
STR改性	19.2	12.6	18.4	12.4

3.5 应力吸收层结合料综合性能评价

基于应力吸收层的功能要求,根据国外应力吸收层结合料规范并结合中国国情,对应力吸收层结合料的感温性能、高温性能、低温性能、弹性恢复性能以及黏韧性等进行了较为详细的探讨,并推荐了相应的指标或指标值范围。其他指标,如老化前25℃针入度、135℃运动黏度参考Strata应力吸收层结合料规范的要求;而溶解度、闪点、储存稳定性离析、老化后质量变化及老化后针入度比等指标,参考我国规范对SBS类聚合物改性沥青的技术要求。推荐的应力吸收层结合料的技术要求见表3-17。

应力吸收层结合料技术要求(推荐) 表3-17

指标	单位	Ⅰ-A	Ⅰ-B	Ⅰ-C	Ⅰ-D
RTFOT,针入度(25℃,100g,5s)	0.1mm	>100	80~100	60~80	40~60
RTFOT,(5℃,15℃,25℃,30℃)针入度指数PI	—	≥-1.2	≥-0.8	≥-0.4	≥0
RTFOT,延度(5℃,5cm/min)	cm	≥50	≥40	≥30	≥20
RTFOT,拉伸柔度(5℃,5cm/min)	cm/N	≥0.5			

续上表

指　　标	单位	Ⅰ-A	Ⅰ-B	Ⅰ-C	Ⅰ-D
RTFOT,弹性恢复(25℃)	%	≥75			
RTFOT,老化后针入度比	%	≥60			
RTFOT,质量变化	%	≥±1.0			
针入度(25℃,100g,5s)	0.1mm	≥60			
软化点	℃	≥65			
PG 高温等级	—	70			
拉伸柔度(5℃,5cm/min)	cm/N	≥0.8			
运动黏度(135℃)	Pa·s	≥4			
闪点	℃	≥230			
溶解度	%	≥99			
储存稳定性离析,48h 软化点差	℃	≤2.5			

注:进行应力吸收层结合料沥青标号的选择时,我国大部分地区高速公路宜选择Ⅰ-C 级;西北和东北地区可选择Ⅰ-B 级;Ⅰ-A 级适用于非常寒冷的地区;Ⅰ-D 适用于非常炎热的地区。

应用表 3-17 对改性沥青样品进行评价,各样品均满足溶解度、闪点、135℃运动黏度、储存稳定性离析以及老化后质量变化等指标。但 TPS 改性沥青不满足老化前 25℃针入度要求;SBS 改性、QP 改性和 TPS 改性沥青不满足老化前后拉伸柔度要求;SBR 改性沥青不满足老化后针入度指数要求;SBR 改性、QP 改性、GC 改性和 TPS 改性沥青不满足老化后 5℃延度要求;SBS 改性和 SBR 改性沥青不满足软化点和老化后弹性恢复要求。完全满足上表技术要求的仅有 SAM 改性沥青和 STR 改性沥青,说明推荐的应力吸收层结合料技术要求具有较好的区分度,为优选应力吸收层改性沥青并进行施工控制提供了依据。

本章参考文献

[1] LI C,NING F,GAN X,et al.Evaluation of the field segregation of asphalt pavement with 30# low penetration asphalt binder[J].International Journal of Pavement Research and Technology,2019,12:139-146.

[2] SHAFFIE E,ARSHAD A K,AHMAD J,et al.Evaluation of moisture-induced damage of dense graded and gap graded asphalt mixture with nanopolymer modified binder[J].IOP Conference Series Earth and Environmental Science,2018,140(1):012143. https://doi.org/10.1088/1755-1315/140/1/012143.

[3] SAMSUDIN M S, MASRI K A, ARSHAD A K, et al. Physical properties of nanomodified asphalt binder[C]//InCIEC 2015. Springer Singapore, 2016.

[4] BOURAIMA M B, ZHANG Xiaohua, ZHOU Shuiwen, et al. Impact of viscosity modifier on asphalt properties used for bus rapid transit lanes in Chengdu[J]. Journal of Modern Transportation, 2017, 25(03): 185-193.

[5] FERROTTI G, RAGNI D, LU X, et al. Effect of warm mix asphalt chemical additives on the mechanical performance of asphalt binders[J]. Materials and Structures, 2017, 50(5): 226.1-226.13.

[6] ABDEL BARY E M, FARAG R K, RAGAB A A, et al. Green asphalt construction with improved stability and dynamic mechanical properties[J]. Polymer Bulletin, 2020, 77: 1729-1747.

[7] ALATTIEH S A, AL-KHATEEB G G, ZEIADA W, et al. Performance assessment of bio-modified asphalt binder using extracted bio oil from date seeds waste[J]. International Journal of System Assurance Engineering and Management, 2020, 11: 1260-1270.

[8] AL-KHATEEB G G, RAMADAN K Z. Investigation of the effect of rubber on rheological properties of asphalt binders using superpave DSR[J]. KSCE Journal of Civil Engineering, 2015, 19: 127-135.

[9] BHAT F S, MIR M S. Rheological investigation of asphalt binder modified with nanosilica[J]. International Journal of Pavement Research and Technology, 2020(10). https://doi.org/10.1007/s42947-020-0327-2.

[10] RATHORE M, ZAUMANIS M. Impact of laboratory mixing procedure on the properties of reclaimed asphalt pavement mixtures[J]. Construction and Building Materials, 2020, 264: 120709.

[11] FILONZI A, LEE S K, FERREIRA W, et al. A micro-extraction method for use with 4mm plate geometry in the dynamic shear rheometer to evaluate asphalt binder rheology[J]. Construction and Building Materials, 2020, 252: 119024.

[12] AZARHOOSH A, KOOHMISHI M. Investigation of the rutting potential of asphalt binder and mixture modified by styrene-ethylene/propylene-styrene nanocomposite[J]. Construction and Building Materials, 2020, 255: 119363.

[13] EZZAT E N, ABED A H. Enhancement rheological properties of asphalt binder modified with hybrid polymers according to superpave system[J]. Materials Today: Proceedings, 2020, 20(4): 572-578.

[14] ALI KHASAWNEH M, TAAMNEH M, AL-OMARI A A, et al. Experimental and statistical evaluation of asphalt binders produced in Jordan treated with different modifiers[J]. Journal of Materials in Civil Engineering, 2020, 32(2): 04019342.1-04019342.16.

[15] HAGHSHENAS H F, REA R, BYRE D, et al. Asphalt binder laboratory short-term aging: effective parameters and new protocol for testing[J]. Journal of Materials in Civil Engineering, 2020, 32(1): 04019327.1-04019327.12.

[16] HAGHSHENAS H F, REA R, HAGHSHENAS D F. Aging resistance of asphalt binders through the use of zinc diethyldithiocarbamate[J]. Petroleum Science and Technology, 2019, 37(22): 2275-2282.

[17] GHANOON S A, TANZADEH J. Laboratory evaluation of nano-silica modification on rutting resistance of asphalt binder[J]. Construction and Building Materials, 2019, 223: 1074-1082.

[18] POULIKAKOS L D, HOFKO B, FALCHETTO A C, et al. Recommendations of RILEM TC 252-CMB: relationship between laboratory short-term aging and performance of asphalt binder[J]. Materials and Structures, 2019, 52(4): 69.

[19] BLASL A, KHALILI M, FALLA G C, et al. Rheological characterisation and modelling of bitumen containing reclaimed components[J]. International Journal of Pavement Engineering, 2017(2): 1-11.

[20] RAGNI D, FERROTTI G, LU X, et al. Influence of chemical additives for warm mix asphalts on the short-term ageing of a plain bitumen[J]. Road Materials & Pavement Design, 2019: 1-15.

[21] 谭忆秋，姜丽伟，褚浩然，等. 三个温度针入度评价沥青材料感温性的敏感性分析[J]. 东北公路，2001，24(4)：42-43+39.

[22] 薛忠军. 旧水泥路面加铺超薄沥青层综合技术的研究[D]. 哈尔滨：哈尔滨工业大学，2007.

[23] 赵可，李海骢. 改性沥青感温性评价指标的讨论[J]. 中国公路学报，2000，13(4)：1-7.

[24] 郝培文，李放，刘建强，等. 沥青感温性指标与沥青组成的灰关联熵分析[J]. 石油沥青，2003，17(3)：14-18.

[25] 陈俊，黄晓明. 沥青粘度和稠度本质及其关系研究[J]. 石油沥青，2007，21(4)：40-44.

[26] 赵可. 沥青及沥青混合料改性研究[D]. 西安：长安大学，1999.

[27] 刘亮. 沥青结合料高温性能评价指标试验研究[D]. 长沙：长沙理工大学，2005.

[28] 孙大权，吕伟民. 用测力延度试验评定聚合物改性沥青低温性能[J]. 建筑材料学报，2007，10(1)：37-42.

[29] 赵建生. 断裂力学及断裂物理[M]. 武汉：华中科技大学出版社，2003.

[30] 李立寒，孙大权，朱兴一，等. 道路工程材料(第六版)[M]. 北京：人民交通出版社，2018.

第4章　应力吸收层结合料关键评价指标

沥青结合料的性能最终由混合料的性能来体现。为了保证应力吸收层上面的沥青加铺层不出现车辙、反射裂缝等病害，应保证应力吸收层混合料具有足够的高温抗剪能力以及低温抗裂性能。本章调整了应力吸收层混合料的级配范围，利用7个改性沥青样品，在大量试验的基础上讨论试件规格、加载压头大小、试验温度、加载速率、沥青结合料类型、矿料级配等因素对贯入试验结果的影响，进一步分析沥青结合料各指标对贯入试验指标、弯曲破坏试验、弯曲蠕变试验指标的影响，从而提出应力吸收层结合料的关键评价指标。

4.1　沥青混合料设计方法简介

4.1.1　沥青混合料设计方法历史沿革

4.1.1.1　*试饼法*

沥青混合料的设计可以追朔到20世纪初，Clifford Richardson在1905年出版的《现代沥青路面》一书中描述了“试饼法”，可以认为这是第一个确定热拌沥青混合料最佳结合料含量的混合料设计方法。试饼法是将不同结合料含量的沥青混合料饼块试样，紧压在一张棕色马尼拉纸上，通过评估纸上残留染迹，确定最佳结合料含量。这种方法主要依据工程技术人员的主观经验进行判断，仅在砂粒式沥青混合料设计中使用过，且当时用的沥青结合料实际上是沥青基重油，自20世纪初期应用后基本不再使用。

4.1.1.2　Hubbard-Field *法*

Hubbard与Field在20世纪20年代中期提出了确定沥青面层与沥青砂基层最佳沥青用量的试验方法。该试验方法是：在一定沥青用量范围内，制作直径2in❶、

❶ 1in(英寸)=2.54cm。

高 1in 的试件,连同试模一起置于 140℉(60℃)水中,试模内留有直径 1.75in 的标准小孔,将试件放入该试模中以 2.4in/min 的速度施加荷载,测定其破坏时承受的最大荷载,即动稳定度值,通过动稳定度值与沥青用量的关系,得出该稳定度值最大时的沥青用量作为最佳沥青用量,此即所谓的 Hubbard-Field 法。

尽管最初 Hubbard 与 Field 只是用该法确定沥青砂的最佳沥青用量,但后来人们对该方法进行修正后,应用于含粗集料的混合料,要求试模孔的直径与粗集料的公称粒径之比为 4∶1。显然,当粗集料粒径过大时(如 0.5in 以上),这种方法就受到很大限制。另外,有人怀疑 Hubbard-Field 稳定度与路用性能之间的关系,为此提出了一些其他方法。

4.1.1.3　维姆法

维姆混合料设计方法是由加利福尼亚州运输局的 Francis Hveem 提出来的,以后其他人做了改进,并被列入 ASTM D1560 和 ASTM D1561 中。大约在 1927 年,Francis Hveem 负责一个工程项目,因没有更多的实践经验,无法直观地确定合理的用油量。为了考虑集料的吸油性与表面粗糙度对用油量的影响,Hveem 开发了煤油当量试验,分析了级配、温度、湿度等与最佳油量之间的关系,并开发了维姆稳定仪,试验试件的规格为直径 4in、高度 2.5in 的圆柱体。该设计方法也需要进行沥青混合料的密度、孔隙率、稳定度以及膨胀力等试验。维姆法的优点是:一是室内压实的揉搓方法较好地模拟了实际路面的密实过程;二是维姆稳定度是对抗剪强度中的内摩阻部分进行直接度量,能测试在垂直荷载作用下试件抵抗侧向位移的能力。

维姆法的缺点在于试验设备较为昂贵、不便于携带。有些工程技术人员认为维姆法确定沥青用量的方法过于主观,并且沥青用量偏少而可能影响混合料的耐久性。

4.1.1.4　马歇尔法

1939 年左右,Bruce Marshall 提出了马歇尔设计方法的原形。在第二次世界大战期间,由于飞机轮载增大,美国陆军工程兵部队水道试验站采用马歇尔试验仪模拟飞机场施工现场的密实度,采用不同的压实功在室内进行混合料设计。该研究的目标之一是确定一个标准的试验制备方法。根据研究结果,最终选择 10lb[1] 重的夯锤、4in 直径的试件,击实功标准为面层沥青混合料试件每面击实 50 次。后来,随着飞机尺寸与质量不断增加,轮胎压力不断增加,需要增加室内试验的压实

[1] 1lb = 0.454kg。

功,以便与现场一致,因此将 HMA(热拌沥青混合料)面层混合料的击实标准提高到双面 75 次。可以认为:该经验设计最重要的控制因素是在交通作用下现场达到的密度应该与室内采用规定压实功成型试件的密度一致。另外,为了保证大粒径沥青混合料的均匀性与代表性,1969 年宾夕法尼亚州运输局开发了 6in 直径试件的试验方法。根据 1984 年的调查,美国有 38 个州使用马歇尔法,10 个州使用维姆法。我国现行标准中,沥青混合料的设计方法也是一种修正的马歇尔法。

马歇尔法是目前应用最普遍的设计方法,中国、日本、德国等许多国家均采用马歇尔法。马歇尔法是一种经验设计方法,是采用非改性沥青混合料进行试验得出来的,仅适用于连续级配密实沥青混合料,其测定的力学性质与路用性能之间并没有直接的联系,因此不能准确地预测交通荷载作用下沥青混合料的路用性能。Gary Huber 的研究表明,混合料的稳定度与车辙深度之间没有很好的相关性,击实成型方法不能很真实地模拟实际路面的成型,但是马歇尔法具有简便易行、设备价格低廉且便于携带等优点,使得该方法能够沿用几十年,并在今后的一段时间内仍将是沥青混合料设计的主流方法之一。马歇尔法在过去提供了较令人满意的沥青混合料,可能与混合料类型比较单一、设计者提供的沥青混合料与通过经验取得的混合料一致、轮胎压力不大、交通状况不太严峻、施工工艺比较单一有关。然而,随着交通荷载的增长和改性沥青的应用,马歇尔设计方法应该做出适当的调整与补充。

4.1.1.5 Superpave(Superior Performing Asphalt Pavement)法

随着运输业与汽车工业的发展,交通量剧增,轮胎压力与轴载逐渐增大。在我国,车辆的超载现象非常普遍,导致许多满足现行规范的路面仍然发生了破坏。因此,混合料的设计必须完成从传统的经验设计向性能设计的转变。1987 年,美国公路战略研究计划(SHRP)投资 5000 万美元,进行一项历时 5 年的沥青路面课题研究,寻找新的沥青结合料与混合料的试验方法与性能规范,SHRP 最重要的成果为 Superpave 技术,由沥青结合料规范、混合料设计与分析系统和计算机软件系统三部分组成。该设计体系根据项目所在地的气候和设计交通量,把材料选择与混合料设计都集中在设计方法中。它要求在设计沥青路面时,要充分考虑在服务期内温度对路面的影响,要求沥青路面在最高设计温度时能满足高温性能的要求,不产生过量车辙。其主要特点是提出了一套全新理念:

①提出了 3 个水平设计沥青混合料的思想,见表 4-1。水准Ⅰ混合料设计要求用旋转压实仪(SGC)压实试件并根据体积设计要求选择沥青用量。水准Ⅱ混合料设计以水准Ⅰ混合料体积设计为基础,加上一组 SST(重复剪切荷载试验)和

IDT(间接拉伸试验)试验,以获得混合料的性能预测。水准Ⅲ设计包含水准Ⅰ和水准Ⅱ的大多数内容,在更广泛的温度范围内完成附加的 SST 和 IDT 试验,可提供更可靠的性能预测水平。由于水准Ⅱ和水准Ⅲ的性能预测试验尚不完善,且试验比较麻烦,目前应用较多的是水准Ⅰ设计,即 Superpave 混合料体积设计,主要包括原材料的选择、矿料结构设计(矿料级配设计)、沥青用量设计、设计混合料水敏感性评价 4 个方面内容。

Superpave 混合料设计水准选择　　表 4-1

Superpave 设计水准	交通量(ESALS)	试 验 要 求
Ⅰ	ESALS<10^6	材料选择和体积配合比设计
Ⅱ	10^6<ESALS<10^7	水准 I+性能预测试验
Ⅲ	ESALS>10^7	水准 I+扩大的性能预测试验

注:1. 设计交通量 ESALS 是换算为 80kN 的标准累计轴载次数。
2. 在所有设计水准下,水敏感性都用 AASHTO T283 评价。

②提出按体积设计沥青混合料的方法。通过限制空隙率(VA,Volume of Air Voids)、集料骨架空隙率(VMA,Voids in Mineral Aggregate)和沥青饱和度(VFA,Voids Filled with Asphalt)来实现沥青结合料、集料和空隙三要素间合理的体积比例。

③提出了“级配控制点”和“禁区”等概念,形成了典型的“S”形级配曲线等新的观点,特别提出砂尤其是细砂对混合料高温敏感性不利。

④开发出了沥青混合料试件旋转压实成型设备(Gyratory Compactor)。已有研究指出旋转压实仪成型比马歇尔的击实成型更接近于实际路面的压实效果。

但 Superpave 也有不尽完善之处,如:

①旋转压实次数与交通量间的关系含有较大的经验成分。

②虽然提出了 3 个水准的设计思想,但水准Ⅱ和Ⅲ还需要进一步验证。

③Superpave 沥青混合料设计体系在执行过程中遇到的主要问题是按体积设计、按重量检验的矛盾,集料与混合料的毛体积密度、视密度、填装密度或最大密度的测定方法与测定结果对于按体积设计具有重要的影响,对于矿质集料级配的确定也完全依赖于经验。这些都使 Superpave 沥青混合料设计体系在应用中尚存在许多不足。

4.1.1.6　澳大利亚沥青混合料设计方法

澳大利亚提出了一套基于使用性能的沥青混合料设计方法。该方法分为 3 个设计水平,设计水平Ⅰ用旋转压实仪取代了过去的马歇尔试验和 Hubbard-Field

法,制备的试件更接近现场情况;设计水平Ⅱ采用动态蠕变试验方法;为了保证混合料具有足够的抗车辙性能,在水平Ⅲ中引进了车辙试验和满足程度的检验;抗疲劳性能则在水平Ⅱ和水平Ⅲ中均有要求。澳大利亚的三水平设计方法与美国的SUPERPAVE 沥青混合料设计体系有相似的地方。

4.1.1.7 法国沥青混合料设计方法

法国沥青混合料配合比设计方法主要考虑了3方面因素:①组成集料的多样性;②气候条件的多变性(特别是温度的变化);③汽车轮载作用的破坏性。这些因素的变化使得沥青混合料材料本身及其配合比设计方法均处于不断的变化发展之中。同时,业主和承包人之间的合同关系,也要求在满足客户指定的目标需求下,给设计者以充分的选择自由。这些因素都直接导致了实用型沥青混合料设计方法的研究与开发。法国 L. P. Grimaux 于1979年发表了沥青混合料配合比设计新方法,其核心是旋转剪切压实试验,此方法后来形成规范,一直沿用至今。

4.1.1.8 其他沥青混合料设计方法

1)贝雷法

“贝雷法”由美国伊利诺伊州交通局 Robert D. Bailay 提出。粗、细集料的划分以最大公称尺寸的0.22倍所对应的相近尺寸的筛孔孔径为粗、细集料的分界点。细集料含量确定的基本原则为:

①细集料的体积≤粗集料空隙的体积。

②粗集料的体积+细集料的体积=单位体积。

“贝雷法”设计程序为:

①初步拟定几种集料组成。

②测定各种集料的毛体积密度和视密度。

③测定各组合成集料,即>$D/4$、>$D/16$、>$D/64$…>0.075直至全部集料的干捣实密度和松装密度(通常试筒直径应为$10D$,D为集料最大粒径)及相应的<$D/4$、<$D/16$、<$D/64$…合成集料的松装密度和干捣实密度。

④根据密度测定的结果,计算以上各组合成集料的毛体积密度和视密度。计算各组合成集料松装和干捣实时相应的空隙率。空隙率的计算和 Superpave 一样以毛体积密度为基础。

⑤确定各级细集料含量,基本原则是各级细集料体积≤相应各级粗集料空隙,即小于$D/4$的细集料体积≤大于$D/4$的粗集料空隙,而小于$D/16$的细集料体积≤大于$D/16$的合成集料的空隙,以此类推。各级粗集料体积+相应各级细集料体积=单位体积,最后检验 VMA 是否符合要求。

“贝雷法”主要存在的问题有：

①所采用平面三圆模型与混合料集料实际状态相差远，不能恰当反映混合料的体积状态和填充状态。

②嵌挤点控制和级配参数计算采用的都是标准筛孔值，对于最大公称尺寸不同的混合料，形成嵌挤的条件是不同的，这种嵌挤系数的变化导致不同混合料级配控制参数没有可比性。

③无法考虑矿粉和沥青结合料的体积填充影响。

2)GTM 法

GTM(Gyratory Testing Machine)旋转试验机是美国陆军工程兵部队(U. S. Army Corps of Engineers)在20世纪60年代发明的，后来美国空军为解决重型轰炸机跑道容易破损的问题，专门组织人员对GTM法进行研究开发，形成了如今的路面材料GTM设计方法。GTM法把混合料成型压实试验机、力学剪切试验机和车辆模拟机合并成为一台试验机，一旦试件成型完毕，根本不用进行另外的强度试验即可得到混合料的设计密度和沥青用量。GTM法可较真实地模拟实际路面材料的受力状况以及预测材料到服务期末的力学性质，从而避免路面材料的早期破坏。

GTM成型试件的原理与Superpave的旋转压实仪(SGC)基本相同，可模拟路面碾压成型阶段混合料所受到的碾压、揉搓作用，可根据路面所承受的轮胎接地压强设定垂直压力，也可改变对试件的揉搓旋转角度。GTM除了能设计沥青混合料外，还可用于基层、土基的材料组成设计。

GTM成型试验的目的还在于模拟路面行车荷载作用下沥青混合料的最终压实状态，即平衡状态，并测试分析试样在被压实到平衡状态过程中剪切强度和最终塑性形变大小，以判断混合料组成是否合理。压实试件的最终塑性形变大小是用塑性形变稳定系数GSI(Gyratory Stability Index)来表示的。GSI数值是试验结束时的机器角与压实过程中的最小机器角的比值，是表征试件受剪应力作用的塑性形变稳定程度，GSI接近于1.0时所对应的沥青用量为混合料的最大沥青用量。试验中需变化沥青用量分别进行GTM压实试验，然后绘制GSI与沥青用量的关系曲线，以确定混合料的最大沥青用量。另外GTM还可提供试件的最大密度——试件处于平衡状态时的密度、抗剪安全系数GSF——抗剪强度与最大剪应力之比、静态剪切模量、抗压模量等。

GTM法注重适合超载的路面设计，承载能力和抗变形能力强，解决了沥青混凝土路面的早期破坏问题。但是，GTM法并未特别关注路面结构的耐久性、抗老化能力、施工和易性和抗疲劳开裂能力等，对集料级配的设计筛选也没有提出专门的程序，只是沿用了传统的级配规范与确定方法，这种设计方法虽然在国内部分省市得到了研究推广,但有人认为其用油量明显偏低,其使用效果到底如何还需要进一步观测和总结。

3)CAVF 法(Coarse Aggregate Voids Filling Method)

华南理工大学张肖宁等提出了 CAVF 法。CAVF 法的基本思想:实测拟作为骨架的粗集料空隙体积,设计细集料和沥青用量,使其组成的沥青砂胶可以填充粗集料骨架的空隙。在数量关系上可以表达成:细集料体积+沥青结合料体积+矿粉体积+设计剩余空隙体积=粗集料骨架空隙体。

CAVF 法的特点:

①骨架密实的概念更加清晰。

②通过调整细集料的粒径设计连续或间断型沥青混合料。

③以方程式的形式定量表达和求解各档集料的掺配比例,使得沥青混合料设计从经验性更加贴近于解析性,提高了设计效率和质量。

④放宽了对集料原始级配的要求,充分利用各种规格集料,具有巨大的经济效益和社会效益。

纵观沥青混合料组成设计方法的历史变迁,沥青混合料组成设计应该包括以下内容:

①确定最佳沥青用量,保证高温稳定性是沥青混合料组成设计的基本内容。

②最佳沥青用量与沥青混合料的体积组成参数具有紧密联系,设计矿质混合料级配是其重要内容。

③设计过程中沥青混合料试件的成型方法应该尽量与现场压实工艺一致。

④对于设计得到的沥青混合料,还应该通过模拟试验或力学试验确定其耐久、密实、疲劳、低温变形等路用性能。

⑤作为完整的设计体系,沥青混合料组成设计还应该根据预测交通量、现场气候与环境,选择沥青结合料,确定压实标准。

综合对比国内外目前常用的沥青混合料设计方法,可以看出沥青混合料试件成型有由传统的击实向更趋近于真实路面状况的旋转压实方法转变的趋势。不同设计方法的设计思想和出发点都有所不同,但最终都希望得到稳定的沥青混合料。

4.1.2 混合料成型方法

从前面的设计方法可以发现,不同设计方法所用试件成型方法也不同。实际上,在确定最佳沥青用量时,成型方法对其有明显的影响,比如 GTM 和 SGC 法成型试件确定的沥青用量一般要低于马歇尔法。纵观国内外沥青混合料设计,主要成型方法有马歇尔击实成型、轮碾压实成型、振动成型、静压成型、旋转压实成型等。

4.1.2.1　马歇尔击实法

马歇尔击实法是美国密西西比州公路局工程师马歇尔提出来的。马歇尔击实法是现行沥青混合料设计方法中最主要的沥青混合料成型方法。马歇尔击实仪经过多年来不断改善,其击实锤质量、击实高度、击实频率等参数都不断趋于合理,从密实度的角度来看,试件成型质量得到提高。由于该方法试验简单、快速,现在已经在大多数国家得到推广。1958 年,马歇尔击实法被美国列入 ASTMD 1559。我国从 1970 年开始应用马歇尔击实法,并将其纳入了有关规范。马歇尔击实法原理如图 4-1 所示。应当注意到,马歇尔击实法是一个纯经验的试验方法。在实际工作中发现,实验室设计的沥青混合料结构常常与实际路面出入较大,虽然道路科学工作者对一些击实参数不断进行改进,如对机场道路采用较大试件尺寸和较高的击实质量,也考虑了击实底座放置木板的影响等,但实际效果并不理想。

4.1.2.2　轮碾压实法

该成型方法是小型往复式车辙试验最主要的试件成型方法。最早的轮碾压实仪是由英国道路研究所(TRRL)开发的。不同于马歇尔击实法成型圆柱体试件,轮碾压实仪成型的是板状试件,其尺寸为 30cm×30cm×5cm,约重 11kg。其成型原理如图 4-2 所示。由于轮碾压实采用模拟车轮的圆弧形压头,沿行车方向滚动压实,理论上模拟行车荷载的作用形式,实现对沥青混合料的真实路面压实效果。轮碾压实法在我国主要用于成型评价高温稳定性的车辙试件。

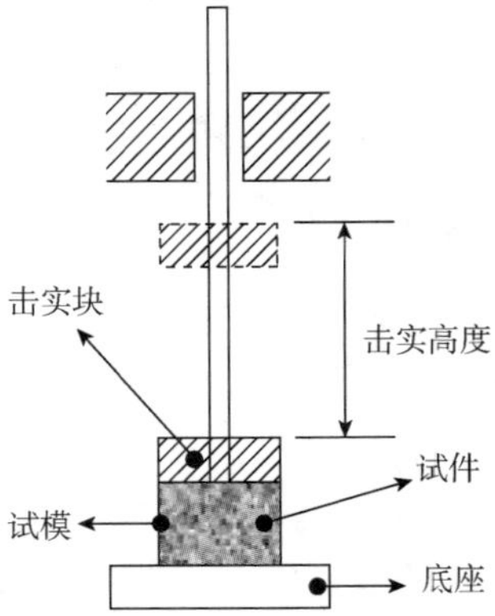

图 4-1　马歇尔击实原理图

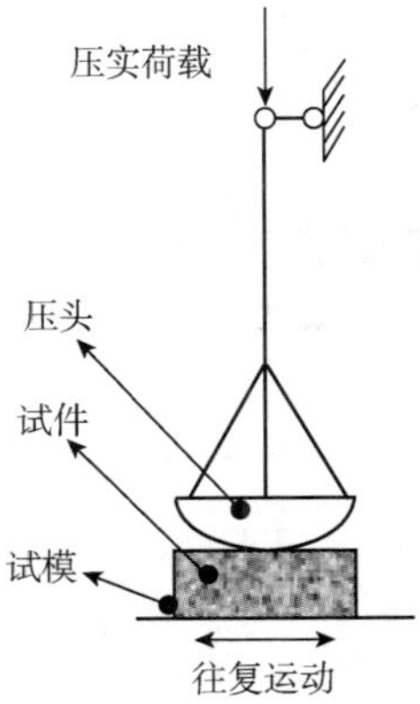

图 4-2　轮碾压实原理图

4.1.2.3　振动压实法

此法是近年来正在推广的一种新型沥青混合料压实方法。一般情况下,有两种原理的振动压实仪:一种是被欧洲一些国家采用的,它让试件做横向振动,并加一个小的垂直荷载;另一种是美国推出的,对试件施加垂直的振动荷载。其原理如图 4-3 所示。

4.1.2.4　旋转压实法(SGC)

旋转压实仪是美国 SHRP 计划的技术成果之一,是 Superpave 技术中用来成型沥青混合料试件的重要设备之一。它主要包括:①反力架、转动底座和电动机;②加载系统;③高度测量及记录系统;④试模和支撑板。其核心部分是由旋转底座和加载系统所构成的特殊试件成型系统。SGC 的底座可以转动,并固定在加载架上,在压实时,底座可以支撑试模,利用反力支撑将试模设成 1.25°角,该角即为压实倾角,电动机以 30r/s 的恒定速度驱动底座并带动试模共同转动。其工作原理如图 4-4所示。旋转压试仪又称高密度旋转压实仪,它可以获得很高密度的沥青混合料试件,使之具有与路面结构相近的路用性能,从而保证混合料的实验室设计与路用性能的密切联系。因此,该设备已成为十分重要的沥青混合料设计压实工具,得到越来越广泛的应用。

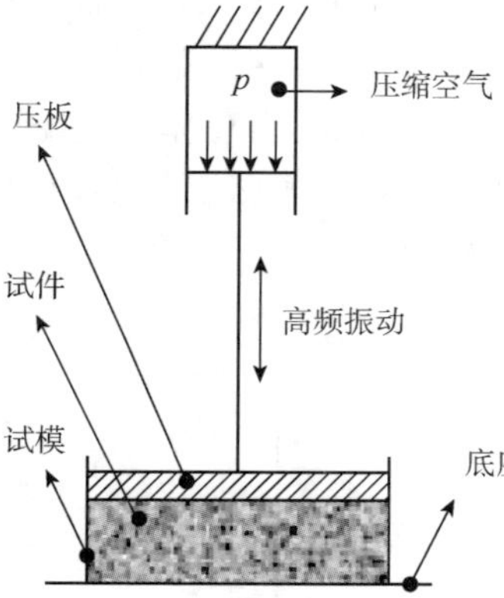

图 4-3　振动压实原理

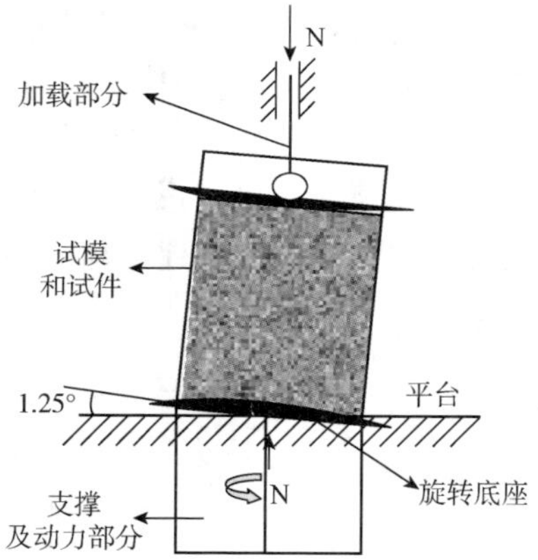

图 4-4　旋转压实原理

4.1.3　最佳沥青用量的确定方法

沥青混合料在路面中直接承受车辆荷载与各种自然因素的作用,因此,沥青混合料必须具备一定的力学强度与耐久性;为保证施工质量,还应具备施工和易性;为保证行车的安全、舒适,还需具备特殊的表面特性。影响沥青混合料性能的关键因素主要有:原材料的品质、矿料级配结构、空隙率水平、最佳沥青用量等。其中,最佳沥青用量是否合理直接影响路面的使用品质。

沥青用量对沥青混合料热稳定性的影响最明显。一般当沥青用量过少时,集料表面沥青膜过薄，不足以形成结构沥青薄膜来粘结矿料颗粒，混合料呈干枯状而缺乏足够的黏结力，影响沥青混合料的强度，稳定度不高。随着沥青用量的增加，结构沥青逐渐形成，沥青结合料更好地包裹在矿料表面，沥青结合料与矿料间的黏结作用增强。但随着沥青用量的进一步增加，集料表面沥青膜增厚，“自由沥青”逐渐增多，沥青胶浆的黏聚力随自由沥青的增加而降低，此时，沥青结合料不仅起着黏结作用，而且起着润滑作用。因而过多的沥青用量降低了沥青混合料的抗剪强度，从而影响了混合料高温性能。混合料中沥青用量过多是产生车辙的主要原因之一。

沥青用量对沥青混合料的疲劳寿命也有显著影响。沥青用量越多，混合料的柔韧性越好，对于薄层路面来说，其应变能力越大，故疲劳寿命越长。SHRP A-003A 的研究也表明，沥青饱和度越大，混合料空隙率越小，疲劳寿命越高。因此，从疲劳寿命的角度出发，配合比设计的沥青用量在保证高温稳定性的前提下，应该尽量大一些。从耐老化性、水稳定性等方面看，沥青膜较厚，对沥青混合料耐久性有利。沥青用量同样也影响混合料的表面特性与施工和易性。可见，沥青用量多方面影响沥青混合料的性能，因此，确定合理的沥青用量是平衡各种路用性能的手段之一。

确定沥青混合料的最佳沥青用量从本质上讲是设计合理的沥青膜厚度。Campen 等人建议，为了使沥青路面具有良好的使用性能，要求连续级配的沥青混合料的沥青膜厚度最小为 6μm，间断级配沥青混合料的沥青膜厚度最小为 8μm，密实式沥青碎石混合料的沥青膜厚度最小为 5μm，排水式大孔隙沥青混合料的沥青膜厚度最小为 12μm。

4.1.3.1 维姆法

维姆法首先应用表 4-2 列出的参数计算沥青混合料中集料的表面积。

美国维姆计算矿质集料表面积的参数 表 4-2

筛孔尺寸(mm)	比表面积(ft^2/lb)	单位质量的表面积(m^2/kg)
>4.75	1	0.41
2.36~4.75	1	0.41
1.18~2.36	2	0.82
0.6~1.18	5	1.64
0.3~0.6	7	2.87
0.15~0.3	15	6.14
0.075~0.15	30	12.29
<0.075	80	32.77

如果已知矿质混合料的级配，即可根据表 4-2 计算出混合料的总表面积 SST。

再按照式(4-1)计算被吸收的沥青用量：

$$被吸收沥青=\frac{ASP\times BSG-\left[\frac{BSG(100+ASP)}{TMSG}-100\right]\times ASG}{BSG} \tag{4-1}$$

式中：ASP——沥青用量(油石比)；

BSG——沥青混合料中集料的毛体积密度；

TMSG——沥青混合料的理论最大密度；

ASG——混合料中沥青结合料的密度。

则被吸收的沥青用量(被吸收的沥青占沥青混合料质量百分率)可由以下公式计算。

$$P_{ba}=\%被吸收沥青\times\frac{100}{100+\%沥青} \tag{4-2}$$

计算沥青用量 P_b：

$$P_b=\%沥青\times\frac{100}{100+\%沥青} \tag{4-3}$$

计算有效沥青用量 P_{be}：

$$P_{be}=P_b-P_{ba} \tag{4-4}$$

计算有效的沥青膜厚度：

$$F_{be}=\frac{981\times P_{be}}{SST\times(100-P_b)} \tag{4-5}$$

4.1.3.2 日本方法

与维姆法不同，日本建议采用下式计算混合料的总比表面积和预估最佳沥青用量。

$$A=\frac{2+0.02a+0.04b+0.08c+0.14d+0.3e+0.6f+1.6g}{48.74} \tag{4-6}$$

$$P_b=h\times A \tag{4-7}$$

式中： A——集料的总比表面积(m^2/kg)；

a、b、c、d、e、f、g——分别为 4.75mm、2.36mm、1.18mm、0.6mm、0.3mm、0.15mm、0.075mm 筛孔的集料通过百分率；

h——沥青膜厚度(μm)。

其中，沥青膜厚度 h 取 8～11μm，通常连续级配沥青混合料的沥青膜厚度不小于 6μm，间断级配沥青混合料的沥青膜厚度不小于 8μm，排水式沥青混合料的沥青膜厚度不小于 14μm。据此即可初步确定最佳沥青用量。

比较日本方法和维姆法，可见不同的矿质集料的表面积估算方法将对沥青膜厚度的估算产生很大影响，因此在指定沥青膜厚度时应说明具体的估算方法。

4.1.3.3　美国 FHWA 法

FHWA 法最大的特点就是不需要进行混合料试验，而采用近似沥青比（ABR）的方法进行确定，具体过程如下：

①用四分法取 105g 粒径为 4.75mm 以上的粗集料，放入（110±5）℃的烘箱中烘干至恒重。

②称 100g 粗集料置于金属漏斗中，并一起用 SAE No. 10 机油浸泡 5min。

③取出粗集料滴干 2min，再放到（60±3）℃烘箱中干燥 15min，继续滴干。

④称取粗集料质量，计算吸油量和粗集料持油百分率（Percent Oil Retained，POR）。

$$\mathrm{POR}=\frac{\mathrm{SG_a}}{2.65}\times\frac{B-A}{A}\times 100\% \tag{4-8}$$

式中：$\mathrm{SG_a}$——粗集料的表观相对密度；

A——粗集料干重（g）；

B——粗集料吸油重（g）。

⑤计算粗集料表面系数 K_c：

$$K_c=0.1+0.4\mathrm{POR} \tag{4-9}$$

⑥设计沥青用量（$\mathrm{AC_{JMF}}$）

$$\mathrm{AC_{JMF}}=\frac{2K_c+4.0}{\mathrm{SG_a}}\times 2.65 \tag{4-10}$$

这种方法主要依靠经验进行，不需任何混合料性能试验进行验证。但美国 20 世纪 80 年代以后已很少使用。

4.1.3.4　体积设计法

与前面 3 种预估沥青用量的方法不同，体积设计法主要通过不同的成型方法制备试件，测量不同油量下试件的体积参数与沥青用量之间的关系，在相应的体积参数约束条件下确定合理的沥青用量，如马歇尔法、Superpave 水准 1 法等都属于此类。有时在体积设计方法基础上，还结合其他力学或性能试验对所确定的最佳沥青用量进行验证。

4.2 应力吸收层混合料配合比设计方法研究

4.2.1 应力吸收层混合料设计特点

应力吸收层混合料的材料组成、级配特性不同于一般热拌沥青混合料、稀浆封层、沥青砂砾石。典型的特征是集料细(均在5mm以下),矿粉用量大,油石比大,空隙率低,饱和度大,细石料基本上悬浮于沥青结合料与矿粉形成的胶浆之间,与上、下面层的黏结性较好。

尽管Superpave混合料设计方法在设计时考虑了混合料的路用性能,但在设计过程中确定体积参数时,有些参数带有经验性,比如:矿料有效相对密度、有效沥青含量、设计空隙率等。此外,Superpave混合料设计方法并没有考虑改性沥青结合料。因此,应充分考虑Superpave设计方法用于应力吸收层混合料的适应条件。

在应力吸收层配合比设计过程中,充分结合Superpave混合料设计方法的优点和应力吸收层工程实际的特点,主要基于如下4点考虑:

①Superpave混合料设计方法一般在固定空隙率4%下估算沥青用量,考虑到应力吸收层工程实际特点,其空隙率应控制在1.5%左右。

②应力吸收层集料最大公称尺寸为4.75mm,在矿料级配方面与Superpave级配存在较大差别,Superpave混合料设计方法中还没有专门涉及此方面的设计实例。

③根据使用功能,对于材质、级配特性、沥青结合料、油石比有特殊规定。

④马歇尔试件成型过程与道路实际压实有较大差异,对于应力吸收层混合料,击实特性可能发生改变,Superpave旋转压实成型方法能较好模拟路面的压实。

鉴于Superpave旋转压实成型方法的优越性,借鉴其设计理念对应力吸收层混合料进行配合比设计。采用Superpave推荐的公式初估沥青用量,参考美国科氏公司提供的应力吸收层体积控制指标,以及美国部分州和国内沥青加铺层的工程实际,调整油石比,在SGC上成型试件,测试体积参数,确定最佳沥青用量。同时考虑到一般工程项目上SGC设备尚未普及,采用马歇尔试验进行验证,并对马歇尔参数与SGC方法测得的参数进行相关分析,为现场质量控制提供试验依据。

4.2.2 应力吸收层混合料SGC设计方法

由于当代高速公路上交通量不断增大,车辆轮胎荷载进一步提高,使得马歇尔击实仪不能较好地模拟路面在现实使用状态下的各种性能。马歇尔击实仪的击实功作用不够,单纯增加击实次数并不能提高压实效果,而且有时还会使石料产生击碎现象。从力学分析的角度,施工和使用状态下的路面受到车轮的碾压作用而很少受到撞击作用。旋转压实仪的压实过程较接近路面的实际压实状态,压实的程度可以达到最大理论密度的 98%以上,并且成型时可以通过压实次数或者试件高度等模式进行控制,并能采集每压实一次时的试件高度,以便对沥青混合料的体积特性进行评价。正是由于旋转压实仪具有较好的模拟性和数据采集的便利性,使得它成为沥青混合料制件时较理想的压实工具。

4.2.2.1　拌和压实温度的确定

如果按照 Superpave 等相关规范要求,用 Brookfield DV-Ⅱ+可编程控制式黏度计进行黏度试验,采用的转子编号为 SC4-27,旋转速度为 20r/min。由此测得应力吸收层结合料的 135℃平均黏度为 1.375Pa·s,165℃平均黏度为 0.467Pa·s,则对应于(0.17±0.02)Pa·s 和(0.28±0.03)Pa·s 的沥青混合料拌和压实温度分别为 200.8~212.6℃和 179.7~188.4℃,显然施工控制温度偏高,因此应力收层混合料拌和压实温度不宜按此法确定。

对于聚合物改性沥青,如何确定最佳拌和与压实温度,目前还处于经验摸索阶段,影响因素也较多。根据长安大学的研究成果,对于聚合物类改性沥青混合料施工温度的确定,推荐用如下方法:在剪变率 60(1/s)下,测试改性沥青 135℃和 165℃(或 175℃)两个试验温度的黏度,绘制黏温曲线,再根据拌和压实黏度范围(0.17±0.02)Pa·s 和(0.28±0.03)Pa·s 确定拌和与压实温度。结合应力吸收层的工程实践经验,最后确定的施工控制温度为:石料加热温度为 185℃,沥青结合料加热温度 170℃,拌和温度 175℃,压实温度 160℃。

4.2.2.2　混合料设计参数确定

由于应力吸收层混合料采用了高弹性聚合物改性沥青,混合料理论密度采用真空法测试误差较大,考虑到沥青结合料被吸收和砂粒式改性沥青真空法测试中分散困难的特点,采用公式法计算得到混合料理论密度。通过室内大量试验,最后采用《公路沥青路面施工技术规范》(JTG F40—2017)推荐采用的计算法计算理论最大相对密度,计算步骤如下:

①计算矿料的合成毛体积相对密度 γ_{sb}:

$$\gamma_{sb}=\frac{100}{\frac{P_1}{\gamma_1}+\frac{P_2}{\gamma_2}+\cdots+\frac{P_n}{\gamma_n}} \tag{4-11}$$

式中：$P_1, P_2, \cdots, P_n$——各种矿料成分的配合比，其和为 100；

$\gamma_1, \gamma_2, \cdots, \gamma_n$——各种矿料相应的毛体积相对密度。

②计算矿料的合成表观相对密度 γ_{sa}：

$$\gamma_{sa}=\frac{100}{\dfrac{P_1}{\gamma_1'}+\dfrac{P_2}{\gamma_2'}+\cdots+\dfrac{P_n}{\gamma_n'}} \tag{4-12}$$

式中：$P_1, P_2, \cdots, P_n$——各种矿料成分的配合比，其和为 100；

$\gamma_1', \gamma_2', \cdots, \gamma_n'$——各种矿料相应的毛体积相对密度。

③计算合成矿料的有效相对密度 γ_{se}：

$$\gamma_{se}=C\times\gamma_{sa}+(1-C)\times\gamma_{sb} \tag{4-13}$$

$$C=0.033\omega_\chi{}^2-0.2936\omega_\chi+0.9339 \tag{4-14}$$

$$\omega_\chi=\left(\frac{1}{R_{sb}}-\frac{1}{R_{sa}}\right)\times100 \tag{4-15}$$

式中：C——合成矿料的沥青吸收系数；

ω_χ——合成矿料的吸水率（%）。

④计算不同沥青用量下的混合料的理论最大相对密度 γ_{ti}：

$$\gamma_{ti}=\frac{100}{\dfrac{P_{si}}{\gamma_{se}}+\dfrac{P_{bi}}{\gamma_b}} \tag{4-16}$$

式中：γ_{ti}——相对于计算沥青用量 P_{bi} 时沥青混合料的最大理论相对密度；

P_{si}——沥青混合料的矿料含量（%）；

P_{bi}——沥青混合料的沥青用量（%）；

γ_{se}——集料的有效相对密度；

γ_b——沥青的相对密度（25℃/25℃）。

⑤鉴于计算最大理论相对密度时考虑了沥青结合料被矿料吸收，则在计算沥青混合料试件的空隙率 VV、矿料间隙率 VMA 和有效沥青的饱和度 VFA 时都应有所变化，具体计算公式如下：

$$\mathrm{VV}=\left(1-\frac{\gamma_f}{\gamma_t}\right)\times100 \tag{4-17}$$

$$\mathrm{VMA}=\left(1-\frac{\gamma_f}{\gamma_{sb}}\times\frac{P_s}{100}\right)\times100 \tag{4-18}$$

$$\mathrm{VFA}=\frac{\mathrm{VMA}-\mathrm{VV}}{\mathrm{VMA}}\times100 \tag{4-19}$$

式中：VV——试件的空隙率(%)；

VMA——试件的矿料间隙率(%)；

VFA——试件的有效沥青饱和度，即有效沥青用量占 VMA 的体积百分比(%)；

γ_f——试件的毛体积相对密度；

γ_t——混合料的理论最大相对密度；

P_s——各种矿料占沥青混合料总质量的百分率之和(%)。

4.2.2.3　*矿料级配确定*

应力吸收层主要以抗疲劳、抗变形、抗渗性能为主，在矿料级配设计中，应尽可能使用较高的沥青用量，务必使矿料级配曲线远离最大密度曲线，以提高矿料间歇率；为增强抗疲劳、抗裂性能，矿料空隙率不宜过大，按 0.5%～2.5%设计。矿料级配范围见表 4-3，试验室采用的工程级配见表 4-4 和图 4-5。

应力吸收层混合料级配范围(单位：%)　　　　表 4-3

级配	筛孔							
	9.5mm	4.75mm	2.36mm	1.18mm	0.6mm	0.3mm	0.15mm	0.075mm
美国规范	100	80～100	60～85	40～65	30～55	18～32	8～18	7～14
科氏推荐	100	80～100	60～85	40～70	25～55	15～35	8～20	6～14
工程级配	100	88～100	60～85	40～70	25～55	15～35	8～20	6～14

试验室采用的工程级配　　　　表 4-4

筛孔/mm	合成级配/%	级配中值/%	级配上限/%	级配下限/%
9.5	100.0	100.0	100.0	100.0
4.75	91.4	94.0	100.0	80.0
2.36	77.3	73.0	85.0	60.0
1.18	58.1	55.0	70.0	40.0
0.6	36.8	40.0	55.0	25.0
0.3	20.7	23.0	35.0	15.0
0.15	11.3	12.0	20.0	8.0
0.075	8.7	8.5	14.0	6.0

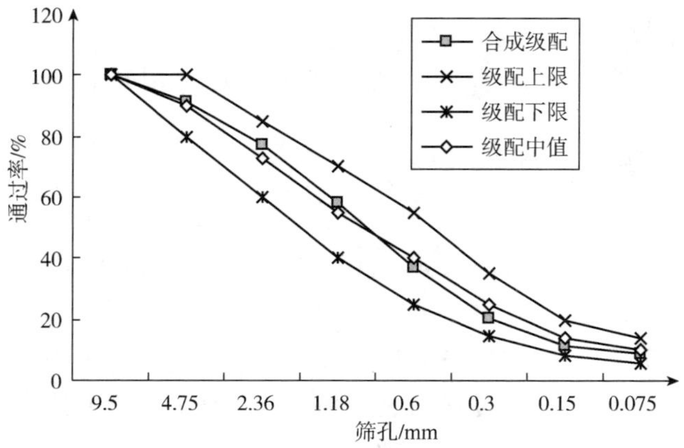

图 4-5　工程级配图

4.2.2.4　SGC 试验及其体积参数测定

测试所选择的矿料的毛体积密度和表观密度，并逐级回配得到配合比所需的称量，最少需要 4 组试件（沥青用量分别为 8.0%、8.5%、9.0%、9.5%），每组 2 个试件，每个试件集料与沥青结合料的总重为 4800g。首先计算得出所用沥青用量下的理论最大相对密度，见表 4-5。

工程级配理论最大相对密度　　表 4-5

<table>
<tr><th colspan="3">参　数</th><th>备　注</th></tr>
<tr><td colspan="2">合成毛体积相对密度 γ_{sb}</td><td>2.60</td><td rowspan="2">$\gamma_s=\dfrac{100}{\dfrac{P_1}{\gamma_1}+\dfrac{P_2}{\gamma_2}+\cdots+\dfrac{P_n}{\gamma_n}}$</td></tr>
<tr><td colspan="2">合成表观相对密度 γ_{sa}</td><td>2.65</td></tr>
<tr><td colspan="2">吸水率 ω_χ</td><td>0.726</td><td>$\omega_\chi=\left(\dfrac{1}{R_{sb}}-\dfrac{1}{R_{sa}}\right)\times 100$</td></tr>
<tr><td colspan="2">沥青吸收系数 C</td><td>0.738</td><td>$C=0.033\omega_\chi{}^2-0.2936\omega_\chi+0.9339$</td></tr>
<tr><td colspan="2">合成有效相对密度 γ_{se}</td><td>2.637</td><td>$\gamma_{se}=C\times\gamma_{sa}+(1-C)\times\gamma_{sb}$</td></tr>
<tr><td rowspan="4">理论最大相对密度</td><td>8.0</td><td>2.334</td><td rowspan="4">$\gamma_{ti}=\dfrac{100}{\dfrac{P_{si}}{\gamma_{se}}+\dfrac{P_{bi}}{\gamma_b}}$
$\gamma_b=1.005$</td></tr>
<tr><td>8.5</td><td>2.317</td></tr>
<tr><td>9.0</td><td>2.301</td></tr>
<tr><td>9.5</td><td>2.285</td></tr>
</table>

将配好的集料试样放入拌和温度下的烘箱中保温 2h,沥青结合料放入另一烘箱中预热至拌和温度。将搅拌锅的温度控制在拌和温度,混合料拌和时间约为 3min。混合料拌和好后,将混合料均匀地铺在浅平盘中,然后将盛有混合料的盘放入压实温度下的强制通风的烘箱中进行短期老化 2h,其间每 1h 搅拌 1 次。在压实第 1 个试件前 45~60min,把压实试模和底压板放进设定在压实温度的烘箱中预热。从烘箱中取出试模和底板,把底板放入试模中,同时放 1 张事先准备好的纸片,然后将经短期老化到压实温度的混合料分 3 次装入试模中整平,再放 1 张纸片在整平的混合料顶面。将试模放进压实机内,对中并启动系统开始旋转压实。压实结束后,升起加载头并从压实机中取出装有压实试件的试模,冷却 5min 后脱模并标记试件。

试验采用 TROXLER 4140 Gyratory Compactor 进行压实,压实次数为 50 次,各沥青用量下的压实次数与压实高度的关系见表 4-6~表 4-9。

沥青用量为 8.0%时压实次数与压实高度的关系(单位:mm)　　表 4-6

压实次数	1	2	3	4	5	6	7	8	9	10
0	125.7	124.1	122.9	121.9	121.1	120.4	119.8	119.3	118.8	118.4
10	118.0	117.6	117.3	117.0	116.8	116.5	116.3	116.1	115.9	115.8
20	115.6	115.4	115.3	115.2	115.1	115.0	114.9	114.8	114.7	114.6
30	114.5	114.4	114.4	114.3	114.3	114.2	114.2	114.1	114.1	114.1
40	114.0	114.0	114.0	113.9	113.9	113.9	113.9	113.9	113.8	113.8

注:横纵坐标轴均表示压实次数,如横坐标为 10,纵坐标为 1,则表示压实次数为 11 次,依次类推,表 4-7~表 4-9 格式相同。

沥青用量为 8.5%时压实次数与压实高度的关系(单位:mm)　　表 4-7

压实次数	1	2	3	4	5	6	7	8	9	10
0	124.4	123.3	122.0	121.0	120.4	119.8	119.2	118.8	118.3	118.0
10	117.7	117.4	117.2	117.0	116.8	116.6	116.5	116.3	116.2	116.1
20	116.0	115.9	115.8	115.7	115.7	115.6	115.6	115.5	115.5	115.4
30	115.4	115.4	115.4	115.3	115.3	115.3	115.3	115.3	115.2	115.2
40	115.2	115.2	115.2	115.2	115.2	115.2	115.2	115.1	115.1	115.1

沥青用量为 9.0%时压实次数与压实高度的关系(单位:mm)　　表 4-8

压实次数	1	2	3	4	5	6	7	8	9	10
0	125.5	124.0	122.8	121.9	121.0	120.4	119.9	119.4	119.1	118.8
10	118.5	118.3	118.1	117.9	117.8	117.6	117.5	117.4	117.4	117.3
20	117.3	117.2	117.2	117.2	117.2	117.1	117.1	117.1	117.1	117.1
30	117.0	117.0	117.0	117.0	117.0	117.0	117.0	117.0	116.9	116.9
40	116.9	116.9	116.9	116.9	116.9	116.9	116.9	116.9	116.9	116.9

沥青用量为 9.5%时压实次数与压实高度的关系(单位:mm)　　表 4-9

压实次数	1	2	3	4	5	6	7	8	9	10
0	124.0	122.6	121.7	120.9	120.3	119.9	119.5	119.3	119.1	119.0
10	118.9	118.8	118.7	118.7	118.7	118.6	118.6	118.6	118.5	118.5
20	118.5	118.5	118.5	118.5	118.4	118.4	118.4	118.4	118.4	118.4
30	118.4	118.4	118.3	118.3	118.3	118.3	118.3	118.3	118.3	118.3
40	118.3	118.3	118.3	118.3	118.3	118.2	118.2	118.2	118.2	118.2

为了便于比较不同沥青用量下的压实效果,将不同油量下混合料的压实曲线绘制到图 4-6 上,从中可见随着压实次数的增加,试件压实高度不断降低,表明混合料逐渐压密;随着压实次数增加,压密作用效果逐渐下降;沥青用量不同,压密难易程度也不相同,沥青用量越多越容易压密。

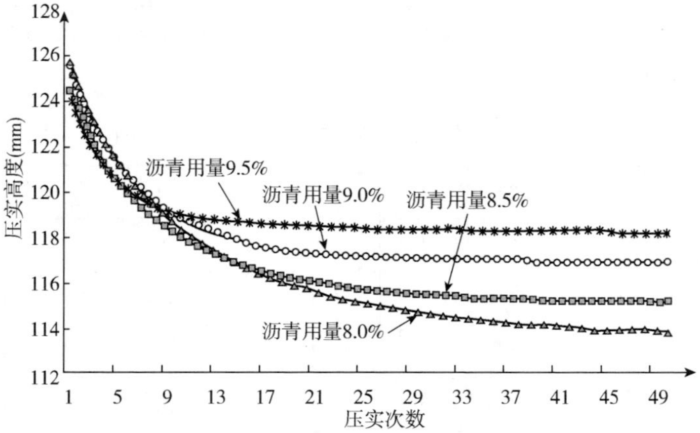

图 4-6　不同沥青用量下压实次数与压实高度的关系

实际上，压实曲线反映的是混合料在压实阶段从初始状态压实到设计空隙率再到极限空隙率的过程。所以该曲线反映的是沥青混合料在施工期间的压实特性和开放交通后在交通荷载作用下的密实度变化特性。由图 4-6 还可以看出：

①随着压实次数的增加，压实高度逐渐减小。在旋转压实 30 次以内（除沥青用量为 8.0%外），随压实次数增加，空隙率急剧减小；在 30 次以后，空隙率降低减缓，从压实 45 次到压实 50 次，空隙率变化很小，说明确定最大旋转压实 50 次是合理的。

②尽管开始高度不同，但随着压实次数的增加，沥青用量的增大，最终的压实高度也越大，表明混合料的实际毛体积密度随油量增加而逐渐减少。

③美国应力吸收层混合料设计压实次数为 25 次，最大压实次数为 50 次。从压实曲线可以发现，大约在设计压实次数以后试件的压实高度基本不变时对应的沥青用量接近最佳沥青用量，如图 4-6 中所示的 9.0%沥青用量。

将试件在室温下静置 24h 后，采用排水容器法分别测试装满水时容器、装有试件时容器、试件饱和面干时的质量，得出目标控制空隙率（1.5%）下的最佳沥青用量和相应的混合料体积参数，如表 4-10、图 4-7～图 4-9 所示。

工程级配试件毛体积密度及体积参数汇总表　　表 4-10

沥青用量/%	试件名称	试件干重/g	水中重/g	饱和面干重/g	毛体积相对密度	γ_{ti}	VV/%	VMA/%	VFA/%
8.0	1	4725.40	2631.30	4729.40	2.252	2.334	3.49	20.31	82.80
	2	4776.40	2665.10	4779.40	2.259		3.20	20.06	84.06
	平均值						3.35	20.18	83.43
8.5	1	4705.00	2632.40	4707.50	2.267	2.317	2.15	20.21	89.38
	2	4653.10	2601.20	4657.20	2.263		2.33	20.35	88.57
	平均值						2.24	20.28	88.98
9.0	1	4744.10	2645.40	4746.50	2.258	2.301	1.86	20.97	91.14
	2	4733.90	2654.90	4735.60	2.275		1.11	20.37	94.55
	平均值						1.49	20.67	92.85
9.5	1	4691.70	2630.00	4694.20	2.273	2.285	0.51	20.89	97.57
	2	4677.90	2624.20	4680.00	2.275		0.40	20.80	98.10
	平均值						0.45	20.85	97.84

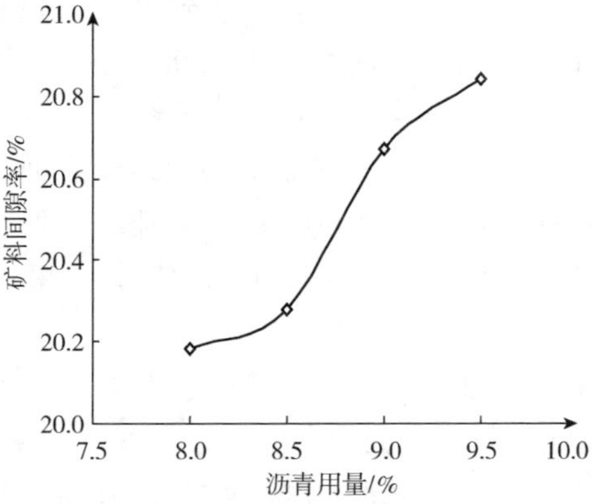

图 4-7　矿料间隙率与沥青用量关系

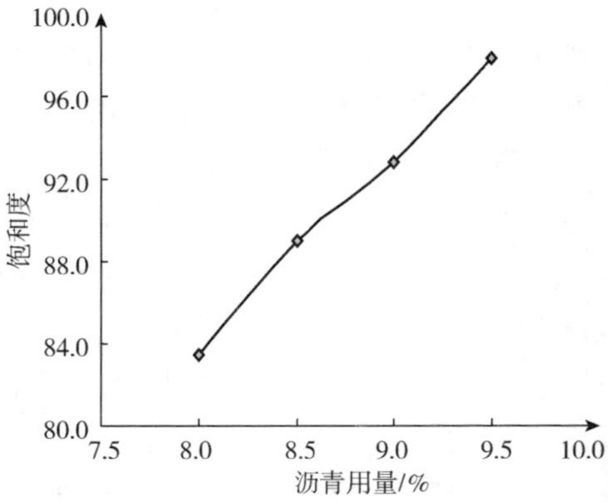

图 4-8　饱和度与沥青用量关系

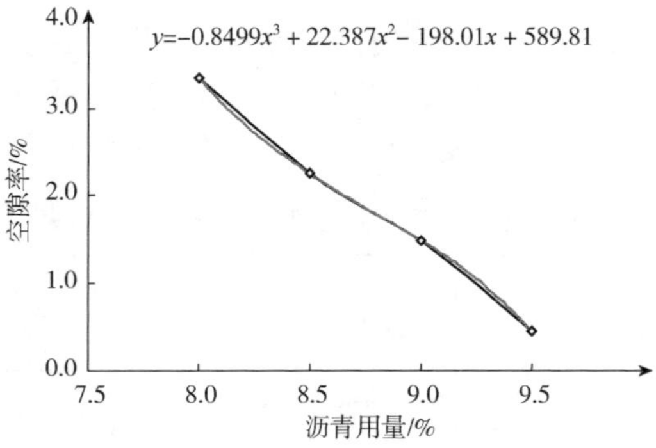

图 4-9　空隙率与沥青用量关系

根据美国应力吸收层混合料 SGC 法设计标准和我国应用实践，确定其控制指标见表 4-11。

SGC 试验控制指标　　表 4-11

试验压实次数	$N_{des}=25$	$N_{max}=50$
孔隙率 V_a/%	0.5~2.5	0.5~2.0
矿料间隙率 VMA/%	18~24	18~24
饱和度 VFA/%	80~90	80~90

以空隙率 1.5%作为控制指标，寻找工程级配在此空隙率下的沥青用量。利用多项式回归方式绘制级配矿料空隙率与沥青用量的关系曲线，根据回归方程计算空隙率为 1.5%时的沥青用量为 9.0%。检验矿料间隙率 VMA 和饱和度 VFA 均满

足设计标准要求，因此初步确定最佳沥青用量为 9.0%。

4.2.3　混合料马歇尔试验

SGC 旋转压实方法与马歇尔击实方法相比，主要具有以下优点：①将压实条件和交通量条件建立起更加密切的关系；②压实过程更接近于实际路面的压实效果，减少了集料在压实过程中的破碎，集料形状排列更接近于实际路面的情况；③充分考虑混合料的压实性能，并根据压实性能与混合料的施工稳定性以及混合料的高温稳定性建立起关系。

但由于 SGC 旋转压实设备昂贵，想要在设计和施工单位加以推广，显然在短期内难以实现。而马歇尔配合比设计方法仍然是世界上使用最普遍的方法。即使在美国，2000 年版热拌沥青混合料手册的配合比设计方法仍然依次列出了马歇尔法、维姆法和 Superpave 法。而且，马歇尔击实仪由于价格便宜和携带方便，加上在长期的使用过程中积累了很多经验，在设计和施工单位中得到了广泛的推广。因此可供选择的措施之一就是通过旋转压实仪和马歇尔试验的大量试验比较分析，在其间建立起一种沟通的方法，使 Superpave 的成果在国内更快地推广，提高路面的耐久性、密实性、抗车辙和抗疲劳开裂能力。

Superpave 法的体积计算考虑了集料吸收沥青结合料的问题，采用的是四相体系——空气、吸收沥青结合料（被集料吸收的沥青结合料）、有效沥青和集料；而马歇尔法采用的是三相体系——空气、沥青结合料和集料，没有考虑集料吸收沥青结合料的情况。因而，两者计算所得的体积指标也不相同。由于组成沥青混合料的集料均具有不同数量的空隙，这些空隙在沥青混合料拌和、摊铺和使用过程中均会吸收一定量的沥青结合料。被矿料吸收的沥青结合料一般不会再对沥青混合料的强度起作用，只有那些没有被集料吸收的沥青结合料（有效沥青）才会在集料骨架中起胶结作用而形成强度，因此需要准确计算混合料中的有效沥青用量。

为了探讨是否可用马歇尔法对应力吸收层混合料进行设计，使用工程级配在不同沥青用量下进行马歇尔击实试验，分析沥青用量与空隙率之间的关系，找出目标空隙率下的用油量，与 SGC 试验进行比较，进一步认识两种设计方法的内在联系，为完善应力吸收层混合料设计提供一种适合我国国情的设计方法。与 SGC 混合料成型一样，马歇尔试验条件为：拌和温度 175℃，压实温度 160℃，双面击实 75 次。最大理论密度的计算方法也考虑了有效沥青，试验结果见表 4-12、图 4-10～图 4-12。

马歇尔试件毛体积密度及体积参数汇总表　　表 4-12

沥青用量/%	试件名称	试件干重/g	水中重/g	饱和面干重/g	毛体积相对密度	γ_{ti}	VV/%	VMA/%	VFA/%
8.0	1	1159.18	642.70	1159.86	2.241	2.334	3.96	20.69	80.86
	2	1156.38	637.88	1156.73	2.229		4.50	21.14	78.71
	3	1156.94	640.27	1157.43	2.237		4.14	20.84	80.12
	4	1158.44	641.28	1158.87	2.238		4.10	20.80	80.30
	平均值						4.18	20.87	79.99
8.5	1	1163.42	646.17	1163.87	2.247	2.317	3.02	20.91	85.58
	2	1158.58	643.98	1159.20	2.249		2.95	20.86	85.84
	3	1157.08	641.50	1157.70	2.242		3.26	21.12	84.54
	4	1155.46	643.00	1155.95	2.253		2.79	20.73	86.55
	5	1157.91	641.18	1158.54	2.238		3.41	21.24	83.94
	平均值						3.08	20.97	85.29
9.0	1	1161.21	645.20	1161.67	2.248	2.301	2.28	21.31	89.31
	2	1151.94	642.16	1152.62	2.257		1.92	21.02	90.88
	3	1156.61	647.36	1157.03	2.269		1.37	20.57	93.36
	4	1157.46	644.16	1157.84	2.253		2.06	21.14	90.24
	平均值						1.91	21.01	90.95
9.5	1	1155.12	643.72	1155.42	2.257	2.285	1.19	21.42	94.45
	2	1152.92	644.04	1153.29	2.264		0.90	21.20	95.74
	3	1153.48	644.01	1153.87	2.262		0.97	21.25	95.42
	4	1154.13	642.86	1154.47	2.256		1.26	21.48	94.15
	平均值						1.08	21.34	94.94

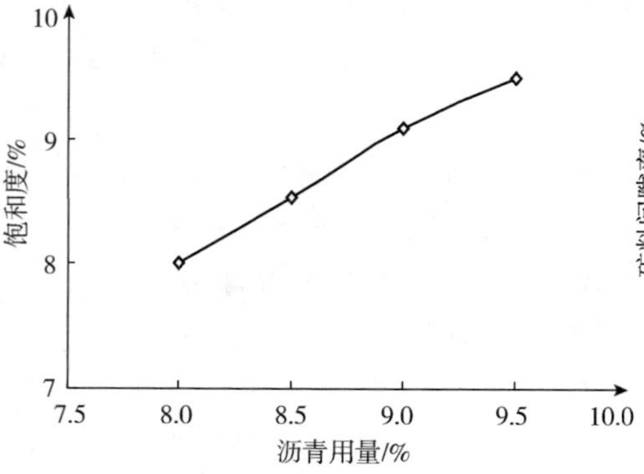

图 4-10　矿料间隙率与沥青用量关系

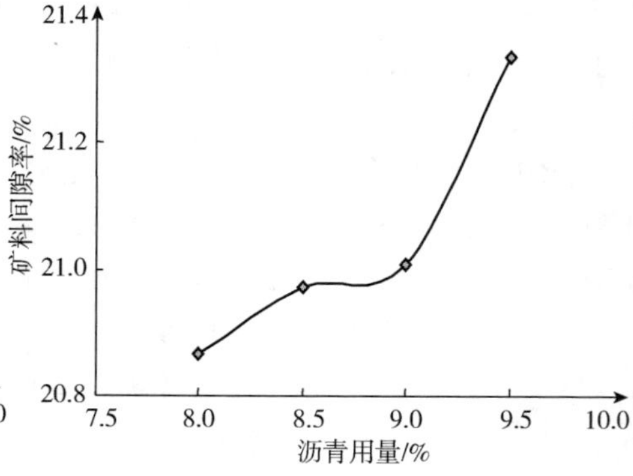

图 4-11　饱和度与沥青用量关系

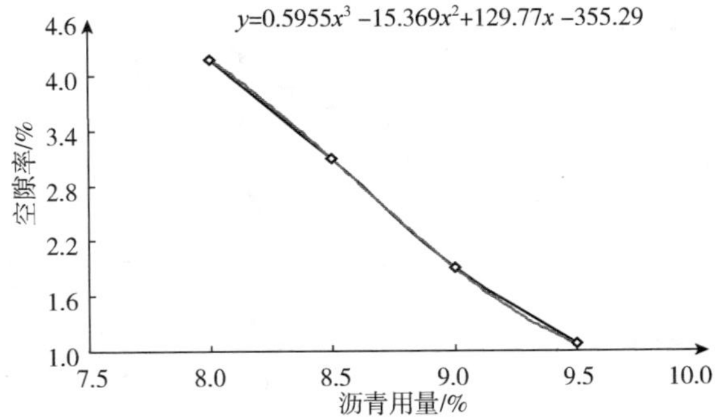

图 4-12　空隙率与沥青用量关系

同样，以空隙率 1.5%作为控制指标，寻找工程级配在此空隙率下的沥青用量。利用多项式回归方式绘制级配矿料空隙率与沥青用量的关系曲线，根据回归方程计算空隙率为 1.5%时的沥青含量为 9.2%。但由于马歇尔法与 SGC 法在试件成型原理上差异比较大，根据长安大学陈拴发等的研究成果，马歇尔体积设计参数标准应有所变化，见表 4-13。在该最佳沥青用量下，马歇尔矿料间隙率 VMA 和饱和度 VFA 满足要求。

马歇尔试验指标控制　　表 4-13

项　目	指　标	项　目	指　标
试验条件	双面击实 75 次	矿料间隙率 VMA	20%~24%
孔隙率 V_a	0.5%~2.5%	饱和度 VFA	85%~95%

4.2.4　SGC 法与马歇尔法体积参数之间的关系

为了进一步探讨 SGC 法与马歇尔法得到的体积参数之间的关系，进行了 4 种沥青用量下的毛体积密度、空隙率、矿料间隙率以及饱和度的相关分析，其试验结果见表 4-14、图 4-13~图 4-16。

SGC 法与马歇尔法体积参数的比较　　表 4-14

沥青用量/%	毛体积相对密度		空隙率/%		矿料间隙率/%		饱和度/%	
	SGC 法	马歇尔法	SGC 法	马歇尔法	SGC 法	马歇尔法	SGC 法	马歇尔法
8.0	2.256	2.236	3.35	4.18	20.18	20.87	83.43	79.99
8.5	2.265	2.246	2.24	3.09	20.28	20.97	88.97	85.29

续上表

沥青用量/%	毛体积相对密度		空隙率/%		矿料间隙率/%		饱和度/%	
	SGC 法	马歇尔法	SGC 法	马歇尔法	SGC 法	马歇尔法	SGC 法	马歇尔法
9.0	2.267	2.257	1.48	1.91	20.67	21.01	92.84	90.95
9.5	2.274	2.260	0.45	1.08	20.84	21.34	97.83	94.94

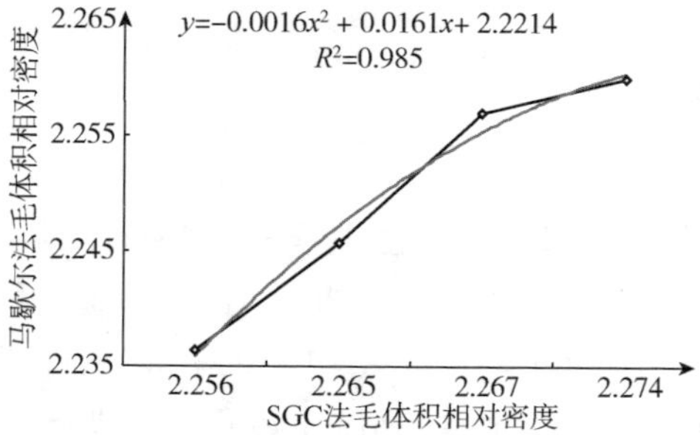

图 4-13　毛体积密度的相关分析

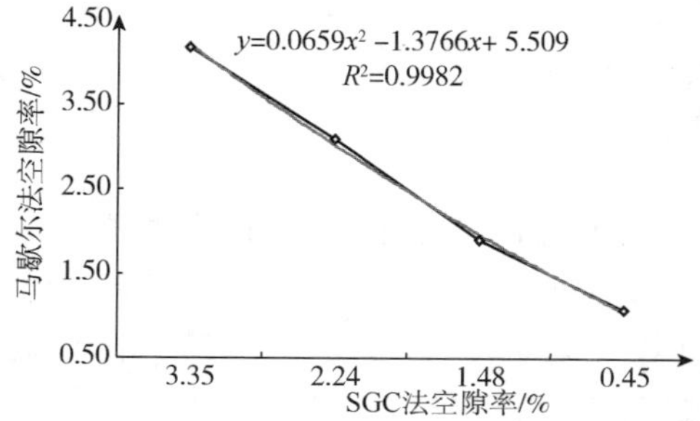

图 4-14　孔隙率的相关分析

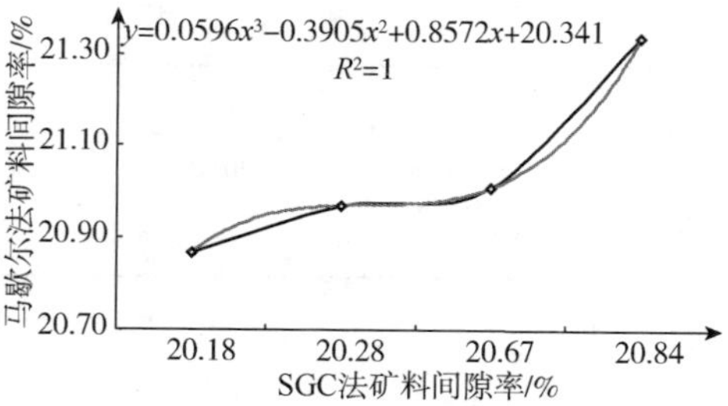

图 4-15　矿料间隙率的相关分析

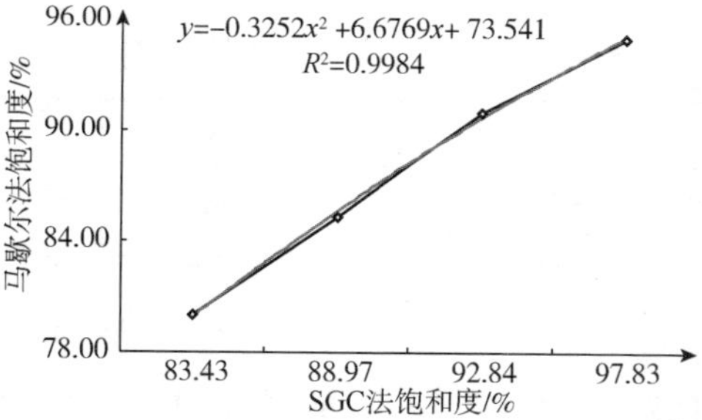

图 4-16　饱和度的相关分析

从表 4-14 可以看出,相同的沥青用量下,马歇尔法的空隙率偏大,矿料间隙率偏大,从而饱和度偏小。这是由于旋转压实和马歇尔击实的作用机理是不同的,旋转压实对混合料产生揉搓碾压作用,有利于集料之间的错动,从而使集料有重新排列的过程;而马歇尔击实的过程中,当沥青用量不足时石料的错动会很少,不利于产生集料的重新排列,当沥青用量增加时集料的相对移动才可能发生。但通过多项式回归,两种试验方法结果的相关性良好,孔隙率和饱和度的二次回归方程相关系数达到 0.998,因此对于应力吸收层混合料,可以得出以下结论:

①马歇尔击实与旋转压实的压实功不一样。旋转压实的压实功比马歇尔击实

仪的要大,相同的油量下,马歇尔试件的空隙率比旋转试件要大 0.5%~0.8%。

②马歇尔法与 SGC 法确定的最佳用油量有所差别。根据以上分析可以看出,由马歇尔法确定的最佳沥青用量比由 SGC 法确定的最佳沥青用量多 0.2%左右,而按照美国明尼苏达州应力吸收层规范和科氏公司推荐的最佳沥青用量的控制范围为±0.5%,完全满足要求。

因此工程实践中,可以采用上述马歇尔法确定最佳沥青用量,然后在这个最佳用量的基础上做适当调整即可。由于 SGC 法尚未普及,可以在室内通过 SGC 法进行目标配合比设计,在现场采用马歇尔法进行验证和控制,即可实现应力吸收层混合料配合比设计。

4.3　应力吸收层结合料高温性能

沥青混合料高温稳定性是指沥青混合料在夏季高温条件下,经车辆或飞机荷载长期重复作用后,不产生车辙和波浪等病害的性能。1962 年美国 AASHO 试验路对车辙路段进行了开挖,Hofstra 认为形成车辙的主要原因是剪切应力。车辙在初期阶段主要由结构层压实不充分或强度不足而形成;压密完成后,由高温下荷载产生的剪应力超过了沥青混合料的抗剪强度而产生剪切流动变形。

高温稳定性是评价高速公路路面性能的主要指标之一。沥青混合料是一种典型的流变性材料,其强度和劲度模量随温度的升高而降低。在夏季高温时,重交通的重复作用、交通的渠化等原因使得轮迹带变形下凹、两侧鼓起,形成车辙,这是现代高等级沥青路面最常见的病害。

影响沥青混合料高温稳定性的因素主要是材料本身的质量,当然也包括外部条件(如气候条件和交通条件等)。沥青混合料是由沥青结合料粘结矿料组成的,其高温稳定性也来源于沥青结合料的高温黏结性和矿料级配的嵌挤作用。对不同组成的沥青混合料,集料(尤其是产生嵌挤的粗集料)比例是重要的因素。但对于应力吸收层密级配沥青混凝土来说,集料悬浮在沥青胶(砂)浆中,不能很好地形成嵌挤作用,因此,沥青结合料的作用成为主要因素。沥青结合料的高温黏度越大、劲度越高、与石料的黏附性越好,相应的沥青混合料抗高温变形能力越强。

路面在建设时能够很好地压实,由于进一步的密实作用而产生车辙的概率小。因此,产生永久变形的原因是路面材料的剪切流动。我国曾经对水平荷载作用下路面剪应力进行过研究,认为剪应力是造成路面车辙的主要因素。迄今为止,人们对剪应力指标与路面材料抗剪强度关系的认识尚不十分清楚,剪应力对路面的损伤作用是体现为疲劳效应还是一次性破坏,所造成的损坏是由上而下,还是自下而上,这些问题都需要进一步研究。剪应力指标的引入不仅会对路面结构设计造成影响,更会对路面材料设计,尤其是沥青混合料设计带来革命性的变化,它可能是判别沥青混合料中集料作用的关键指标和有效手段,是联系路面材料设计和路面结构设计的更为直接的桥梁。过大剪应力的存在,使得传统的通过保证路面整体足够强度来保证路面完好的思想受到了挑战,结构的局部强度不足已成为高等级道路的主要问题。因此,研究应力吸收层混合料的高温抗剪能力,保证其高温性质,从而保证应力吸收层上面的沥青加铺层不出现车辙等病害,具有重要的现实意义。

4.3.1 试验原材料

4.3.1.1 沥青结合料

为了加强对比结果,仍然采用第3章选择的7种改性沥青进行混合料对比试验,其老化前、后常规性能指标汇总见表4-15~表4-17。

沥青结合料老化前性能指标 表4-15

改性沥青类型	25℃针入度/0.1mm	软化点/℃	5℃延度/cm	黏韧性/(N·m)	弹性恢复/%	60℃动力黏度/(Pa·s)	柔度
SBR改性	97.1	50.5	>100.0	4.4	53	253	1.20
SBS改性	83.0	52.7	55.5	9.4	97	261	0.68
SAM改性	86.6	81.1	63.5	19.4	98	20010	0.82
QP改性	67.0	84.0	40.0	20.7	92	80267	0.51
GC改性	79.6	81.5	37.6	21.4	97	25336	0.80
TPS改性	50.0	89.9	44.1	29.6	99	41000	0.48
STR改性	77.0	85.4	54.5	19.2	88	>300000	1.14

沥青结合料老化后性能指标 表4-16

改性沥青类型	25℃针入度/0.1mm	5℃延度/cm	135℃黏度/(Pa·s)	黏韧性/(N·m)	弹性恢复/%	柔度
SBR改性	82.5	18.1	1.175	5.3	15.2	0.92
SBS改性	66.5	44.2	1.220	11.6	25.7	0.52
SAM改性	78.0	52.5	2.217	20.0	93.7	0.59
QP改性	63.2	20.2	2.310	17.8	84.5	0.37

续上表

改性沥青类型	25℃针入度/0.1mm	5℃延度/cm	135℃黏度/(Pa·s)	黏韧性/(N·m)	弹性恢复/%	柔度
GC 改性	74.8	26.5	3.170	22.4	88.9	0.58
TPS 改性	46.7	18.6	2.865	36.0	90.3	0.29
STR 改性	60.5	36.5	3.415	18.4	84.0	0.62

沥青结合料老化前运动黏度　　表 4-17

改性沥青类型	120℃黏度/(Pa·s)		135℃黏度/(Pa·s)			160℃黏度/(Pa·s)		175℃黏度/(Pa·s)
	12r/min	30r/min	30r/min	50r/min	100r/min	50r/min	100r/min	100r/min
SBR 改性	1.938	1.800	1.025	1.015	1.013	0.323	0.320	0.238
SBS 改性	2.163	2.083	1.045	1.042	1.028	0.335	0.335	0.248
SAM 改性	5.229	5.042	1.967	1.875	1.753	0.555	0.550	0.325
QP 改性	5.167	5.083	1.992	1.965	1.935	0.590	0.583	0.325
GC 改性	5.667	5.492	2.008	1.970	1.947	0.558	0.555	0.338
TPS 改性	5.896	5.633	2.342	2.335	2.280	0.705	0.690	0.330
STR 改性	8.042	7.858	2.458	2.445	2.415	0.785	0.778	0.440

4.3.1.2　集料性质

用于应力吸收层的粗集料应该洁净、干燥、表面粗糙,满足棱角性要求。细集料应无风化、无杂质,并具有适当的颗粒级配。天然砂可采用河砂或海砂,通常宜采用粗、中砂。机制砂宜采用专用的制砂机制造,并选用优质石料生产。填料必须采用石灰岩或岩浆岩中的强基性岩石等憎水性石料经磨细得到的矿粉,原石料中的泥土杂质应除净。矿粉要求干燥、洁净、能自由地从矿粉仓流出。试验用集料的表观相对密度和毛体积相对密度见表 4-18。

集 料 密 度　　表 4-18

指　标	粒　径							矿粉
	4.75mm	2.36mm	1.18mm	0.6mm	0.3mm	0.15mm	0.075mm	
表观相对密度	2.775	2.805	2.803	2.629	2.632	2.711	2.776	2.731
毛体积相对密度	2.645	2.751	2.777	2.574	2.601	2.587	2.776	2.731

4.3.2 抗压回弹模量

回弹模量反映了材料的弹性变形和弹性滞后变形。为了满足后续计算及路面设计的需要,首先确定应力吸收层材料的回弹模量,结合料采用自主研发的改性沥青。采用 CMT 系列计算机控制电子万能(拉力)试验机。该试验机是采用先进的基于 DSP 的试验机数字闭环控制与测量系统,具有计算机控制、全数字闭环及图形显示等功能的精密仪器,由计算机控制全试验过程(图 4-17)。温控试验箱采用强制对流方式工作,高、低温共用一套温控系统,高温采用电阻丝加热,低温采用液氮制冷。工作温度范围为-70~350℃,温度波动不大于±1℃。试验中的试件如图 4-18所示。

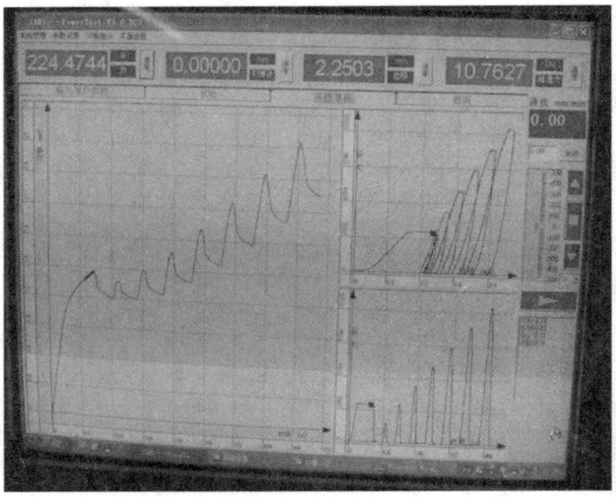

图 4-17　试验曲线

图 4-18　试验中的试件

试验采用《公路工程沥青及沥青混合料试验规程》(JTG E20—2011)规定的单轴压缩试验方法,加载速率 2mm/min,圆柱体试件的直径为 100mm,高为 100mm,在设计级配的最佳沥青用量下,分别测试了 5℃、15℃、20℃、45℃、60℃温度下的抗压回弹模量,试验结果见表 4-19。

应力吸收层回弹模量试验结果　　表 4-19

试件毛体积相对密度	空隙率/%	试验温度/℃	抗压回弹模量/MPa	抗压回弹模量平均值/MPa
2.316	1.47	60	142.0	
2.314	1.56	60	139.8	142.4
2.318	1.39	60	145.3	

续上表

试件毛体积相对密度	空隙率/%	试验温度/℃	抗压回弹模量/MPa	抗压回弹模量平均值/MPa
2.316	1.47	45	210.2	203.9
2.310	1.73	45	200.2	
2.312	1.65	45	201.4	
2.317	1.43	20	505.7	490.8
2.315	1.52	20	488.9	
2.313	1.60	20	477.9	
2.309	1.77	15	526.1	527.4
2.315	1.52	15	543.9	
2.317	1.43	15	512.3	
2.311	1.69	5	710.8	711.8
2.303	2.03	5	673.7	
2.313	1.60	5	750.9	

随着温度的升高，试件抗压回弹模量减小，而 5℃条件下应力吸收层混合料抗压回弹模量仅为 712MPa。应力吸收层结合料在受力后有较强的黏结作用和良好的弹性恢复能力，使得应力吸收层在温度极低的条件下仍然具有良好的抗变形能力，这种抗变形特性使得应力吸收层在外力冲压推挤作用下能发生塑性变形，从而有效减小面层与旧水泥混凝土路面之间的剪切变形。表中提供的各温度下回弹模量数据为应力吸收层结构计算提供了可靠的试验依据。

4.3.3　贯入试验

沥青混合料的剪切破坏的主要原因是沥青混合料的高温稳定性不足，在荷载作用下产生永久变形和剪切推移，导致路面出现车辙和拥包等现象。因此，多年来，对于沥青混合料的抗剪性能的研究主要着眼于材料的高温稳定性。

常见的评价沥青混合料抗剪能力的试验方法有三轴压缩试验、单轴蠕变试验、轮辙试验等。

为了了解沥青混合料在高温时的稳定性，需要验算其抗剪强度。三轴压缩试验测定混合料的黏结力 c 和内摩擦角 φ 两项指标，以此计算混合料的抗剪强度 τ：

$$\tau = c + \tan\varphi$$

采用闭式三轴压缩试验，其受力模式模拟路面材料在荷载作用下的受力状态，但该试验方法操作比较复杂，因此在工程中应用较少。

单轴蠕变试验采用圆柱形试件，施加一定的荷载，则试件将产生压缩变形。以变形速率评价沥青混合料抵抗流动变形的能力。

为了模拟实际路面的受力状态，采用轮碾成型的方形试件，其上施加可以以一定速率行走的车轮，其接触压力为0.7MPa，使试件变形1mm所需车轮走行的次数即动稳定度值，用于评价沥青混合料抗永久变形的能力。这种方法虽然是目前沥青混合料高温稳定性的评价方法和沥青混合料设计过程中的控制指标，但是在评价沥青混合料抗剪强度方面有一定的局限性，并不能反映路面实际的抗剪能力。

在当前混合料设计和路面结构设计中很少考虑混合料的抗剪切特性。在各国的抗剪切性能研究中，大都采用三轴压缩试验和抗剪公式加以分析，在各国的设计中，只有美国加州路面设计规范有这一项指标，其目的是验证基层厚度是否满足使用要求，所提出的指标主要针对基层参数，未曾提及对混合料的影响。但是抗剪切性能是混合料的一项重要指标，各国的公路研究者自始至终对其充满了浓厚的兴趣。1962年美国AASHO试验路对车辙路段进行了开挖，经过分析，Hofstra认为形成车辙的主要原因是沥青路面中存在过大的剪应力；车辙在初期阶段主要由结构层压实不充分或强度不足而形成；压密完成后，高温下荷载产生的剪应力超过了沥青混合料的抗剪强度而产生剪切流动变形。因此，抗剪强度指标的确立和应用具有重要的意义。

目前，国内外就沥青混合料的抗水损害、抗滑、抗疲劳性能都有大量研究，但对沥青混合料抗剪性能的研究较少。同济大学孙立军首先提出用单轴贯入法取代三轴压缩试验以评价沥青混合料抗剪强度，认为单轴贯入试验可以较好地模拟道路在车辆荷载作用下的受力状况。其研究团队成员利用单轴贯入试验和无侧限抗压试验对沥青混合料的抗剪性能进行评价，并对沥青混合料抗剪强度的影响因素进行了分析，给出单轴贯入试验的条件和求解抗剪切参数c、φ的方法。有文献对比研究了沥青混合料抗剪强度测定的试验方法，认为单轴贯入试验较其他方法更加简便有效，可用于沥青混合料抗剪强度测定。并认为剪应力设计指标不仅要考虑累积剪切破坏，还要考虑重载引起的一次性剪切破坏。现有文献对贯入试验的研究集中在以下几个方面：

①温度对抗剪性能的影响。汤文等对4种沥青混合料进行了不同温度下的单轴贯入试验、APA车辙试验及单轴贯入疲劳试验，认为：温度对沥青混合料的抗剪性能影响很大，对沥青混合料进行抗剪性能评价时应充分考虑其温度特性；抗剪强度、APA车辙深度及剪切模量具有很好的相关性。

②沥青结合料类型对抗剪性能的影响。王刚等对高模量沥青混凝土、SBS改性沥青和70号普通沥青混凝土在15℃、20℃、40℃及60℃条件下进行单轴贯入试验,认为高模量沥青混凝土在各温度下具有相对较高的抗剪强度。钱振东等利用单轴贯入试验对不同类型沥青混合料的抗剪性能进行研究,认为环氧沥青混合料的抗剪性能明显优于普通70号沥青混合料与SBS改性沥青混合料。何桥敏利用单轴贯入试验对沥青混合料的抗剪性能进行研究,认为黏聚力越大的沥青结合料的混合料抗剪性能越好。朱子义对3种沥青混合料进行单轴贯入剪切试验,结果表明:30号硬质沥青混合料的高温抗剪强度大于改性沥青混合料和普通的基质沥青混合料。

③混合料级配、沥青用量、集料类型等对抗剪性能的影响。罗鸣通过单轴贯入试验对沥青混合料抗剪强度影响因素进行分析表明:混合料的级配、沥青结合料类型、沥青用量、集料类型、外掺剂的添加均一定程度地影响沥青混合料的抗剪强度。汤文等采用2种Strata-T改性沥青,通过单轴贯入试验及复合车辙试验分析了应力吸收层(SAMI)沥青混合料的抗剪性能,认为沥青结合料黏度和沥青用量对贯入试验结果影响较大。陈红等对添加3种新材料的沥青混合料的单轴贯入试验进行研究,得出沥青混合料抗剪强度对沥青路面的抗车辙能力起主导作用,现行的车辙试验方法在一定程度上忽略了车辙形成时的剪切流变,并不能完全模拟现场车辙的形成。李娜等认为沥青结合料是影响最大抗剪强度的主要因素,最大抗剪强度随着沥青当量软化点升高而增加;集料特性对混合料的内摩擦角影响显著。

④试验条件的数值模拟以及试验参数研究。为了对单轴贯入剪切试验确定的抗剪强度参数与常规剪切试验确定的抗剪强度参数之间进行关系对比和试验验证,栗培龙利用单轴贯入试验和直剪试验对压实黄土的抗剪性能进行测定后认为:用单轴贯入试验测得的c值与直剪试验测得的c值有较好的相关性,但是用贯入试验测得的φ值与直剪试验测得的φ值相关性很弱,快速表征道路工程材料的抗剪特性需要更深入的试验手段。

沥青混合料的基本力学特性表现为弹黏性,其强度随条件的变化而改变。具体表现为沥青混合料强度受加载速率、温度变化的影响,其强度值与材料级配、沥青用量、试验设备、试验方法、试验条件的关系密切。因此,研究者针对沥青混合料的抗剪性能评价也采用了其他的方法,比如谢泽华利用TriAxis三轴试验系统对沥青混合料抗剪性能进行研究;马新采用分形理论对沥青混合料抗剪性能进行了分析,得出了沥青混合料分维数与抗剪性能的相关性,从而为混合料抗剪强度的评价提供了一种新的思路;崔鹏等采用误差分级迭代的BP神经网络方法,对沥青混合料抗剪强度预估方法进行了探讨。

针对沥青混合料的剪切特性,Yuan Jun 等从内部原因进行分析,认为沥青结合料和细集料对沥青混合料的抗剪性能影响较大,而 Kai SU 等从外部原因分析,认为轮胎压力和荷载对剪应力具有较大的影响。在沥青混合料抗剪性能评价方法方面,Endersby 首先提出了三轴试验方法,W. Goetz 对三轴试验仪器进行了改进,但由于操作复杂,没有得到广泛应用。Superpave 剪切试验仪由美国公路战略研究计划(SHRP)提出,可以进行多种形式的试验,主要进行恒高度重复剪切试验(RSCH)和恒高度频率扫描试验(FSCH)。RSCH 和 FSCH 是评价沥青混合料高温性能的较好方法,但 Superpave 剪切试验仪价格昂贵,不适于我国国情,更不适于在工地试验室推广应用。Goodman 利用中空圆柱体剪切试验研究了沥青混合料的抗剪性能,研究结果与沥青混合料车辙性能相关性较好。并设计了可进行工程现场测试的扭转剪切试验,现场测试表明沥青混合料剪切性能与车辙性能有较好的相关性,但该方法目前应用较少。

从已有的文献可以看出:采用贯入试验方法进行沥青混合料抗剪性能的研究是一个全新的领域,试验研究的时间并不长,虽然目前也得到了一些有益的结论,但研究偏少,尚没有形成较为完善的理论体系和试验指标要求,研究结论对应力吸收层沥青混合料的适用性也有待于进一步验证,需要提供更多的现场试件样本以检验这种试验评价方法的可行性。因此,还需要结合工程实际情况对试验方法以及评价指标进行优化,通过实际工程对研究结论进行验证。

采用的高温贯入试验(图 4-19)是通过一钢压头在试件上进行加压,来模拟裂缝尖端应力吸收层的受力状态。压头的直径(r)远小于试件的直径(R),但压头的大小还受集料尺寸的影响,因此,为了试验数据的稳定性,压头直径不能过小。由于此试验方法是一种新型的试验方法,用其对应力吸收层沥青混合料抗剪性能进行评价时,还需考虑试件规格是否满足应力分布的收敛性,以及加载压头大小、试验温度、加载速率、沥青结合料类型、矿料级配等因素对试验结果的影响。

4. 3. 3. 1　数值模拟

加载钢压头的直径应远小于试件的直径,用 r/R 表示压头和试件直径的比例。从路面的实际受力角度,r/R 越小越可以模拟应力吸收层的实际受力状态。但是,压头太小,试验数据会出现较大的变异性。同时,压头的大小还受集料尺寸的影响,根据应力吸收层最大公称粒径为 4. 75mm,压头的直径不可过大。选择 4 倍最大公称粒径的压头直径(19mm)和 6 倍最大公称粒径的压头直径(28. 5mm)进行 ANSYS 计算分析,以期达到指导试验的目的。

另外,为了试验操作方便,选择静压圆柱形试件(100mm×100mm)和马歇尔试件(100mm×63.5mm)进行试验模拟,荷载为破坏力(3000N),模量取 500MPa,泊松比取 0.25。

a)贯入试验加载　　b)贯入试件破坏

图 4-19　贯入试验

1)圆柱形试件(100mm×100mm)与 28.5mm 压头

圆柱形试件(100mm×100mm)在压头(28.5mm)作用下的计算结果如图 4-20~图 4-22 所示。

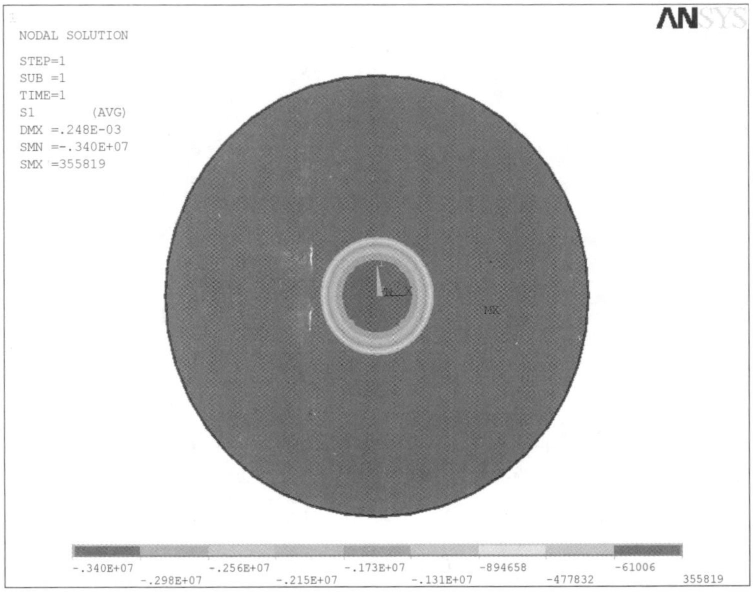

图 4-20　100mm×100mm 试件,28.5cm 压头下第一主应力俯视云图(单位:Pa)

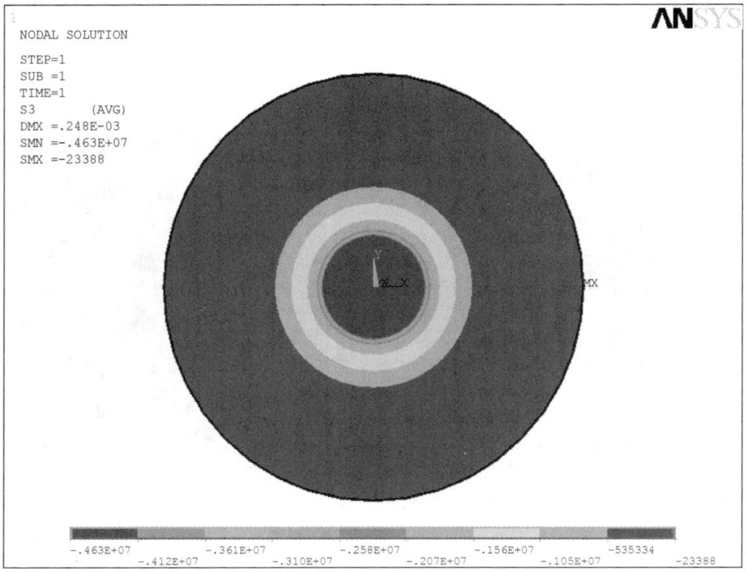

图 4-21　100mm×100mm 试件,28.5cm 压头下第三主应力俯视云图(单位:Pa)

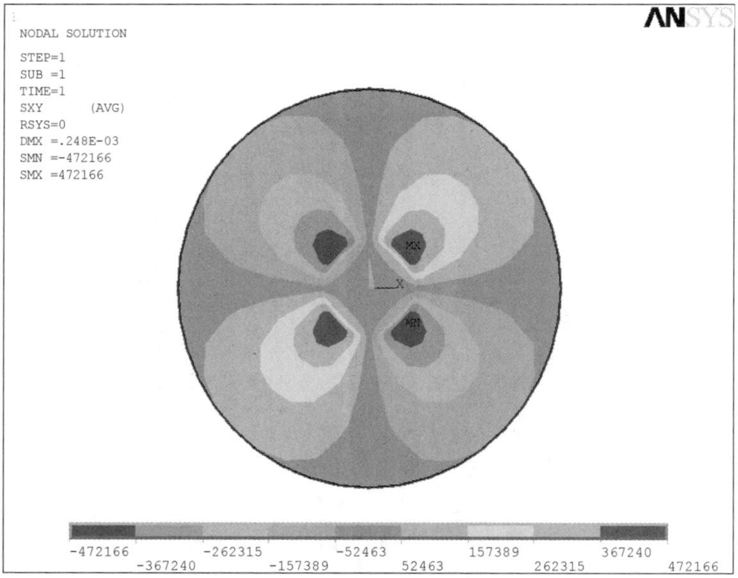

图 4-22　100mm×100mm 试件,28.5cm 压头下剪应力俯视云图(单位:Pa)

由图 4-20~图 4-22 可以看出,第一主应力、第三主应力在压头范围内最大,第三主应力约为第一主应力的 1.4 倍,而剪应力最大值分布在压头外围。无论是第一主应力、第三主应力还是剪应力，在试件外边缘处应力均基本达到最小值，第一主应力约为最大值的 0. 1 倍，第三主应力为最大值的 0. 005 倍，但剪应力为最大值的 0. 3 倍，说明试件直径为 100mm 时，28. 5mm 的压头略显偏大，试件横向尺寸不足。为了更清楚地表示各应力的分布，图 4-23 与图 4-24 为各应力沿试件表面分布的路径图。

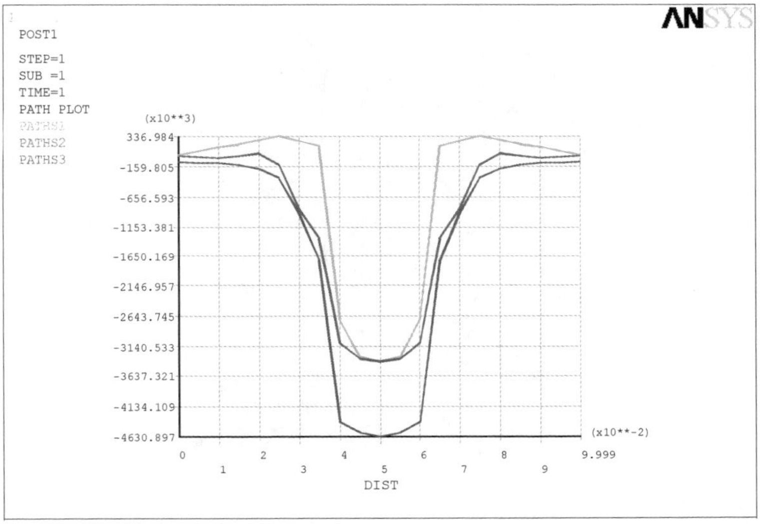

图 4-23　各应力沿表面分布路径

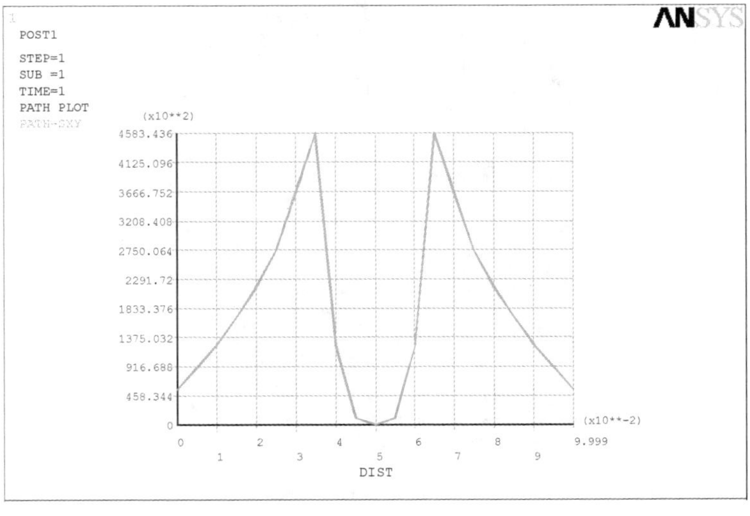

图 4-24　剪应力沿表面分布路径

可以看出,各主应力最大值在试件中心处,而剪应力最大值出现在压头边缘处,为了研究试件高度是否满足应力分布的范围,图 4-25~图 4-28 给出了各应力沿试件纵向的分布云图和路径图,第一主应力和第三主应力位于试件的中心处,而剪应力位于压头边缘处。

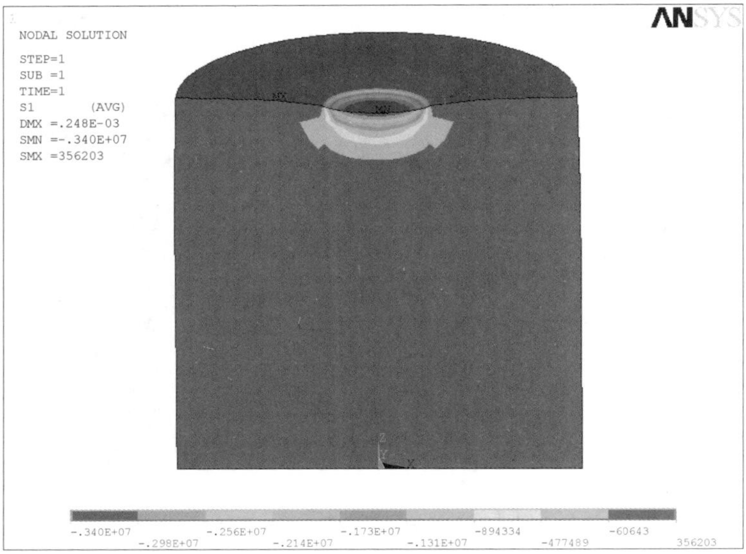

图 4-25 第一主应力竖向分布云图

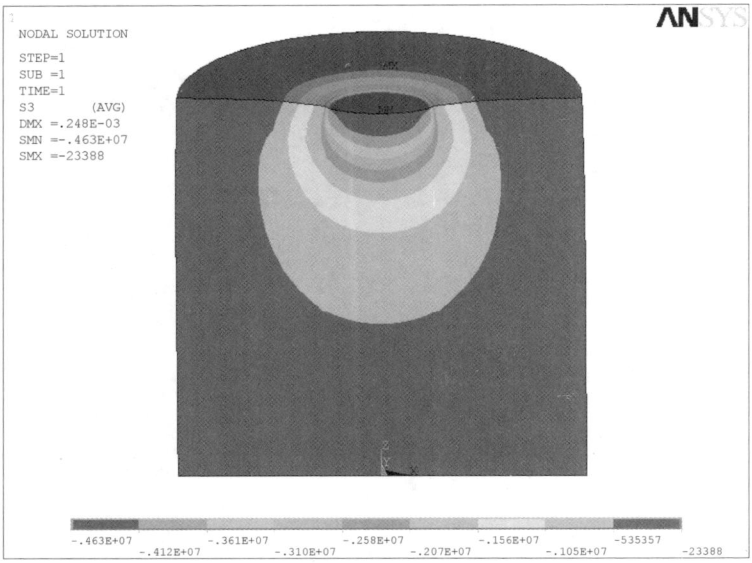

图 4-26 第三主应力竖向分布云图

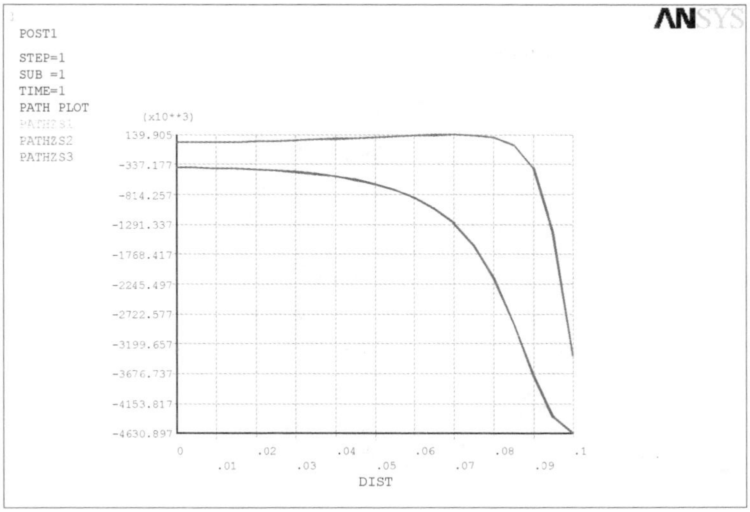

图4-27　试件中心各主应力竖向分布路径

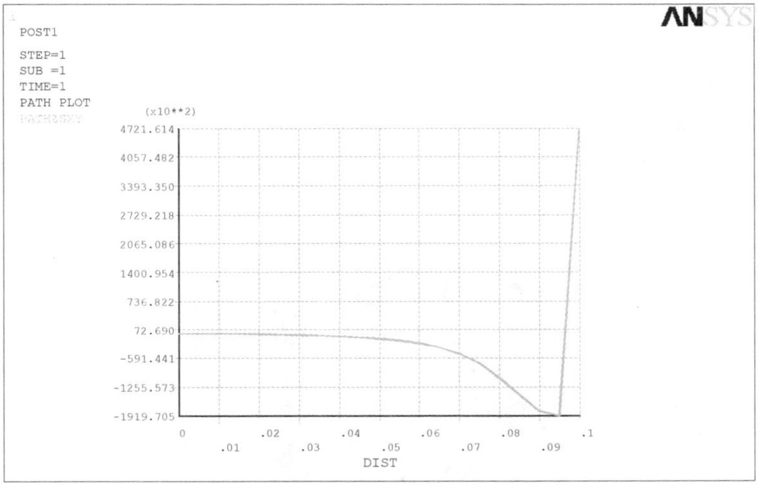

图4-28　最大剪应力竖向分布路径

可以看出，各主应力在距离表面70mm左右达到稳定值，而剪应力在距离表面60mm左右收敛，表明在28.5mm的压头作用下，试件高度可满足应力的纵向分布。

2）圆柱形试件（100mm×100mm）与19mm压头

19mm压头作用下各应力的分布显示，试件表面边缘处的第三主应力约为中心处最大值的0.1倍，试件表面边缘处的剪应力约为压头边缘处最大值的0.1倍（图4-29），说明100mm直径的试件足以满足各作用力的横向分布。

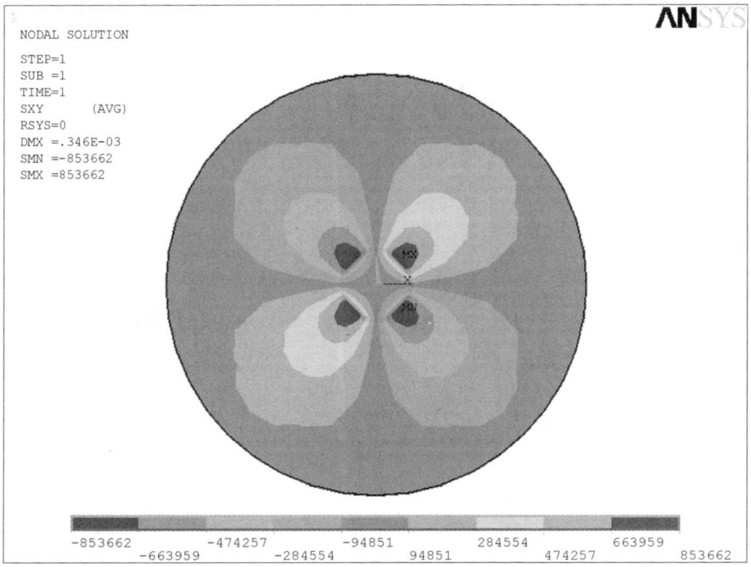

图 4-29　19cm 压头下剪应力俯视云图

同样，由图 4-30 可以看出，试件底部边缘第三主应力约为最大值的 0.1 倍，100mm 高度足以提供纵向支撑。

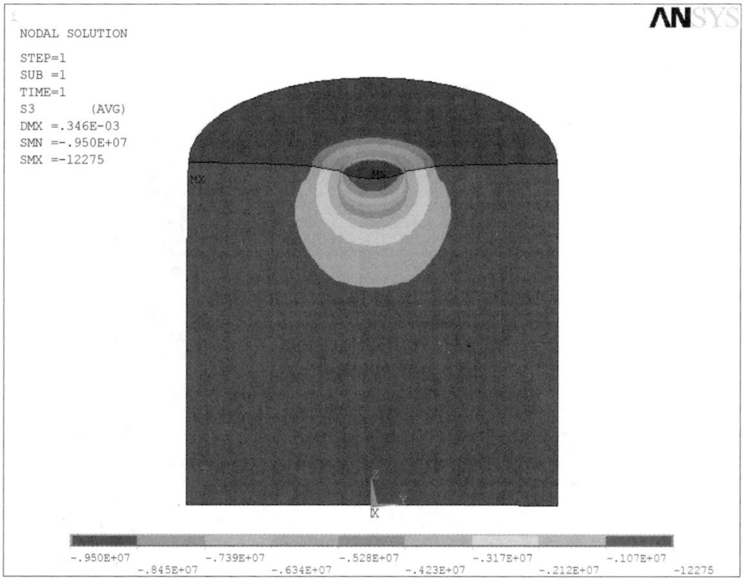

图 4-30　第三主应力竖向分布云图

3) 圆柱形试件(100mm×63.5mm)与 28.5mm 压头

由以上对比可以看出,横向主要考虑剪应力是否超出试件直径范围,纵向主要考虑第三主应力是否超出试件的高度范围,所以对圆柱形试件(100mm×63.5mm)仅列出剪应力横向分布云图与第三主应力沿试件中心纵向的分布云图,分别如图 4-31与图 4-32 所示。

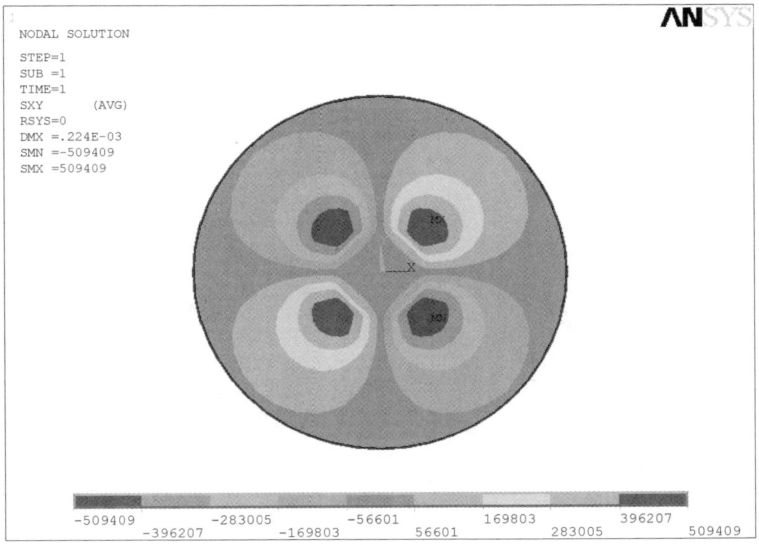

图 4-31　28.5cm 压头下剪应力俯视云图

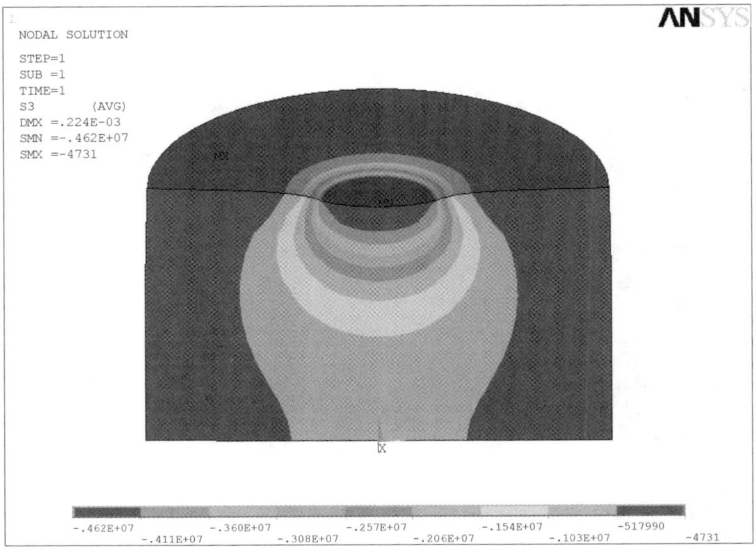

图 4-32　第三主应力竖向分布云图

由上图可以看出，试件边缘处剪应力为压头边缘最大剪应力的0.1倍，满足横向支撑，但纵向底部边缘第三主应力约为最大主应力的0.2倍，高度不满足纵向的支撑。

4）圆柱形试件（100mm×63.5mm）与19mm压头

圆柱形试件（100mm×63.5mm）在19mm压头作用下剪应力横向分布云图与第三主应力沿试件中心纵向的分布云图分别如图4-33与图4-34所示。

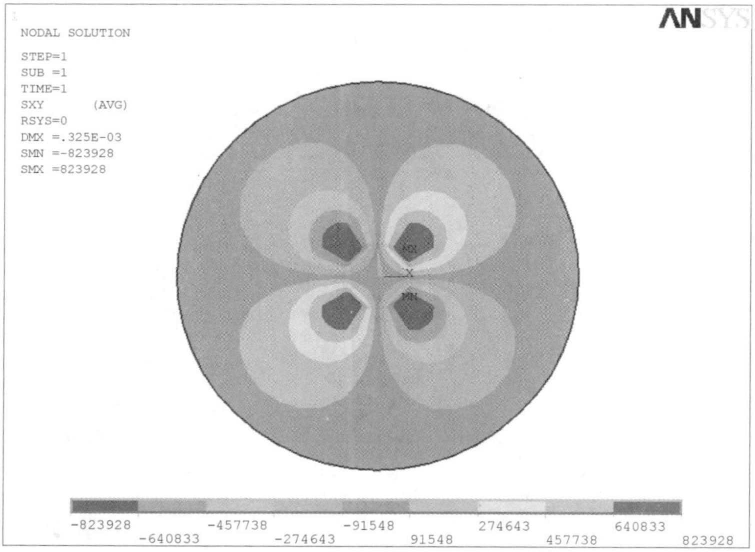

图4-33 19cm压头下剪应力俯视云图

由上图可以看出，试件边缘处剪应力仍为压头边缘最大剪应力的0.1倍，纵向底部边缘处第三主应力约为最大主应力的0.1倍，说明在19mm压头作用下，63.5mm的试件高度完全满足纵向支撑的要求。

综上所述，在直径19mm压头的作用下，马歇尔试件（100mm×63.5mm）和圆柱形试件（100mm×100mm）均可满足横向和纵向支撑的要求；而在直径28.5mm压头的作用下，马歇尔试件（100mm×63.5mm）不满足纵向的支撑，圆柱形试件（100mm×100mm）不满足横向的支撑。

另外，由于应力吸收层沥青混合料最大粒径偏小，在马歇尔击实仪作用下不可避免地存在粒径压碎的情况，所以选择静压法成型的圆柱形试件（100mm×100mm）和19mm直径的压头进行试验研究。

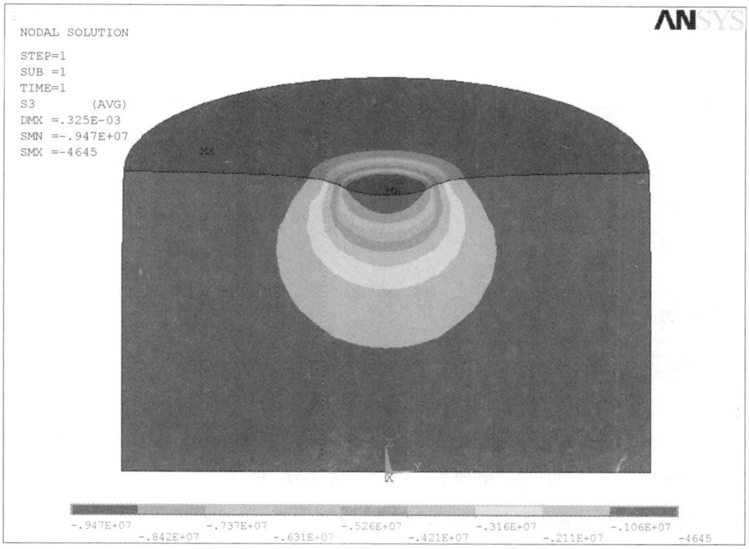

图 4-34　第三主应力竖向分布云图

4.3.3.2　试验力学参数

在实际工程中，沥青混合料环境温度大致为 -30 ~ 60℃，其破坏形式如图 4-35 所示。在较低的温度区域内或高变形速率下(或短期荷载作用下)沥青混合料具有 $\sigma_{b1}-\varepsilon_{b1}$ 的脆性破坏特征，即呈线弹性破坏，破坏时的应变大约为 1‰量级；在较高的温度区域(或加载速度慢时)，沥青混合料的破坏具有明显的流动特性，破坏过程中既有应力松弛还有蠕变，过了应力峰值试件仍有一定的承载能力，荷载继续减小，变形不断增加直至破坏，破坏应变可达 1% 量级，由于材料通常不发生断裂，形式上把最大应力定义为材料强度，如 $\sigma_{b3}-\varepsilon_{b3}$ 破坏模式。沥青混合料的破坏模式由脆性破坏向流动破坏的过渡，不是突变，而是逐渐变化的，如 $\sigma_{b2}-\varepsilon_{b2}$ 的过渡区破坏模式称为转移区破坏。

关于沥青混凝土的应力-应变关系曲线特性，风家骥等提出了反映沥青混凝土应力-应变关系的修正双曲线模型，用指数函数的形式来描述破坏主应力差与小主应力的倒数关系；王为标等提出了修正的双曲线模型，也采用指数函数的形式来描述主应力差的渐进值与小主应力的关系。李志强用南水非线性模型来模拟沥青混凝土的应力-应变曲线，并阐述了南水非线性模型具有比邓肯-张模型更接近实际情况、误差小等特点。在 60℃ 试验条件下，贯入试验的典型应力-应变曲线如图 4-36所示。

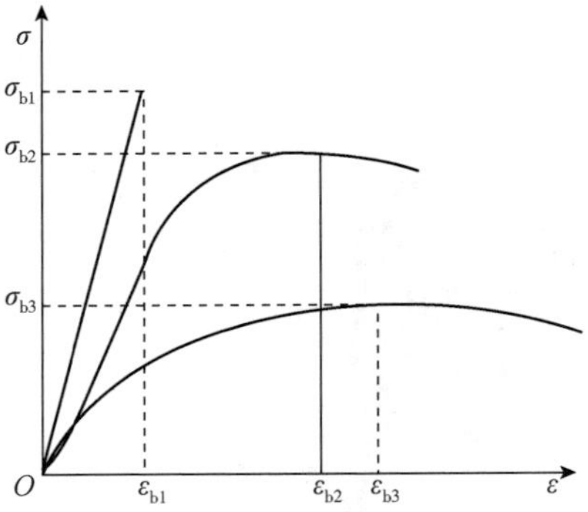

图 4-35 沥青混合料破坏形态

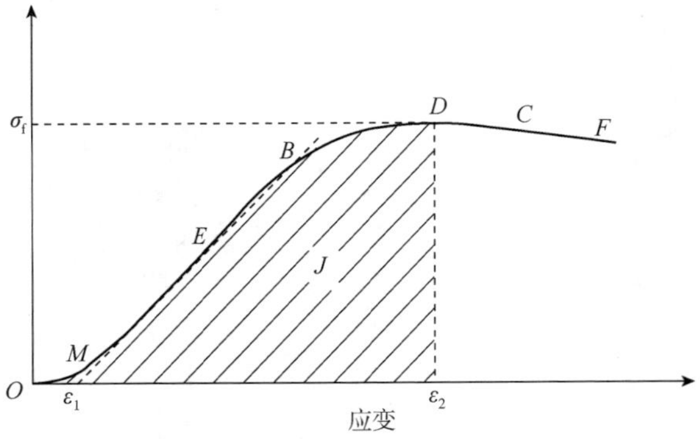

图 4-36 高温贯入试验破坏图

可以看出,贯入试验应力-应变关系可分为 4 个阶段:

①反弯段(OM),由于试件初始空隙率大,易于压缩,所以采用应变控制模式时,应力增长较慢;当试件压缩至一定的程度时,空隙难以压缩,集料承受荷载,所以应力增长快,由此形成反弯曲线。

②线性段(ME)是沥青混合料主要工作阶段。应力应变同步增加形成线性段,是集料和沥青胶结料共同作用的体现,随配合比、温度、加载方式等因素的变化而变化。沥青用量较高或温度较高时,反弯段和线性段较短甚至没有。由于反弯段的应力应变对整个应力-应变的分析影响不大,常将线性段延长至 ε_1点,在计算时,取直线段斜率为初始弹性模量进行计算分析。

③双曲线段(EBD),当应力继续增加,沥青胶浆承受的应力并不增加,而是粗、细集料颗粒接触越来越多,当接触面最大并趋于滑动时,应力达到最大值(D 点)。而 B 点是试件体积压缩变形的最大值点,受沥青胶浆和细集料的影响较大。在 B 点时,虽然应力还在缓慢增长,但内部结构已经出现破坏。D 点在 B 点后出现,与集料的形状和排列有关。σ_B约为 σ_D的 70%。

④破坏段(DCF),应力达到最大值 D 点后,应力应变则呈应力软化型发展直至破坏。

由于直线段斜率的人为计算误差较大,而体积压缩最大点(B 点)的测试也较复杂,试验主要提取的试验参数有:试件破坏时的最大荷载(F)、破坏应力(σ_f)、破坏应变(ε_f)、破坏模量(E_f)和能量指数。

破坏应变(ε_2)为破坏应力对应的应变,见图 4-36。将线性段延长至 ε_1点进行反弯段应变的修正,则破坏应变(ε_f)定义为:

$$\varepsilon_f=\varepsilon_2-\varepsilon_1 \tag{4-20}$$

破坏模量(E_f)为试件在荷载作用下发生破坏时的模量,为破坏应力(σ_f)与破坏应变(ε_f)的比值。

$$E_f = \frac{\sigma_f}{\varepsilon_f} \tag{4-21}$$

沥青混合料这样的黏弹性材料的破坏,事实上是一个能量平衡的过程。破坏力所做的应力功一部分被作为弹性应变能储存,一部分伴随流动变形作为热能被消耗,当材料产生微小裂缝时,还有一部分能量被消耗于产生新表面所需要的表面能。弹性应变能积累到一定程度并超过材料的容许极限时材料将发生断裂,积蓄的能量消耗于新表面的形成。周晓青用耗散能作为中介建立了永久应变与作用荷载以及作用时间的关系,认为单元体在受力作用过程中,外部荷载的累积耗散能除了极小一部分转化为热能向大气散发外,大部分消耗于材料的压缩变形与剪切流动变形。

这里用能量指数反映加载过程中压头从和试件接触直至破坏对试件做功的大小,也反映试件在贯入过程中所储存的弹性应变能量值,表示为荷载-加载点位移曲线下的面积,用 J 表示。根据断裂力学理论,面积代表材料发生断裂所需的能量,面积越大,储存的弹性应变能越大,表明试件抗压缩变形与剪切流动变形能力越强。

$$J = \int_{\varepsilon_1}^{\varepsilon_2} \sigma \mathrm{d}\varepsilon \tag{4-22}$$

4.3.3.3　各因素对贯入试验结果的影响

1)试验温度

沥青混合料是一种黏弹性材料,其物理力学性能与温度和荷载作用时间密切相关。在此,将进一步研究多种温度对该试验方法的影响,以确定贯入试验在多种温度条件下的破坏模式和对温度的敏感度。试验在同种沥青结合料、同种集料级配、同种压头(19mm)下对比静压圆柱形试件(100mm×100mm)在不同温度的破坏荷载、破坏模量和能量指数,各温度条件下试件的破坏模式见图 4-37,试验结果对比分析见表 4-20 和图 4-38。

温度对贯入破坏的影响　　表 4-20

<table>
<tr><th>贯入方式</th><th>VV/%</th><th>试验温度/℃</th><th>ε_1/0.01</th><th>ε_2/0.01</th><th>σ_f/MPa</th><th>E_f/MPa</th><th>P/N</th><th>能量指数/J</th></tr>
<tr><td>2mm/min</td><td>1.79</td><td>60</td><td>0.250</td><td>2.723</td><td>3.917</td><td rowspan="3">159.6</td><td rowspan="3">1106.3</td><td rowspan="3">69550</td></tr>
<tr><td>2mm/min</td><td>1.57</td><td>60</td><td>0.448</td><td>3.285</td><td>4.676</td></tr>
<tr><td>2mm/min</td><td>1.82</td><td>60</td><td>0.488</td><td>2.943</td><td>3.819</td></tr>
</table>

续上表

贯入方式	VV/%	试验温度/℃	ε_1/0.01	ε_2/0.01	σ_f/MPa	E_f/MPa	P/N	能量指数/J
2mm/min	1.96	45	1.106	4.150	5.131	168.9	1496.3	105652
2mm/min	1.72	45	0.462	3.695	5.396			
2mm/min	1.82	45	0.308	3.407	5.305			
2mm/min	1.70	30	0.178	3.927	7.481	202.4	2205.6	207932
2mm/min	1.85	30	0.175	4.111	8.077			

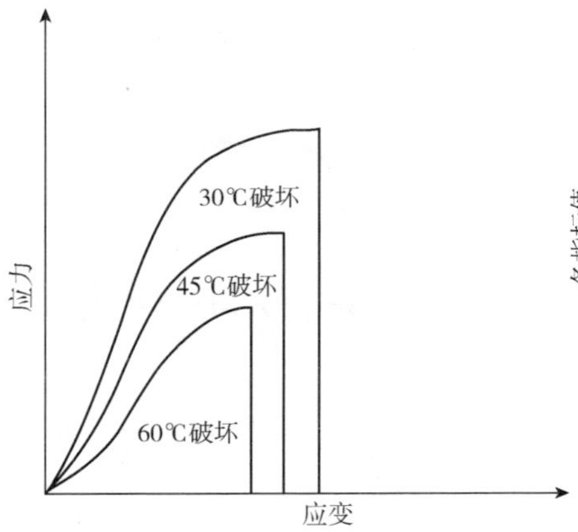

图 4-37　各温度下的破坏模式

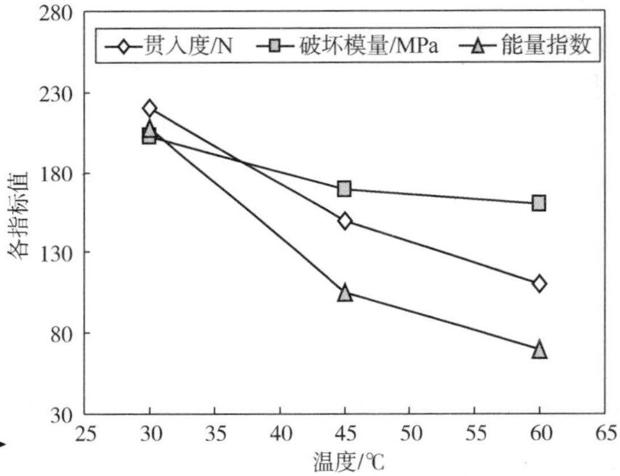

图 4-38　温度对各指标的影响

注:图 4-38 破坏荷载缩小为 0.1 倍,能量指数缩小为 0.001 倍。

由图 4-37 可以看出:温度从 30℃变化到 60℃时,贯入试件的破坏模式均属于转移区破坏,并且随着温度升高,线性段变短,初始弹性模量变小,符合上面应力应变的变化规律。随温度升高,破坏荷载、破坏模量和能量指数均呈下降趋势,而且从 30℃变化到 45℃时,各指标值下降趋势明显,而从 45℃变化到 60℃时,下降速率变缓,这是因为沥青结合料的温度敏感性对沥青混合料的黏结力有较大的影响,沥青结合料的黏滞度随温度的变化而变化。鉴于我国夏季沥青路面的温度为 50~70℃,60℃的温度条件可真实地反映路面的实际使用情况,各指标值更能反映高温剪切流动变形性能,因此贯入试验的温度也采用 60℃。

2)加载速率

材料的黏弹性除了依赖材料本身条件外,还依赖工作条件,如温度、加载速率等。根据沥青材料的温度时间换算法则,长时间承受荷载与高温条件是等效的,而且时间是累积的。一般的高温稳定性也包括长时间荷载作用的情况。假定材料在达到一定应变水平时破坏,那么,较高的应变速率代表较短的加载时间,材料将发生脆性破坏;较低的应变速率对应较长的加载时间,材料呈现流动变形破坏。因此,加载速率也是决定沥青混合料破坏模式的因素,对试验结果的影响较大。初步选择 1mm/min、2mm/min、5mm/min 和 50mm/min 的加载速率分别对同一组试件进行贯入破坏试验,破坏荷载及能量指数随加载速度的变化见表 4-21、图 4-39 和图 4-40。

加载速率对贯入破坏的影响　　表 4-21

加载速率（mm/min）	VV/%	试验温度/℃	试件类型	最大荷载 F/N		能量指数/J	
50	1.78	60	100×100	1655.8	1653.3	152583	160871
50	1.76	60	100×100	1671.0		165132	
50	1.88	60	100×100	1633.1		164899	
5	1.84	60	100×100	1403.5	1376.3	94248	94266
5	1.81	60	100×100	1368.4		85886	
5	1.73	60	100×100	1357.1		102664	
2	1.79	60	100×100	1110.5	1106.3	62045	69550
2	1.57	60	100×100	1125.8		84620	
2	1.82	60	100×100	1082.7		61984	
1	1.80	60	100×100	1072.4	1028.7	54519	55381
1	1.94	60	100×100	1032.8		48739	
1	1.76	60	100×100	980.9		62886	

可以看出:随着加载速率的增大,破坏荷载增大,能量指数增大。加载速率为 2mm/min、5mm/min 和 50mm/min 时的破坏荷载分别是 1mm/min 时的 1.1 倍、1.3 倍和 1.6 倍;而能量指数对于加载速率更加敏感,加载速率为 2mm/min、5mm/min 和 50mm/min 时的能量指数分别为 1mm/min 时的 1.3 倍、1.7 倍和 2.9 倍。以上试验结果说明加载速率越低,试件的抗剪能力越弱,试件破坏最不利的受力状态为加载速率最低的状态,这同路面受力最不利状态即车辆为静态时的受力状态一致。许多研究表明,沥青混合料的黏聚力与荷载作用的延续时间或变形速度之间有如下关系:

$$\lg \frac{C_1}{C_2} = K\lg \frac{v_1}{v_2} \tag{4-23}$$

式中：C_1、C_2——荷载变形速度分别为 v_1 和 v_2 时沥青混合料的黏聚力；

K——沥青混合料的塑性系数。

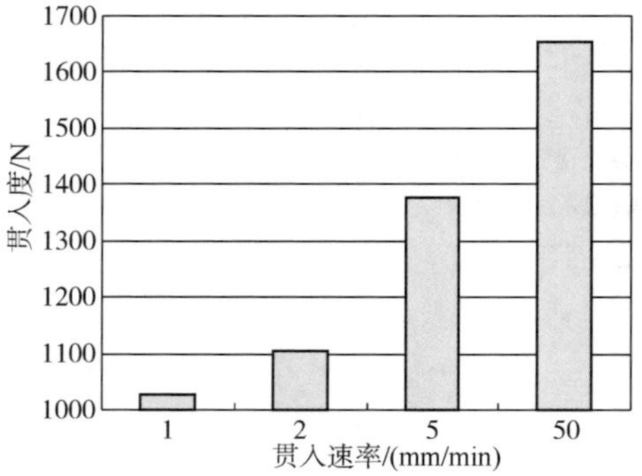

图 4-39　破坏荷载随加载速率的变化

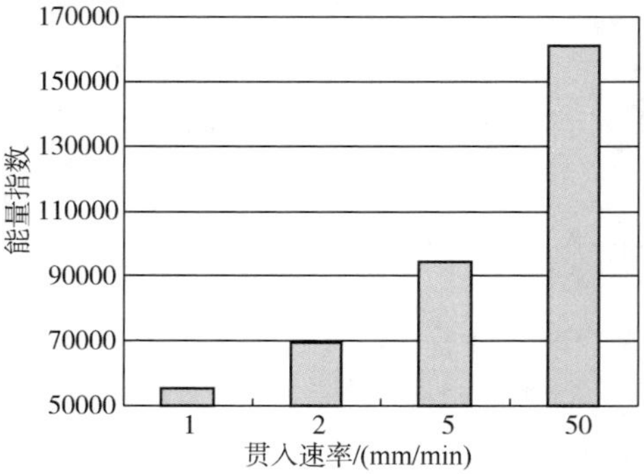

图 4-40　能量指数随加载速率的变化

由上式可知，沥青混合料的黏聚力随着变形速度的增大而增大。混合料的塑性系数 K 越小，则变形速度对黏聚力影响越小，而塑性系数 K 随着沥青混合料温度的降低而减小。因此，通常所指的沥青混合料的强度是指特定条件下的强度，条件包括试验温度、加载速率、试验方法、试件尺寸、计算模式等。不同条件下测定的强度是不一样的，所以强度是一项条件性指标。

关于加载速率，我国原规定测试沥青混合料抗弯拉回弹模量时，速率为 3mm/min，而现在统一按照《公路沥青路面设计规范》(JTG D50—2017)的规定采用 2mm/min。由于沥青面层的厚度与基层大体相当或减薄，与车辆接触的时间比基层要短 50%左右，当基层采用 1mm/min 的速率时，面层采用较快的 2mm/min 速率是合理的，时间缩短也有利于试件保温。因应力吸收层位于面层和基层之间，所以采用同抗弯拉回弹模量一致的加载速率，即 2mm/min。

3)沥青结合料类型

沥青结合料是一种均质的黏弹性材料，而沥青混合料是一种颗粒性的黏弹性材料。在沥青混合料中，沥青薄膜裹覆集料颗粒形成骨架，其强度来源于骨架的嵌挤和沥青结合料的黏结。为了研究改性沥青类型对贯入试验的影响，或者说验证贯入试验能否有效区分各种改性沥青类型，对上述几种改性沥青进行试验，试验采用圆柱形(100mm×100mm)试件和 19mm 直径的压头，加载速率为 2mm/min。同时，为了排除集料级配的影响，试验条件定为相同集料类型、相同设计级配、相同沥青用量和同种试验方法。试验结果见表 4-22。

改性沥青类型对贯入试验的影响　　表 4-22

改性沥青类型	VV/%	试验温度/℃	ε_f/0.01	σ_f/MPa	F/N	E_f/MPa	能量指数/J
SBR 改性	1.57	60	2.244	2.062	584.6	92.8	31295
	1.57	60					
	1.69	60					
SBS 改性	1.72	60	2.164	2.417	685.4	104.1	34898
	1.61	60					
	1.93	60					
SAM 改性	1.44	60	2.791	3.540	1003.8	127.3	69337
	1.44	60					
	1.36	60					
QP 改性	1.97	60	2.933	3.851	1091.8	131.4	76256
	1.76	60					
GC 改性	1.92	60	2.562	3.963	1123.5	155.6	75668
	1.57	60					
	2.09	60					
TPS 改性	1.81	60	2.163	4.032	1143.1	187.5	65513
	1.65	60					
	1.69	60					
STR 改性	1.53	60	3.622	4.897	1388.6	135.0	102604
	1.72	60					
	1.66	60					

可以看出,除了 STR 改性沥青外,其他改性沥青类型破坏模量随破坏荷载的增大而增大,但能量指数变化不具有规律性。按破坏荷载的排序为:STR 改性>TPS 改性>GC 改性>QP 改性>SAM 改性>SBS 改性>SBR 改性;按破坏模量大小的排序为:TPS 改性>GC 改性>STR 改性>QP 改性>SAM 改性>SBS 改性>SBR 改性;按能量指数大小的排序为:STR 改性>GC 改性>QP 改性>SAM 改性>TPS 改性>SBS 改性>SBR 改性。

沥青混合料的破坏现象类似于无定形聚合物的破坏，在60℃高温条件下，沥青混合料的破坏伴随有较大的塑性流动变形，属于韧性破坏，也被称为流动变形破坏。表现为应力达到某一极限后应变继续增加而应力不断下降的现象，因此也把流动变形破坏称为材料屈服。上述变化中，比如TPS改性沥青混合料，虽然破坏荷载较STR改性沥青小，但塑性流动变形小，所以破坏模量是最大的，能量指数却较小。而STR改性沥青，虽然破坏荷载是最大的，但塑性流动变形大，破坏模量反倒减小，能量指数却是最大的。如果仅从高温抗变形性能角度考虑，无疑TPS改性沥青是最优的，但越是破坏模量大的沥青混合料，其抗低温开裂能力越差。再如SAM改性沥青混合料，破坏荷载远小于TPS改性沥青，但由于其塑性流动变形较大，能量指数也较大。

4）集料级配

沥青混合料由矿料和沥青结合料组成，矿料级配对混合料的高温抗车辙能力有较大的影响，对7种改性沥青级配上限和级配下限分别进行贯入试验，试验同样采用圆柱形（100mm×100mm）和19mm直径的压头，试验加载速率为2mm/min，试验方法相同，结果见表4-23。

级配上限贯入试验 表4-23

改性沥青类型	VV/%	试验温度/℃	ε_f/0.01	σ_f/MPa	F/N	E_f/MPa	能量指数/J
SBR改性	1.86	60	3.884	1.063	301.4	27.4	27163
	1.84	60					
	2.09	60					
SBS改性	1.78	60	3.828	1.135	321.7	29.6	28607
	1.97	60					
	2.14	60					
SAM改性	1.89	60	3.943	1.869	530.0	47.7	62266
	1.97	60					
	1.91	60					
QP改性	1.89	60	3.598	2.175	616.6	60.5	63461
	2.05	60					
	1.56	60					

续上表

改性沥青类型	VV/%	试验温度/℃	ε_f/0.01	σ_f/MPa	F/N	E_f/MPa	能量指数/J
GC 改性	1.93	60	3.005	2.196	622.6	73.0	60653
	1.77	60					
	1.82	60					
TPS 改性	1.54	60	2.589	2.521	714.8	97.4	55662
	1.60	60					
	1.72	60					
STR 改性	1.83	60	4.076	2.785	789.8	68.7	82204
	1.74	60					
	1.62	60					

可以看出，在级配上限时，混合料的破坏荷载、破坏模量以及能量指数明显偏小，这是因为级配下限集料粒径较小。甚至没有 4.75mm 粒径组分的粗集料，虽然应力吸收层沥青混合料结构为悬浮密实结构，但较大颗粒的嵌挤作用有助于提高混合料的抗剪能力。级配下限最大粒径为 2.36mm，矿质颗粒间的内摩擦力较小，不能很好地形成混合料的结构强度。几种沥青混合料破坏荷载、破坏模量的大小排序与设计级配存在一致性，而能量指数排序变化最大。级配下限贯入试验结果见表 4-24。

级配下限贯入试验　　表 4-24

改性沥青类型	VV/%	试验温度/℃	ε_f/0.01	σ_f/MPa	F/N	E_f/MPa	能量指数/J
SBR 改性	1.86	60	2.010	1.028	291.5	51.1	9368
	1.84	60					
	2.09	60					
SBS 改性	1.78	60	2.081	1.147	325.1	55.2	12799
	1.97	60					
	2.14	60					
SAM 改性	1.89	60	3.052	1.948	552.4	64.0	36948
	1.97	60					
	1.91	60					

续上表

改性沥青类型	VV/%	试验温度/℃	ε_f/0.01	σ_f/MPa	F/N	E_f/MPa	能量指数/J
QP 改性	1.89	60	3.163	2.104	596.6	67.1	49277
	2.05	60					
	1.56	60					
GC 改性	1.93	60	2.590	2.167	614.5	83.7	36471
	1.77	60					
	1.82	60					
TPS 改性	1.24	60	2.463	2.433	689.8	98.7	35147
	1.60	60					
	1.42	60					
STR 改性	1.75	60	4.035	3.085	874.8	78.5	64538
	1.64	60					
	1.86	60					

可以看出,在级配下限中,几种沥青混合料破坏模量、破坏荷载的变化规律和级配上限及设计级配存在一致性,而能量指数排序变化较大。在级配下限时,各指标值均比设计级配时小,能量指数值在3种级配中最小。在各种级配中,几种改性沥青的各项指标值变化规律一致,说明高温贯入方法可有效区分各种改性沥青的高温抗剪变形性能。而各级配类型的影响也较显著,其中设计级配的各指标值均是最优的,说明良好的级配是混合料高温抗剪能力的保证。

在提取的各项指标(如破坏荷载、破坏模量和能量指数)中,虽然能量指数反映的是贯入过程中所储存的弹性应变能量值,但能量指数数据变异性较大,规律呈现不稳定性,因此,不推荐采用此指标。

从贯入试件的破坏模式可以看出,试件破坏主要是由于抗剪强度不足产生的,有文献曾提出贯入破坏拐点强度乘以分配系数(0.339)便可求出试件的最大剪应力,可见破坏荷载的大小反映了试件的抗剪强度大小,但并不能反映此时试件的变形量大小。而破坏模量是力和变形双因素作用的结果,可反映试件的高温抗剪强度和变形性能。所以推荐采用破坏模量来表征应力吸收层沥青混合料的抗剪强度和变形综合性能,而采用破坏荷载反映其抗剪强度。

4.3.3.4　灰色关联分析法

1982 年,华中科技大学邓聚龙创立了灰色系统理论,它是一种研究少数据、贫信息、不确定性问题的新方法。随着灰色系统理论的逐步发展与完善,该理论在实际经济预测分析中发挥了重要的作用。实践证明,该理论对研究数据较少并且具有明显上升或下降趋势的分析,预测精确度较高。

在系统控制理论中,常用颜色的深浅来形容信息的明确程度,如用“黑”表示信息未知,用“白”表示信息完全明确,用“灰”表示部分信息明确、部分信息不明确。相应地,信息完全明确的系统称为白色系统;信息完全不明确的系统称为黑色系统;部分信息明确、部分信息不明确的系统称为灰色系统。灰色系统理论的研究对象是“部分信息已知、部分信息未知”的“贫信息”不确定系统,它通过“部分”已知信息的生成、开发,实现对现实世界的确切描述和认识。其研究的主要内容包括以灰色朦胧集为基础的理论体系,以灰色关联空间为依托的分析系统,以灰色序列生成为基础的方法体系,以灰色模型(GM)为核心的模型体系,以系统分析、评估、建模、预测、决策、控制、优化为主体的技术体系。

系统往往包含多个影响因素,且各影响因素间相互影响。不同影响因素对系统发展的贡献程度不一,有起决定性作用的因素,也有可忽略的因素。灰色关联分析可计算出不同影响因素对系统发展的影响程度,即各影响因素与系统发展的关联度。灰色关联分析法是对事物的发展趋势做分析,相对于传统的数理统计分析方法,如回归分析、方差分析、主成分等,对样本量的大小和样本有无规律没有过多要求,结果不会出现量化与定量分析不符的情况,并且具有计算量小的优势。对 7 种改性沥青老化前、后各分子量及分布的变化进行计算,并以此对宏观性能指标的变化进行灰关联熵分析,确定各分子量及分布的变化对老化性能的影响顺序,从而确定应力吸收层结合料耐老化性能的主要影响因素,为控制应力吸收层结合料的质量提供参考。灰色关联分析方法计算的参数主要有灰关联度、灰关联熵以及灰熵关联度。

1)灰关联度

一般进行灰色关联分析时,要把原始因子转化为灰关联因子集。灰关联因子集定义为:设序列 $X=(x_1,x_2,\cdots,x_r)$,F 为 X 的数值映射集,称 X 的象集$\mathcal{X}$ 为灰关联因子集。

$F\underset{=}{\Delta}${初值化,平均值化,最大值化,最小值化,区间值化,正因子化}

$X_0\in\mathcal{X}$ 为参考序列,$X_j\in\mathcal{X}$ 为比较序列,$j=1,2,\cdots,r$。灰关联度计算公式为:

$$r\left(x_0(k),x_j(k)\right)\underset{=}{\Delta}\frac{\min\limits_j\min\limits_k|x_0(k)-x_j(k)|+\xi\max\limits_j\max\limits_k|x_0(k)-x_j(k)|}{|x_0(k)-x_j(k)|+\xi\max\limits_j\max\limits_k|x_0(k)-x_j(k)|}\tag{4-24}$$

$$r(X_0,X_j)\underset{=}{\Delta}\frac{1}{n}\sum_{k=1}^{n}r\left(x_0(k),x_j(k)\right) \tag{4-25}$$

式中：ξ——分辨系数，一般取 0.5；

X_0——$X_0=\{x_0(i)\mid i=1,2,\cdots,r\}$；

X_j——$X_j=\{x_j(i)\mid i=1,2,\cdots,r\}$。

则 $r(X_0,X_j)$ 满足灰关联四公理：规范性，偶对称性，整体性和接近性。r 为灰关联度，$r\left(X_0(k),X_j(k)\right)$ 为灰关联系数。

2）灰关联熵

设 $\mathcal{X}$ 为灰关联因子集，$X_0\in\mathcal{X}$ 为主行列，$X_j\in\mathcal{X}$，$j=1,2,\cdots,m$ 为参考序列，$\{r(x_0(k),x_j(k))\mid k=1,2,\cdots,n\}$，则映射 Map：$R_j\rightarrow P_j$

$$P_h\underset{=}{\Delta}\frac{r\left(x_0(h),x_j(h)\right)}{\sum_{h=1}^{n}r\left(x_0(h),x_j(h)\right)}\qquad P_h\in p_j,h=1,2,\cdots n \tag{4-26}$$

称为灰关联系数分布映射，映射值 P_h 称为分布的密度值函数。

$$H(R_j)\underset{=}{\Delta}-\sum_{h=1}^{n}P_h\ln p_h \tag{4-27}$$

为 X_j 的灰关联熵。

3）灰熵关联度

序列 X_j 的灰熵关联度为：

$$E_r(X_j)\underset{=}{\Delta}H(R_j)/H_m \tag{4-28}$$

式中：H_m——灰熵的最大值，$H_m(x)=\ln n$ 其中，n 为差异信息列的最大值。

4.3.3.5 沥青结合料指标对高温抗剪性能的影响

贯入试验是一种新型的试验方法．有文献采用 3 种改性沥青进行贯入抗剪试验，认为沥青结合料的黏度对抗剪作用影响较大，因为高黏度的沥青能赋予沥青混合料较大的黏滞阻力，提高了混合料的抗剪强度；但未对沥青结合料的其他指标进行分析。因此，在大量黏度试验和其他试验指标的基础上，对影响贯入强度和贯入模量的显著性因素进行分析，以确定沥青结合料各指标对贯入试验的影响次序。

将 7 种改性沥青老化前、后各项指标与贯入试验破坏模量和破坏荷载进行对比分析，各指标呈现不同的规律，如图 4-41 与图 4-42 所示。采用灰关联熵来确定最显著的影响因素。

1）沥青结合料黏度对破坏模量的影响

由于沥青结合料的黏度对抗剪作用影响较大，所以首先分析不同种改性沥青老化前不同温度下的运动黏度、60℃动力黏度以及老化后 135℃黏度对高温贯入破坏模量的影响，灰关联熵分析的原始数列见表 4-25。

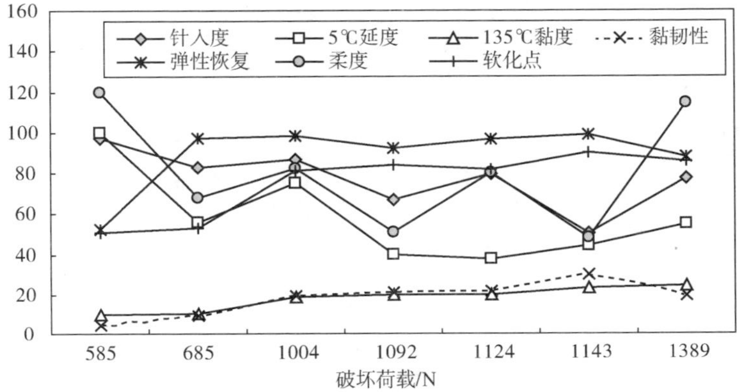

图 4-41　老化前改性沥青各项指标与贯入破坏荷载的相关性

注：135℃黏度扩大 10 倍，柔度扩大 100 倍，下图同。

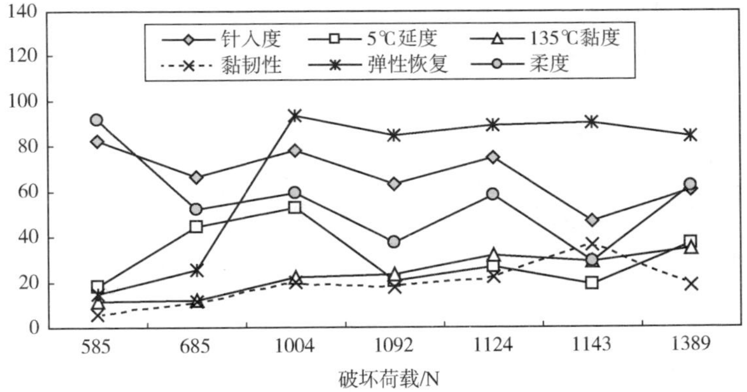

图 4-42　老化后改性沥青各项指标与贯入破坏荷载的相关性

改性沥青各黏度指标与贯入破坏模量的关系　　表 4-25

影响参量		1	2	3	4	5	6	7
破坏模量	x_a/MPa	92.8	104.1	127.3	131.4	155.6	187.5	135.0
120℃，12r/min	x_1/(Pa·s)	1.938	2.163	5.229	5.167	5.667	5.896	8.042
120℃，30r/min	x_2/(Pa·s)	1.800	2.083	5.042	5.083	5.492	5.633	7.858
135℃，30r/min	x_3/(Pa·s)	1.025	1.045	1.967	1.992	2.008	2.342	2.458
135℃，50r/min	x_4/(Pa·s)	1.015	1.042	1.875	1.965	1.970	2.335	2.445

续上表

影响参量		1	2	3	4	5	6	7
135℃,100r/min	x_5/(Pa·s)	1.013	1.028	1.753	1.935	1.947	2.280	2.415
160℃,50r/min	x_6/(Pa·s)	0.323	0.335	0.555	0.590	0.558	0.705	0.785
160℃,100r/min	x_7/(Pa·s)	0.320	0.335	0.550	0.583	0.555	0.690	0.778
175℃,100r/min	x_8/(Pa·s)	0.238	0.248	0.325	0.325	0.338	0.330	0.440
老化后 135℃,50r/min	x_9/(Pa·s)	253	261	20010	80267	25336	41000	300000
60℃动力黏度	x_{10}/(Pa·s)	1.175	1.220	2.217	2.310	3.170	2.865	3.415

计算比较列的灰关联熵,见表 4-26。

灰关联熵 表 4-26

H_{ra1}	H_{ra2}	H_{ra3}	H_{ra4}	H_{ra5}	H_{ra6}	H_{ra7}	H_{ra8}	H_{ra9}	H_{ra10}
1.9415	1.9414	1.9451	1.9449	1.9447	1.9444	1.9444	1.9432	1.9162	1.9433

由灰关联熵计算出灰熵关联度,不同改性沥青老化前、后各转速下的运动黏度、动力黏度与破坏模量的灰熵关联度如图 4-43 所示。

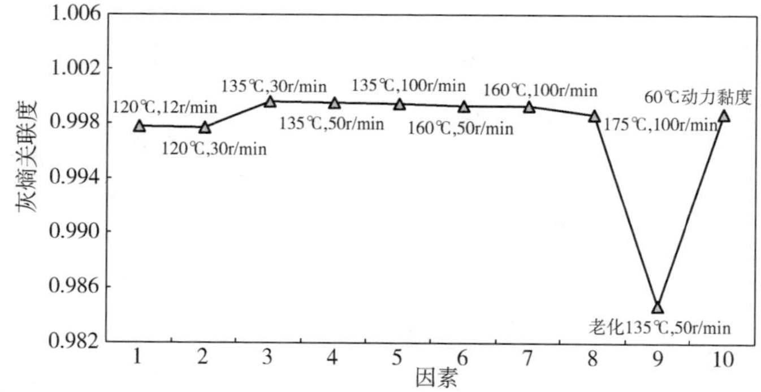

图 4-43 不同黏度因素对破坏模量的灰熵关联度

各改性沥青老化前黏度较老化后 135℃黏度对破坏模量的影响更为显著,老化前各温度各转速的运动黏度中,对破坏模量影响最大的是 135℃(30r/min)的黏度。60℃动力黏度影响较小,这是因为 SAM 改性、QP 改性、GC 改性、TPS 改性以及 STR 改性沥青的 60℃动力黏度偏大(超过 10000Pa·s),引起差异信息过大,所以均值化处理后其灰熵关联度较小。分析改性沥青其他各指标对破坏模量的影响时,选择影响因素最大的 135℃(30r/min)黏度进行灰关联熵分析。

2）沥青结合料黏度对破坏荷载的影响

计算不同种改性沥青老化前不同温度下的运动黏度、60℃动力黏度以及老化后 135℃黏度对破坏荷载的灰关联熵，见表 4-27。灰熵关联度如图 4-44 所示。

灰关联熵　　表 4-27

H_{ra1}	H_{ra2}	H_{ra3}	H_{ra4}	H_{ra5}	H_{ra6}	H_{ra7}	H_{ra8}	H_{ra9}	H_{ra10}
1.9445	1.9442	1.9455	1.9454	1.9454	1.9455	1.9455	1.9455	1.9135	1.9453

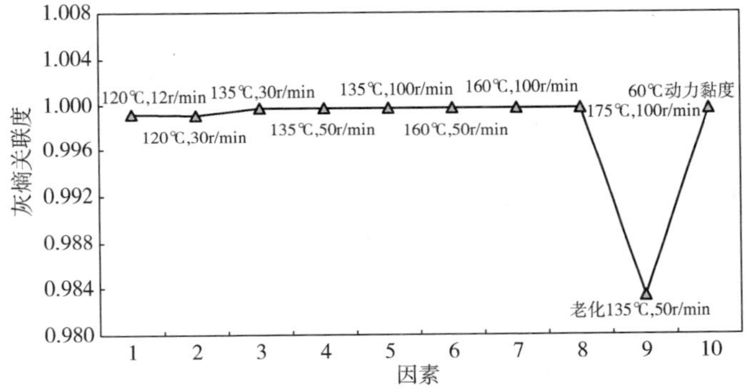

图 4-44　不同黏度因素对破坏荷载的灰熵关联度

可见，各黏度中，对破坏荷载影响最显著的为 160℃（100r/min）运动黏度。老化前各温度各转速下的运动黏度对破坏荷载的灰熵关联度值的影响差别较小，但老化前运动黏度对破坏荷载的影响仍明显大于老化后运动黏度。在分析改性沥青其他各指标对破坏荷载的影响时，选择影响因素最大的 160℃（100r/min）的运动黏度进行灰关联熵分析。

3）沥青结合料各指标对破坏模量的影响

为了研究沥青结合料其他指标对贯入试验的影响，将各改性沥青老化前后指标与高温贯入破坏模量的试验结果列于表 4-28，将其作为灰关联熵分析的原始数列。进行初值化变换后计算其灰关联熵，其中黏度指标采用 135℃（30r/min）的运动黏度，灰关联熵结果见表 4-29。

改性沥青各指标与贯入破坏模量的关系　　表 4-28

影 响 参 量		1	2	3	4	5	6	7
破坏模量	x_a	92.8	104.1	127.3	131.4	155.6	187.5	135.0
25℃针入度	x_1/0.1mm	97.1	83.0	86.6	67.0	79.6	50.0	77.0

续上表

影响参量		1	2	3	4	5	6	7
软化点	x_2/℃	50.5	52.7	81.1	84.0	81.5	89.9	85.4
5℃延度	x_3/cm	100.0	55.5	63.5	40.0	37.6	44.1	54.5
黏韧性	x_4/(N·m)	4.4	9.4	19.4	20.7	21.4	29.6	19.2
135℃黏度	x_5/(Pa·s)	1.025	1.045	1.967	1.992	2.008	2.342	2.458
弹性恢复	x_6/%	52.5	97.0	98.0	92.0	96.5	99.0	88.0
拉伸柔度	x_7/(cm/N)	1.20	0.68	0.82	0.51	0.80	0.48	1.14
老化后25℃针入度	x_8/0.1mm	82.5	66.5	78.0	63.2	74.8	46.7	60.5
老化后5℃延度	x_9/cm	18.1	44.2	52.5	20.2	26.5	18.6	36.5
老化后黏韧性	x_{10}/(N·m)	5.3	11.6	20.0	17.8	22.4	36.0	18.4
老化后弹性恢复	x_{11}/%	15.2	25.7	93.7	84.5	88.9	90.3	84.0
老化后拉伸柔度	x_{12}/(cm/N)	0.92	0.52	0.59	0.37	0.58	0.29	0.62

灰关联熵 表 4-29

H_{ra1}	H_{ra2}	H_{ra3}	H_{ra4}	H_{ra5}	H_{ra6}	H_{ra7}	H_{ra8}	H_{ra9}	H_{ra10}	H_{ra11}	H_{ra12}
1.9106	1.9425	1.9006	1.9324	1.9404	1.9352	1.9002	1.9145	1.9102	1.9214	1.9312	1.8975

改性沥青老化前、后各指标对破坏模量的灰熵关联度如图 4-45 所示。

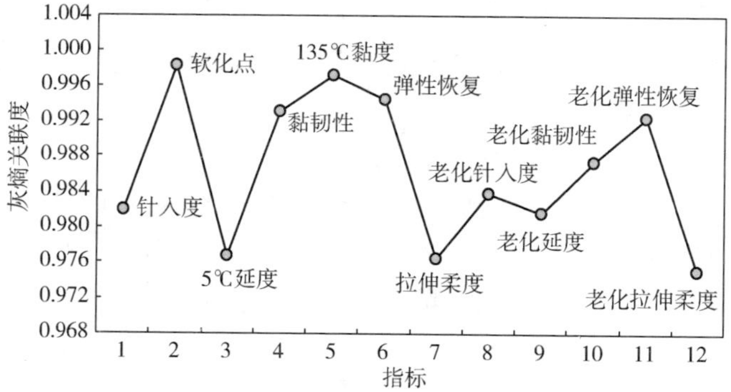

图 4-45 改性沥青各指标对破坏模量的灰熵关联度

各因素对高温贯入破坏模量的影响大小次序为：软化点>135℃黏度>弹性恢复>黏韧性>老化后弹性恢复>老化后黏韧性>老化后针入度>针入度>老化后5℃延度>5℃延度>拉伸柔度>老化后拉伸柔度。

4)沥青结合料各指标对破坏荷载的影响

同样,采用160℃(100r/min)运动黏度与改性沥青老化前、后其他各指标计算对破坏荷载的灰关联熵,结果见表4-30,灰熵关联度如图4-46所示。

灰关联熵 表4-30

H_{ra1}	H_{ra2}	H_{ra3}	H_{ra4}	H_{ra5}	H_{ra6}	H_{ra7}	H_{ra8}	H_{ra9}	H_{ra10}	H_{ra11}	H_{ra12}
1.9243	1.9414	1.9188	1.9306	1.9437	1.9275	1.9026	1.9186	1.9075	1.9181	1.9401	1.9046

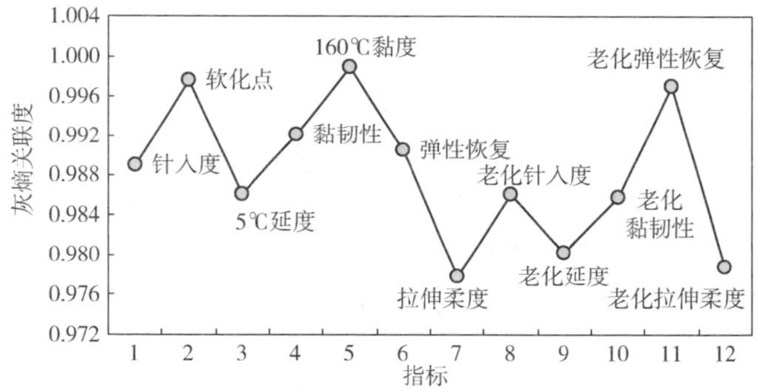

图4-46 改性沥青各指标对破坏荷载的灰熵关联度

各影响因素对高温贯入破坏荷载的影响大小依次为:160℃黏度>软化点>老化后弹性恢复>黏韧性>弹性恢复>针入度>5℃延度>老化后针入度>老化后黏韧性>老化后延度>老化后拉伸柔度>拉伸柔度。

通过以上分析可以看出,改性沥青各指标中,160℃黏度是破坏荷载的第一影响因素,135℃黏度是破坏模量的第二影响因素。而改性沥青的软化点是破坏模量的第一影响因素,是破坏荷载的第二影响因素。改性沥青的高温黏度和软化点是应力吸收层沥青混合料高温抗剪变形能力的两个主要影响因素。

贯入试件的破坏是由于沥青结合料的黏结力不足而产生变形或由于抗剪强度不足而破坏,可以从摩尔-库仑包络线(即抗剪强度曲线)来分析(图4-47)。包络线与纵轴相交的截距表示混合料的黏聚力c,切线与横轴的交角φ表示混合料的内摩擦角,即

$$\tau = c + \sigma \tan\varphi \tag{4-29}$$

式中:τ——抗剪强度(MPa);

c——黏结力(MPa);

σ——剪切时的法向应力(MPa)。

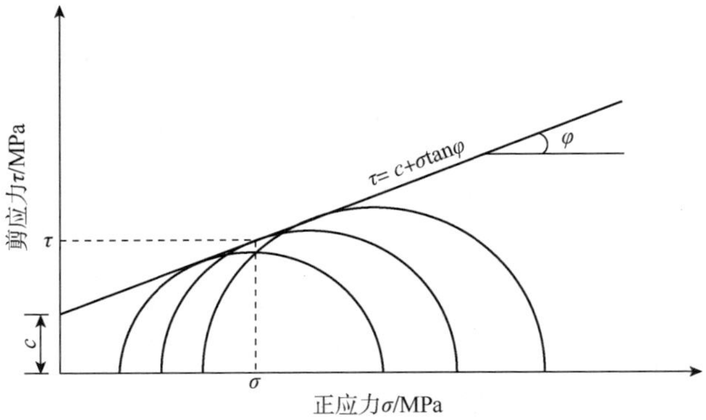

图 4-47　摩尔-库仑圆

沥青混合料的强度取决于黏聚力 c 和内摩擦角 φ。而沥青结合料的黏滞性是影响黏聚力 c 的重要因素,矿质集料由沥青结合料胶结为一整体,沥青结合料的黏滞度反映了沥青结合料在外力作用下抵抗变形的能力,在其他因素固定的情况下,沥青混合料的黏聚力随沥青黏度的增大而增大。

在级配、集料、矿粉、油石比都一致的情况下,各试件的内摩擦力是基本一致的,沥青结合料的高温黏度越大,与集料的黏附性越好,相应的沥青混合料抗高温变形能力就越强。而沥青结合料的软化点表示一种等黏温度,是黏度的一种量度,软化点高意味着等黏温度高,所以软化点对破坏荷载的影响也是较大的。因此,同时具有较大的高温黏度和较高的软化点,是具备高温抗剪变形能力的首要保证。

4.4　应力吸收层复合改性沥青混合料低温性能

沥青路面的低温缩裂在我国北方地区十分普遍和严重。国外早在 20 世纪 50 年代后期就注意到路面开裂的严重性,并从沥青路面的横缝调查入手,开始了研究,通过试验路的修筑、观察以及室内试验等取得了不少研究成果。国内从 1975 年起,先后对哈尔滨、沈阳、天津、西安、南京、上海等地的裂缝现象进行了调查。结果表明,由于路面设计不当或施工原因,结构层本身强度不足,不能适应日益增长的交通量及轴载作用而产生的开裂,最初一般表现为纵向开裂,然后发展为网裂。这一类由荷载产生的裂缝在中、低级道路及一些超载严重的高等级车道上较为常见。对大多数高等级公路来说,由于普遍采用了半刚性基层,有足够的强度,这一类裂缝并不是主要的。另一类裂缝即非荷载裂缝,不仅在寒冷地区存在,在温暖地带也普遍存在,是目前世界上尚未完全解决的一种道路病害。它的产生不仅破坏了路面的连续性、整体性及美观性,而且水分会从裂缝中不断进入,使基层甚至路面软化,导致路面承载力下降,加速路面破坏;随着裂缝逐年增多,边缘折断破碎,使路面平整度降低,严重危及道路的使用寿命和质量。另外,温度裂缝对将来加铺层的影响不容忽视,如不处理,则病害仍将继续直至重修,降低路面的使用性能,减少路面使用寿命,增加养护费用,造成巨大经济损失。

非荷载裂缝引起的大都为横向裂缝,这类裂缝可能源于沥青面层的温度收缩裂缝,也可能源于基层反射裂缝。在北方寒冷地区,主要是温度裂缝。对大多数公路来说,半刚性基层的反射裂缝仍然是沥青路面横向裂缝的主要原因之一。在大多数情况下,是多种原因综合作用造成的,因为这些裂缝主要发生在急剧降温的过程中,沥青面层内产生很大的温度应力,这是造成开裂的一个原因。另一方面,如果建筑在柔性基层上,或者下边是级配碎石过渡层,仅仅沥青面层的温度应力还不一定达到开裂的程度;但如果下面是半刚性基层,则其本身也将产生较大的收缩(干缩与温缩的叠加),使沥青面层的收缩应力增大,从而造成开裂。如果半刚性基层上原先已经有了裂缝,基层失去了抵抗拉应力的作用,就在开裂位置将应力传递给沥青面层,面层的温度应力将在基层的裂缝部位造成很大的应力集中;而且在低温下,沥青面层的模量较大,它仅能承受较小的温度应力,因而极易产生反射裂缝。半刚性基层的收缩应力与沥青面层之间的传递在裂缝自由端中断,面层与基层的附着力使基层的收缩应力集中于裂缝部位的沥青面层内,从而使沥青面层的温度应力明显增大,此时如果再加上偏荷载主拉应力的作用,其应力值就可能超过材料的极限强度,从而使面层在裂缝部位或其附近首先开裂。因此,偏荷载作用下的主拉应力(或剪应力)和温度变化下的收缩应力是反射裂缝形成的根本原因。反射裂缝是沥青面层早期劣化的根源,它缩短了路面的维修周期,减少了路面的服务年限。在沥青罩面层的下面加铺应力吸收层后,由于应力吸收层具有劲度模量低、变形性能优良等特点,对产生的拉伸应力与剪应力起到应力缓冲作用,降低了基层接缝(或裂缝)处沥青罩面层的应力峰值,改善了应力分布,达到减少裂缝的目的。

4.4.1　沥青混合料低温开裂的影响因素

4.4.1.1　沥青结合料性质

反射裂缝的产生是多方面原因共同作用的结果,与沥青质量以及沥青混合料的性质密切相关。而沥青混凝土的低温变形能力在很大程度上取决于沥青结合料的低温性质、沥青结合料与矿料的黏结强度、级配类型以及沥青混合料的均匀性。因此,除了采用合理的配合比、选用与沥青结合料黏结良好的矿物集料和控制施工工艺外，提高沥青结合料的质量对于减少及防治横向裂缝意义重大。一般可采用稠度低、塑性大的沥青结合料来提高沥青混凝土的低温变形能力。沥青结合料性质对反射裂缝的影响如下：

1）沥青结合料的感温性

通常情况下，针入度指数越大，沥青结合料的感温性越差，沥青混合料在低温条件下的抗裂性能越好。

2）沥青结合料劲度

沥青混合料的低温劲度决定了是否发生开裂，沥青结合料劲度又是沥青混合料劲度的关键。国外已经提出了一些沥青结合料劲度的限值：Readshaw 提出在接近最低使用温度时，沥青结合料的 7200s 劲度不超过 200MPa 时，开裂很少；Gaw 假设沥青结合料在 1800s 时的劲度为 1400MPa；Deme 从圣安妮试验路 20 年的调查结果，得出沥青结合料的极限劲度为 1000MPa（1800s）；美国宾夕法尼亚州试验路的结果表明，横向裂缝与沥青结合料的劲度最为相关。

3）沥青结合料针入度

当温度敏感性相同时（或者油源相同），针入度大的有较低的劲度模量，比硬沥青路面裂缝少。

4）沥青结合料延度

低温延度与开裂有一定的关系。美国宾夕法尼亚州试验路的结果表明：开裂与 15℃ 延度有关，并建议将 15℃ 延度（RTFOT 后）标准从 15cm 提高到 30cm，以减少荷载引起的裂缝。第 18 届道路会议总报告认为 0℃ 延度能更好地说明黏聚力，老化后延度仅适用于氧化沥青及多蜡沥青，10℃ 延度能粗略地估计低温性能，25℃ 延度一般都大于 100cm，很少能反映其使用性能。

测力延度试验也可反映沥青结合料低温性能的优劣，在拉力和延度的曲线图中，曲线斜率越大，呈尖状，则这种沥青越脆，其抗低温裂缝的能力越差。

5）沥青结合料的感时性

沥青结合料延度试验的拉伸速率一般为 10^{-2} 左右，而路面降温时的应变速率约为 $10^{-7} \sim 10^{-8}$，因此还需考虑沥青结合料感时性的影响。感时性越强，表示非牛顿沥青的黏性凝聚力结构容易遭到破坏。在温度很低时，温度收缩几乎不产生黏性流动，只在凝胶结构内部产生应力积聚，并提早在集中力薄弱处产生裂缝。尖端的应力集中导致裂缝扩大并使抗拉强度降低。由于 PI 值大的沥青结合料一般感时性较强，所以，一些沥青结合料标准规定 PI 的上限为+1。

6）沥青结合料的老化性能

沥青结合料的老化是轻质油分的挥发、氧化分解及位阻硬化所引起的。氧化及位阻硬化是引起路面使用期过早老化的主要原因。德国的研究结果表明，当软化点因老化而升高至54～56℃时，表层将开裂，软化点越高，裂缝率越大。日本明神高速公路的调查表明，老化后的沥青结合料针入度下降至45(0.1mm)，延度低于20cm时路面开裂较多。很显然，沥青结合料在使用期的老化越严重，裂缝出现越早。

7)沥青结合料的含蜡量

沥青含蜡量增加使拉伸应变减小，脆性增加，温度敏感性变强，横向裂缝增多。

4.4.1.2　沥青混合料组成

1)沥青用量

沥青用量对沥青混合料的劲度有影响。圣安妮试验路结果表明沥青用量在最佳用量的+0.5%～-1.0%范围内波动时，对开裂率无明显影响。另外，沥青用量增加，混合料的应力松弛性能提高，但其收缩性也变大，二者有抵消的趋势。

2)矿料组成级配

对不同混合料类型做温度应力试验发现，不同级配混合料的温度应力增长图式有较大的差异。粒径粗的、空隙率大的混合料内部微空隙较多，应力松弛极限温度降低，使温度应力有所减少。中粒式沥青混合料比细粒式沥青混合料的温度应力减少。沥青碎石及沥青贯入式路面的温度应力比沥青混凝土小。由于沥青混合料中加入矿粉，矿粉太少会影响黏结力及高温稳定性，所以粉胶比是一个重要的因素，一般为0.8～1.2。

3)集料品种

使用吸水性强的集料，其温度裂缝会增多。

4)剥落率

剥落率越大的沥青混合料，沥青结合料和集料间的结合力越弱，沥青混凝土的抗拉强度越小，越容易产生裂缝。剥落现象与沥青结合料老化有着密切的关系。

5)矿粉的细度

矿粉通过0.075mm筛孔量越少，则产生的裂缝越多。小于0.075mm的颗粒少，意味着填料用量少，和填料用量多时比较，感温性变强。而且，细集料少，透水性大，沥青混合料也易老化。

另外，路面结构尺寸、基层、土基、气温等环境因素，应力集中，路龄，交通量等，都对沥青混合料低温性能有重要的影响。

4.4.2　应力吸收层沥青混合料低温抗裂性能

低温收缩裂缝与沥青结合料的低温品质及沥青混合料的收缩性能有关。自

20世纪60年代加拿大率先对沥青混凝土面层的低温收缩开裂进行系统调查研究以来,路面抗裂与材料低温性能指标一直是道路学术界的重要研究内容。特别是美国SHRP计划,将沥青结合料与沥青混合料的技术标准列为主要研究内容,加拿大、澳大利亚以及欧洲许多国家也先后制定了类似的研究计划。SHRP在沥青混合料技术标准的研究中包括了沥青路面抗裂能力的研究。在我国"八五"科技攻关项目中专门对沥青结合料及沥青混合料的低温性能指标做了研究,并提出了相应的建议值。这足以说明采用什么样的指标来评价沥青结合料及沥青混合料的低温性能,以控制或消除沥青路面的温度裂缝,是一个重要的课题。

国内外用于研究沥青混合料低温抗裂性能的试验方法有多种,主要包括间接拉伸试验、直接拉伸试验、弯曲拉伸蠕变试验、受限试件温度应力试验、弯曲试验、收缩系数试验、应力松弛试验、等速加载弯曲、劈裂试验、压缩试验等。其中,沥青混合料弯曲试验是国内外较常用的沥青混合料低温抗裂性评价方法。国外曾用82.55mm×82.55mm×381mm梁的三点加载试验确定沥青混凝土低温劲度模量和抗弯拉强度,速率一般选择0.5mm/min,试验温度为-37.2℃、-20.6℃、-3.9℃。我国"七五"科技攻关项目中用等速加载弯曲、劈裂、压缩等试验来评价沥青混合料的破坏特性,试验方法如下:

1)间接拉伸试验

间接拉伸试验也就是劈裂试验,通过加载条加静载于圆柱形试件的轴向,试件按一定的变形速率加载,荷载,垂直、水平变形通过线性可变差动变压器得到。从而可获得沥青混合料的劈裂强度和变形数据。国内外均采用标准马歇尔试件,直径101.6mm,高度63.5mm。我国《公路工程沥青及沥青混合料试验规程》(JTG E20—2011)规定加载速率为:15℃、25℃采用50mm/min加载,0℃或更低温度采用1mm/min加载。其评价指标有劈裂强度、破坏变形及劲度模量等。

2)压缩试验

与劈裂试验、弯曲试验一样,压缩试验采用固定的加载速率,改变不同的试验温度便得到不同温度下的破坏强度、破坏应变、破坏劲度模量与温度的关系,由此确定试验条件下的脆化点温度。试件为切制棱柱体40mm×40mm×80mm(高),加载速度为50mm/min及5mm/min,试验温度为+20~-30℃,温度间隔为5~10℃。

3)弯曲破坏试验

弯曲破坏试验是国内外较常用的沥青混合料低温抗裂性评价方法。我国《公路工程沥青及沥青混合料试验规程》(JTG E20—2011)规定试件长250mm±2.0mm,宽30±2.0mm,高35±2.0mm,采用由轮碾成型的板块状试件用切割法制作而成,试验设备为万能材料试验机或压力机,试验温度控制在-10℃,加载速率为

50mm/min。

小梁弯曲破坏时的弯拉强度 R_B、梁底最大拉应变 ε_B 按下式计算：

$$R_B = \frac{3LP_B}{2bh^2} \tag{4-30}$$

$$\varepsilon_B = \frac{6hd}{L^2} \tag{4-31}$$

$$S_B = \frac{R_B}{\varepsilon_B} \tag{4-32}$$

式中：R_B——试件破坏时的抗弯拉强度（MPa）；

ε_B——试件破坏时的最大弯拉应变；

b——跨中断面试件的宽度（mm）；

h——跨中断面试件的高度（mm）；

L——试件的跨径（mm）；

P_B——试件破坏时的最大荷载（N）；

d——试件破坏时的跨中挠度（mm）；

S_B——试件破坏时的弯曲劲度模量（MPa）。

在相同荷载速率及相同的试验温度条件下，对比以上 3 种试验方法的破坏应变可知，压缩破坏应变要比弯曲破坏、劈裂破坏应变大数倍，而劈裂破坏与弯曲破坏应变相差不大。这说明在拉伸试验时，沥青结合料的黏结力在起支配作用；而在压缩试验时，除了沥青结合料的影响外，矿料本身的强度、矿料级配及嵌锁作用对承载能力起到很大的作用，并能产生一定的相对位移。

低温状态下，沥青混合料的劲度增大，变形能力降低，此时混合料的流变性能就十分重要。沥青混合料的低温劲度决定了是否发生开裂，沥青劲度又是沥青混合料劲度的关键。但沥青结合料的低温性能最终由混合料的低温性能来体现。因此，仅仅评价沥青结合料的低温性能是不够的，还需评价其混合料的抗开裂能力以真正说明应力吸收层的抗开裂性能。

对于应力吸收层沥青混合料，应尽可能选用具有较低的劲度、良好的流动性和变形能力的材料，从而有效地避免反射裂缝的发生。小梁弯曲试验恰恰反映了材料的这种变形能力。因此，为了研究应力吸收层沥青混合料的低温抗裂性能，采用低温弯曲破坏试验。试验温度条件为-10℃，采用相同的矿料级配、沥青用量、集料类型和成型方法，不同的只是沥青结合料，各改性沥青混合料低温弯曲试验结果见表 4-31。

应力吸收层沥青混合料低温弯曲试验　　表 4-31

改性沥青类型	P_B/N	R_B/MPa	d/mm	$\mu\varepsilon_B$	S_B/MPa	$\frac{dW}{dV}$/(10^{-2}MPa)
SBR	1139.0	9.3	0.547	2871.8	3238.4	1.11
SBS	1229.4	10.0	0.612	3213.0	3112.4	1.38
SAM	1314.7	10.7	0.863	4530.8	2361.6	2.06
QP	1421.7	11.6	0.676	3549.0	3268.5	1.58
GC	1446.7	11.8	0.790	4147.5	2845.1	2.11
TPS	1518.2	12.4	0.495	2598.8	4771.5	1.43
STR	1888.4	15.4	0.972	5103.0	3017.8	4.73

由表 4-31 可以看出：同种集料类型和级配情况下，沥青结合料性能对混合料的低温弯曲试验结果影响较为显著。尽管改性沥青结合料性能差别较大，但所有改性沥青混合料的低温弯曲破坏应变均大于 2500με，满足我国规范对于冬冷区破坏应变的要求，说明应力吸收层砂粒式密级配混合料有助于提高混合料的低温抗裂性能。各样品中，除了 SBR 改性和 TPS 改性沥青混合料的破坏应变小于 3000με 外，其他样品均满足我国规范对于冬严寒区破坏应变的要求。

几种改性沥青样品中，STR 改性沥青混合料的抗弯拉强度和破坏时的弯拉应变均是最大的；SAM 改性沥青混合料的抗弯拉强度虽然不是最大的，但由于其破坏时跨中挠度较大，其破坏时的弯拉应变也较大，仅次于 STR 改性沥青混合料；TPS 改性沥青混合料抗弯拉强度仅次于 STR 改性沥青，但由于其跨中挠度最小，所以其破坏时的弯拉应变也是最小的。说明低温条件下，STR 应力吸收层沥青混合料不仅具有强度高的特点，还具有较大的变形能力，可通过自身的大变形来消散掉较大的应力，这正是消减裂缝处的应力集中所需要的。

许多文献指出：沥青混合料的低温抗裂性能不仅与沥青混合料的强度参数有关，还与混合料的变形特性有关。不能仅以沥青混合料在低温时破坏强度大，或者变形大，就评价其低温抗裂性好。如果混合料低温条件下有很强的伸长能力，即使其破坏强度不高，抗开裂能力也较强。沥青混合料在低温条件下既具有较高的强度还具有较大的变形能力，是工程应用所需要的。但是对于一种沥青混合料，两者不可兼得，寻找反映强度和变形两种性能的综合参数尤为重要。

每一种形式的沥青混合料在破坏前都具有一定的能量储存能力，而沥青混合料在低温下可看作弹性材料，外力所做的功一部分被转化为弹性应变能储存，一部分转化为裂纹发生或发展,产生新表面的表面能。破坏时试件储存的应变能越大,则其低温抗裂性能就越好。因此,可通过分析低温弯曲破坏试验的应力-应变曲线,求出应变能密度,进而评价应力吸收层沥青混合料的低温抗裂性能。

材料损伤过程包括裂缝的引发、亚临界状态增大和最后终止3个阶段。假定材料破坏形式与单位体积内能量状态相对应,则材料损伤可用应变能密度函数$\frac{\mathrm{d}W}{\mathrm{d}V}$来表示,$\frac{\mathrm{d}W}{\mathrm{d}V}$的临界值是试件断裂时单轴应力、应变图上应力最大值以前曲线下方的包络面积,如图4-48所示。

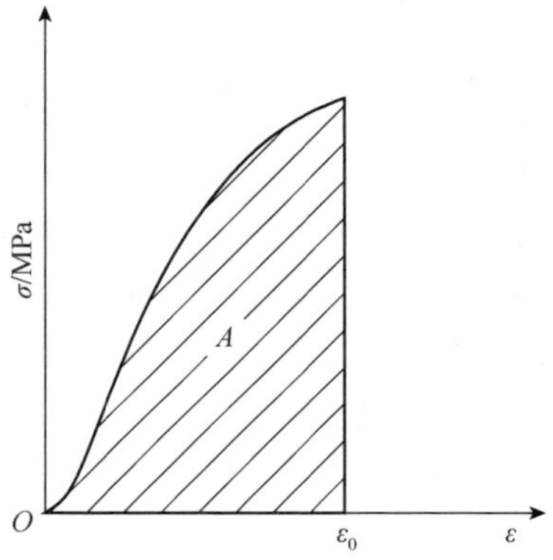

图4-48　弯曲试验应力-应变关系曲线

应变能密度临界值公式如下:

$$\frac{\mathrm{d}W}{\mathrm{d}V}=\int_{0}^{\varepsilon_0}\sigma_{ij}\varepsilon_{ij} \tag{4-33}$$

式中:σ_{ij}、ε_{ij}——应力、应变分量;

ε_0——最大应力所对应的应变。

各改性沥青样品混合料的应变能密度见表4-26。可以看出,在矿料级配、沥青用量、集料类型和成型方法等均相同的条件下,STR改性沥青混合料应变能密度远大于其他几种沥青混合料,表明STR改性沥青低温抗裂性能最好。以下对各样品混合料性能按各参数进行排序:

①按应变能密度进行排序为:STR改性>GC改性>SAM改性>QP改性>TPS改性>SBS改性>SBR改性。

②按抗弯拉强度进行排序为:STR改性>TPS改性>GC改性>QP改性>SAM改性>SBS改性>SBR改性。

③按极限弯拉应变进行排序为:STR改性>SAM改性>GC改性>QP改性>SBS改性>SBR改性>TPS改性。

可以看出,分别按应变能密度、抗弯拉强度和极限弯拉应变3个参数进行排序,结果差别很大。其中,STR改性沥青混合料无论按哪个参数排序,均是最优的;TPS改性沥青混合料抗弯拉强度较大,极限弯拉应变最小,所以其应变能密度也不大;SAM改性沥青混合料极限弯拉应变较大,抗弯拉强度较小,其应变能密度排第三。由此可见,低温弯曲破坏试验中,$\frac{\mathrm{d}W}{\mathrm{d}V}$综合了临界弯拉应变和弯拉强度两个参数指标,用应变能密度评价改性沥青混合料的低温抗裂性能比用单一参数更加合理。而且应变能密度从能量角度综合评价了改性沥青混合料低温抗裂性能,不同沥青样品混合料间的差异也较显著，可以有效区分不同改性沥青混合料的低温性能，用它来评价应力吸收层沥青混合料的低温抗裂性能更加科学。

4）弯曲蠕变试验

近年来，由于流变学在沥青混合料中的应用与发展，采用蠕变和劲度来研究沥青混合料的低温抗裂性能较为普遍。广义的蠕变定义是：当固体受恒定的外力作用时，其应力与变形随时间变化的现象。即使施加的应力荷载小于屈服极限应力，变形仍具有不可逆的性质。我国试验规程中明确规定了沥青混合料弯曲蠕变试验方法，此方法可用于测定沥青混合料在规定温度和加载应力水平条件下弯曲蠕变的应变速率，反映了当加载应力一定时，应变随时间增长的速率。单位时间内应变增长越快，沥青混合料低温柔性越好，沥青路面不容易开裂。

弯曲蠕变曲线的形状如图 4-49 所示，一般可分为蠕变迁移期、蠕变稳定期和蠕变破坏期 3 个变形阶段。

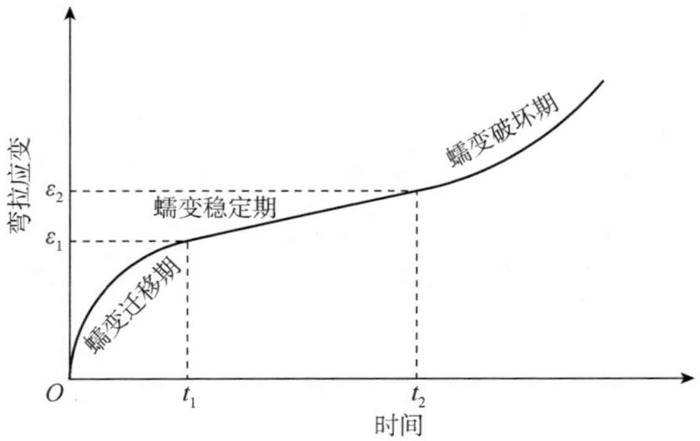

图 4-49　弯曲蠕变曲线

第一阶段为蠕变迁移期，反映了沥青混合料的瞬时弹性变形和黏弹性变形的特性；第二个阶段为蠕变稳定期，反映了沥青混合料黏性流动变形的特性；第三个阶段为蠕变破坏期，这个阶段试件已经出现裂纹，变形随时间快速增长，试件很快破坏。蠕变速率参数由蠕变稳定期（直线段）起点及终点的时间及变形计算所得，公式如下：

$$\sigma_0=\frac{3LF_0}{2bh^2}\times10^{-6} \tag{4-34}$$

$$\varepsilon(t)=\frac{6hd(t)}{L^2}\times10^{-6} \tag{4-35}$$

$$\varepsilon_s=\frac{\varepsilon_2-\varepsilon_1}{(t_2-t_1)/\sigma_0} \tag{4-36}$$

式中：σ_0——试件的蠕变弯拉应力(MPa)；

$\varepsilon(t)$——试件梁底的弯拉应变；

ε_s——试件的弯曲蠕变速率[1/(s·MPa)]；

ε_1、ε_2——分别为对应于时间 t_1、t_2时的蠕变应变。

采用轮碾法制作沥青混合料试件并切割成 6～7 块尺寸为 250mm×30mm×35mm 的棱柱体小梁试件，试验温度为-10℃，施加荷载为破坏荷载的 10%。各改性沥青样品混合料的弯曲蠕变试验结果见表 4-32。

应力吸收层沥青混合料弯曲蠕变试验　　表 4-32

混合料类型	施加荷载 P_B/N	蠕变应力/MPa	弯曲蠕变速率/[1/(s·MPa)]
SBR 改性	113.90	0.93	4.59
SBS 改性	122.94	1.00	4.54
SAM 改性	131.47	1.07	7.05
QP 改性	142.17	1.16	4.99
GC 改性	144.67	1.18	6.28
TPS 改性	151.82	1.24	3.30
STR 改性	188.84	1.54	8.60

由表 4-32 可以看出，改性沥青品种对混合料弯曲蠕变速率的影响较大，样品之间区分度较好，但弯曲蠕变速率与施加的蠕变应力并不成正比。按施加的蠕变应力大小进行排序为：STR 改性>TPS 改性>GC 改性>QP 改性>SAM 改性>SBS 改性>SBR 改性；按弯曲蠕变速率大小排序为：STR 改性>SAM 改性>GC 改性>QP 改性>SBR 改性>SBS 改性>TPS 改性。为了对比两者的关系，绘制图 4-50。

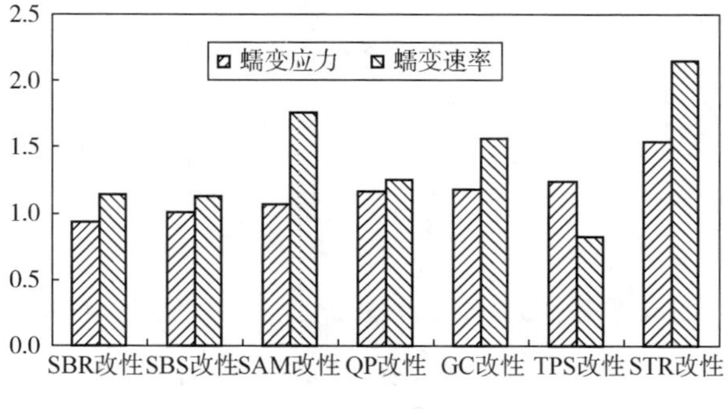

图 4-50　蠕变应力与蠕变速率对比图

注：为了对比效果明显，图中蠕变速率缩小为 1/4。

蠕变速率从应力松弛角度反映了沥青混合料低温条件下的变形能力,其值越大,表示沥青混合料在单位时间内的变形能力越强,低温松弛性能越好,沥青混合料低温抗裂性也就越好。图中,SAM 改性沥青混合料和 TPS 改性沥青混合料形成鲜明的对比,SAM 改性沥青混合料施加的蠕变应力不大,但蠕变速率较大,仅次于 STR 改性沥青混合料;而 TPS 改性沥青混合料施加的蠕变应力仅次于 STR 改性沥青混合料,但蠕变速率最小。说明一个好的应力吸收层沥青混合料结构,不一定需要最高的强度,而是需要的合理强度,这种强度应考虑沥青混合料在低温时具有充分的变形能力。

4.4.3 沥青结合料指标对低温抗裂性能的影响

4.4.3.1 对弯曲应变能密度的影响

为了研究沥青结合料各指标对弯曲应变能密度的影响,将改性沥青老化前后各指标与弯曲应变能密度进行灰色关联分析。由于 SBR 拉伸柔度计算存在偏差,分析时采用其他 6 种改性沥青样品,灰关联熵结果见表 4-33,灰熵关联度如图 4-51 所示。

灰关联熵 表 4-33

H_{ra1}	H_{ra2}	H_{ra3}	H_{ra4}	H_{ra5}	H_{ra6}	H_{ra7}	H_{ra8}	H_{ra9}	H_{ra10}	H_{ra11}	H_{ra12}
1.7515	1.7482	1.7554	1.7364	1.7545	1.7505	1.7696	1.7566	1.7399	1.7190	1.7687	1.7584

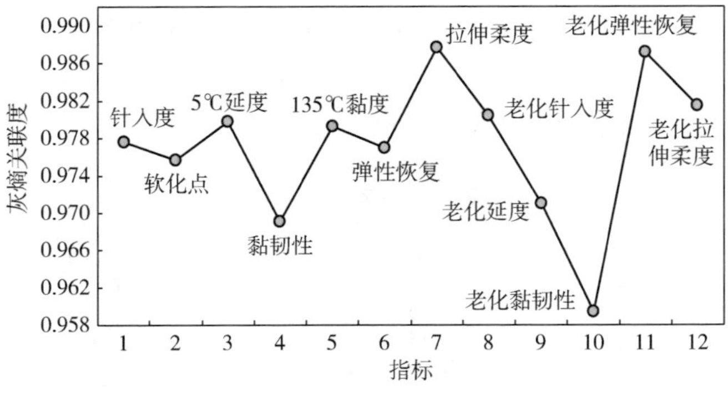

图 4-51 改性沥青各指标对弯曲应变能密度的灰熵关联度

各影响因素对弯曲应变能密度的影响大小依次为:拉伸柔度>老化弹性恢复>老化拉伸柔度>老化针入度>5℃延度>135℃黏度>针入度>弹性恢复>软化点>老化延度>黏韧性>老化黏韧性。

4.4.3.2　弯曲蠕变速率显著性影响

同样,将改性沥青老化前后各指标与弯曲蠕变速率建立灰关联分析,灰关联熵结果见表 4-34,灰熵关联度如图 4-52 所示。

灰关联熵　　表 4-34

H_{ra1}	H_{ra2}	H_{ra3}	H_{ra4}	H_{ra5}	H_{ra6}	H_{ra7}	H_{ra8}	H_{ra9}	H_{ra10}	H_{ra11}	H_{ra12}
1.7713	1.7724	1.7823	1.7517	1.7754	1.7711	1.7882	1.7726	1.7687	1.7313	1.7594	1.7828

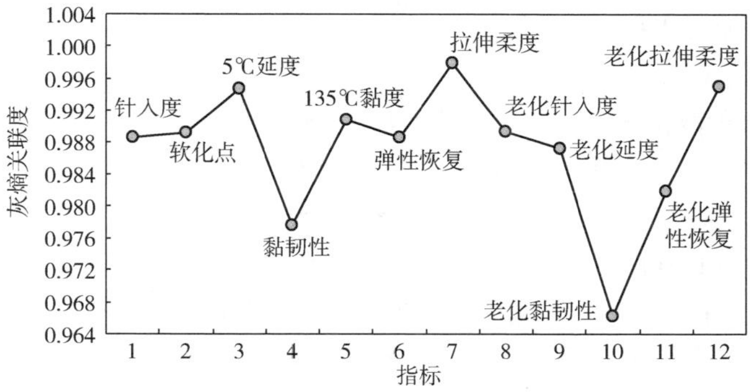

图 4-52　改性沥青各指标对弯曲蠕变速率的灰熵关联度

按各影响因素对弯曲蠕变速率的影响大小排序为:拉伸柔度>老化后拉伸柔度>5℃延度>135℃黏度>老化后针入度>软化点>针入度>弹性恢复>老化后延度>老化后弹性恢复>黏韧性>老化后黏韧性。

可以看出,改性沥青各指标中,拉伸柔度为弯曲应变能密度和弯曲蠕变速率的第一影响因素;老化后拉伸柔度是弯曲应变能密度的第三影响因素,是弯曲蠕变速率的第二影响因素。由于拉伸柔度还具有较好的区分度,所以推荐用拉伸柔度来评价应力吸收层结合料的低温变形能力。但是由于 SBR 改性沥青拉伸柔度计算误差较大,拉伸柔度不适合评价 SBR 类改性沥青的低温变形能力。

4.5　应力吸收层结合料关键评价指标推荐

由以上分析可以看出,应力吸收层混合料中集料偏细,最大公称粒径仅为 4.75mm,其实质为一种富沥青的沥青砂,沥青结合料性质对于应力吸收层的性能有着至关重要的影响。因此,有必要对应力吸收层结合料的关键指标进行控制,以保证沥青结合料及其混合料的使用品质。

1)针入度及针入度指数

由第三章的分析可以得出,采用老化前PI值进行应力吸收层结合料感温性评价时,7种改性沥青的感温性都远远大于我国规范的要求,区分度不好。而改性沥青老化后针入度及针入度指数下降程度较大,工程中应用的应力吸收层结合料经过多种改性剂复合改性,黏度一般较大,施工加热温度偏高,老化程度也较重。应用老化后针入度指数进行评价时,有效地区分了各种改性沥青的感温性,为应力吸收层结合料的选择提供了依据,而且老化后针入度指数的变化也反映了改性沥青耐老化性能的优劣。所以,建议把老化后的针入度及针入度指数作为应力吸收层结合料的关键评价指标。

2)老化后5℃延度

沥青结合料的低温拉伸变形性能对应力吸收层的低温抗裂性能起到重要的作用,而改性沥青的5℃延度可表征沥青结合料在该温度下拉伸至断裂前的变形能力。但是,在此研究中,按5℃延度和老化后5℃延度进行多种改性沥青低温拉伸性能的评价时,5℃延度区分度很差,而老化后5℃延度更能显著区分各改性沥青样品的低温抗裂性能,采用老化后5℃延度进行低温性能的评价要优于老化前5℃延度指标。建议采用老化后5℃延度作为应力吸收层结合料的关键评价指标。

3)老化弹性恢复

应力吸收层结合料位于裂缝尖端,除了要求具有良好的变形能力以阻止裂缝进一步向上传递外,在发生较大的变形后还需具有良好的变形恢复能力,而应力吸收层沥青混合料的变形恢复能力主要取决于沥青结合料的弹性恢复能力。鉴于老化对弹性恢复性能有显著的影响,而且在沥青结合料各指标中,老化后弹性恢复是贯入破坏荷载的第二影响因素,是低温弯曲应变能密度的第二影响因素,所以应将老化后弹性恢复作为关键评价指标。

4)135℃运动黏度和软化点

由沥青结合料性能对混合料高温抗剪性能的影响分析可以得出,沥青结合料160℃运动黏度是破坏荷载的第一影响因素,135℃运动黏度是破坏模量的第二影响因素。而沥青结合料的软化点是破坏模量的第一影响因素,是破坏荷载的第二影响因素。由于工程中常用135℃运动黏度来控制施工的难易程度,而对160℃运动黏度少有涉及,同时为了保证混合料具有足够的高温抗剪能力,这里进一步将135℃运动黏度和软化点作为应力吸收层结合料的关键评价指标。

5)老化前、后拉伸柔度

延度拉伸柔度考虑了低温状态下拉力和变形双重因素,较好地反映了改性沥青的低温变形性能。同时,由沥青结合料性能对混合料低温抗裂性能的影响分析可以得出，拉伸柔度为弯曲应变能密度和弯曲蠕变速率的第一影响因素，老化后拉伸柔度是弯曲应变能密度的第三影响因素，是弯曲蠕变速率的第二影响因素。由于拉伸柔度还具有较好的区分度，所以推荐将拉伸柔度以及老化后拉伸柔度均作为应力吸收层结合料的关键评价指标。

综上所述：推荐的应力吸收结合料的关键评价指标为老化后针入度及针入度指数、老化后 5℃ 延度、老化后弹性恢复、135℃ 运动黏度、软化点、拉伸柔度以及老化后拉伸柔度。结合技术要求，推荐的应力吸收层结合料关键指标见表 4-35。

应力吸收层结合料关键指标(推荐)　　表 4-35

指　　标		单位	Ⅰ-A	Ⅰ-B	Ⅰ-C	Ⅰ-D
关键指标	RTFOT，针入度 25℃，100g，5s	0.1mm	>100	80 ~ 100	60 ~ 80	40 ~ 60
	RTFOT，(5℃，15℃，25℃，30℃)针入度指数 PI	—	≥-1.2	≥-0.8	≥-0.4	≥0
	RTFOT，延度 5℃，5cm/min	cm	≥50	≥40	≥30	≥20
	RTFOT，拉伸柔度 5℃，5cm/min	cm/N	≥0.5			
	RTFOT，弹性恢复 25℃	%	≥75			
	软化点	℃	≥65			
	远动黏度 135℃	Pa · s	≥4			
	拉伸柔度 5℃，5cm/min	cm/N	≥0.8			
一般指标	RTFOT，老化后针入度比	%	≥60			
	RTFOT，质量变化	%	≥±1.0			
	针入度 25℃，100g，5s	0.1mm	≥60			
	PG 高温等级	—	70			
	闪点	℃	≥230			
	溶解度	%	≥99			
	储存稳定性离析，48h 软化点差	℃	≥2.5			

注：进行应力吸收层结合料标号的选择时，我国大部分地区高速公路宜选择Ⅰ-C 级；西北和东北地区可选择Ⅰ-B 级；Ⅰ-A 级适用于非常寒冷的地区；Ⅰ-D 适用于非常炎热的地区。

本章参考文献

[1] CHEN Y, LYU L, PEI J, et al. Novel asphalt-mix design with high thermal diffusivity for alleviating the urban heat island[J]. Journal of Materials in Civil Engineering, 2020, 32(11).

[2] HOSEINPOUR-LONBAR M, ALAVI M Z, PALASSI M. Selection of asphalt mix with optimal fracture properties at intermediate temperature using Taguchi method for design of experiment[J]. Construction and Building Materials,2020,262:120601.

[3] POURANIAN M R,HADDOCK J E.Effect of aggregate gradation on asphalt mixture compaction parameters[J].Journal of Materials in Civil Engineering,2020,32(9):04020244.

[4] JIANG Yingjun,DENG Changqing,XUE Jinshun,et al.Investigation of the fatigue properties of asphalt mixture designed using vertical vibration method[J].Road Materials and Pavement Design,2020,21(5):1454-1469.

[5] AL-HDABI A, AL-NASIRE J M, MOHSIN N A. Asphalt mix design using matlab computer program[J].IOP Conference Series:Materials Science and Engineering,2020,888(1).

[6] MOGHADDAM T B,BAAJ H.The use of compressible packing model and modified asphalt binders in high-modulus asphalt mix design[J].Road Materials and Pavement Design,2020,21(4):1061-1077.

[7] WANG H,RATH P,BUTTLAR W G.Recycled asphalt shingle modified asphalt mixture design and performance evaluation[J]. Journal of Traffic and Transactions Engineering (English Edition),2020,7(2):205-214.

[8] MANDAL T, HANZ A J, BAHIA H U. Challenges in using the Disc-Shaped Compact Tension(DCT) test to determine role of asphalt mix design variables in cracking resistance at low temperatures[J].International Journal of Pavement Engineering,2019,20(11):1275-1284.

[9] GAXIOLA A,OSSA A.Hydraulic,volumetric,and mechanical approach in asphalt mixture design for impervious barriers[J].Journal of Materials in Civil Engineering,2019,31(2):04018396.1-04018396.10.

[10] DIEFENDERFER S D,BOWERS B F,MCGHEE K K.Impact of gyration reduction and design specification changes on volumetric properties of virginia dense-graded asphalt mixtures[J]. Transportation Research Record Journal of the Transportation Research Board,2018,2672(28):143-153.

[11] MUNIANDY R,HAGHIGHI H,HASSIM S B,et al.Ability of rotary compactor in compacting consistent slabs and effect of rotary compaction on engineering properties of stone mastic asphalt mixtures[J].Journal of Central South University,2013,20(12):3754-3763.

[12] PARTL M N,BAHIA H U,CANESTRARI F,et al.Advances in interlaboratory testing and evaluation of bituminous materials[M].Dordrecht:Springer,2013.

[13] TANG T,ZHA X,XIAO Q,et al.Laboratory characterization and field validation of roadmesh-reinforced asphalt pavement in China[J].International Journal of Civil Engineering,2016,16(3):1-15.

[14] VENUDHARAN V,BILIGIRI K P.Heuristic principles to predict the effect of crumb rubber gradation on asphalt binder rutting performance[J].Journal of Materials in Civil Engineering,2017,

29(8):04017050.1-04017050.10.

[15] HASAN M M,ANKAN M C,SHAIK M E,et al.Use of ceramic waste as fine aggregate in bituminous mix in flexible pavement design[J].Landscape Architecture and Regional Planning,2020,5(2).

[16] PONNADA S, KRISHNA K V. Experimental investigation on modification of rheological parameters of bitumen by using waste plastic bottles[J].Materials Today:Proceedings,2020.

[17] ALINEZHAD M, SAHAF A. Investigation of the fatigue characteristics of warm stone matrix asphalt(WSMA)containing electric arc furnace(EAF)steel slag as coarse aggregate and Sasobit as warm mix additive[J].Case Studies in Construction Materials,2019,11.

[18] PUTRA K H,FIRDAUSI M,RUBBYANTO M.The effect of coal powder addition to Asphalt Concrete-Wearing Course(AC-WC)Mixture to increase road surface hardness quality[J].IOP Conference Series:Materials Science and Engineering,2019,462(1).

[19] LI Haibin,LIU Guoming,DONG Bo,et al.Research on the development and regeneration performance of asphalt rejuvenator based on the mixed waste engine oil and waste cooking oil[J].International Journal of Pavement Research and Technology,2019,12(3):336-346.

[20] SAINI M, AGGARWAL P. Utilization of waste plastic in Semi Dense Bituminous Concrete (SDBC)mix design[J].International Journal of Earth Sciences and Engineering,2017,10(3):717-720.

[21] SHARMA V,BABIT R,DUGGAL A K.To study the effect of rap addition in fresh dense bituminous mix with the help of Marshall stability test[J].International Journal of Research in Engineering and Technology,2018,7(4):47-51.

第5章　设置应力吸收层的复合式路面反射裂缝扩展规律

5.1　反射裂缝形成与发展的力学机理

5.1.1　复合式路面的典型病害

由国内外加铺改造技术的理论研究成果和工程应用实例调研得知，路面改造工程在国内外还处于经验探索和试验铺筑路阶段，很多实验方法、设计理论和实用技术问题的解决尚不完善。同时，复合式路面反射裂缝问题的存在，一直以来是困扰养护、改造工程设计、施工的一个难题。沥青混凝土路面设计规范和施工规范虽然对沥青加铺层设计做了有关的要求，但并不完善，很多复合式路面反射裂缝控制方法在不同地域、交通、气候条件下不尽相同，效果不够理想，尚不具备普适性。

复合式路面结构的4类常见损坏见表5-1。

复合式路面的常见损坏　　表5-1

损坏类型	路面表征
裂缝类	面层结构发生破坏
变形类	面层结构完整，但发生了不可以恢复的塑性变形
水损坏类	表层局部材料松散脱落
其他类型的损坏	翻浆、冻胀、磨光、泛油

开裂是复合式路面结构最重要的一种破坏形式，其类型多样，具体可分为横向裂缝、纵向裂缝、龟裂、不规则裂缝。但由于复合式路面结构的特点，最常出现的裂缝形式是反射裂缝。对于复合式路面，反射裂缝产生在水泥混凝土路面板横向裂缝或者接缝的对应位置处，是由于交通荷载和温度荷载的作用，在裂缝处产生巨大的弯拉应力和剪应力，沥青面层在裂缝处承受了巨大的应力，一旦超出沥青面层的应力容许值，就会在沥青面层底部产生细小的裂缝，在外部因素的作用下，裂缝不

断向上发展，最终在沥青面层表面以反射裂缝的形式表现出来。

复合式路面变形类损坏主要包括车辙、推移、拥包等。与一般的柔性基层或半刚性基层沥青路面不同，复合式路面结构中的水泥混凝土路面板一般不会发生变形，因此车辙只发生在沥青面层。但由于复合式路面结构中面层沥青混合料厚度一般较小，并且是刚性及柔性两种不同路面材料的结合，更容易出现车辙、推移、沥青面层与水泥混凝土路面板剥离等现象。

复合式路面上车辙、推移等病害的出现，主要有以下几个方面的原因：

①由于高速公路上交通量大、集中，渠化交通严重，大大地增加了行车荷载施加在沥青混凝土铺装层的纵向和横向水平力，进一步导致了破坏面的剪切变形。

②由于沥青面层和水泥混凝土路面板间未经妥善的层间处治，导致沥青面层与水泥混凝土路面板结合面的黏结强度不高，抗水平剪切的能力较弱，在水平方向上产生相对位移，导致面层出现推移和拥包现象。

③另外，温度的影响、交通量过大，也会导致沥青材料软化、强度降低，从而产生车辙破坏。

复合式路面水损坏主要表现为沥青面层的松散、坑槽。由于水泥混凝土材料自身的原因，其开裂是不可避免的。如果面层出现水毁，大量的降雨将直接深入到水泥混凝土路面板与沥青面层之间，使得层间局部黏结性较差，并且出现分层，沥青混凝土面层在车辆荷载和水的作用下形成脱落和蜕皮，最终产生坑槽。松散和坑槽会严重地影响路容美观，也会影响行车速度，造成道路通行能力下降。同时，松散和坑槽的出现，大大增加了水进入路面结构内部的风险，路面结构将承受更加严重的水损坏。

复合式路面其他类型的损坏主要是指沥青面层的泛油、表面磨光、翻浆、修补损坏等现象。这些损坏的产生主要是沥青混凝土本身设计不合理和施工原因所造成的。

5.1.2　反射裂缝的形成

复合式路面沥青面层在经受昼夜温度变化作用（温度梯度和降温）的同时，还直接承受各类车辆荷载的重复作用，引起水泥混凝土路面板接缝或裂缝处的位移变化（水平张开位移、竖向翘曲位移以及竖向荷载位移），在接缝或裂缝附近沥青面层底面产生应力集中。

水泥混凝土路面板因温度下降而收缩时，接缝上方的沥青面层底面出现较集中的弯拉应力，层间出现较大的剪切应力。弯拉应力和层间剪切应力大小随水泥混凝土路面板的收缩变形量和层间的黏结阻力而变化。接缝间距越长,水泥混凝土路面板与沥青面层间的摩阻力越大;水泥混凝土路面板平均温度下降量或下降速率越大,水泥混凝土路面板与沥青面层之间黏结作用越强,则沥青加铺层内出现的弯拉应力和层间剪切应力就越大。弯拉应力超过沥青混合料的抗拉强度时,加铺层底面萌生裂缝,随后该处裂缝垂直向上发展,形成与接缝对应的反射裂缝。层间剪切应力超过沥青面层和水泥混凝土路面的黏结强度时,层间结合条件破坏。

水泥混凝土路面板因温度梯度作用而翘曲时,接缝附近沥青面层底部出现较集中的弯拉应力。弯拉应力大小随水泥混凝土路面板的翘曲变形量及层间的黏结阻力而变化。水泥混凝土路面板温度梯度越大,水泥混凝土路面板与沥青面层之间黏结作用越强,则沥青面层内出现的弯拉应力越大。

车辆荷载驶经接缝时,水泥混凝土路面的驶近板先向下弯沉,随后驶离板向下弯沉而驶近板恢复,因而在接缝(裂缝)两侧的板端出现弯沉差,使接缝上方的沥青面层经受较大的弯拉应力和剪切应力作用。因此,每当有车辆经过接缝时,沥青面层底部就会受到剪切-弯拉-剪切模式的应力循环作用。当沥青面层底部受到的破坏应力大于沥青混合料自身容许应力时便会产生反射裂缝。

接缝附近沥青面层温度应力的作用频率远没有荷载应力的作用频率高,由此温度应力在沥青面层中引起的疲劳破坏程度没有荷载应力大。但是,当温度应力、荷载应力或者二者叠加后超过沥青混凝土的抗弯拉强度时,必然在接缝附近沥青面层的应力集中区域产生裂缝,并最终发展成反射裂缝。总之,各国学者已在第二届反射裂缝国际会议达成共识:反射裂缝最初由温度应力引起,但荷载应力加速了反射裂缝的进一步发展。不同反射裂缝形式如图5-1所示。

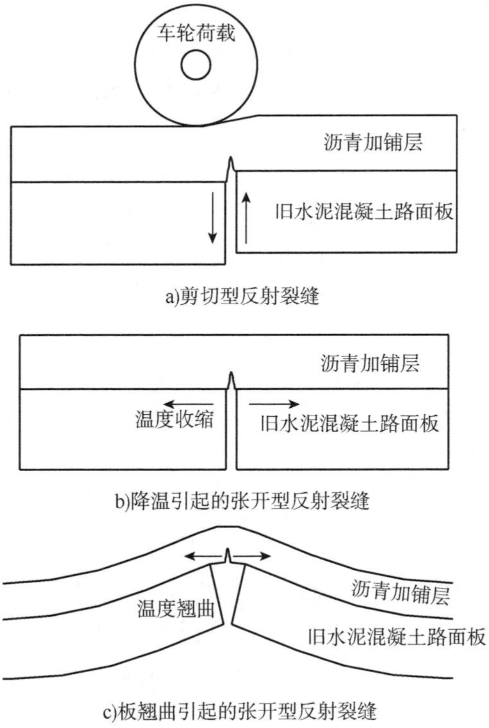

图5-1　不同反射裂缝形式

5.1.3　反射裂缝的扩展过程

断裂力学中,线弹性断裂力学占据主导地位,它是基于弹性力学基本理论发展而成的一门学科。根据断裂力学理论,构件的断裂形式根据成因可分为三种:张开型断裂、剪切型断裂和撕裂型断裂。复合式路面在车辆荷载作用下的反射裂缝主要是张开型断裂和剪切型断裂,撕裂型断裂较为罕见。

张开型断裂又称Ⅰ型断裂,外荷载为垂直裂缝平面的正应力,裂缝表面的相对位移垂直于裂缝平面。这种裂缝形式受温度变化影响,与沥青面层中产生的张拉破坏形式相对应。

剪切型断裂又称Ⅱ型断裂,外荷载为裂缝面内垂直于裂缝前缘的剪切力,裂缝表面的相对位移在裂缝面内,并且垂直于裂缝前缘。此种裂缝形式与轮载作用下沥青面层产生的垂直剪切作用相对应。

撕裂型断裂又称Ⅲ型断裂,外荷载为裂缝面内平行于裂缝前缘的剪切力,裂缝表面的相对位移在裂缝面内,并且平行于裂缝前缘。此种裂缝对应于车载水平应力对沥青加铺层裂缝的影响。

导致复合式路面反射裂缝形成的因素较为复杂,但不论是单一因素或者多种因素综合作用所引起的反射裂缝,通常经历 3 个阶段——起裂阶段、稳定扩展阶段、破裂阶段。

①起裂阶段。由水泥混凝土路面接缝或裂缝处存在的缺陷引起。

②稳定扩展阶段。当面层出现首条裂缝后,在较短时间内,会在单缝附近以分支的形式发展出一条或多条裂缝。胀裂的发展阶段就是单条裂缝逐渐发展至多条裂缝的过程,并且多从行车道开始最先进入扩展阶段。

③破裂阶段。当路面出现多条裂缝后,面层的有效承载面积不断减小,造成材料模量(劲度)和强度逐渐下降,材料间的黏结力大幅下降,在荷载和温度应力的反复作用下,主裂缝周边会迅速出现龟裂现象,将路面切割为大量碎片,进而出现整体下陷情况。

反射裂缝出现初期对路面的使用性能影响不大,但随着雨水或雪水浸入裂缝两侧的路面结构层,特别是裂缝附近的土基含水量加大甚至饱和,造成路面结构的承载能力明显降低,在大量行车荷载反复作用下,产生冲刷和唧泥现象,导致裂缝两侧路面面层碎裂并出现较大的垂直相对位移,影响路面的使用性能,加速路面的破坏,缩短路面的使用寿命。

沥青加铺层疲劳裂缝萌生过程包括满足强度准则时的初裂状态和满足格里菲

斯准则后的裂缝扩展。完成裂缝萌生过程必须包括下列 3 个条件:

①起裂前加铺层结构内的最大拉应力必须等于路面材料的拉伸强度。

②裂缝形成后,裂缝扩展所释放出来的变形能必须等于路面材料的断裂能。

③能量必须完全消耗在裂缝萌生过程,即总的应变能释放应等于创造裂缝新表面的断裂能。

疲劳裂缝起源于应力或应变集中的局部显微区域,沥青加铺层下的水泥混凝土路面板接缝或裂缝这种原始的缺陷相当于疲劳裂缝的核心,即所谓疲劳源区。断裂力学中通常采用应力强度因子 K、G 准则、J 积分 3 种指标研究裂缝扩展方式,3 种积分判据(K 判据、G 判据、J 判据)存在一定内在联系。

5.1.3.1 应力强度因子

反映裂缝尖端弹性应力场强弱的物理量称为应力强度因子。它与裂缝大小、构件几何尺寸以及外应力有关。在线弹性体中,它与荷载呈线性关系。应力强度因子的作用主要有以下 3 个方面:

①应力强度因子表征了裂缝的特征,表征了裂缝尖端附近应力应变弹性场的强度。

②应力强度因子可以显示裂缝扩展的能力,可准确地描述裂缝尖端处应力场奇异性强弱程度,利用断裂力学的有关原理和方法分析不同情况下裂缝尖端应力强度因子的大小,可准确地描述裂缝尖端处的应力场奇异性。

③利用应力强度因子可以进一步预测路面裂缝的扩展速度。

应力强度因子并非一个独立参数。在一般情况下,其取值的大小与荷载的性质、裂缝的尺寸(裂缝的长或者深)以及形状系数(裂缝的大小及位置)等因素相关。目前,有几种特殊情况可以使用理论方法计算应力强度因子;荷载情况比较复杂或者构件尺寸不均匀时,一般很难用解析计算的方法得到应力强度因子,应使用试验方法来确定。

由弹性力学的平面问题求解方法,可得到线弹性断裂力学中Ⅰ型、Ⅱ型、Ⅲ型裂缝尖端附近的应力场和位移场。例如,Ⅰ型裂缝计算公式如下:

$$\sigma_x = \frac{K_{\mathrm{I}}}{\sqrt{2\pi r}} \cos\frac{\theta}{2}\left(1-\sin\frac{\theta}{2}\sin\frac{3\theta}{2}\right) \tag{5-1}$$

$$\sigma_y = \frac{K_{\mathrm{I}}}{\sqrt{2\pi r}} \cos\frac{\theta}{2}\left(1+\sin\frac{\theta}{2}\sin\frac{3\theta}{2}\right) \tag{5-2}$$

$$\tau_{xy} = \frac{K_{\mathrm{I}}}{\sqrt{2\pi r}} \sin\frac{\theta}{2}\cos\frac{\theta}{2}\sin\frac{3\theta}{2} \tag{5-3}$$

$$u=\frac{K_{\mathrm{I}}}{4G}\sqrt{\frac{r}{2\pi}}\left[(2\aleph-1)\cos\frac{\theta}{2}-\cos\frac{3\theta}{2}\right]\tag{5-4}$$

$$v=\frac{K_{\mathrm{I}}}{4G}\sqrt{\frac{r}{2\pi}}\left[(2\aleph+1)\sin\frac{\theta}{2}+\sin\frac{3\theta}{2}\right]\tag{5-5}$$

式中：G——带缝工作的弹性模量；

$\aleph$——$\aleph=\dfrac{(3-\mu)}{1+\mu}$，$\mu$ 是弹性体的泊松比；

r、θ——裂缝尖端附近点的极坐标；

K_{I}——张开型裂缝的应力强度因子。

由上式可知，应力强度因子随着外加应力增大而增大。同时，通过相关试验发现，当应力场强度超过一个极限值后，即使外加应力不再增加，裂缝也会失稳扩展从而导致结构脆性破坏。该极限值通常被称为材料的临界应力强度因子，通常用 K_{IC} 表示。临界应力强度因子是材料的固有物理属性，表征工程材料自身抵抗裂缝脆性断裂的能力，与其他力学指标一样需要通过试验测定。通过实验已经发现，断裂韧度与试件的厚度、加荷速度、环境条件等因素有关。

应力强度因子和临界应力强度因子是两个不同的概念，前者是由外界应力、裂缝的形状尺寸等确定的量；后者是一种材料的基本物理属性，在给定的外界条件下，临界应力强度因子是一个常数。

5.1.3.2　G 准则

裂缝扩展过程伴随着能量的消耗。首先，裂缝在扩展过程中会有新的表面形成，需要消耗部分能量，设形成单位面积所需要的表面能为 S，由于形成相互对应的 2 个表面，则总共消耗的表面能为 $2S$。其次，对于某些有一定塑性的材料，如金属材料，在发生断裂破坏前会伴随一定的塑性变形，因此会消耗一定的塑性变形能，假定裂缝扩展时单位面积所消耗的塑性变形能为 U_{P}，则可知消耗的总能量 R 为：

$$R=2S+U_{\mathrm{P}}\tag{5-6}$$

由于 R 是与材料相关的参数，可以视为材料常数，因此 R 也被称为裂缝扩展阻力或者临界能量释放率。若在裂缝的扩展过程中，系统可为单位面积提供的能量为 G，则脆性断裂判据的数学表达式为：$G\geqslant R$。

5.1.3.3　J 积分

Rice 和 Cherepano 分别讨论裂缝问题时，为了避免分析裂缝尖端的塑性应力应变区的复杂性质，提出绕裂缝尖端做一回路积分（J 积分）。可以证明，该积分与积分的路径无关(J 积分的守恒性),通常认为该常数能够描述裂缝尖端处应力和应变场的强度。将裂缝尖端奇异点排除,做一封闭曲线,并沿此曲线做如下积分:

$$J = \int_{T} \left(\omega \mathrm{d}y - T_i \frac{\partial u_i}{\partial x} \mathrm{d}s \right) \tag{5-7}$$

式中:T——从裂缝的下表面处任意一点出发,沿着逆时针的方向任意路径绕过裂缝尖端,最后止于裂缝上表面的任意一点;

ω——应变能密度;

$\mathrm{d}s$——裂缝尖端积分回路弧线;

x——裂缝尖端积分回路弧线外法线方向余弦;

y——裂缝尖端积分回路弧线外法线方向正弦;

T_i——作用在积分路径上的应力矢量;

u_i——作用在积分路径上的位移矢量。

可以证明,在线弹性的情况下,J 积分与能量释放率 G 相同,即为裂缝扩展单位面积所消耗的能量。

对应于平面应变有:$J = \dfrac{1-\mu^2}{E} K_{\mathrm{I}}{}^2 = G_1$

对应于平面应力有:$J = \dfrac{1}{E} K_{\mathrm{I}}{}^2 = G_1$

对于 J 积分,断裂扩展判据的数学表达式可表示为:$J = J_{\mathrm{IC}}$。式中的J_{IC}是临界 J 积分,可以通过实验的方法获得。裂缝的扩展通常有稳定扩展和失稳扩展两种。对于稳定并且发展缓慢的扩展,该判据表征裂缝的开裂条件;对于不稳定并且发展快速的扩展,该判据表征裂缝的失稳条件。另外可以看出,J 积分判据与其他判据(K 判据、G 判据)存在一定的内在联系。

目前常采用 K 判据表征裂缝尖端应力场大小的物理量,三种开裂方式下的应力强度因子分别表示为K_{I}、K_{II}、K_{III}。通常情况下,K_{I}、K_{II}、K_{III}会随外荷载的增加而增大,但只要不超过材料的断裂韧度K_{IC},构件就不会产生断裂。从断裂力学角度来看,复合式路面产生反射裂缝的判别标准是:K_{I}、K_{II}、$K_{\mathrm{III}} > K_{\mathrm{IC}}$。

5.1.4 反射裂缝的扩展规律表征公式

5.1.4.1 裂缝扩展规律公式——Paris 公式

Majidzadeh 将沥青混合料的疲劳寿命分为 3 个阶段:①起始阶段;②裂缝扩展;③最终疲劳破坏。P. C. Paris、E. M. Kauffman 提出表征裂缝扩展规律的 Paris 公式为:

$$\frac{\mathrm{d}a}{\mathrm{d}N}=A\ (\Delta K)^{n} \tag{5-8}$$

式中：A、n——经验参数，一般通过复杂实验测得；

N——疲劳次数；

ΔK——应力强度因子。

上式还可以改写为：

$$\log\frac{\mathrm{d}a}{\mathrm{d}N}=\log A+n\log\Delta K \tag{5-9}$$

自从 Paris 公式提出后，后续有人对其进行修正。Wallker 认为应该考虑峰值荷载时的K_{max}的影响；Foman 将材料的断裂韧度K_{IC}也考虑为影响因素；Klesnil 和 Lukas 考虑了应力强度因子门槛值；McEvily 提出拟合整个裂缝扩展曲线的公式；Dowling 和 Begley 认为在大变形下，应采用 J 积分来描述疲劳裂缝的扩展速率。虽然改进的断裂力学公式形式很多，但 Paris 公式仍因其简单明了而被广泛应用。

5.1.4.2　参数 A、n 的确定

Schapery 给出了 I 型裂缝扩展速率与材料特性之间的关系：

$$\log A=a_1+b_1 n \tag{5-10}$$

$$A=\frac{\pi}{6\sigma^2 I^2}\left[\frac{(1-\mu^2)D}{2r}\right]^{\frac{1}{m}}\int_0^{\Delta t}W(t)^{2\left(1+\frac{1}{m}\right)}\mathrm{d}t \tag{5-11}$$

$$n=2\left(1+\frac{1}{m}\right)(\text{应变控制时})\text{或 }n=\frac{2}{m}(\text{应力控制时}) \tag{5-12}$$

式中：σ——温度与荷载作用时间下的抗拉强度；

I——与裂尖应力相关的常数，一般取 1.5；

D——与时间有关的参数，当荷载为 1s 时，取$\frac{1}{E}$；

r——断裂能量；

m——给定温度下，D 和荷载作用时间关系的斜率；

$W(t)$——与时间相关的应力脉冲形式；

μ——泊松比。

Jacobs 提出裂缝扩展特征值 A 的公式如下：

$$A=10^d\left(\frac{1}{\sigma^2}\right)^a\left(\frac{1}{2r}\right)^{\frac{b}{m}}\left(\frac{1}{S_{mas}}\right)^{\frac{c}{m}} \tag{5-13}$$

式中：S_{mas}——刚度模量；

a、b、c、d——回归系数。

Molenaar 给出的 A、n 的计算公式如下：

$$\log A = 4.389 + 2.52\log(k\sigma_n) \tag{5-14}$$

$$n = 0.8 \times \left(1 + \frac{1}{m}\right) \tag{5-15}$$

式中：k——与现场相关的校准系数。

这些公式的推导对实际工程应用十分有用，但都有必要的成立条件，因此具体应用情况还需要具体分析和检验。

Monismith 得到的三点小梁弯拉裂缝扩展试验结果为：

$$\frac{da}{dN} = 1.127 \times 10^{-5.724} K_{\mathrm{I}}^{4.092} \tag{5-16}$$

Salam 和 Monismith 进行了小梁四点弯拉试验，得到 $A = 7.9 \times 10^{-12}$，$n = 3.8$。

Jacobs 进行了小梁直线拉伸试验，缺口深度 5mm，试验在 8Hz（相当于行驶速度 60km/h 的频率）下进行，得到的数值见表 5-2。

A 和 n 值及初始裂缝长度 表 5-2

混　合　料	A/mm	n	a/mm
沥青砂	6.35×10^{-6}	4.32	3.3
密集配沥青混凝土	5.03×10^{-7}	3.88	3.6
沥青玛琋脂	1.20×10^{-6}	3.15	3.8

叶国铮采用往返轮载试验模拟得到的数值见表 5-3。

A 和 n 值及初始裂缝长度 表 5-3

混　合　料	A/mm	n
沥青混合料	$3.44 \times 10^{-5.68}$	2.32
橡胶沥青混合料	$2.86 \times 10^{-6.06}$	1.94

由上述讨论可知，参数 A、n 受到诸多因素的影响，包括：沥青混合料组分的种类、品质、级配，沥青剂量，试件类型，成型力法，加载方式与大小，试验温度等。

5.1.4.3 沥青小梁试验 K_{I} 的确定

研究表明，K_{I} 与外力情况和几何结构有关，一般采用下式表示：

$$K_{\mathrm{I}} = \sigma\sqrt{\pi a} f(a, \alpha) \tag{5-17}$$

$f(a,\alpha)$ 是具有 (a,α) 特征试件的几何因子。进而 K_{IC} 计算公式如下所示：

$$K_{IC}=\sigma_f\sqrt{\pi a}f(a,\alpha) \tag{5-18}$$

式中：σ_f——断裂时的最大应力。

小梁弯曲试验的应力强度因子计算理论公式较多，陈篪采用边界配位法给出的表达式如下：

$$\frac{K_I t b^{\frac{3}{2}}}{M}=\left(7.31+0.21\sqrt{\frac{s}{b}-2.9}\right)\sec\left(\frac{\pi a}{2b}\right)\sqrt{\tan\left(\frac{\pi a}{2b}\right)} \tag{5-19}$$

式中：M——弯曲力矩，其值为$\frac{Ps}{4}$；

b——梁的高度；

t——梁的厚度；

s——跨径；

P——最大荷载；

a——裂缝深度。

当$3\leqslant\frac{s}{b}\leqslant5$、$0.4\leqslant\frac{a}{b}\leqslant0.6$时，误差小于 0.5%。

1985 年的《裂缝应力分析手册》提出的公式见式(5-20)，其精度约为 0.5%。

$$\sigma=\frac{6M}{b^2}\quad\left(M=\frac{Ps}{4}\right) \tag{5-20}$$

$$K_I=\sigma\sqrt{\pi a}f\quad\left(\frac{a}{b}\right) \tag{5-21}$$

对于$\frac{s}{b}=4$

$$f\left(\frac{a}{b}\right)=\frac{1}{\sqrt{\pi}}\frac{1.99-\frac{a}{b}\left(1-\frac{a}{b}\right)\left[2.15-3.93\frac{a}{b}+2.7\left(\frac{a}{b}\right)^2\right]}{\left(1+2\times\frac{a}{b}\right)\left(1-\frac{a}{b}\right)^{\frac{3}{2}}} \tag{5-22}$$

令$\frac{a}{b}=c$，将上式改写为：

$$\frac{K_I}{\sigma\sqrt{\pi a}}=\frac{K_I}{\sigma\sqrt{\pi bc}}=f(c) \tag{5-23}$$

$$\frac{K_I}{\sigma\sqrt{\pi b}}=\sqrt{c}f(c) \tag{5-24}$$

取其他各项参数均一致，分析不同的裂缝宽度，即不同的 c 下，$\frac{K_{\mathrm{I}}}{\sigma\sqrt{\pi b}}$的变化规律，见表 5-4。

应力强度因子计算值 表 5-4

c	0.1	0.2	0.3	0.4	0.5	0.6	0.7	0.8	0.9
$\frac{K_{\mathrm{I}}}{\sigma\sqrt{\pi b}}$	0.32	0.44	0.57	0.75	1.00	1.42	2.20	4.07	11.61

由表 5-4 可知，K_{I}随着裂缝深度的增加而增大，因此材料也越来越容易断裂。并且在裂缝深度最大和最小时，应力强度因子属于两个极端，数值变异性很大，因此参考已有公式，认为 $0.4\leqslant\frac{a}{b}\leqslant0.6$ 时，应力强度因子计算最准确。

2002 年，T. Dahlberg、A. Ekberg 修正了上述公式，在原有公式的基础上除以试件的厚度。

美国材料实验协会提出的应力强度因子计算方法如下：

当$\frac{s}{b}=4$，$0.4\leqslant\frac{a}{b}\leqslant0.6$ 时，

$$\frac{K_{\mathrm{I}}t\sqrt{b}}{Ps}=2.9\left(\frac{a}{b}\right)^{\frac{1}{2}}-4.6\left(\frac{a}{b}\right)^{\frac{3}{2}}+21.8\left(\frac{a}{b}\right)^{\frac{5}{2}}-37.6\left(\frac{a}{b}\right)^{\frac{7}{2}}+38.7\left(\frac{a}{b}\right)^{\frac{9}{2}} \tag{5-25}$$

令$\frac{a}{b}=c$，取其他各项参数均一致，分析不同的裂缝宽度，即不同的 c 下，$\frac{K_{\mathrm{I}}t\sqrt{b}}{Ps}$的变化规律见表 5-5。

应力强度因子计算值 表 5-5

c	0.1	0.2	0.3	0.4	0.5	0.6	0.7	0.8	0.9
$\frac{K_{\mathrm{I}}t\sqrt{b}}{Ps}$	0.83	1.17	1.52	1.98	2.66	3.78	5.65	8.74	13.66

分析计算得到的K_{I}可知，预制裂缝长度越长，K_{I}的突变越快。

5.1.5 反射裂缝扩展模拟方法

扩展有限元法作为一种有效的裂缝计算手段，在国内外应用广泛。它具有良

好的兼容性和准确的精度,既可以在裂缝扩展模拟中单独使用,也可以通过改进内部算法,或与子程序结合从而实现更精密的裂缝扩展模拟。

Sukumar 提出采用不连续位移场实现三维裂缝模拟,结果表明此方法能较好地求解三维静态裂缝问题。Stolarska 采用扩展有限元法成功计算了裂缝尖端的位置、位移与应力场。Belyschko 用隐函数求解界面,大大简化了求解过程。Mariani 和 Perego 引入高阶不连续位移函数,模拟了小梁Ⅰ－Ⅱ复合型裂缝扩展问题。Bellec 和 Dolbow 通过修改裂尖函数使位移场具有合理的连续性。Kenny 采用 Matlab 自编扩展有限元法程序,模拟了单边切口梁试验,与实际试验结果对比,效果良好。Cao Peng 采用 USDFILD 子程序实现了带有初始裂缝的沥青混合料小梁疲劳试验模拟。

底月兰详述了扩展有限元法在裂缝扩展中的应用,并探讨了影响裂缝扩展的主要因素。刁浩峰通过构造残余应力场,利用扩展有限元法分别对Ⅰ型、Ⅱ型、Ⅰ－Ⅱ复合型裂缝进行了疲劳数值模拟,比较了 3 种开裂模式下裂缝开裂的角度。程一磊运用集料随机投放算法构建了沥青小梁二维模型,采用扩展有限元法计算该模型,实现了扩展有限元法在非均质材料中的应用。沈庆采用扩展有限元法和改进的 Paris 公式模拟了沥青混合料半圆弯曲试验并将该模拟方式推广至路面结构。李凤翔通过预设虚拟裂缝的方式,计算得到三维斜裂缝应力强度因子。刘海涛改进了模型的法向应力与位移之间的关系式,结合扩展有限元法模拟了带预切口的小梁断裂试验。杨擎利用扩展有限元法分析了多裂缝情况下的裂缝扩展路径。潘雁石构建了双条纵向表面裂缝路面结构,运用扩展有限元法分析了双裂缝之间的间距、初始裂缝长度对复合式裂缝开裂的影响。谭高托基于扩展有限元法的变幅荷载,提出了路面疲劳寿命快速计算方法。王佳萍将扩展有限元法与遗传算法结合,构建了结构缺陷反演模型,该模型能准确探测结构中存在的单个或多个缺陷。黄毅采用扩展有限元法、Matlab 和 UEL 自定义接口,得到了模型网格划分的数量、大小对应力强度因子计算精度的影响。

扩展有限元法之所以应用广泛,是因为它的求解程序中增加了富集函数项,反映了不连续的存在,提高了计算精度。

在扩展有限元法中,裂缝可以完全独立于有限元网格而存在,避开计算过程的网格重构。扩展有限元法同时沿袭了传统有限元框架及其部分优良特性,如刚度矩阵的稀疏性与对称性等。

扩展有限元法的位移函数如下:

$$u(x)=\sum_{I=1}^{N}N_{\mathrm{I}}(x)\left[u_{\mathrm{I}}+H(x)a_{\mathrm{I}}+\sum_{\alpha=1}^{4}F_{\alpha}(x)b_{\mathrm{I}}^{a}\right] \tag{5-26}$$

$$H(x)=\begin{cases}1 & if(x-x^{*}).n\geqslant 0\\ -1 & \text{otherwise}\end{cases} \tag{5-27}$$

$$F_{\alpha}(x)=\left[\sqrt{r}\sin\frac{\theta}{2},\sqrt{r}\cos\frac{\theta}{2},\sqrt{r}\sin\theta\sin\frac{\theta}{2},\sqrt{r}\sin\theta\cos\frac{\theta}{2}\right] \tag{5-28}$$

式中：$u(x)$——总位移；

$H(x)$——裂缝面阶跃函数；

a_{I}——裂缝面单元节点自由向量；

$F_{\alpha}(x)$——弹性渐进裂缝尖端函数；

b_{I}^{a}——富集区裂缝节点自由度；

$\sum_{\alpha=1}^{4}F_{\alpha}(x)b_{\mathrm{I}}^{a}$——描述裂缝尖端奇异性；

$N_{\mathrm{I}}(x)$——常规有限元单元节点形状函数；

u_{I}——常规有限元单元节点位移向量。

扩展有限元法分析裂缝时，通常采用最大主应力损伤准则，以断裂能作为材料最终破坏的依据。最大主应力准则方程如下：

$$f=\frac{\langle\sigma_{\max}\rangle}{\sigma_{\max}^{0}} \tag{5-29}$$

$$\langle\sigma_{\max}\rangle=\begin{cases}\sigma_{\max} & \sigma_{\max}>0\\ 0 & 其他\end{cases} \tag{5-30}$$

$$1\leqslant f\leqslant 1+f_{\mathrm{tol}} \tag{5-31}$$

式中：$\sigma_{\max}$——最大主应力；

$\sigma_{\max}^{0}$——最大容许应力；

f——起始准则指标值；

f_{tol}——增量步时间调节值，一般取 0.05。

5.2 温度荷载作用下设置应力吸收层对反射裂缝的影响

实际工程中，路面结构内部的温度应力主要分为温度周期性变化产生的应力和温度非周期性变化产生的应力两种类型。温度周期性变化代表天气正常时，外部环境温度呈现周期性变化，使得路面结构内部产生周期性温度场；温度非周期性变化代表天气状况骤变，在极端天气（暴雨、暴雪）下路面结构内部温度持续降低的情况。

本节以断裂力学、黏弹性原理以及传热学为基础，以数值模拟为研究手段，分别建立了设置应力吸收层的复合式路面结构(结构一)和不设置应力吸收层的复合式路面结构(结构二);通过比较两种路面结构在考虑热力学的周期性、非周期性两种温度场下,随着风速、日辐射总量、日照时间、路面结构层模量、路面结构层厚度、降温幅度、降温速率、升降温等多种条件下的应力强度因子变化规律,给出设置应力吸收层在不同外界条件、路面结构层变量组合下对复合式路面反射裂缝扩展的影响程度。

复合式路面在受到温度荷载作用时,路面结构内部应力主要以拉、压应力为主,而剪应力极小。因此,复合式路面在温度荷载作用下最显著的开裂方式为张开型断裂,而剪切型断裂与撕裂型断裂几乎不会发生,因此本节仅考虑温度荷载作用下的裂缝的应力强度因子用于分析。

5.2.1　路面温度场计算基本理论

5.2.1.1　路面结构温度热传导分析

1)空气对流换热

当大气气流掠过路表时,路表与气流之间的温差引起热流交换,形成对流换热 Q_c,由牛顿公式可知对流换热为:

$$Q_c(t)=B[T_P(t)-T_a(t)]=B\Delta T \tag{5-32}$$

式中:$Q_c(t)$——对流热量(W/m^2);

B——对流换热系数[$W/(m^2 \cdot ℃)$];

$T_P(t)$——路表温度(℃);

$T_a(t)$——气温(℃)。

根据奴赛尔特的经验公式,$B=2.6(\Delta T-1.54v)$,其中 v 为风速,该式满足工程精度要求。

当缺乏实测数据时,采用以下函数模拟气温:

$$T_a(t)=T_1+T_2[0.96\sin w(t-t_0)+0.146\sin 2w(t-t_0)] \tag{5-33}$$

式中:T_1——日平均气温(℃);

T_2——气温日变化幅度(℃);

w——振幅,取值为$\frac{\pi}{12}$;

t_0——最大太阳辐射与最高气温出现的时间差加 1h,本研究取 9h。

2)太阳辐射

路面材料可以视为灰体,太阳辐射投射到地面时,部分辐射被路表吸收,其余

部分被路表反射。如果不考虑雨季、云量等影响,太阳辐射量周期性随时间的日变化规律近似表示为:

$$Q(t)=\begin{cases}0 & \left[0,\dfrac{\pi}{\omega}\left(1-\dfrac{m}{2}\right)\right]\\ Q_0\cos m\omega\left(t-12\right) & \left[\dfrac{\pi}{\omega}\left(1-\dfrac{m}{2}\right),\dfrac{\pi}{\omega}\left(1+\dfrac{m}{2}\right)\right]\\ 0 & \left[\dfrac{\pi}{\omega}\left(1+\dfrac{m}{2}\right),\dfrac{2\pi}{\omega}\right]\end{cases}\tag{5-34}$$

式中:Q_0——中午最大太阳辐射,$Q_0=0.131m\,Q_{日}$;

m——值为$\dfrac{12}{c}$;

c——日照时间(h);

$Q_{日}$——1d 的太阳辐射量,即日辐射总量(MJ)。

该函数是分段函数,不连续光滑。在进行温度场分析时会出现间断跳跃,为此,可利用级数形式将其展开,求得连续光滑的表达式。根据傅立叶级数原理,将上式展开为三角函数的傅立叶形式,当计算阶数达到 30 即可满足工程精度要求。辐射到道路表面的太阳能中,只有一部分被吸收,其他的被反射回去或者透过。定义吸收率$\alpha_s=\dfrac{Q_a}{Q}$,其中Q_a为被路面吸收的能量,α_s通常取 0.9。

3)空气辐射换热

任何温度高于绝对零度的物体都具有辐射能力,根据 Stefan-Boltzmanm 定律,黑体的辐射能力与其绝对温度的 4 次方成正比。一般采用下式实现路面有效辐射的边界条件:

$$Q_1(t)=\varepsilon\sigma\{[T_P(t)-T_Z]^4-(T_a-T_Z)^4\}\tag{5-35}$$

式中:$Q_1(t)$——路面有效辐射[W/(m^2·℃)];

ε——路面发射率(黑度),通常取 0.81;

σ——黑体辐射系数,取 5.6697×10^{-8}W/(m^2·K^4);

T_Z——绝对零度,取-273℃。

4)进入路表的热流量

进入路表热流应等于对流换热$Q_c(t)$、日辐射总量 $Q(t)$ 及路表辐射换热 $Q_1(t)$ 之和,考虑到路面的吸收率α_s,即:

$$Q=Q_c(t)+\alpha_s Q(t)+Q_1(t) \tag{5-36}$$

5)热传导方程

一般情况下,温度 T 在路面体内的分布是空间坐标位置(x,y,z)和时间 t 的函数。在温度未达到完全平衡的物体内会发生热流,如果热量仅仅通过热传导来传播,则在均质各向同性的物体里,热传导方程可表示为:

$$\frac{\partial T}{\partial t}=\frac{\lambda}{o\rho}\left(\frac{\partial^2 T}{\partial x^2}+\frac{\partial^2 T}{\partial y^2}+\frac{\partial^2 T}{\partial z^2}\right)=\alpha\left(\frac{\partial^2 T}{\partial x^2}+\frac{\partial^2 T}{\partial y^2}+\frac{\partial^2 T}{\partial z^2}\right) \tag{5-37}$$

式中:λ——导热系数;

o——比热容;

ρ——密度;

α——导温系数。

假设路面结构第 i 层导热系数和导温系数分别为λ_i和$\alpha_i(i=1,2,\cdots,n)$,厚度$h_i(i=1,2,\cdots,n$,其中$h_n=\infty)$,温度函数为$T_i=T_i(x,y,z,t)$,并令$g_0=h_1,g_i=\sum_{i}^{k-1}h_i$,则$T_i=T_i(x,y,z)$满足热传导方程:

$$\begin{cases}\dfrac{\partial T_1}{\partial t}=\alpha_1\left(\dfrac{\partial^2 T_1}{\partial x^2}+\dfrac{\partial^2 T_1}{\partial y^2}+\dfrac{\partial^2 T_1}{\partial z^2}\right) & 0\leqslant z<g_0\\ \dfrac{\partial T_2}{\partial t}=\alpha_2\left(\dfrac{\partial^2 T_2}{\partial x^2}+\dfrac{\partial^2 T_2}{\partial y^2}+\dfrac{\partial^2 T_2}{\partial z^2}\right) & g_0\leqslant z<g_1\\ \dfrac{\partial T_n}{\partial t}=\alpha_n\left(\dfrac{\partial^2 T_n}{\partial x^2}+\dfrac{\partial^2 T_n}{\partial y^2}+\dfrac{\partial^2 T_n}{\partial z^2}\right) & g_{n-2}\leqslant z<\infty\end{cases} \tag{5-38}$$

5.2.1.2　边界条件

1)接触边界条件

路面体温度分布就是导热方程的解,而方程的解是泛函数,解有无数个。确定某一具体的导热问题,还须附加限制条件,即单直性条件。主要包括:

①几何条件:说明研究对象的几何形状。

②时间条件:说明研究对象开始时的温度分布,即初始条件。

③物理条件:说明研究对象的物理性质,如导热系数、密度等随温度变化的关系等。

④边界条件:说明研究对象表面和周围大气之间的热交换情况。通常边界条件有以下 4 种情况:

第一类边界条件,给定物体边界任意瞬时的温度值,即已知物体表面任意时刻的温度分布:

$$T_p = f(x, y, z, t) \tag{5-39}$$

第二类边界条件,给定物体表面上每一点的法向热流密度的时间函数:

$$Q_1 = \lambda \frac{\partial T}{\partial n} \tag{5-40}$$

第三类边界条件,根据热传递规律和牛顿定律,给定边界上任意点在单位时间内物体表面传递到周围介质的热量密度:

$$Q_1(t) = \alpha[T_p(t) - T_a(t)] \tag{5-41}$$

第四类边界条件,遵循热交换方程。

2)层间接触条件

假设路面各层接触条件良好,则层间接触上、下两层的温度T_i、T_{i+1}以及热流q_i、q_{i+1}是连续的,即在层间边界上温度函数T_i满足第四类边界条件:

$$\begin{cases} T_i \big|_{z=h_i} = T_{i+1} \big|_{z=h_i} \\ \lambda_i \dfrac{T_i}{\partial z} \bigg|_{z=h_i} = \lambda_{i+1} \dfrac{T_{i+1}}{\partial z} \bigg|_{z=h_i} \end{cases} \quad i = 1, 2, \cdots, n-1 \tag{5-42}$$

虽然路面结构层与层之间难免存在热阻,但热阻通常非常小。考虑到路面结构的实际情况,可按上式确定边界条件。

5.2.2 构建温度荷载分析模型

5.2.2.1 基本假设

为方便分析,对温度场数值模拟分析模型做如下基本假设:

①沥青混凝土均采用广义 Maxwel 黏弹性本构模拟;基层、底基层以及土基材料使用线弹性本构模拟。

②模型各结构层具有连续性。

③对于温度应力计算模型,四周设定为法向约束,底部完全约束。

④模型传热方式为一维传热,热流沿着路面竖向传递,以沥青路面结构表面作为辐射面。

5.2.2.2 路面结构模型及材料参数

使用 ABAQUS 分别建立两种路面结构的三维有限元模型,模型尺寸为 8.01m(x 轴方向)×3m(z 轴方向),在 y 轴方向的尺寸分别为 3.54m、3.52m。水泥混凝土路面板尺寸为 4m×3m，且两块水泥混凝土路面板之间留有 1cm 的接缝。为了模拟路面结构存在反射裂缝的情况，在两种路面结构上均预设了 1cm 的贯穿裂缝。土基均采用压实土，厚度 3m。两种路面结构各层厚度分别见表 5-6、表 5-7，各材料杨氏模量、泊松比、密度和阻尼见表 5-8。

路面结构一（有应力吸收层）　　表 5-6

结　　构	厚度/cm	结　　构	厚度/cm
AC-16 沥青混凝土	6	水泥稳定碎石基层	18
应力吸收层	2	路基	300
水泥混凝土路面板	28		

路面结构二（无应力吸收层）　　表 5-7

结　　构	厚度/cm	结　　构	厚度/cm
AC-16 沥青混凝土	6	水泥稳定碎石基层	18
水泥混凝土路面板	28	路基	300

路面结构一各层厚度及材料力学参数　　表 5-8

结构层材料	杨氏模量/MPa	泊　松　比	密度/（kg/m^3）	阻　　尼
AC-16 沥青混凝土	2000	0. 20	2400	0. 9
应力吸收层	500	0. 20	2600	0. 9
水泥混凝土路面板	30000	0. 15	2350	0. 8
水泥稳定碎石基层	2600	0. 25	2300	0. 8
路基	40	0. 40	1800	0. 4

5. 2. 2. 3　外部气象参数及材料热力学参数

1）周期性温度场外部气象参数

复合式路面周期性温度场的计算受诸多因素影响，主要有 24h 环境气温、日辐射总量、日平均风速和日照时间。周期性温度场模型使用的大气温度为西安市 7 月代表日的实测气温数据，见表 5-9、表 5-10。

西安 7 月气象参数　　表 5-9

日辐射总量/（MJ/m^2）	日平均风速/（m/s）	日照时间/h
26. 3	2. 1	12

西安7月日气温变化 表5-10

时间/h	气温/℃	时间/h	气温/℃	时间/h	气温/℃
1	31.3	9	36.5	17	41.7
2	30.1	10	38.9	18	40.5
3	29.5	11	40.7	19	39.1
4	29.4	12	42.6	20	37.8
5	28.7	13	43.3	21	36.6
6	28.4	14	44.0	22	35.5
7	31.2	15	43.4	23	34.0
8	33.1	16	42.9	24	32.5

2)材料热力学参数

根据上文分析可知,为开展复合式路面温度场模拟,需以路面各结构层材料的热力学参数为基础进行有限元模型的温度计算。温度场分析过程中,取太阳辐射吸收率为0.9,绝对零度为-273℃,黑体辐射常数为2.41×10^{-4} J/(h·m^2),路面各结构层材料的热力学参数见表5-11。

复合式路面各结构层材料热力学参数 表5-11

结构层材料	热力学参数		
	热传导率/[J/(m·h·℃)]	比热/[J/(kg·℃)]	热膨胀系数/10^{-5}
AC-16沥青混凝土	4680	924.9	2.1
应力吸收层			
水泥混凝土路面板	5616	911.7	1.5
水泥稳定碎石基层		911.7	1.0
路基		1040.0	0.5

5.2.2.4 初始裂缝设置

采用扩展有限元裂缝分析复合式路面的反射裂缝扩展,设置初始裂缝长度为10mm,路面结构一的初始裂缝设置在应力吸收层底部,路面结构二的初始裂缝设置在沥青面层底部,定义裂缝向上扩展直至沥青路面完全开裂。两种路面结构裂缝设置如图5-2所示。

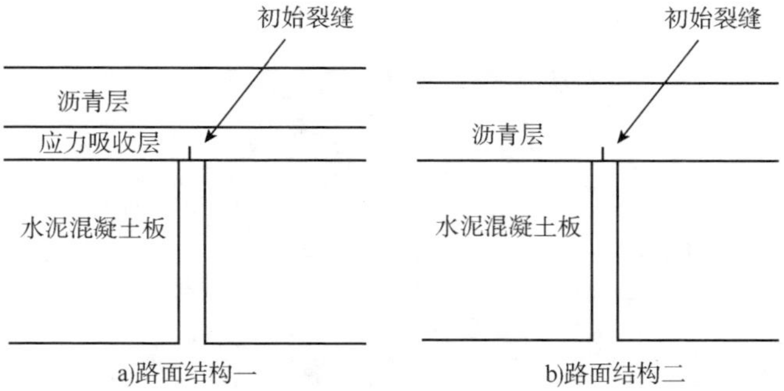

图5-2　模型初始裂缝设置

5.2.2.5　边界条件与网格划分

将温度场导入温度应力计算模型,进行应力强度因子计算时,本模型边界条件设置如下:底面约束 y 方向的位移,左、右两面约束 x 方向的位移,前、后两面约束 z 方向的位移,顶面为自由面。其中,x 为行车方向,y 为垂直于路面向上方向,z 为路面横向方向。以此建立一个有限边界的三维立体模型结构。

在模拟裂缝开裂问题上,网格划分太密,模型的计算效率会极大地降低,甚至无法进行计算,而且有可能会使精度降低;网格划分太稀疏,模型的精度达不到要求,甚至会得到完全错误的结果。因此,需将网格的疏密程度控制在一个合理的范围内。

进行周期性温度场分析时,使用热传递的方式进行计算,所有单元采用八节点线性传热六面体单元;进行非周期性温度场分析时,使用温度-位移耦合的方式进行计算,模型所有单元采用八节点热耦合六面体单元;进行温度应力和荷载应力作用下反射裂缝扩展分析时,使用减缩积分计算模型的三维应力,模型所有单元采用八节点线性六面体单元。

无论在何种分析下,模型的网格密度及数量是一致的,对裂缝位置处纵向和竖向网格进行加密划分;为了确保交通荷载和温度荷载耦合作用时计算的准确性,同时对移动荷载作用区域网格也进行加密。三维路面模型网格划分如图5-3所示。

5.2.3　周期性温度场分析

为计算周期性温度场中,在温度应力作用下横向裂缝的扩展特性,在模拟时需进行以下2个步骤:

①选取合理参数建立含表面裂缝的沥青路面温度场模型,导入周期温度场,计算并得出温度场计算结果。

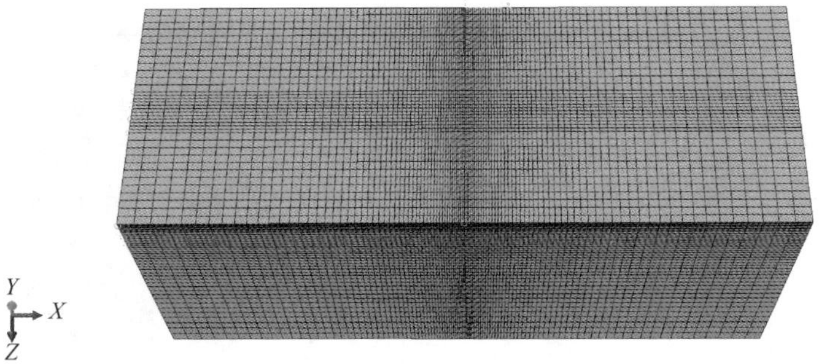

图 5-3　路面模型网格划分

②基于温度场模型,加入材料本构参数及热力学参数以得出温度应力计算模型,将温度场计算结果导入该模型,运行即可得到温度应力下横向裂缝的扩展特性计算模型。

因此,本节首先分析了在实际大气温度作用下,路面结构内部 48h 的周期性温度场,为后续温度及耦合作用下反射裂缝扩展规律的研究提供确切分析周期。

5.2.3.1　路表温度场分析

将 7 月的 48h 环境气温、日辐射总量 Q、日平均风速 v 和日照时间 c 等参数代入两种路面结构模型中进行热力学分析,得到周期性温度场环境下路面结构内部的周期性温度变化情况,提取 48h 内路表温度值并进行比较分析。两种路面结构 7 月的路表温度场如图 5-4 所示。

由图 5-4 可知,在相同月份,由于风速和日辐射总量的影响,路表温度呈现出周期性的变化趋势。第一个周期内的路表温度由于模型初始条件等原因会有较小的误差,经过分析过程中的动态调整,从第二个周期开始基本消除初始条件所产生的误差。因此,后续周期性温度场作用下裂缝扩展分析都是基于第二个周期,即 24~48h。

5.2.3.2　路面内部温度场分析

将各类参数代入有限元模型中进行计算,可以得到 7 月温度场下路面结构 48h 内各结构层的周期性温度变化情况。取路面纵向中断面为分析对象,提取两种路面结构第二个温度周期内不同路面深度处的温度值并进行比较分析,计算结果如图 5-5、图 5-6 所示。

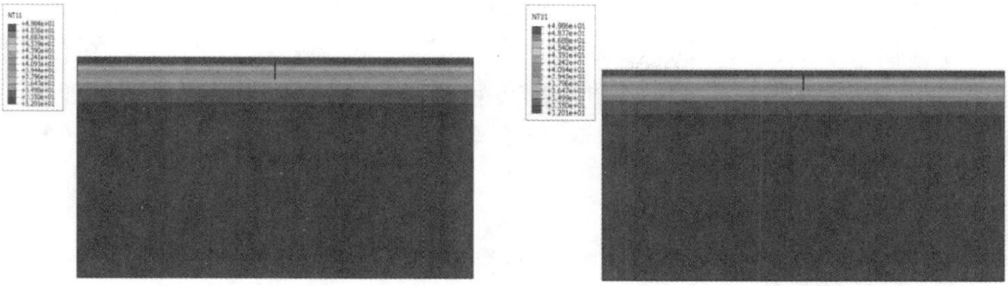

a)路面结构一温度场分布　　b)路面结构二温度场分布

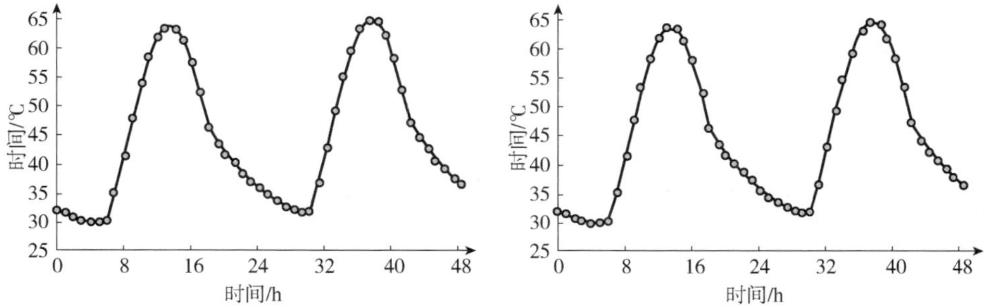

c)路面结构一路表温度　　d)路面结构二路表温度

图 5-4　路面结构温度场

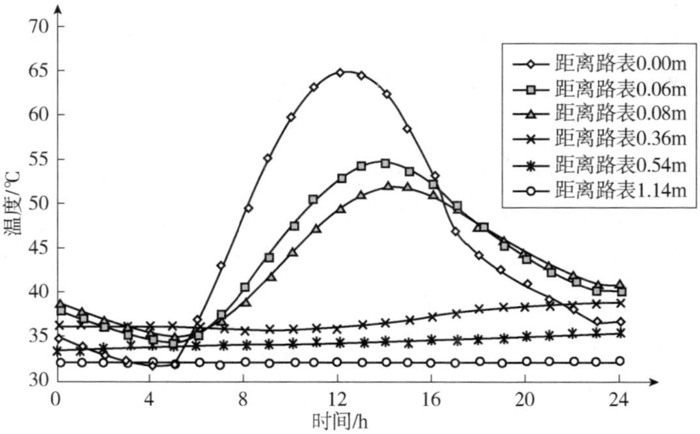

图 5-5　路面结构一路面温度场沿厚度方向分布情况

分析路面结构一的温度场,可得到以下结论:

①路基温度受外界温度影响较小,始终维持在 32℃左右。

②分析路面结构不同深度处的温度变化规律可知,温度随时间变化的幅度沿厚度方向越来越小。路表温度最大降温幅度为 32.93℃,沥青混凝土层底最大降温

幅度为 20.36℃,应力吸收层底最大降温幅度为 17.09℃,水泥混凝土路面板层底最大降温幅度为 3.00℃,水泥稳定碎石基层底最大降温幅度为 2.06℃,路基处保持恒温。这是因为热量沿路面深度方向传导需要一定时间,随着深度的增加,传导所需的时间越长,其影响程度就越弱,路面降温幅度越小。

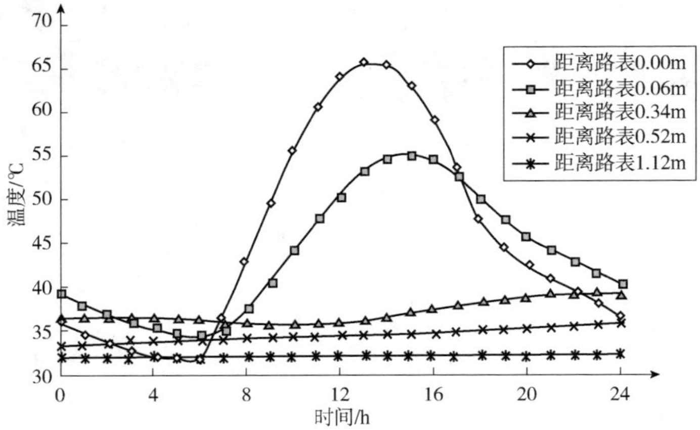

图 5-6 路面结构二路面温度场沿厚度方向分布情况

③由于沥青是温度敏感性材料,沥青混合料的性能随温度的变化而变化。路表最高温度出现在 12h,为 64.83℃;沥青混凝土层底最高温度出现在 14h,为 54.72℃;应力吸收层底最高温度出现在 14h,为 52.10℃;水泥混凝土路面板层底最高温度为 38.67℃;水泥稳定碎石基层底最高温度为 35.42℃;路基最高温度为 32.33℃。

④从路面结构整体降温规律可知,气温及路面温度均存在着逐渐升温→降温→升温的规律,路表温度在上升阶段与气温大致同步,但由于太阳辐射等原因,路表温度峰值时间比大气温度峰值时间滞后约 0.5h,在 14 时左右;且不同深度处温度变化较气温存在一定的滞后,越往路面结构深处,温度最高值越来越低,温度最低值越来越高。

分析路面结构二的温度场,可得到以下结论:

①路基温度受外界温度影响较小,始终维持在 32℃左右。

②路表温度最大降温幅度为 32.95℃,沥青混凝土层底最大降温幅度为 20.31℃,水泥混凝土路面板层底最大降温幅度为 3.32℃,水泥稳定碎石基层底最大降温幅度为 2.30℃,路基处保持恒温。

③路表最高温度出现在 13h,为 64.84℃;沥青混凝土层底最高温度出现在 15h,为 54.67℃;水泥混凝土路面板层底最高温度为 39.17℃;水泥稳定碎石基层

底最高温度为 35.75℃；路基最高温度为 32.37℃。

由上述分析可知，是否设置应力吸收层对路面内部温度场分布的影响并不大。路面内部温度场的整体分布规律为：温度随时间变化的幅度沿厚度方向越来越小。沥青混凝土面层、应力吸收层由于直接受到大气温度、风速、日辐射总量和日照时间的影响，在不同深度处的温度随时间变化呈现出不同特征。而水泥混凝土路面板、水泥稳定碎石基层和路基处温度变化则与时间关联较小，即温度波动幅度较小，整体温度趋于稳定。

5.2.4　温度周期性变化对应力强度因子的影响

本节通过改变风速（1m/s、2m/s、4m/s、6m/s、8m/s）以及日辐射总量（15MJ/m²、20MJ/m²、25MJ/m²、30MJ/m²），得到了相应的路面结构温度场，并将所得温度场导入预设初始裂缝长度为 10mm 的路面结构三维应力分析模型中，计算在不同风速、日辐射总量下 K_1 变化值并分析其对复合式路面反射裂缝扩展的影响。其次，在实际周期性温度场作用下，改变路面结构层模量及厚度，研究其对复合式路面反射裂缝扩展的影响程度。路面结构一、路面结构二在周期性温度场作用下的应力云图分别如图 5-7、图 5-8 所示。

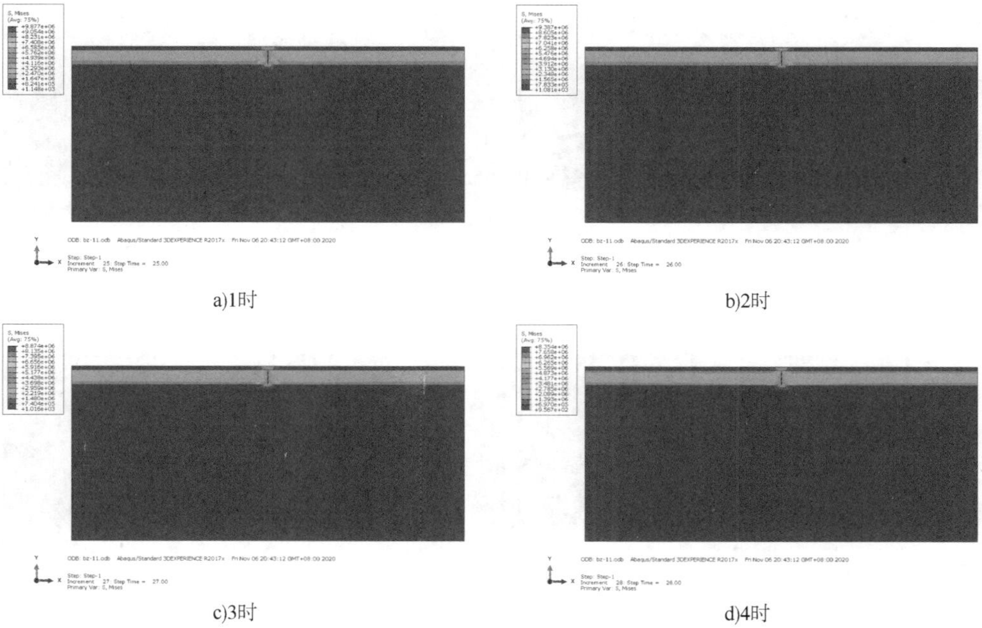

a)1时　b)2时

c)3时　d)4时

图　5-7

e)5时

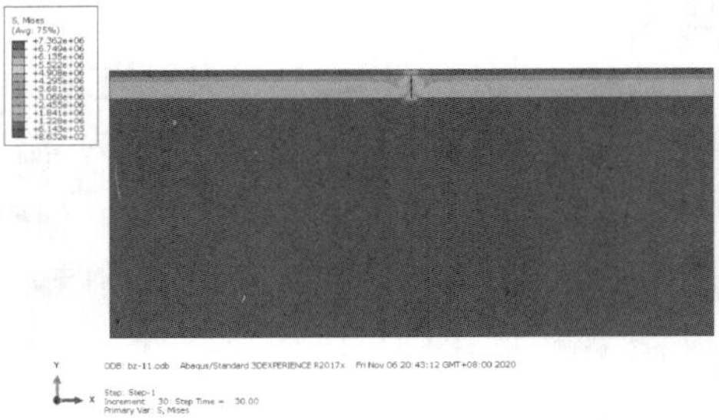
f)6时

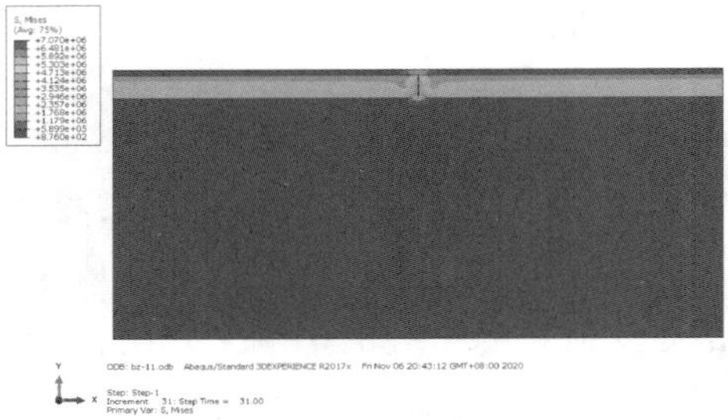
g)7时

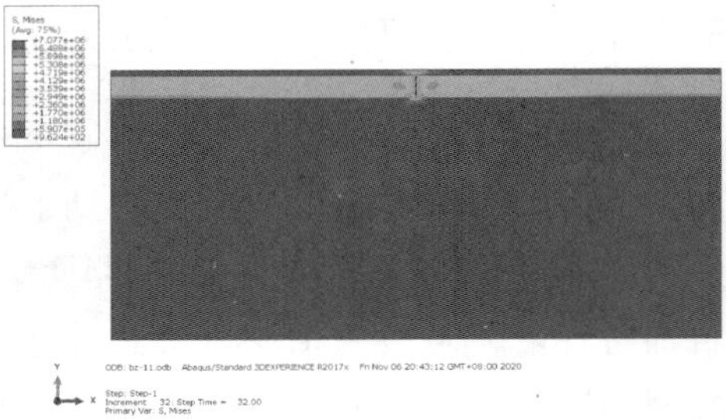
h)8时

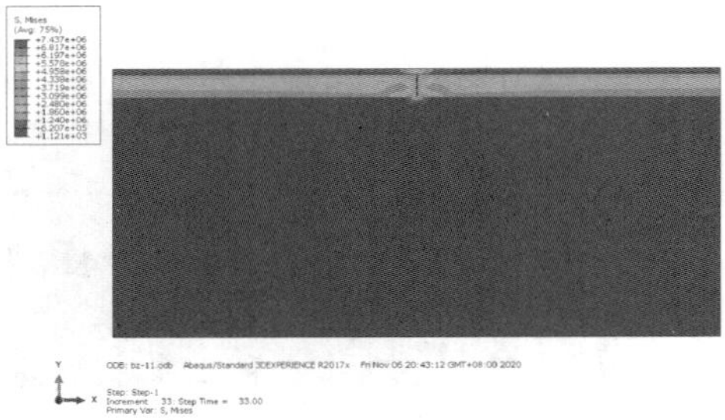
i)9时

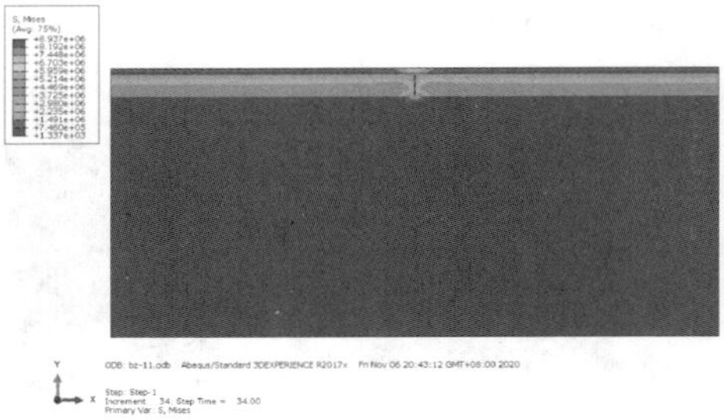
j)10时

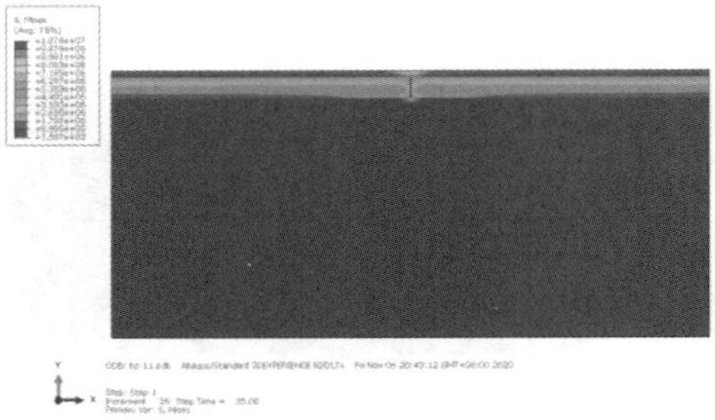
k)11时

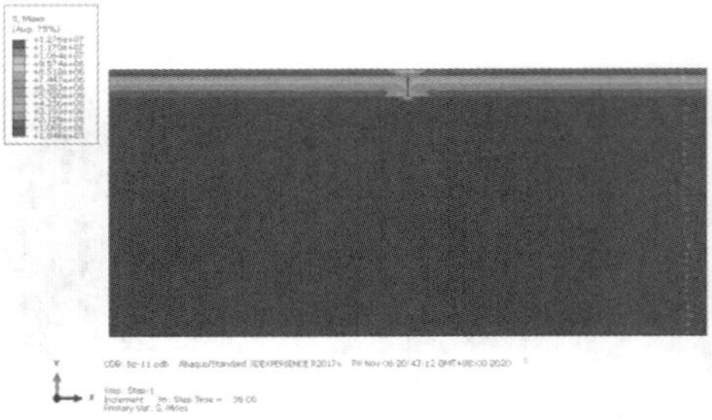
l)12时

图 5-7

m)13时

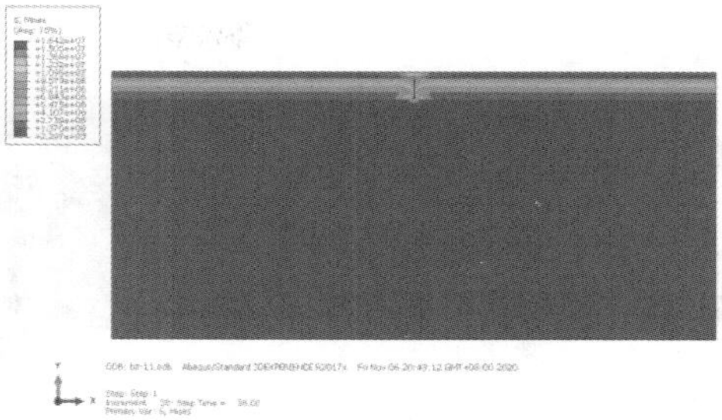

n)14时

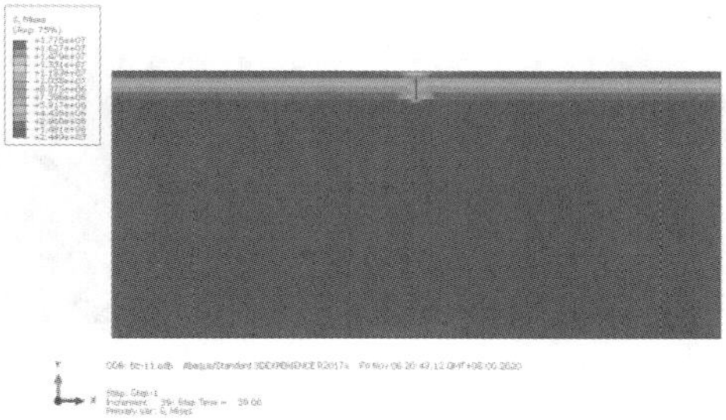

o)15时

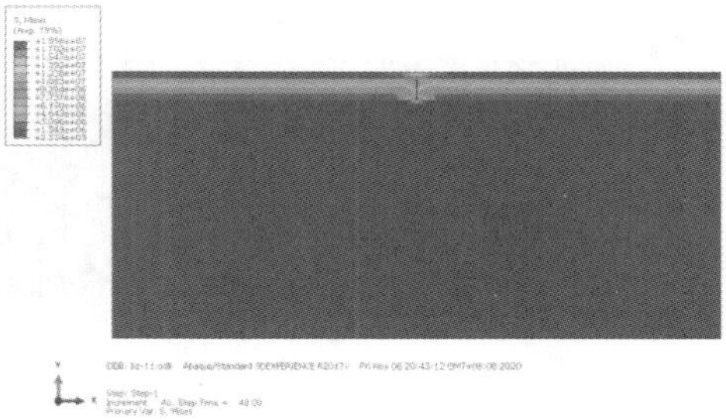

p)16时

q)17时

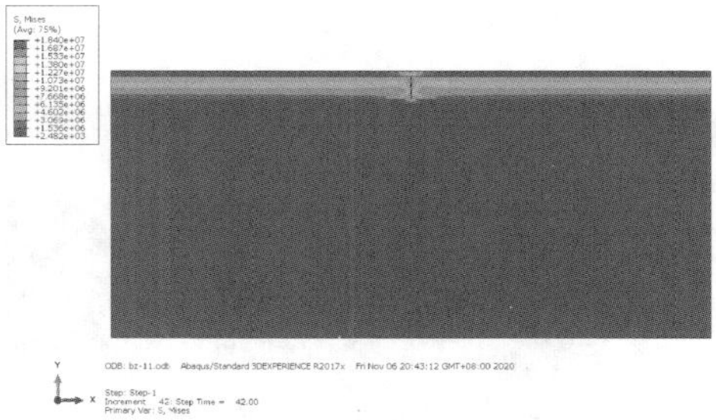

r)18时

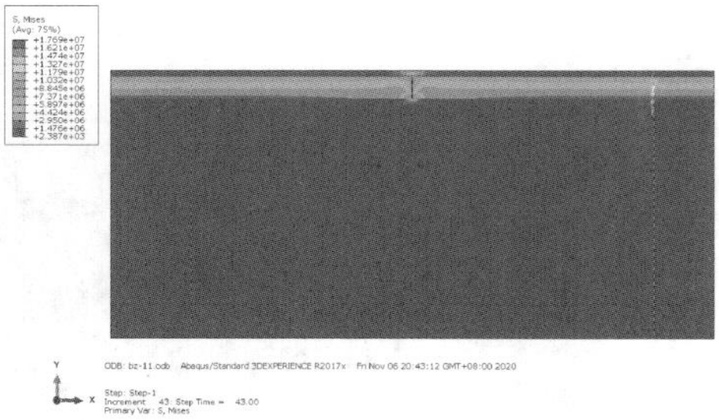

s)19时

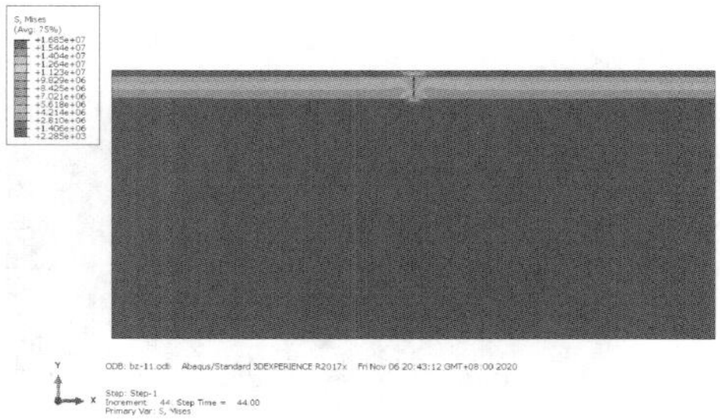

t)20时

图　5-7

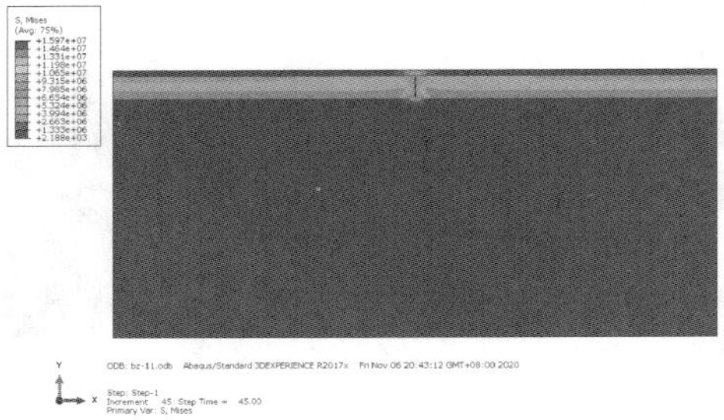

u)21时

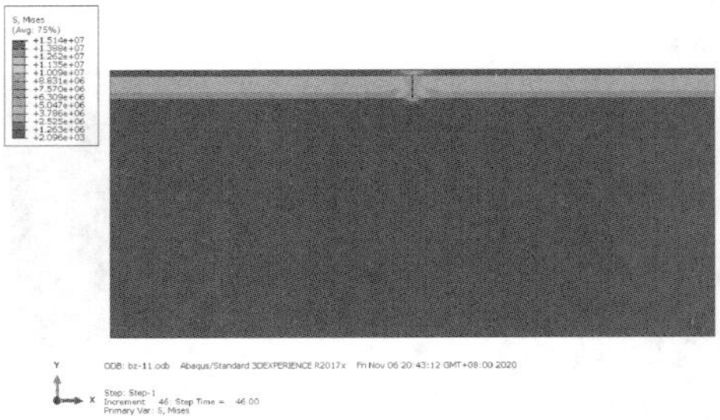

v)22时

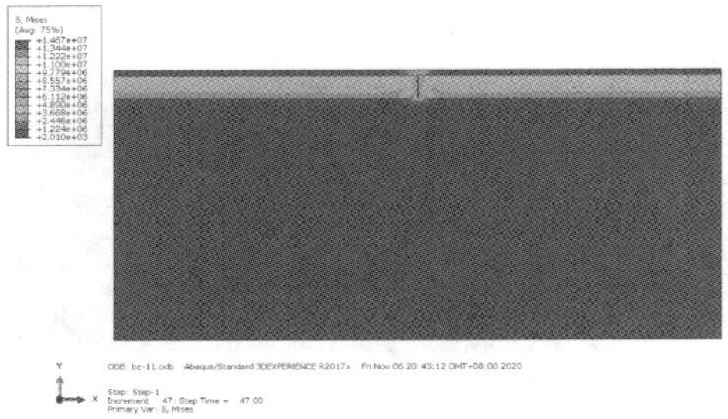

w)23时

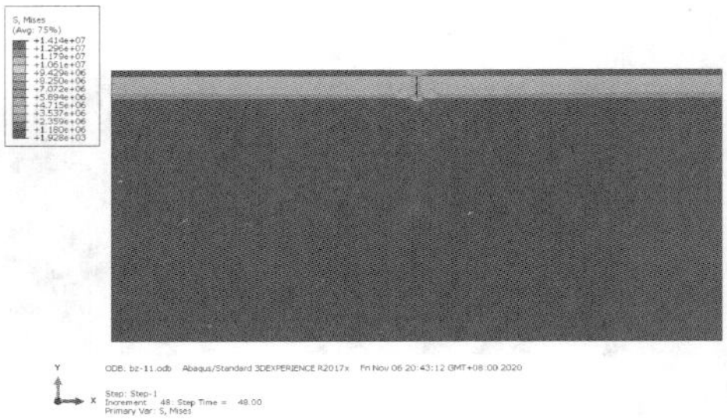

x)24时

图 5-7　路面结构一在周期性温度场作用下的应力云图

a)1时

b)2时

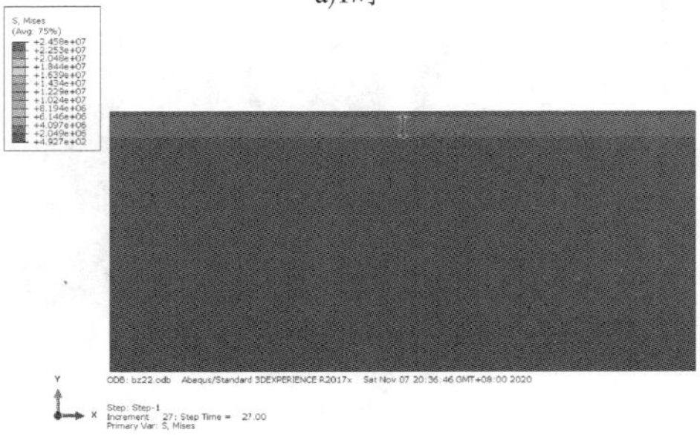

c)3时

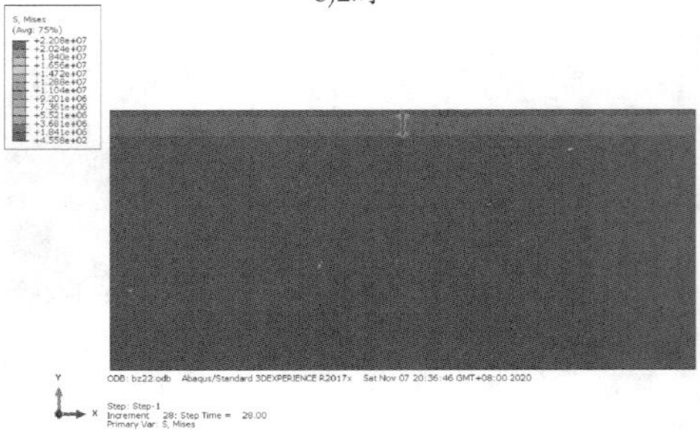

d)4时

图　5-8

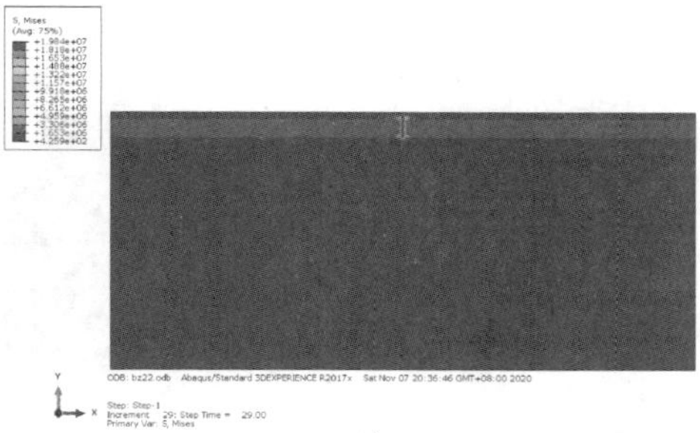

e)5时

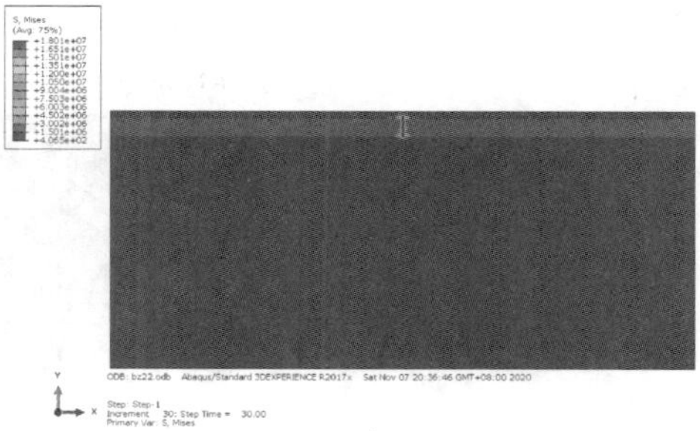

f)6时

g)7时

h)8时

i)9时

j)10时

k)11时

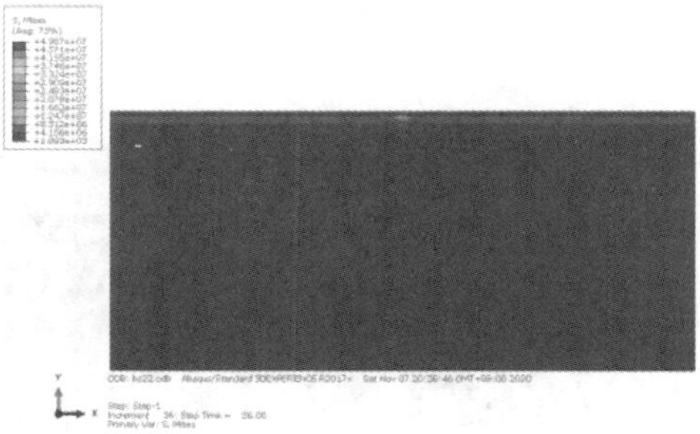

l)12时

图　5-8

m)13时

n)14时

o)15时

p)16时

q)17时

r)18时

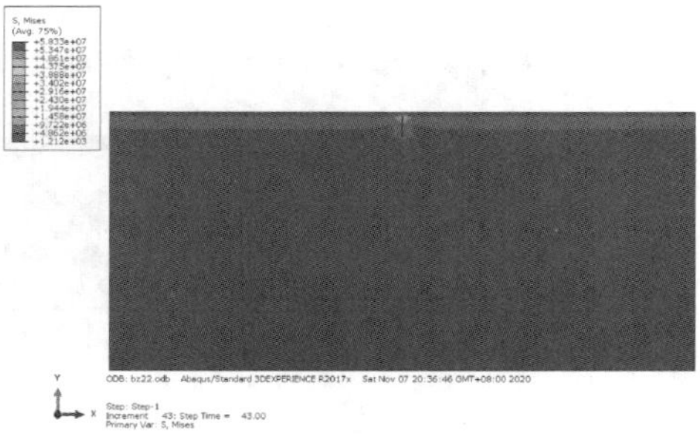

s)19时

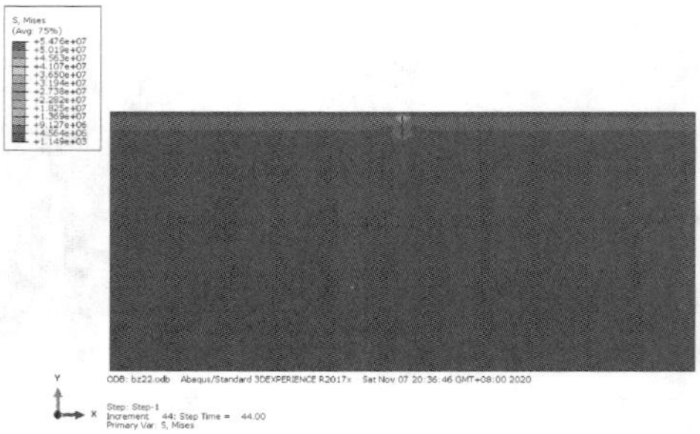

t)20时

图 5-8

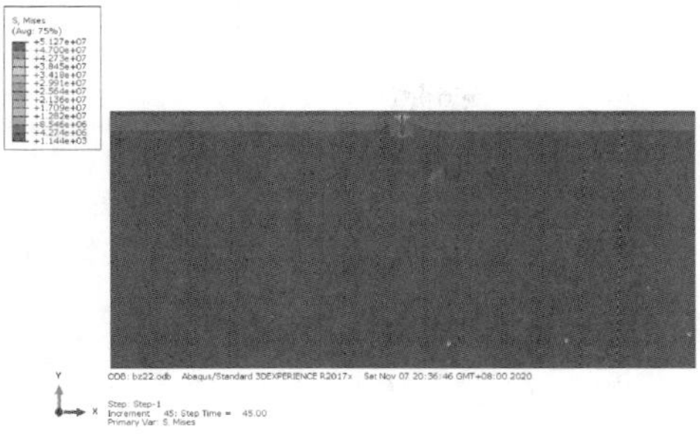

u)21时

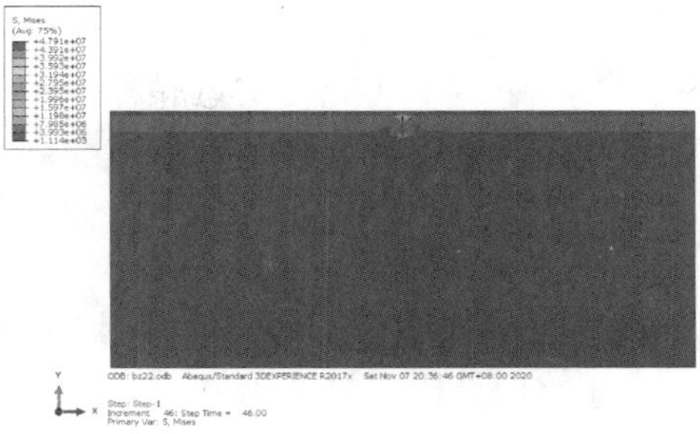

v)22时

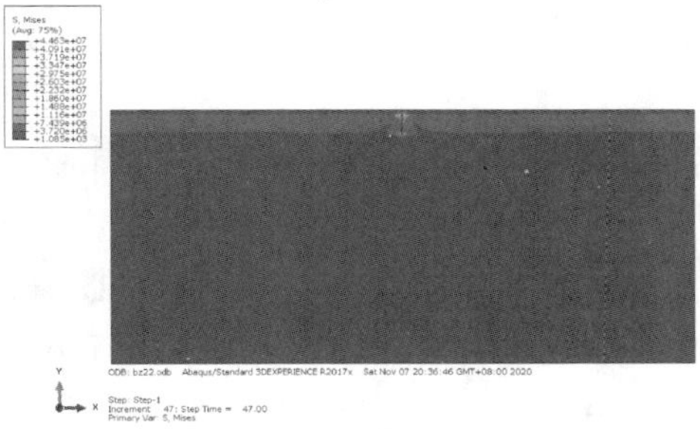

w)23时

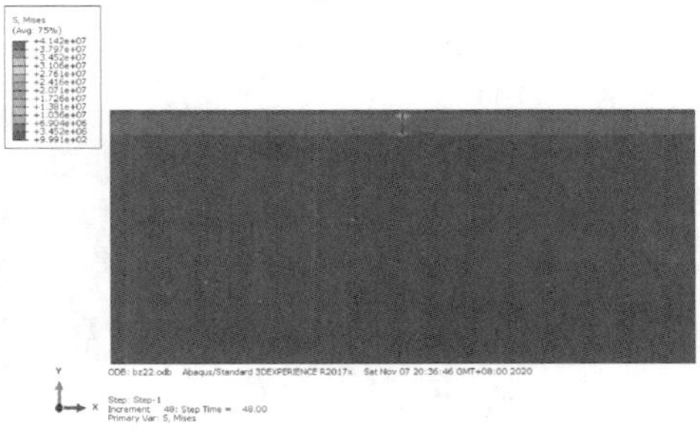

x)24时

图 5-8　路面结构二在周期性温度场作用下的应力云图

5.2.4.1　风速对反射裂缝的影响

为了研究在周期性温度场下风速变化对裂缝扩展的影响，将模型日照时间设为 12h，日辐射总量设为 25MJ/m^2，风速分别为 1m/s、2m/s、4m/s、6m/s、8m/s 时，路面结构一、二的 K_1 时程曲线如图 5-9 所示。

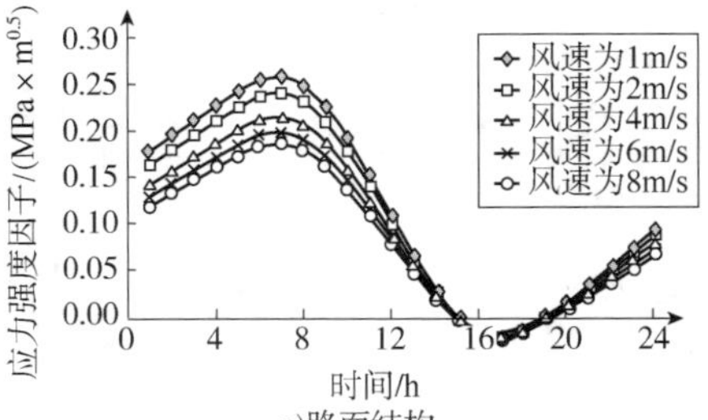

a)路面结构一

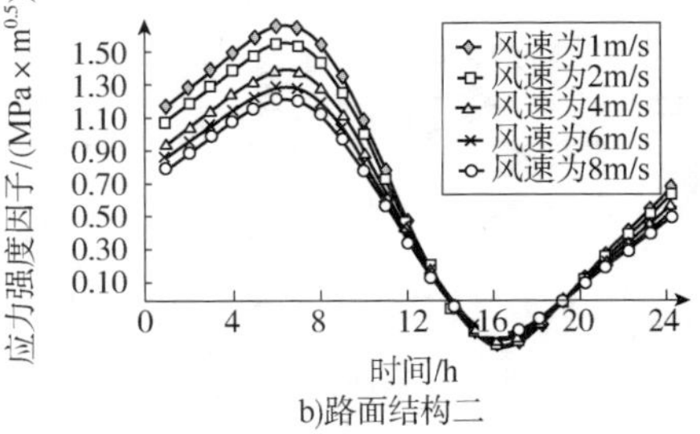

b)路面结构二

图 5-9　不同风速下 K_1 时程曲线

由图 5-9 可知，对于不同的路面结构，K_1 的时程曲线形状相似。

进一步分析在不同风速下，路面结构一的 K_1 变化情况，可得到以下规律：

①路面结构一的 K_1 在 0~14 时、20~24 时为正，在 15~19 时为负，在早上 7 时

达到最大。风速分别为 1m/s、2m/s、4m/s、6m/s、8m/s 时,对应的 K_1 最大值分别为 0.256、0.239、0.215、0.198、0.186。

②随着风速的增大,路面结构一的 K_1 逐渐减小,说明风速越大裂缝越不易扩展。风速分别为 1m/s、2m/s、4m/s、6m/s 时,K_1 相比于风速为 8m/s 时分别增大了 37.94%、28.70%、15.44%、6.45%。

分析在不同风速下,路面结构二的 K_1 变化情况,可得到以下规律:

①路面结构二的 K_1 在 0~13 时、20~24 时为正,在 14~19 时为负,在早上 6 时达到最大。由于面层厚度不同,因此裂缝扩展的时间有所提前。风速分别为 1m/s、2m/s、4m/s、6m/s、8m/s 时,对应的 K_1 最大值分别为 1.640、1.533、1.379、1.276、1.202。

②随着风速的增大,路面结构二的 K_1 逐渐减小。风速分别为 1m/s、2m/s、4m/s、6m/s 时,K_1 相比于风速为 8m/s 时分别增大 36.48%、27.52%、14.74%、6.14%。

比较路面结构一、二的最大 K_1,可知加铺应力吸收层后,风速分别为 1m/s、2m/s、4m/s、6m/s、8m/s 时,对应的 K_1 最大值分别减小了 1.384、1.294、1.165、1.078、1.016,降幅分别为 539%、540%、542%、544%、546%。风速主要影响 K_1 在温度周期性变化时的数值,而曲线形状基本不受影响。

5.2.4.2 日辐射总量对反射裂缝的影响

研究在周期性温度场下日辐射总量对裂缝扩展的影响,将模型日照时间设为 12h,风速设为 2m/s,日辐射总量分别为 15MJ/m²、20MJ/m²、25MJ/m² 和 30MJ/m²,路面结构一、二的 K_1 时程曲线如图 5-10 所示。

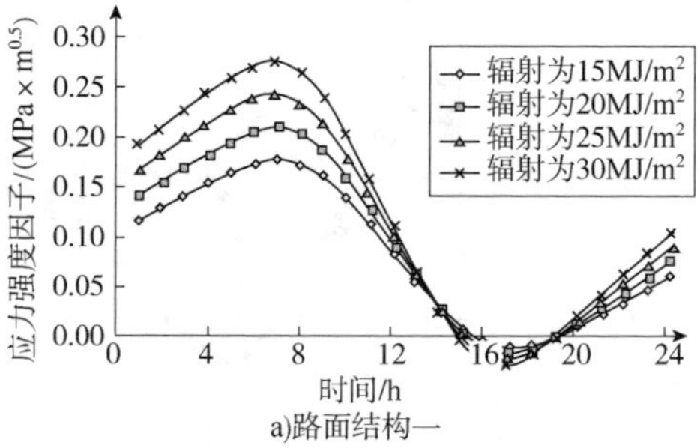

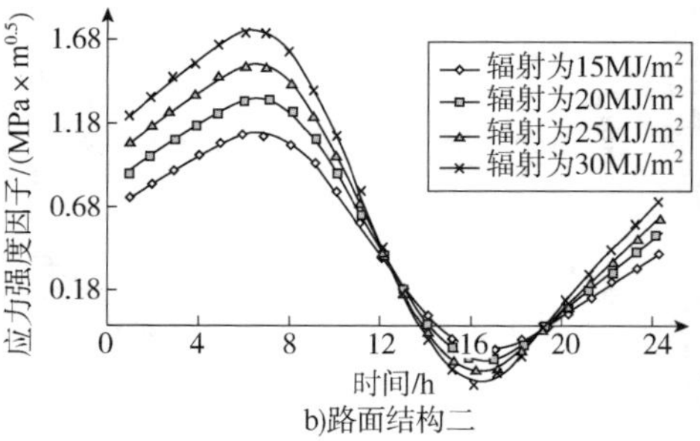

图 5-10 不同日辐射总量下 K_1 时程曲线

由图 5-10 可知,随着日辐射总量的变化,不同路面结构的 K_1 时程曲线形状相似。

进一步分析在不同日辐射总量下,路面结构一的 K_1 变化情况,可得到以下规律:

①日辐射总量分别为 15MJ/m^2、20MJ/m^{2}时，路面结构一的 K_1在 0～15 时、20～24 时为正，在 16～19 时为负，在早上 7 时达到最大，对应的 K_1 最大值分别为 0.175、0.207。

②日辐射总量分别为 25MJ/m^{2}和 30MJ/m^{2}时，路面结构一的 K_1在 0～14 时、20～24 时为正，在 15～19 时为负，在早上 7 时达到最大，对应的 K_1最大值分别为 0.239、0.271。

③在 0～13 时、20～24 时，随着日辐射总量的增大，路面结构一的 K_1逐渐增大，说明此时日辐射总量越大，裂缝越容易扩展；在 14～15 时，随着日辐射总量的增加，K_1逐渐减小，说明此时日辐射总量越小，裂缝越容易扩展。

分析在不同日辐射总量下，路面结构二的 K_1变化情况，可得到以下规律：

①日辐射总量分别为 15MJ/m^2、20MJ/m^{2}时，路面结构二的 K_1在 0～14 时、20～24 时为正，在 15～19 时为负，在早上 6 时（日辐射总量为 15MJ/m^2）、7 点（日辐射总量为 20MJ/m^2）时达到最大，对应的 K_1最大值分别为 1.131、1.331。

②日辐射总量分别为 25MJ/m^{2}和 30MJ/m^{2}时，路面结构二的 K_1在 0～13 时、20～24 时为正，在 14～19 时为负，在早上 7 时达到最大，对应的 K_1最大值分别为 1.533、1.733。

③在 0～12 时、20～24 时，随着日辐射总量的增加，K_1逐渐增大，说明此时日辐射总量越大，裂缝越容易扩展；在 13～14 时，随着日辐射总量的增加，K_1逐渐减小，说明此时日辐射总量越小，裂缝越容易扩展。

比较路面结构一、二的 K_1最大值，可知加铺应力吸收层后，日辐射总量分别为 15MJ/m^2、20MJ/m^2、25MJ/m^{2}和 30MJ/m^{2}时，对应的最大 K_1 分别减小了 0.957、1.124、1.294、1.462，降幅分别为 548%、543%、540%、539%。日辐射总量主要影响 K_1在温度周期性变化时的数值，而曲线形状基本不受其影响。

5.2.4.3　水泥混凝土路面板弹性模量对反射裂缝的影响

为了研究在周期性温度场下水泥混凝土路面板弹性模量对裂缝扩展的影响，将模型 7 月日照时间设为 12h，风速设为 2m/s，日辐射总量为 25MJ/m^2。在其他条件不变的基础上，将水泥混凝土路面板的弹性模量分别设为基准模量的 0.6 倍、0.8 倍、1.0 倍、1.2 倍、1.4 倍，以此研究周期性温度场下有、无应力吸收层的两种路面结构在不同水泥混凝土路面板弹性模量下对裂缝扩展的影响。水泥混凝土路面板的弹性模量分别为基准弹性模量的 0.6 倍、0.8 倍、1.0 倍、1.2 倍、1.4 倍时，对应的弹性模量分别为 18000MPa、24000MPa、30000MPa、36000MPa、42000MPa。路面结构一、二的 K_1时程曲线如图 5-11 所示。

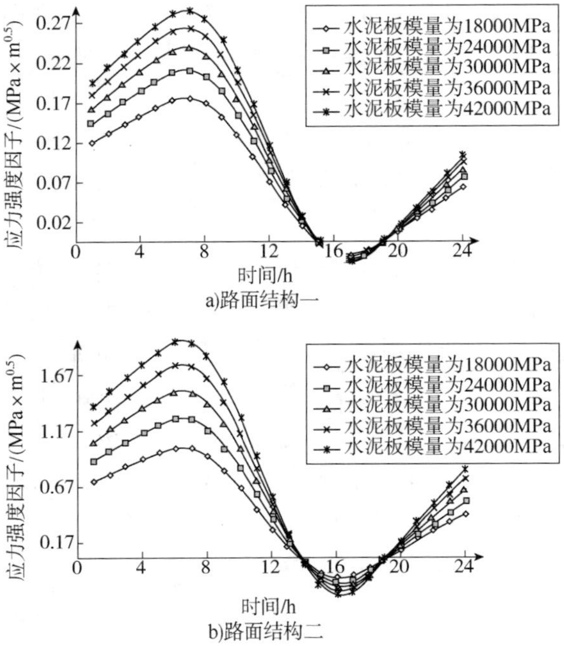

图 5-11　不同水泥混凝土路面板弹性模量下的 K_1 时程曲线

由图 5-11 可知，随着水泥混凝土路面板弹性模量的变化，不同路面结构的 K_1 时程曲线形状相似。

进一步分析在不同水泥混凝土路面板弹性模量下，路面结构一的 K_1 变化情况，可得到以下规律：

①路面结构一的 K_1 在 0~14 时、20~24 时为正，在 15~19 时为负，在早上 7 时达到最大。水泥混凝土路面板弹性模量分别为 18000MPa、24000MPa、30000MPa、36000MPa、42000MPa 时，对应的 K_1 最大值分别为 0.177、0.211、0.239、0.263、0.283。

②随着水泥混凝土路面板弹性模量的增大，路面结构一的 K_1 逐渐增大，说明水泥混凝土路面板弹性模量越大，裂缝越容易扩展。水泥混凝土路面板弹性模量分别为 24000MPa、30000MPa、36000MPa、42000MPa 时，K_1 相比于水泥混凝土路面板弹性模量为 18000MPa 时分别增大了 19.19%、35.05%、48.44%、59.94%。

分析在不同水泥混凝土路面板弹性模量下，路面结构二的 K_1 变化情况，可得到以下规律：

①路面结构二的 K_1 在 0~13 时、20~24 时为正，在 14~19 时为负，在早上 6 时

达到最大。水泥混凝土路面板弹性模量分别为 18000MPa、24000MPa、30000MPa、36000MPa、42000MPa 时，对应的最大 K_1 分别为 1.010、1.282、1.533、1.765、1.980。

②随着水泥混凝土路面板弹性模量的增大，路面结构二的 K_1 逐渐增大。水泥混凝土路面板弹性模量分别为 24000MPa、30000MPa、36000MPa、42000MPa 时，K_1 相比于水泥混凝土路面板弹性模量为 18000MPa 时分别增大了 26.93%、51.77%、74.75%、96.01%。

比较路面结构一、二的最大 K_1，可知加铺应力吸收层后，水泥混凝土路面板弹性模量分别为 18000MPa、24000MPa、30000MPa、36000MPa、42000MPa 时，对应的 K_1 最大值分别减小了 0.833、1.071、1.294、1.502、1.697，降幅分别为 470%、507%、540%、573%、599%。因此，水泥混凝土路面板弹性模量越大，加铺应力吸收层对阻止反射裂缝扩展的影响就越大，且水泥混凝土路面板弹性模量主要影响 K_1 在温度周期性变化时的数值，而曲线形状基本不受影响。

5.2.4.4　基层弹性模量对反射裂缝的影响

为了研究在周期性温度场下基层弹性模量对裂缝扩展的影响，将模型 7 月日照时间设为 12h，风速设为 2m/s，日辐射总量为 $25MJ/m^2$。在其他条件不变的基础上，将基层的弹性模量分别设为基准模量的 0.6 倍、0.8 倍、1.0 倍、1.2 倍、1.4 倍，以此研究周期性温度场下有、无应力吸收层的两种路面结构在不同基层弹性模量下对裂缝扩展的影响。基层的弹性模量分别为基准模量的 0.6 倍、0.8 倍、1.0 倍、1.2 倍、1.4 倍时，对应的弹性模量数值分别为 1560MPa、2080MPa、2600MPa、3120MPa、3640MPa。路面结构一、二的 K_1 时程曲线如图 5-12 所示。

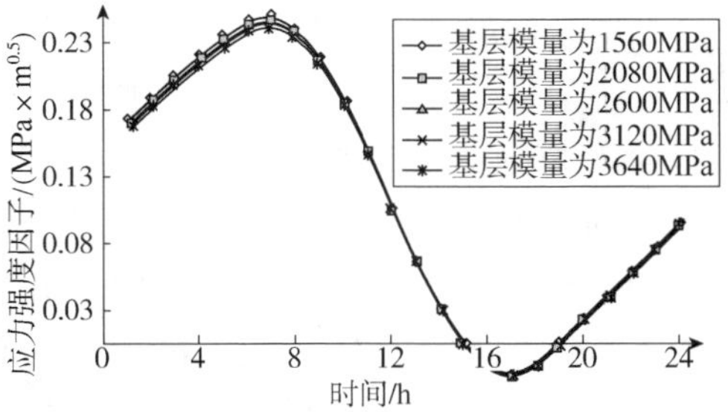

a)路面结构一

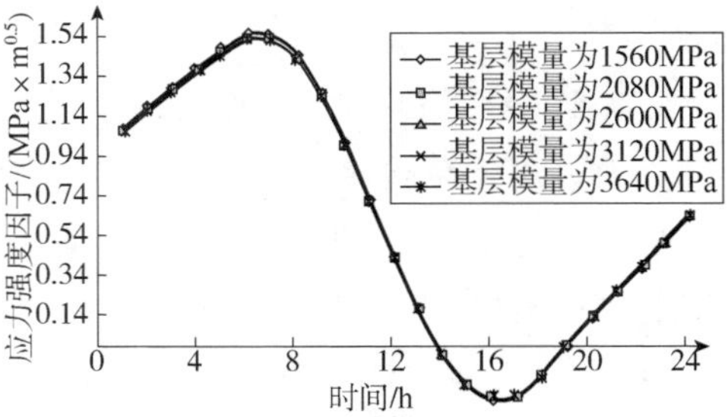

b)路面结构二

图 5-12　不同基层弹性模量下 K_1 时程曲线

由图 5-12 可知，随着基层弹性模量的变化，不同路面结构的 K_1 时程曲线形状相似。

进一步分析在不同基层弹性模量下，路面结构一的 K_1 变化情况，可得到以下规律：

①路面结构一的 K_1 在 0~14 时、20~24 时为正，在 15~19 时为负，在早上 7 时达到最大。基层弹性模量分别为 1560MPa、2080MPa、2600MPa、3120MPa、3640MPa 时，对应的 K_1 最大值分别为 0.244、0.242、0.239、0.237、0.235。

②随着基层弹性模量的增大，路面结构一的 K_1 逐渐减小，说明基层弹性模量越大，裂缝越不易扩展。基层弹性模量分别为 2080MPa、2600MPa、3120MPa、3640MPa 时，K_1 相比于基层模量为 1560MPa 时分别减小了 1.04%、2.05%、3.02%、3.95%。

分析在不同基层弹性模量下，路面结构二的 K_1 变化情况，可得到以下规律：

①路面结构二的 K_1 在 0~13 时、20~24 时为正，在 14~19 时为负，在早上 6 时达到最大。基层弹性模量分别为 1560MPa、2080MPa、2600MPa、3120MPa、3640MPa 时，对应的 K_1 最大值分别为 1.550、1.541、1.533、1.524、1.517。

②随着基层弹性模量的增大，路面结构二的 K_1 逐渐减小。基层弹性模量分别为 2080MPa、2600MPa、3120MPa、3640MPa 时，K_1 相比于基层弹性模量为 1560MPa 时均减小了 0.48%，可见随着基层模量的增大，K_1 减小的幅度很小。

比较路面结构一、二的 K_1 最大值，可知加铺应力吸收层后，基层弹性模量分别为 18000MPa、24000MPa、30000MPa、36000MPa、42000MPa 时，对应的 K_1 最大值分别减小了 1.306、1.300、1.294、1.288、1.282，降幅分别为 535%、538%、540%、544%、547%。因此，基层弹性模量越大，加铺应力吸收层对阻止反射裂缝扩展的影响就越大，且基层模量主要影响 K_1 在温度周期性变化时的数值，而曲线形状基本不受影响。

5.2.4.5 路基弹性模量对反射裂缝的影响

为了研究在周期性温度场下路基弹性模量对裂缝扩展的影响，将模型 7 月日照时间设为 12h，风速设为 2m/s，日辐射总量设为 25MJ/m^2。在其他条件不变的基础上，将路基的弹性模量分别设为基准模量的 0.6 倍、0.8 倍、1.0 倍、1.2 倍、1.4 倍，以此研究周期性温度场下有、无应力吸收层的两种路面结构在不同路基弹性模量下对裂缝扩展的影响。路基的弹性模量分别设为基准模量的 0.6 倍、0.8 倍、1.0 倍、1.2 倍、1.4 倍时，对应的弹性模量数值分别为 24MPa、32MPa、40MPa、48MPa、56MPa。路面结构一、二的 K_1 时程曲线如图 5-13 所示。

由图 5-13 可知，随着路基弹性模量的变化，不同路面结构的 K_1 时程曲线形状相似。

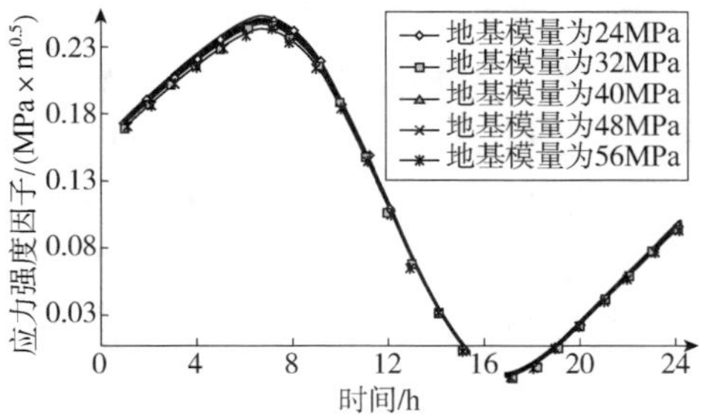

a)路面结构一

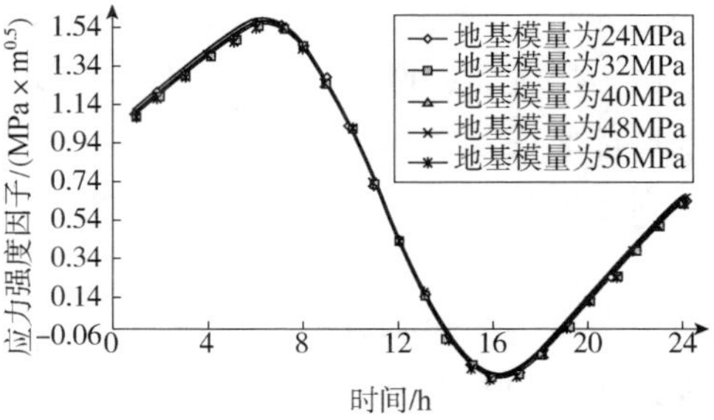

b)路面结构二

图 5-13　不同路基弹性模量下 K_1 时程曲线

进一步分析在不同路基模量下，路面结构一的 K_1 变化情况，可得到以下规律：

①路面结构一的 K_1 在 0~14 时、20~24 时为正，在 15~19 时为负，在早上 7 时达到最大。路基弹性模量分别为 24MPa、32MPa、40MPa、48MPa、56MPa 时，对应的 K_1 最大值分别为 0. 245、0. 242、0. 239、0. 237、0. 235。

②随着路基弹性模量的增大，路面结构一的 K_1 逐渐减小，说明路基弹性模量越大，裂缝越不易扩展。路基弹性模量分别为 32MPa、40MPa、48MPa、56MPa 时，K_1 相比于路基模量为 24 MP 时分别减小了 1. 23%、2. 30%、3. 24%、4. 10%。

分析在不同路基弹性模量下，路面结构二的 K_1 变化情况，可得到以下规律：

①路面结构二的 K_1 在 0~13 时、20~24 时为正，在 14~19 时为负，在早上 6 时达到最大。路基弹性模量分别为 24MPa、32MPa、40MPa、48MPa、56MPa 时，对应的 K_1 最大值分别为 1. 549、1. 540、1. 533、1. 526、1. 520。

②随着路基弹性模量的增大，路面结构二的 K_1 逐渐减小。路基弹性模量分别为 32MPa、40MPa、48MPa、56MPa 时，K_1 相比于路基弹性模量为 24MPa 时分别减小了 0. 57%、1. 07%、1. 50%、1. 90%。

比较路面结构一、二的 K_1 最大值，可知加铺应力吸收层后，路基弹性模量分别为 24MPa、32MPa、40MPa、48MPa、56MPa 时，对应的 K_1 分别减小了 1. 306、1. 300、1. 294、1. 288、1. 282，降幅分别为 535%、537%、540%、544%、547%。因此，路基弹性模量越大，加铺应力吸收层对阻止反射裂缝扩展的影响就越大，且路基弹性模量主要影响 K_1 在温度周期性变化时的数值，而曲线形状基本不受影响。

5. 2. 4. 6　基于正交试验设计的沥青面层与应力吸收层弹性模量对反射裂缝的影响

正交试验设计法是利用数理统计与正交性原理相结合，合理安排多因素试验、减少试验次数、缩短试验周期、避免盲目性的一种科学方法。它是以数理统计和概率论为基础，遵循一定规律安排试验的一种技术。正交试验设计方法以均匀性、正交性为出发点，利用正交表作为工具设计试验方案；设计时，方案的编制和数据的处理都放在已经编好的表格中。所以，正交试验设计法具有理论依据和科学性。单因素试验的试验因素较少，试验的设计与分析相对简单。然而实际中，往往需要同时探究 2 个或 2 个以上的因素，如果进行全面试验，会因考察因素和因素水平数目增多使得试验次数呈指数增加，这样规模庞大的试验难于实施。在实际经验和理论认识的基础上，可以利用整齐排列的正交表来设计试验。这种表格具有均衡分散且整齐可比的特点，能在全部试验中挑选出代表性强的试验，做到均衡抽样，通过对比这些试验结果，从中得出最优的方案。所以，正交试验设计法是以高效率寻求最优水平组合为目的的科学试验设计方法。

为了研究在周期性温度场下沥青面层弹性模量与应力吸收层弹性模量对裂缝扩展的影响，将模型 7 月日照时间设为 12h，风速设为 2m/s，日辐射总量设为 $25MJ/m^2$。在其他条件不变的基础上，将沥青面层、应力吸收层的弹性模量分别设为基准模量的 0.6 倍、0.8 倍、1.0 倍、1.2 倍、1.6 倍、2.0 倍、4.0 倍，从而研究周期性温度场下不同模量对裂缝扩展的影响。

沥青面层的弹性模量分别为基准模量的 0.6 倍、0.8 倍、1.0 倍、1.2 倍、1.6 倍、2.0 倍、4.0 倍时，对应的弹性模量数值分别为 1200MPa、1600MPa、2000MPa、2400MPa、3200MPa、4000MPa、8000MPa。应力吸收层的弹性模量分别为基准模量的 0.6 倍、0.8 倍、1.0 倍、1.2 倍、1.6 倍、2.0 倍、4.0 倍时，对应的弹性模量数值分别为 120MPa、160MPa、200MPa、240MPa、320MPa、400MPa、800MPa。路面结构一、二的 K_1 时程曲线如图 5-14 所示。

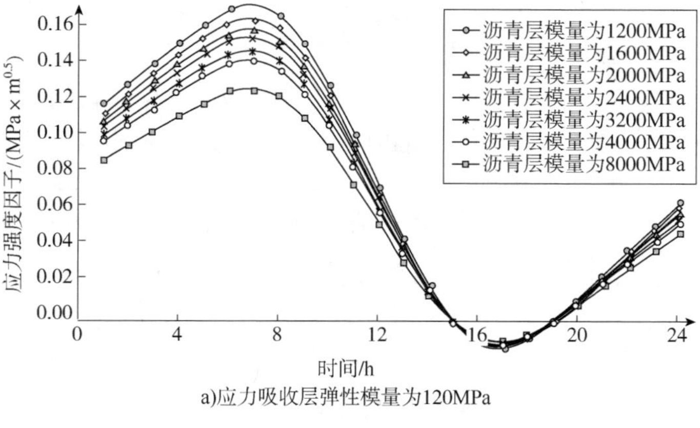

a)应力吸收层弹性模量为120MPa

图 5-14

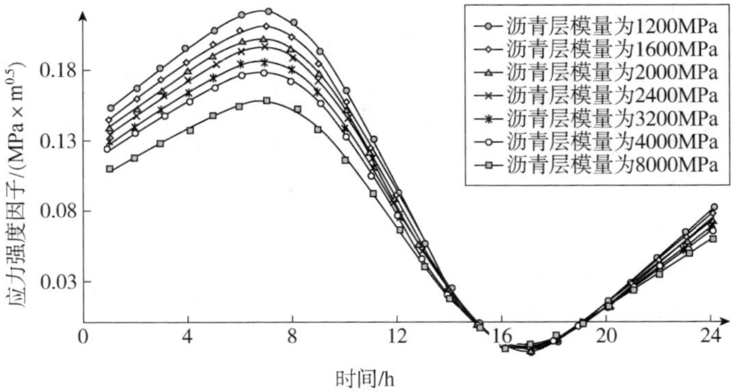

b)应力吸收层弹性模量为160MPa

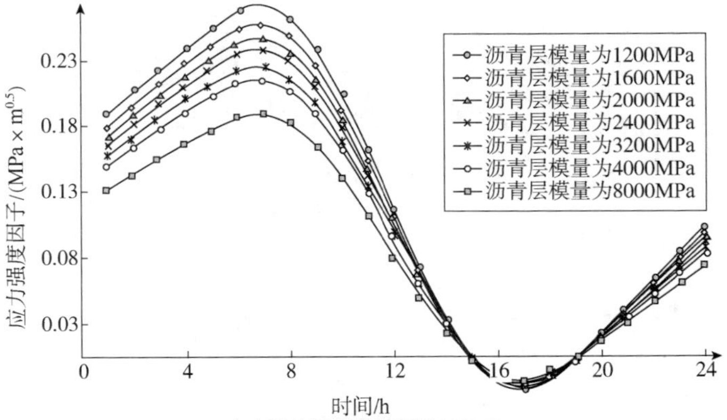

c)应力吸收层弹性模量为200MPa

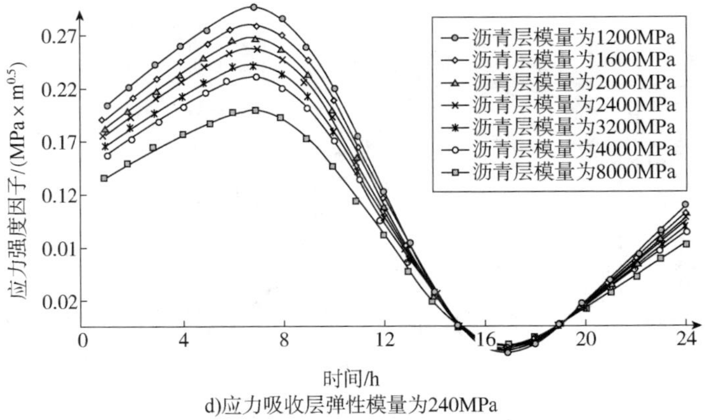

d)应力吸收层弹性模量为240MPa

图　5-14

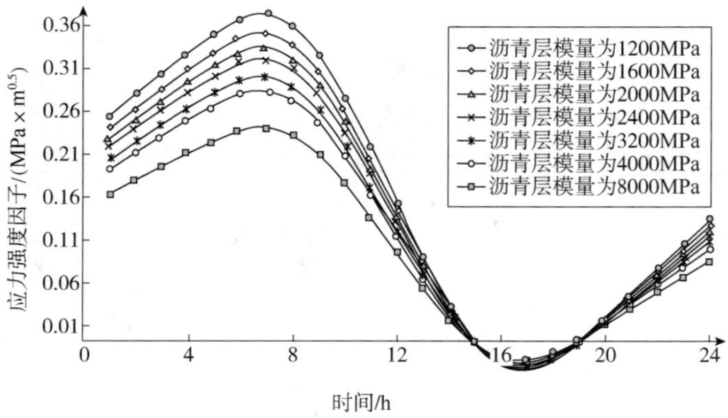

e)应力吸收层弹性模量为320MPa

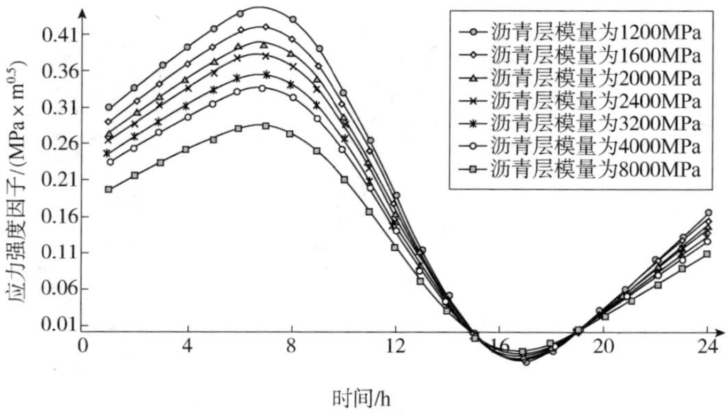

f)应力吸收层弹性模量为400MPa

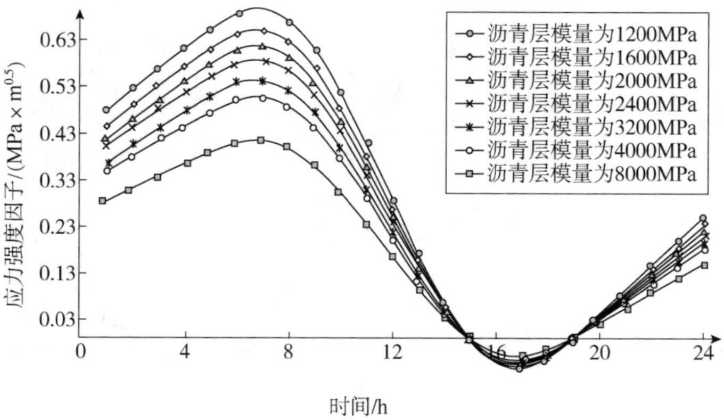

g)应力吸收层弹性模量为800MPa

图 5-14　不同应力吸收层弹性模量、不同沥青面层弹性模量时的 K_1 时程曲线

分析图5-14可知：

1）应力吸收层弹性模量一定时，随着沥青面层弹性模量的增大，K_1逐渐减小

应力吸收层弹性模量为120MPa，沥青面层弹性模量分别为1600MPa、2000MPa、2400MPa、3200MPa、4000MPa、8000MPa时，K_1相比于沥青面层弹性模量为1200MPa时分别减小了4.02%、7.47%、10.34%、14.37%、17.24%、26.44%。

应力吸收层弹性模量为160MPa，沥青面层弹性模量分别为1600MPa、2000MPa、2400MPa、3200MPa、4000MPa、8000MPa时，K_1相比于沥青面层弹性模量为1200MPa时分别减小了4.55%、8.18%、11.36%、15.91%、19.09%、29.09%。

应力吸收层弹性模量为200MPa，沥青面层弹性模量分别为1600MPa、2000MPa、2400MPa、3200MPa、4000MPa、8000MPa时，K_1相比于沥青面层弹性模量为1200MPa时分别减小了4.94%、9.13%、12.17%、17.11%、20.91%、31.18%。

应力吸收层弹性模量为240MPa，沥青面层弹性模量分别为1600MPa、2000MPa、2400MPa、3200MPa、4000MPa、8000MPa时，K_1相比于沥青面层弹性模量为1200MPa时分别减小了5.28%、9.57%、12.87%、18.15%、21.78%、32.67%。

应力吸收层弹性模量为320MPa，沥青面层弹性模量分别为1600MPa、2000MPa、2400MPa、3200MPa、4000MPa、8000MPa时，K_1相比于沥青面层弹性模量为1200MPa时分别减小了5.84%、10.34%、14.06%、19.36%、23.61%、34.75%。

应力吸收层弹性模量为400MPa，沥青面层弹性模量分别为1600MPa、2000MPa、2400MPa、3200MPa、4000MPa、8000MPa时，K_1相比于沥青面层弹性模量为1200MPa时分别减小了6.31%、10.81%、14.64%、20.50%、24.77%、36.49%。

应力吸收层弹性模量为800MPa，沥青面层弹性模量分别为1600MPa、2000MPa、2400MPa、3200MPa、4000MPa、8000MPa时，K_1相比于沥青面层弹性模量为1200MPa时分别减小了6.52%、11.49%、15.74%、22.13%、26.81%、39.86%。

2）沥青面层弹性模量一定时，随着应力吸收层弹性模量的增大，K_1逐渐增大

沥青面层弹性模量为1200MPa，应力吸收层弹性模量分别为120MPa、160MPa、200MPa、240MPa、320MPa、400MPa时，K_1相比于应力吸收层弹性模量为800MPa时分别减小了75.32%、68.79%、62.70%、57.02%、46.52%、37.02%。

沥青面层弹性模量为1600MPa，应力吸收层弹性模量为分别120MPa、160MPa、200MPa、240MPa、320MPa、400MPa时，K_1相比于应力吸收层弹性模量为

800MPa 时分别减小了 74.66%、68.13%、62.06%、56.45%、46.13%、36.87%。

沥青面层弹性模量为 2000MPa，应力吸收层弹性模量分别为 120MPa、160MPa、200MPa、240MPa、320MPa、400MPa 时，K_1 相比于应力吸收层弹性模量为 800MPa 时分别减小了 74.20%、67.63%、61.70%、56.09%、45.83%、36.54%。

沥青面层弹性模量为 2400MPa，应力吸收层弹性模量分别为 120MPa、160MPa、200MPa、240MPa、320MPa、400MPa 时，K_1 相比于应力吸收层弹性模量为 800MPa 时分别减小了 73.74%、67.17%、61.11%、55.56%、45.45%、36.20%。

沥青面层弹性模量为 3200MPa，应力吸收层弹性模量分别为 120MPa、160MPa、200MPa、240MPa、320MPa、400MPa 时，K_1 相比于应力吸收层弹性模量为 800MPa 时分别减小了 72.86%、66.30%、60.29%、54.83%、44.63%、35.70%。

沥青面层弹性模量为 4000MPa，应力吸收层弹性模量分别为 120MPa、160MPa、200MPa、240MPa、320MPa、400MPa 时，K_1 相比于应力吸收层弹性模量为 800MPa 时分别减小了 72.09%、65.50%、59.69%、54.07%、44.19%、35.27%。

沥青面层弹性模量为 8000MPa，应力吸收层弹性模量分别为 120MPa、160MPa、200MPa、240MPa、320MPa、400MPa 时，K_1 相比于应力吸收层弹性模量为 800MPa 时分别减小了 69.81%、63.21%、57.31%、51.89%、41.98%、33.49%。

5.2.4.7 基于正交试验设计的沥青面层与应力吸收层厚度对反射裂缝的影响

为了研究在周期性温度场下沥青面层厚度与应力吸收层厚度对裂缝扩展的影响，将模型 7 月日照时间设为 12h，风速设为 2m/s，日辐射总量设为 25MJ/m^2。在其他条件不变的基础上，分别设沥青面层厚度为 6cm、12cm、24cm，应力吸收层厚度为 1cm、2cm、3cm，进行正交试验。不同应力吸收层厚度、不同沥青面层厚度时的 K_1 最大值如图 5-15 所示。

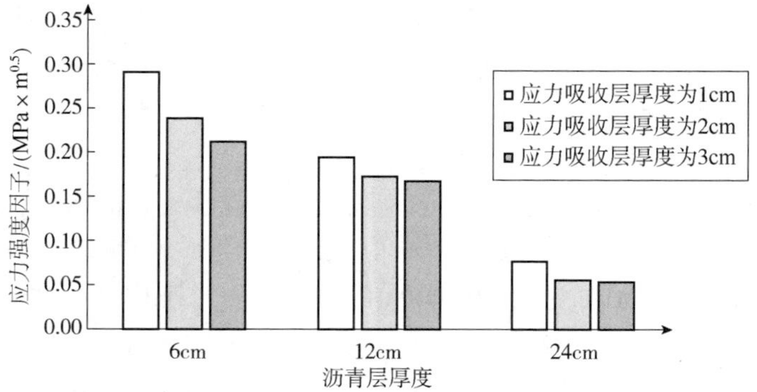

图 5-15 不同应力吸收层厚度、不同沥青面层厚度时的 K_1 最大值

1) 应力吸收层厚度一定时，随着沥青面层厚度的增大，K_1 逐渐减小

应力吸收层厚度为 1cm，沥青面层厚度分别为 12cm、24cm 时，K_1 相比于沥青面层厚度为 6cm 时分别减小了 33.32%、73.48%。

应力吸收层厚度为 2cm，沥青面层厚度分别为 12cm、24cm 时，K_1 相比于沥青面层厚度为 6cm 时分别减小了 26.73%、76.06%。

应力吸收层厚度为 3cm，沥青面层厚度分别为 12cm、24cm 时，K_1 相比于沥青面层厚度为 6cm 时分别减小了 20.56%、74.29%。

2) 沥青面层厚度一定时，随着应力吸收层厚度的增大，K_1 逐渐减小

沥青面层厚度为 6cm，应力吸收层厚度分别为 2cm、3cm 时，K_1 相比于应力吸收层厚度为 1cm 时分别减小了 18.36%、26.99%。

沥青面层厚度为 12cm，应力吸收层厚度分别为 2cm、3cm 时，K_1 相比于应力吸收层厚度为 1cm 时分别减小了 10.29%、13.01%。

沥青面层厚度为 24cm，应力吸收层厚度分别为 2cm、3cm 时，K_1 相比于应力吸收层厚度为 1cm 时分别减小了 2.31%、29.21%。

综上，在周期性温度荷载作用下，应力吸收层厚度的增加可以有效减缓反射裂缝的扩展，但应力吸收层厚度大于 2cm 时，K_1 的减小幅度很小。

5.2.4.8　灰色关联分析法分析各因素对反射裂缝的影响

采用灰色关联分析法，分析各因素对路面结构一 K_1 的影响程度，具体分析过程如下：

1) 参考序列与比较序列指标选取

将不同影响因素下的 K_1 作为为评价指标，选取风速、日辐射总量、日照时间、水泥混凝土路面板弹性模量、基层弹性模量、路基弹性模量、沥青面层弹性模量、应力吸收层弹性模量为比较序列指标，分别记作 X_1、X_2、X_3、X_4、X_5、X_6、X_7、X_8。

2) 模型建立

在进行灰色关联分析时，须在参考序列与比较序列之间建立联系，即建立灰色关联分析模型。假设 $X_0(k)=f(X_i(k))$，则变量 $X_i(k)$ 与 $X_0(k)$ 按照映射 f 关联，其中 $X_0(k)$ 为参考序列指标，$X_i(k)$ 为比较序列指标。

选取 42 组试验结果进行研究，形成灰色关联分析试验表，其中比较序列数据、参考序列数据见表 5-12。

3) 影响因素关联分析

对表 5-12 中的数据进行处理，得到不同比较因素和参考因素的关联度结果，见表 5-13。

比较序列与参考序列数据 表 5-12

序列	比较序列								参考序列
	风速/(m/s)	日辐射总量/(MJ/m^2)	日照时间/h	水泥混凝土路面板弹性模量/MPa	基层弹性模量/MPa	路基弹性模量/MPa	沥青面层弹性模量/MPa	应力吸收层弹性模量/MPa	K_1
1	1	25	12	30000	2600	40	2000	200	0. 256
2	2	25	12	30000	2600	40	2000	200	0. 239
3	4	25	12	30000	2600	40	2000	200	0. 215
4	6	25	12	30000	2600	40	2000	200	0. 198
5	8	25	12	30000	2600	40	2000	200	0. 186
6	2	15	12	30000	2600	40	2000	200	0. 175
7	2	20	12	30000	2600	40	2000	200	0. 207
8	2	25	12	30000	2600	40	2000	200	0. 239
9	2	30	12	30000	2600	40	2000	200	0. 271
10	2	25	6	30000	2600	40	2000	200	0. 247
11	2	25	8	30000	2600	40	2000	200	0. 239
12	2	25	10	30000	2600	40	2000	200	0. 239
13	2	25	12	30000	2600	40	2000	200	0. 239
14	2	25	12	18000	2600	40	2000	200	0. 245
15	2	25	12	24000	2600	40	2000	200	0. 242
16	2	25	12	30000	2600	40	2000	200	0. 239
17	2	25	12	36000	2600	40	2000	200	0. 237
18	2	25	12	42000	2600	40	2000	200	0. 235
19	2	25	12	30000	1560	40	2000	200	0. 244
20	2	25	12	30000	2080	40	2000	200	0. 242
21	2	25	12	30000	2600	40	2000	200	0. 239
22	2	25	12	30000	3120	40	2000	200	0. 237
23	2	25	12	30000	3640	40	2000	200	0. 235
24	2	25	12	30000	2600	24	2000	200	0. 177

续上表

序列	比较序列								参考序列
	风速/(m/s)	日辐射总量/(MJ/m^2)	日照时间/h	水泥混凝土路面板弹性模量/MPa	基层弹性模量/MPa	路基弹性模量/MPa	沥青面层弹性模量/MPa	应力吸收层弹性模量/MPa	K_1
25	2	25	12	30000	2600	32	2000	200	0. 211
26	2	25	12	30000	2600	40	2000	200	0. 239
27	2	25	12	30000	2600	48	2000	200	0. 263
28	2	25	12	30000	2600	56	2000	200	0. 283
29	2	25	12	30000	2600	40	1200	200	0. 263
30	2	25	12	30000	2600	40	1600	200	0. 250
31	2	25	12	30000	2600	40	2000	200	0. 239
32	2	25	12	30000	2600	40	2400	200	0. 231
33	2	25	12	30000	2600	40	3200	200	0. 218
34	2	25	12	30000	2600	40	4000	200	0. 208
35	2	25	12	30000	2600	40	8000	200	0. 181
36	2	25	12	30000	2600	40	2000	120	0. 161
37	2	25	12	30000	2600	40	2000	160	0. 202
38	2	25	12	30000	2600	40	2000	200	0. 239
39	2	25	12	30000	2600	40	2000	240	0. 274
40	2	25	12	30000	2600	40	2000	320	0. 338
41	2	25	12	30000	2600	40	2000	400	0. 396
42	2	25	12	30000	2600	40	2000	800	0. 624

参考序列与比较序列关联度　　　　表 5-13

比 较 序 列	关联度	比 较 序 列	关联度
风速	0. 758	基层弹性模量	0. 954
日辐射总量	0. 962	路基弹性模量	0. 960
日照时间	0. 956	沥青面层弹性模量	0. 938
水泥混凝土路面板弹性模量	0. 954	应力吸收层弹性模量	0. 963

由表 5-13 可知,各影响因素关联度都在 0.75 以上,说明各因素变异性与强度变异性的关联性较好。

对于路面结构一的 K_1,各因素影响程度大小为:应力吸收层弹性模量>日辐射总量>路基弹性模量>日照时间>基层弹性模量>水泥混凝土路面板弹性模量>沥青面层弹性模量>风速。

4)灵敏性分析

根据分析结果可知,虽然风速、日辐射总量、日照时间、水泥板混凝土面板弹性模量、基层弹性模量、路基弹性模量、沥青面层弹性模量、应力吸收层弹性模量与 K_1 关联性都较好,但它们的敏感性不同,因此分析这 8 个因素对 K_1 的敏感性。由于这 8 个因素量纲不一致,因此进行灵敏性分析前对所有因素进行了归一化处理,见表 5-14。

均 一 化 结 果　　表 5-14

序列	风速	日辐射总量	日照时间	水泥混凝土路面板弹性模量	基层弹性模量	路基弹性模量	沥青面层弹性模量	应力吸收层弹性模量
1	0.000	0.667	1.000	0.500	0.500	0.500	0.118	0.118
2	0.143	0.667	1.000	0.500	0.500	0.500	0.118	0.118
3	0.429	0.667	1.000	0.500	0.500	0.500	0.118	0.118
4	0.714	0.667	1.000	0.500	0.500	0.500	0.118	0.118
5	1.000	0.667	1.000	0.500	0.500	0.500	0.118	0.118
6	0.143	0.000	1.000	0.500	0.500	0.500	0.118	0.118
7	0.143	0.333	1.000	0.500	0.500	0.500	0.118	0.118
8	0.143	0.667	1.000	0.500	0.500	0.500	0.118	0.118
9	0.143	1.000	1.000	0.500	0.500	0.500	0.118	0.118
10	0.143	0.667	0.000	0.500	0.500	0.500	0.118	0.118
11	0.143	0.667	0.333	0.500	0.500	0.500	0.118	0.118
12	0.143	0.667	0.667	0.500	0.500	0.500	0.118	0.118
13	0.143	0.667	1.000	0.500	0.500	0.500	0.118	0.118
14	0.143	0.667	1.000	0.000	0.500	0.500	0.118	0.118
15	0.143	0.667	1.000	0.250	0.500	0.500	0.118	0.118
16	0.143	0.667	1.000	0.500	0.500	0.500	0.118	0.118
17	0.143	0.667	1.000	0.750	0.500	0.500	0.118	0.118
18	0.143	0.667	1.000	1.000	0.500	0.500	0.118	0.118
19	0.143	0.667	1.000	0.500	0.000	0.500	0.118	0.118

续上表

序列	风速	日辐射总量	日照时间	水泥混凝土路面板弹性模量	基层弹性模量	路基弹性模量	沥青面层弹性模量	应力吸收层弹性模量
20	0.143	0.667	1.000	0.500	0.250	0.500	0.118	0.118
21	0.143	0.667	1.000	0.500	0.500	0.500	0.118	0.118
22	0.143	0.667	1.000	0.500	0.750	0.500	0.118	0.118
23	0.143	0.667	1.000	0.500	1.000	0.500	0.118	0.118
24	0.143	0.667	1.000	0.500	0.500	0.000	0.118	0.118
25	0.143	0.667	1.000	0.500	0.500	0.250	0.118	0.118
26	0.143	0.667	1.000	0.500	0.500	0.500	0.118	0.118
27	0.143	0.667	1.000	0.500	0.500	0.750	0.118	0.118
28	0.143	0.667	1.000	0.500	0.500	1.000	0.118	0.118
29	0.143	0.667	1.000	0.500	0.500	0.500	0.000	0.118
30	0.143	0.667	1.000	0.500	0.500	0.500	0.059	0.118
31	0.143	0.667	1.000	0.500	0.500	0.500	0.118	0.118
32	0.143	0.667	1.000	0.500	0.500	0.500	0.176	0.118
33	0.143	0.667	1.000	0.500	0.500	0.500	0.294	0.118
34	0.143	0.667	1.000	0.500	0.500	0.500	0.412	0.118
35	0.143	0.667	1.000	0.500	0.500	0.500	1.000	0.118
36	0.143	0.667	1.000	0.500	0.500	0.500	0.118	0.000
37	0.143	0.667	1.000	0.500	0.500	0.500	0.118	0.059
38	0.143	0.667	1.000	0.500	0.500	0.500	0.118	0.118
39	0.143	0.667	1.000	0.500	0.500	0.500	0.118	0.176
40	0.143	0.667	1.000	0.500	0.500	0.500	0.118	0.294
41	0.143	0.667	1.000	0.500	0.500	0.500	0.118	0.412
42	0.143	0.667	1.000	0.500	0.500	0.500	0.118	1.000

计算各因素灵敏度因子,见表 5-15~表 5-23。

风速敏感性分析　　表 5-15

风速	1	2	4	6	8
K_1	—	0.164	0.2	0.16	0.122

日辐射总量敏感性分析 表 5-16

日辐射总量	15	20	25	30
K_1	—	0. 097	0. 096	0. 096

日照时间敏感性分析 表 5-17

日照时间	6	8	10	12
K_1	—	0. 025	0. 000	0. 000

水泥混凝土路面板弹性模量敏感性分析 表 5-18

水泥混凝土路面板弹性模量	18000	24000	30000	36000	42000
K_1	—	0. 012	0. 01	0. 009	0. 008

基层弹性模量敏感性分析 表 5-19

基层弹性模量	1560	2080	2600	3120	3640
K_1	—	0. 01	0. 01	0. 009	0. 009

路基弹性模量敏感性分析 表 5-20

路基弹性模量	24	32	40	48	56
K_1	—	0. 136	0. 112	0. 095	0. 081

沥青面层弹性模量敏感性分析 表 5-21

沥青面层弹性模量	1200	1600	2000	2400	3200	4000	8000
K_1	—	0. 221	0. 187	0. 136	0. 111	0. 085	0. 046

应力吸收层弹性模量敏感性分析 表 5-22

应力吸收层弹性模量	120	160	200	240	320	400	800
K_1	—	0. 697	0. 629	0. 595	0. 544	0. 493	0. 388

不同因素敏感性结果 表 5-23

因素	风速	日辐射总量	日照时间	水泥混凝土路面板弹性模量
敏感性	0. 077	0. 096	0. 008	0. 010
因素	基层弹性模量	路基弹性模量	沥青面层弹性模量	应力吸收层弹性模量
敏感性	0. 010	0. 106	0. 131	0. 558

根据上述计算结果可知,对于 K_1,8 种因素按灵敏度排序为:应力吸收层弹性模量>沥青面层弹性模量>路基弹性模量>日辐射总量>风速>基层弹性模量>水泥混凝土路面板弹性模量>日照时间。应力吸收层弹性模量的区分度大,而日照时间的区分度最小。

采用灰色关联分析法,分析各因素对路面结构二 K_1 的影响程度,具体分析过程如下:

1)参考序列与比较序列指标选取

将不同影响因素下的 K_1 作为为评价指标,选取风速、日辐射总量、日照时间、水泥混凝土路面板弹性模量、基层弹性模量、路基弹性模量为比较序列指标,分别记作 X_1、X_2、X_3、X_4、X_5、X_6。

2)模型建立

选取 28 组试验结果进行研究,形成灰色关联分析试验表,比较序列数据、参考序列数据见表 5-24。

比较序列与参考序列数据　　　　表 5-24

序列	比较序列						参考序列
	风速/(m/s)	日辐射总量/(MJ/m^2)	日照时间/h	水泥混凝土路面板弹性模量/MPa	基层弹性模量/MPa	路基弹性模量/MPa	K_1
1	1	25	12	30000	2600	40	1.640
2	2	25	12	30000	2600	40	1.533
3	4	25	12	30000	2600	40	1.379
4	6	25	12	30000	2600	40	1.276
5	8	25	12	30000	2600	40	1.202
6	2	15	12	30000	2600	40	1.131
7	2	20	12	30000	2600	40	1.331
8	2	25	12	30000	2600	40	1.533
9	2	30	12	30000	2600	40	1.733
10	2	25	6	30000	2600	40	1.552
11	2	25	8	30000	2600	40	1.533
12	2	25	10	30000	2600	40	1.533

续上表

序列	比较序列						参考序列
	风速/(m/s)	日辐射总量/(MJ/m^2)	日照时间/h	水泥混凝土路面板弹性模量/MPa	基层弹性模量/MPa	路基弹性模量/MPa	K_1
13	2	25	12	30000	2600	40	1.533
14	2	25	12	18000	2600	40	1.549
15	2	25	12	24000	2600	40	1.540
16	2	25	12	30000	2600	40	1.533
17	2	25	12	36000	2600	40	1.526
18	2	25	12	42000	2600	40	1.520
19	2	25	12	30000	1560	40	1.550
20	2	25	12	30000	2080	40	1.541
21	2	25	12	30000	2600	40	1.533
22	2	25	12	30000	3120	40	1.524
23	2	25	12	30000	3640	40	1.517
24	2	25	12	30000	2600	24	1.010
25	2	25	12	30000	2600	32	1.282
26	2	25	12	30000	2600	40	1.533
27	2	25	12	30000	2600	48	1.765
28	2	25	12	30000	2600	56	1.980

3)影响因素关联分析

对表5-24中的数据进行处理,得到不同比较因素和参考因素的关联度结果,见表5-25。

参考序列与比较序列关联度 表5-25

关联度	风速	日辐射总量	日照时间	水泥混凝土路面板弹性模量	基层弹性模量	路基弹性模量
K_1	0.743	0.973	0.965	0.962	0.962	0.975

由表5-25可知,各影响因素关联度都在0.75以上,说明各因素变异性与强度

变异性的关联性较好。

对于路面结构二的 K_1，各因素按影响程度大小排序为：路基弹性模量>日辐射总量>日照时间>水泥混凝土路面板弹性模量>基层弹性模量>风速。

4）灵敏性分析

根据试验结果可知，虽然风速、日辐射总量、日照时间、水泥混凝土路面板弹性模量、基层弹性模量、路基弹性模量与应力强度因子关联性较好，但它们的敏感性不同。因此，分析这 6 个因素对 K_1 的敏感性。由于这 6 个因素量纲不一致，因此进行灵敏性分析前对所有因素进行了归一化处理，见表 5-26。

均一化结果　　表 5-26

序列	风速	日辐射总量	日照时间	水泥混凝土路面板弹性模量	基层弹性模量	路基弹性模量
1	0.000	0.667	1.000	0.500	0.500	0.500
2	0.143	0.667	1.000	0.500	0.500	0.500
3	0.429	0.667	1.000	0.500	0.500	0.500
4	0.714	0.667	1.000	0.500	0.500	0.500
5	1.000	0.667	1.000	0.500	0.500	0.500
6	0.143	0.000	1.000	0.500	0.500	0.500
7	0.143	0.333	1.000	0.500	0.500	0.500
8	0.143	0.667	1.000	0.500	0.500	0.500
9	0.143	1.000	1.000	0.500	0.500	0.500
10	0.143	0.667	0.000	0.500	0.500	0.500
11	0.143	0.667	0.333	0.500	0.500	0.500
12	0.143	0.667	0.667	0.500	0.500	0.500
13	0.143	0.667	1.000	0.500	0.500	0.500
14	0.143	0.667	1.000	0.000	0.500	0.500
15	0.143	0.667	1.000	0.250	0.500	0.500
16	0.143	0.667	1.000	0.500	0.500	0.500
17	0.143	0.667	1.000	0.750	0.500	0.500
18	0.143	0.667	1.000	1.000	0.500	0.500
19	0.143	0.667	1.000	0.500	0.000	0.500

续上表

序列	风速	日辐射总量	日照时间	水泥混凝土路面板弹性模量	基层弹性模量	路基弹性模量
20	0.143	0.667	1.000	0.500	0.250	0.500
21	0.143	0.667	1.000	0.500	0.500	0.500
22	0.143	0.667	1.000	0.500	0.750	0.500
23	0.143	0.667	1.000	0.500	1.000	0.500
24	0.143	0.667	1.000	0.500	0.500	0.000
25	0.143	0.667	1.000	0.500	0.500	0.250
26	0.143	0.667	1.000	0.500	0.500	0.500
27	0.143	0.667	1.000	0.500	0.500	0.750
28	0.143	0.667	1.000	0.500	0.500	1.000

计算各因素 K_1，见表 5-27～表 5-33。

风速敏感性分析 表 5-27

风速	1	2	4	6	8
K_1	—	0.772	0.556	0.372	0.267

日辐射总量敏感性分析 表 5-28

日辐射总量	15	20	25	30
K_1	—	0.619	0.625	0.619

日照时间敏感性分析 表 5-29

日照时间	6	8	10	12
K_1	—	0.059	0.000	0.000

水泥混凝土路面板弹性模量敏感性分析 表 5-30

水泥混凝土路面板弹性模量	18000	24000	30000	36000	42000
K_1	—	0.037	0.029	0.029	0.025

基层弹性模量敏感性分析 表 5-31

基层弹性模量	1560	2080	2600	3120	3640
K_1	—	0.037	0.033	0.037	0.029

路基弹性模量敏感性分析　　表 5-32

路基弹性模量	24	32	40	48	56
K_1	—	1.122	1.035	0.957	0.887

不同因素敏感性结果　　表 5-33

因素	风速	日辐射总量	日照时间	水泥混凝土路面板弹性模量	基层弹性模量	路基弹性模量
敏感性	0.492	0.621	0.020	0.030	0.034	1.000

根据上述计算结果,可以看出,对于 K_1,6 种因素按灵敏度排序为:路基弹性模量>日辐射总量>风速>基层弹性模量>水泥混凝土路面板弹性模量>日照时间。因此路基弹性模量的区分度最大,而日照时间的区分度最小。

5.2.5　温度非周期性变化对应力强度因子的影响

模拟温度非周期性变化时,设模型初始温度为 20℃,模型四周施加单向位移约束,底部完全固定,路面结构顶面施加一个随时间变化的温度边界条件,通过位移-温度耦合计算非周期温度场作用下路面结构内部温度应力和应力强度因子。本节首先分析了升温 20℃ 和降温 20℃ 的影响;其次,分别研究降温幅度为 5℃、10℃、15℃、20℃ 时和降温速率在 2.5℃/h、5℃/h、7.5℃/h、10℃/h 时对各路面结构反射裂缝扩展的影响;最后,在上述研究的基础上,固定降温幅度和降温速率,改变路面结构层模量及厚度,研究其对复合式路面反射裂缝扩展的影响程度。标准路面结构一、二在非周期性温度场作用下的应力云图如图 5-16、图 5-17 所示。

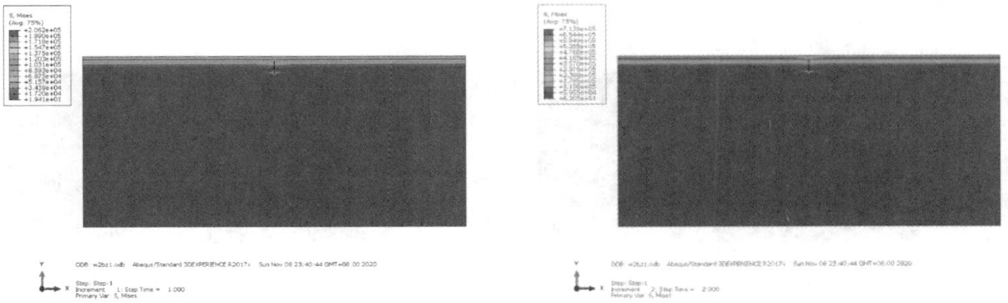

a)降温1h　　b)降温2h

图 5-16

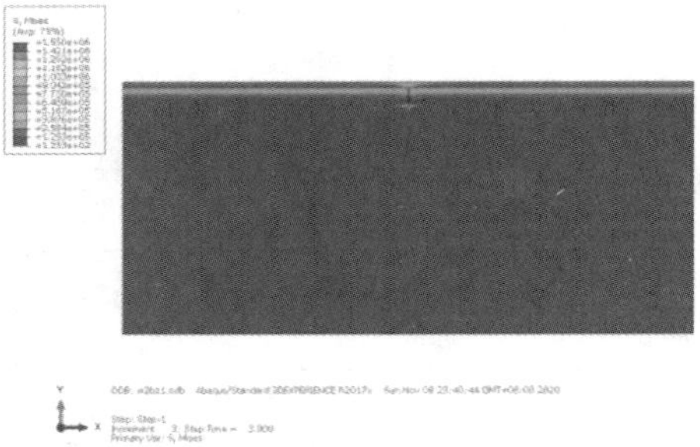

c)降温3h

d)降温4h

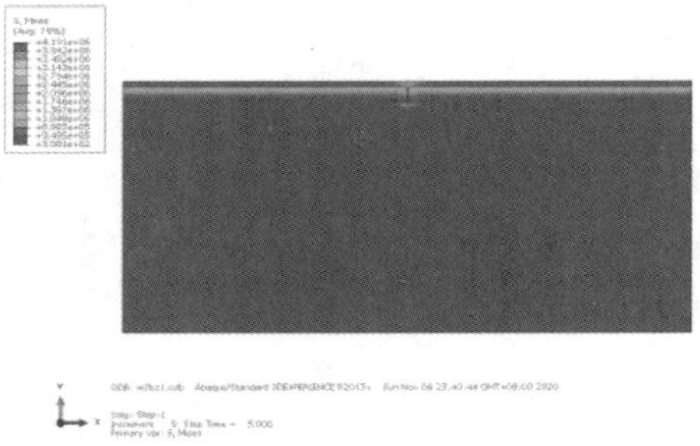

e)降温5h

f)降温6h

图 5-16　标准路面结构一在非周期性温度场作用下的应力云图

a)降温1h

b)降温2h

c)降温3h

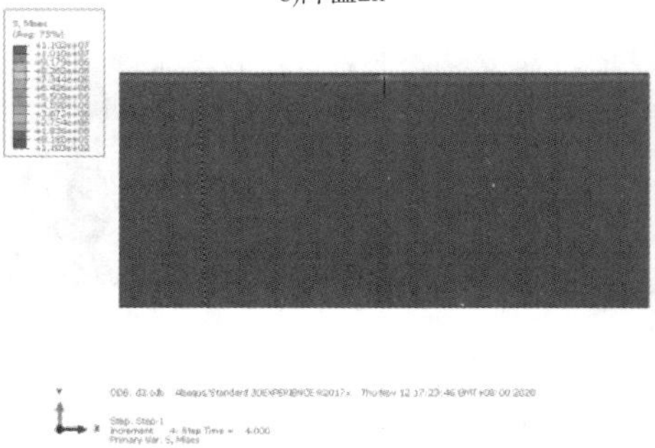

d)降温4h

图　5-17

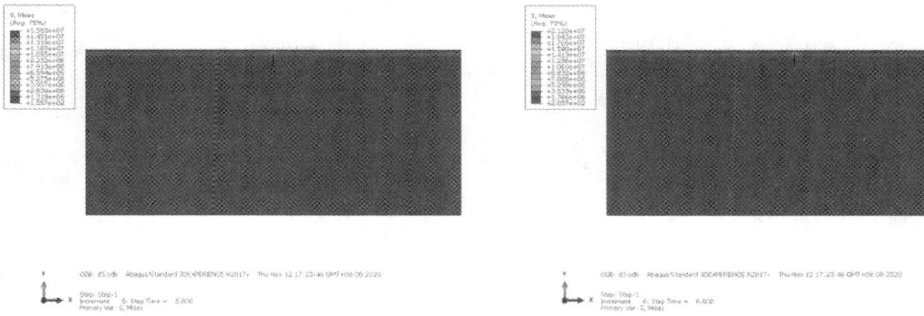

e)降温5h　　f)降温6h

图 5-17 标准路面结构二在非周期性温度场作用下的应力云图

5.2.5.1 升、降温对反射裂缝的影响

在模拟路面结构升降温影响时，设置温度变化速率为 2.5℃/h，时间为 8h，分别计算路表温度由 0℃升至 20℃和由 20℃降至 0℃时，两种路面结构的 K_1，计算结果如图 5-18 所示。

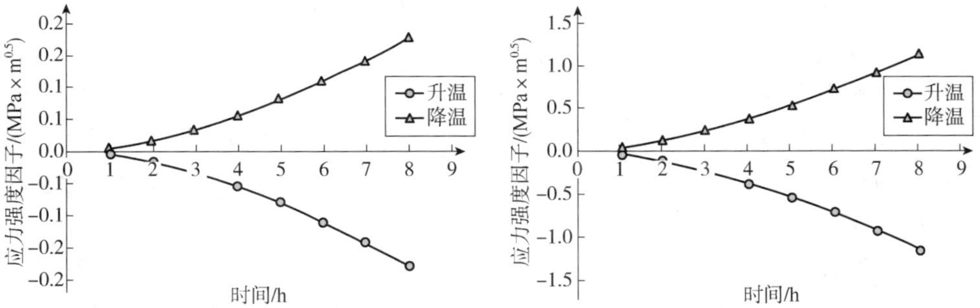

a)路面结构一　　b)路面结构二

图 5-18 升、降温对各路面结构的影响

从图 5-18 中可以看出，无论是否加铺应力吸收层，持续降温时 K_1 的时程曲线与持续升温时 K_1 的时程曲线关于 $y=0$ 对称，最值只是由于加铺层厚度受温度影响而有些许变化。持续降温时 K_1 值全部为正，表示裂缝扩展，主要原因是以 0 时刻的路基路面结构为初始状态，温度降低时 y 方向的应力为拉应力；持续升温时 K_1 值全部为负，表示裂缝闭合，主要原因是以 0 时刻的路基路面结构为初始状态，温度升高时 y 方向的应力为压应力。

5.2.5.2 降温幅度对反射裂缝的影响

在模拟路面结构降温幅度对反射裂缝扩展的影响时，设置降温速率为 2.5℃/h，降温幅度分别为 5℃、10℃、15℃ 和 20℃，即路表温度由初始的 20℃ 分别降至

15℃、10℃、5℃和0℃,降温时间分别为2h、4h、6h和8h,计算两种路面结构在不同降温幅度下的K_1值,计算结果如图5-19所示。

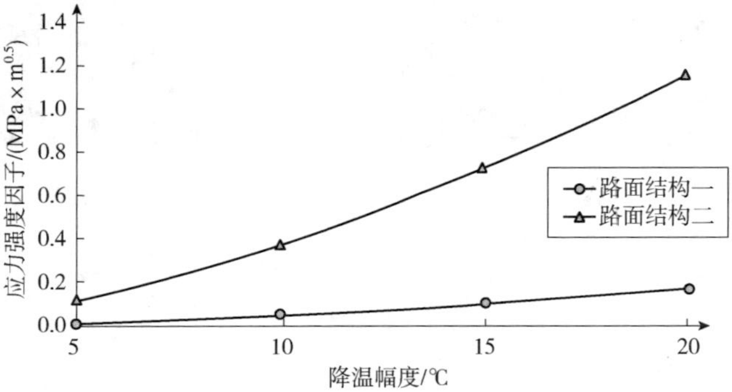

图5-19　降温幅度对各路面结构的影响

从图5-19中可以看出,在相同路面结构下,K_1在路表持续降温时的曲线样式和初始值不受降温幅度的影响,随着温度降低而呈现凹形曲线样式,降温幅度主要影响时程曲线的终值(最大值),降温幅度越大,K_1最大值越大,其主要原因是降温幅度越大导致温度差越大,产生的温度应力越大。

降温幅度分别为5℃、10℃、15℃和20℃时,路面结构一的K_1最大值分别为0.016、0.054、0.109、0.177;路面结构二的K_1最大值分别为0.122、0.380、0.729、1.143。降温幅度从5℃增大到20℃,路面结构一的K_1最大值增幅为836%,路面结构二的K_1最大值增幅为1016%。

比较路面结构一、二的最大应力强度因子,可知加铺应力吸收层后,降温幅度分别为5℃、10℃、15℃和20℃时,对应的最大应力强度因子分别减小了0.106、0.326、0.620、0.966,降幅分别为700%、603%、567%、545%。

5.2.5.3　降温速率对反射裂缝的影响

在模拟路面结构降温速率对反射裂缝扩展的影响时,设置降温幅度为15℃,降温速率分别为2.5℃/h、5℃/h、7.5℃/h和10℃/h,计算两种路面结构在不同降温速率下降温1h后的K_1值,计算结果如图5-20所示。

从图5-20中可以看出,在相同路面结构、相同降温时间下,降温速率越大,K_1值越大。

降温1h,降温速率分别为2.5℃/h、5℃/h、7.5℃/h和10℃/h时,路面结构一的K_1分别为0.0049、0.0098、0.0147、0.0196,路面结构二的K_1值分别为:0.0407、0.0815、0.1222、0.1630。降温速率从2.5℃/h增大到10℃/h,路面结构一、二的K_1值增幅均为300%。

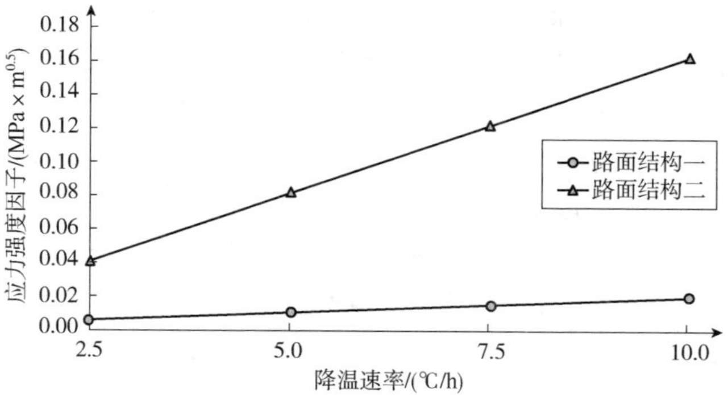

图5-20　降温速率对各路面结构的影响

比较路面结构一、二的应力强度因子,可知加铺应力吸收层后,降温幅度分别为2.5℃/h、5℃/h、7.5℃/h 和 10℃/h 时,对应的应力强度因子分别减小了0.0358、0.0717、0.1075、0.1434,降幅均为731%左右。

5.2.5.4　水泥混凝土路面板弹性模量对反射裂缝的影响

为了研究在非周期性温度场下水泥混凝土路面板弹性模量对裂缝扩展的影响,设置降温幅度为15℃,降温速率为2.5℃/h,降温时间为6h。在其他条件不变的基础上,将水泥混凝土路面板的弹性模量分别设为基准弹性模量的0.6倍、0.8倍、1.0倍、1.2倍、1.4倍,以此研究非周期性温度场下有、无应力吸收层的两种路面结构在不同水泥混凝土路面板弹性模量下对裂缝扩展的影响。水泥混凝土路面板的弹性模量分别设为基准弹性模量的0.6倍、0.8倍、1.0倍、1.2倍、1.4倍时,对应的弹性模量数值分别为18000MPa、24000MPa、30000MPa、36000MPa、42000MPa。计算结果如图5-21所示。

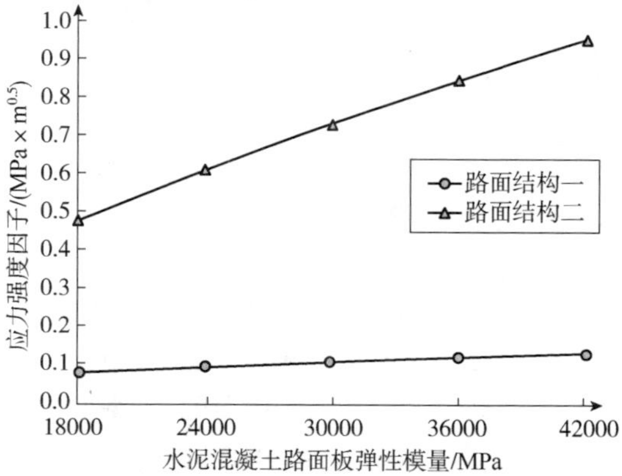

图5-21　水泥混凝土路面板弹性模量对各路面结构的影响

由图 5-21 可知,随着水泥混凝土路面板弹性模量的增大,路面结构一、二的应力强度因子逐渐增加,说明水泥混凝土路面板弹性模量越大裂缝越容易扩展。水泥混凝土路面板弹性模量分别为 18000MPa、24000MPa、30000MPa、36000MPa、42000MPa 时,路面结构一的应力强度因子分别为 0.081、0.096、0.109、0.120、0.130,路面结构二的应力强度因子分别为 0.478、0.608、0.729、0.842、0.948。

比较路面结构一、二的最大应力强度因子,可知加铺应力吸收层后,水泥混凝土路面板弹性模量分别为 18000MPa、24000MPa、30000MPa、36000MPa、42000MPa 时,对应的最大应力强度因子分别减小了 0.397、0.512、0.620、0.721、0.818;降幅分别为 492%、532%、567%、600%、630%。因此,水泥混凝土路面板弹性模量越大,加铺应力吸收层对阻止反射裂缝扩展的影响就越大。

5.2.5.5 基层弹性模量对反射裂缝的影响

为了研究在非周期性温度场下基层弹性模量对裂缝扩展的影响,设置降温幅度为 15℃,降温速率为 2.5℃/h,降温时间为 6h。在其他条件不变的基础上,将基层弹性模量分别设为基准弹性模量的 0.6 倍、0.8 倍、1.0 倍、1.2 倍、1.4 倍,以此研究非周期性温度场下有、无应力吸收层的两种路面结构在不同基层弹性模量下对裂缝扩展的影响。基层弹性模量分别设为基准弹性模量的 0.6 倍、0.8 倍、1.0 倍、1.2 倍、1.4 倍时,对应的弹性模量数值分别为 1560MPa、2080MPa、2600MPa、3120MPa、3640MPa。计算结果如图 5-22 所示。

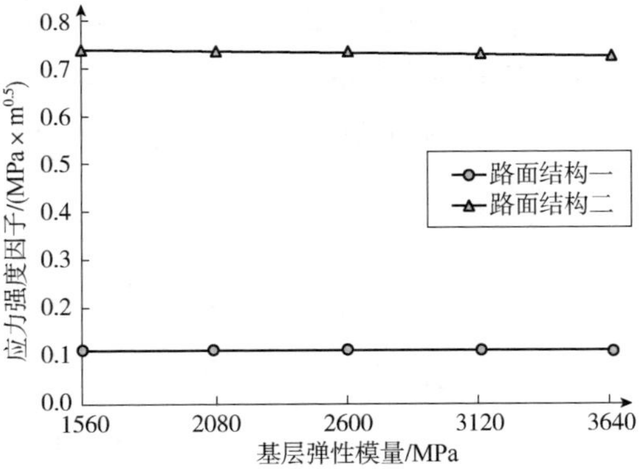

图 5-22 基层弹性模量对各路面结构的影响

由图 5-22 可知,随着基层弹性模量的增大,路面结构一、二的应力强度因子逐渐减小,说明基层弹性模量越大,裂缝越不易扩展。基层弹性模量分别为 1560MPa、2080MPa、2600MPa、3120MPa、3640MPa 时,路面结构一的应力强度因子分别为 0.112、0.110、0.109、0.108、0.107,路面结构二的应力强度因子分别为

0. 737、0. 733、0. 729、0. 725、0. 722。

比较路面结构一、二的最大应力强度因子，可知加铺应力吸收层后，基层弹性模量分别为 1560MPa、2080MPa、2600MPa、3120MPa、3640MPa 时，对应的最大应力强度因子分别减小了 0. 625、0. 622、0. 620、0. 617、0. 615，降幅分别为 560%、564%、567%、571%、574%。因此，基层模量越大，加铺应力吸收层对阻止反射裂缝扩展的影响就越大。

5. 2. 5. 6　路基弹性模量对反射裂缝的影响

为了研究在非周期性温度场下路基弹性模量对裂缝扩展的影响，设置降温幅度为 15℃，降温速率为 2. 5℃/h，降温时间为 6h。在其他条件不变的基础上，将路基弹性模量分别设为基准弹性模量的 0. 6 倍、0. 8 倍、1. 0 倍、1. 2 倍、1. 4 倍，以此研究非周期性温度场下有、无应力吸收层的两种路面结构在不同路基弹性模量下对裂缝扩展的影响。路基弹性模量分别设为基准弹性模量的 0. 6 倍、0. 8 倍、1. 0 倍、1. 2 倍、1. 4 倍时，对应的弹性模量数值分别为 24MPa、32MPa、40MPa、48MPa、56MPa。计算结果如图 5-23 所示。

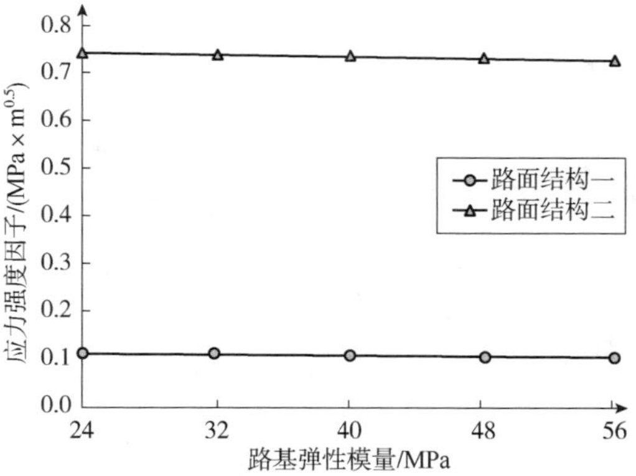

图 5-23　路基弹性模量对各路面结构的影响

由图 5-23 可知，随着路基弹性模量的增大，路面结构一、二的应力强度因子逐渐减小，说明路基弹性模量越大，裂缝越不易扩展。路基弹性模量分别为 24MPa、32MPa、40MPa、48MPa、56MPa 时，路面结构一的应力强度因子分别为 0. 112、0. 110、0. 109、0. 108、0. 107，路面结构二的应力强度因子分别为 0. 736、0. 732、0. 729、0. 726、0. 723。

比较路面结构一、二的最大应力强度因子，可知加铺应力吸收层后，路基弹性模量分别为 24MPa、32MPa、40MPa、48MPa、56MPa 时，对应的最大应力强度因子分别减小了 0. 624、0. 622、0. 620、0. 618、0. 616，降幅分别为 559%、563%、567%、

571%、574%。因此,路基弹性模量越大,加铺应力吸收层对阻止反射裂缝扩展的影响就越大。

5.2.5.7 基于正交试验设计的沥青面层与应力吸收层弹性模量对反射裂缝的影响

为了研究在非周期性温度场下沥青弹性模量与应力吸收层弹性模量对裂缝扩展的影响,在其他条件不变的基础上,将沥青面层、应力吸收层的弹性模量分别设为基准弹性模量的 0.6 倍、0.8 倍、1.0 倍、1.2 倍、1.6 倍、2.0 倍、4.0 倍,以此研究非周期性温度场下不同模量对裂缝扩展的影响。

沥青的弹性模量分别设为基准弹性模量的 0.6 倍、0.8 倍、1.0 倍、1.2 倍、1.6 倍、2.0 倍、4.0 倍时,对应的弹性模量数值分别为 1200MPa、1600MPa、2000MPa、2400MPa、3200MPa、4000MPa、8000MPa;应力吸收层的弹性模量分别设为基准弹性模量的 0.6 倍、0.8 倍、1.0 倍、1.2 倍、1.6 倍、2.0 倍、4.0 倍时,对应的弹性模量数值分别为 120MPa、160MPa、200MPa、240MPa、320MPa、400MPa、800MPa。计算结果如图 5-24 所示。

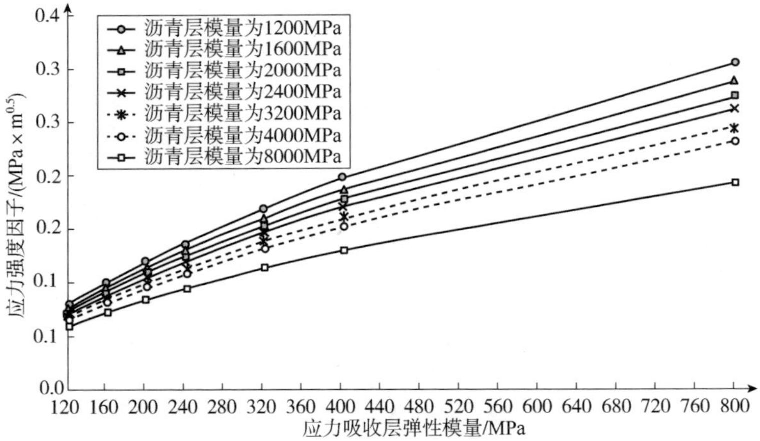

图 5-24 不同应力吸收层弹性模量、不同沥青面层弹性模量时的 K_1

分析最大 K_1 可知:

1)应力吸收层弹性模量一定时,随着沥青面层弹性模量的增加,K_1 逐渐减小

应力吸收层弹性模量为 120MPa,沥青面层弹性模量为 1600MPa、2000MPa、2400MPa、3200MPa、4000MPa、8000MPa 时的 K_1 相比于沥青面层弹性模量为 1200MPa 时分别降低了 4.00%、7.10%、9.62%、13.54%、16.50%、25.05%。

应力吸收层弹性模量为 160MPa,沥青面层弹性模量为 1600MPa、2000MPa、

2400MPa、3200MPa、4000MPa、8000MPa 时的 K_1 相比于沥青面层弹性模量为1200MPa 时分别降低了 4.43%、7.86%、10.64%、14.94%、18.18%、27.44%。

应力吸收层弹性模量为 200MPa，沥青面层弹性模量为 1600MPa、2000MPa、2400MPa、3200MPa、4000MPa、8000MPa 时的 K_1 相比于沥青面层弹性模量为1200MPa 时分别降低了 4.75%、8.42%、11.40%、15.99%、19.44%、29.21%。

应力吸收层弹性模量为 240MPa，沥青面层弹性模量为 1600MPa、2000MPa、2400MPa、3200MPa、4000MPa、8000MPa 时的 K_1 相比于沥青面层弹性模量为1200MPa 时分别降低了 4.99%、8.86%、11.98%、16.80%、20.41%、30.59%。

应力吸收层弹性模量为 320MPa，沥青面层弹性模量为 1600MPa、2000MPa、2400MPa、3200MPa、4000MPa、8000MPa 时的 K_1 相比于沥青面层弹性模量为1200MPa 时分别降低了 5.33%、9.47%、12.81%、17.96%、21.81%、32.57%。

应力吸收层弹性模量为 400MPa，沥青面层弹性模量为 1600MPa、2000MPa、2400MPa、3200MPa、4000MPa、8000MPa 时的 K_1 相比于沥青面层弹性模量为1200MPa 时分别降低了 5.54%、9.85%、13.34%、18.72%、22.73%、33.91%。

应力吸收层弹性模量为 800MPa，沥青面层弹性模量为 1600MPa、2000MPa、2400MPa、3200MPa、4000MPa、8000MPa 时的 K_1 相比于沥青面层弹性模量为1200MPa 时分别降低了 5.75%、10.32%、14.08%、19.92%、24.31%、36.57%。

2）沥青面层弹性模量一定时，随着应力吸收层弹性模量的增加，K_1逐渐增加

沥青面层弹性模量为 1200MPa，应力吸收层弹性模量为 120MPa、160MPa、200MPa、240MPa、320MPa、400MPa 时的 K_1相比于应力吸收层弹性模量为 800MPa时分别降低了 73.83%、67.07%、60.86%、55.09%、44.63%、35.33%。

沥青面层弹性模量为 1600MPa，应力吸收层弹性模量为 120MPa、160MPa、200MPa、240MPa、320MPa、400MPa 时的 K_1相比于应力吸收层弹性模量为 800MPa时分别降低了 73.34%、66.61%、60.44%、54.73%、44.39%、35.18%。

沥青面层弹性模量为 2000MPa，应力吸收层弹性模量为 120MPa、160MPa、200MPa、240MPa、320MPa、400MPa 时的 K_1相比于应力吸收层弹性模量为 800MPa时分别降低了 72.89%、66.17%、60.03%、54.36%、44.10%、34.99%。

沥青面层弹性模量为 2400MPa，应力吸收层弹性模量为 120MPa、160MPa、200MPa、240MPa、320MPa、400MPa 时的 K_1相比于应力吸收层弹性模量为 800MPa时分别降低了 72.47%、65.75%、59.64%、54.00%、43.82%、34.78%。

沥青面层弹性模量为 3200MPa，应力吸收层弹性模量为 120MPa、160MPa、200MPa、240MPa、320MPa、400MPa 时的 K_1相比于应力吸收层弹性模量为 800MPa时分别降低了 71.74%、65.02%、58.94%、53.34%、43.28%、34.36%。

沥青面层弹性模量为 4000MPa,应力吸收层弹性模量为 120MPa、160MPa、200MPa、240MPa、320MPa、400MPa 时的 K_1 相比于应力吸收层弹性模量为 800MPa 时分别降低了 71.13%、64.41%、58.34%、52.78%、42.80%、33.98%。

沥青面层弹性模量为 8000MPa,应力吸收层弹性模量为 120MPa、160MPa、200MPa、240MPa、320MPa、400MPa 时的 K_1 相比于应力吸收层弹性模量为 800MPa 时分别降低了 69.08%、62.33%、56.32%、50.85%、41.14%、32.62%。

5.2.5.8 基于正交试验设计的沥青面层与应力吸收层厚度对反射裂缝的影响

为了研究在非周期性温度场下沥青面层厚度与应力吸收层厚度对裂缝扩展的影响,在其他条件不变的基础上,分别将沥青面层厚度为 6cm、12cm、24cm,应力吸收层厚度为 1cm、2cm、3cm 时进行组合。路面结构一、二的 K_1 时程曲线如图 5-25 所示。

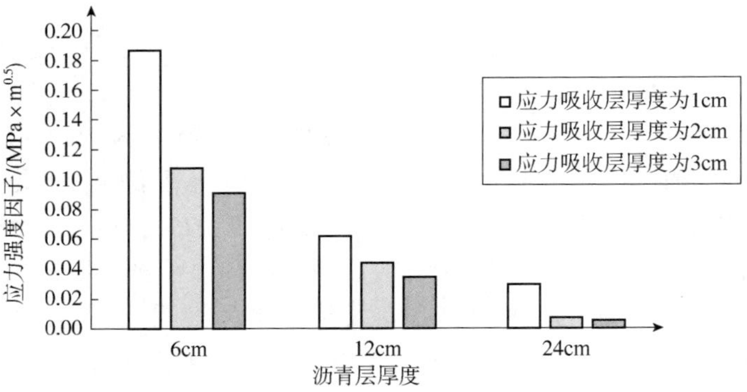

图 5-25 不同应力吸收层厚度、不同沥青面层厚度时的 K_1

1)应力吸收层厚度一定时,随着沥青面层厚度的增加,K_1 逐渐减小

应力吸收层厚度为 1cm,沥青面层厚度为 12cm、24cm 时的 K_1 相比于沥青面层厚度为 6cm 时分别降低了 66.98%、84.21%。

应力吸收层厚度为 2cm,沥青面层厚度为 12cm、24cm 时的 K_1 相比于沥青面层厚度为 6cm 时分别降低了 59.41%、91.76%。

应力吸收层厚度为 3cm,沥青面层厚度为 12cm、24cm 时的 K_1 相比于沥青面层厚度为 6cm 时分别降低了 60.83%、9.17%。

2)沥青面层厚度一定时,随着应力吸收层厚度的增加,K_1 逐渐降低

沥青面层厚度为 6cm,应力吸收层厚度为 2cm、3cm 时的 K_1 相比于应力吸收层厚度为 1cm 时分别降低了 42.14%、51.13%。

沥青面层厚度为 12cm,应力吸收层厚度为 2cm、3cm 时的 K_1 相比于应力吸收

层厚度为 1cm 时分别降低了 28.85%、42.03%。

沥青面层厚度为 24cm，应力吸收层厚度为 2cm、3cm 时的 K_1 相比于应力吸收层厚度为 1cm 时分别降低了 59.80%、78.88%。

综上，在非周期性温度荷载作用下，应力吸收层厚度的增加可以有效减缓反射裂缝的扩展，但应力吸收层厚度大于 2cm 时，应力强度因子的减小幅度很小；同时，沥青面层厚度越大，应力吸收层厚度增加对荷载应力的影响越小。

5.2.5.9　灰色关联分析法分析各因素对反射裂缝的影响

采用灰色关联分析法，分析各因素对路面结构一应力强度因子的影响程度，具体分析过程如下：

1）参考序列与比较序列指标选取

将不同影响因素下的 K_1 作为为评价指标，选取降温幅度、降温速率、水泥混凝土路面板弹性模量、基层弹性模量、路基弹性模量、沥青面层弹性模量、应力吸收层弹性模量为比较序列指标，分别记作 X_1、X_2、X_3、X_4、X_5、X_6、X_7。

2）模型建立

选取 42 组结果进行研究，形成如下灰色关联分析试验表，其中比较序列数据、参考序列数据见表 5-34。

比较序列与参考序列数据　　表 5-34

序列	比较序列							参考序列
	降温幅度/℃	降温速率/(℃/h)	水泥混凝土路面板弹性模量/MPa	基层弹性模量/MPa	路基弹性模量/MPa	沥青面层弹性模量/MPa	应力吸收层弹性模量/MPa	K_1
1	5	2.5	30000	2600	40	2000	200	0.016
2	10	2.5	30000	2600	40	2000	200	0.054
3	15	2.5	30000	2600	40	2000	200	0.109
4	20	2.5	30000	2600	40	2000	200	0.177
5	15	2.5	30000	2600	40	2000	200	0.005
6	15	5.0	30000	2600	40	2000	200	0.010
7	15	7.5	30000	2600	40	2000	200	0.015
8	15	10.0	30000	2600	40	2000	200	0.020
9	15	2.5	18000	2600	40	2000	200	0.081

续上表

序列	比 较 序 列							参考序列
	降温幅度/℃	降温速率/(℃/h)	水泥混凝土路面板弹性模量/MPa	基层弹性模量/MPa	路基弹性模量/MPa	沥青面层弹性模量/MPa	应力吸收层弹性模量/MPa	K_1
10	15	2.5	24000	2600	40	2000	200	0.096
11	15	2.5	30000	2600	40	2000	200	0.109
12	15	2.5	36000	2600	40	2000	200	0.120
13	15	2.5	42000	2600	40	2000	200	0.130
14	15	2.5	30000	1560	40	2000	200	0.112
15	15	2.5	30000	2080	40	2000	200	0.110
16	15	2.5	30000	2600	40	2000	200	0.109
17	15	2.5	30000	3120	40	2000	200	0.108
18	15	2.5	30000	3640	40	2000	200	0.107
19	15	2.5	30000	2600	24	2000	200	0.112
20	15	2.5	30000	2600	32	2000	200	0.110
21	15	2.5	30000	2600	40	2000	200	0.109
22	15	2.5	30000	2600	48	2000	200	0.108
23	15	2.5	30000	2600	56	2000	200	0.107
24	15	2.5	30000	2600	40	1200	200	0.119
25	15	2.5	30000	2600	40	1600	200	0.114
26	15	2.5	30000	2600	40	2000	200	0.109
27	15	2.5	30000	2600	40	2400	200	0.106
28	15	2.5	30000	2600	40	3200	200	0.100
29	15	2.5	30000	2600	40	4000	200	0.096
30	15	2.5	30000	2600	40	8000	200	0.084
31	15	2.5	30000	2600	40	2000	120	0.074
32	15	2.5	30000	2600	40	2000	160	0.092
33	15	2.5	30000	2600	40	2000	200	0.109
34	15	2.5	30000	2600	40	2000	240	0.125

续上表

序列	比较序列							参考序列
	降温幅度/℃	降温速率/(℃/h)	水泥混凝土路面板弹性模量/MPa	基层弹性模量/MPa	路基弹性模量/MPa	沥青面层弹性模量/MPa	应力吸收层弹性模量/MPa	K_1
35	15	2.5	30000	2600	40	2000	320	0.153
36	15	2.5	30000	2600	40	2000	400	0.178
37	15	2.5	30000	2600	40	2000	800	0.273

3)影响因素关联分析

对表 5-34 中的数据进行处理,得到不同比较因素和参考因素的关联度结果,见表 5-35。

参考序列与比较序列关联度　　表 5-35

关联度	降温幅度	降温速率	水泥混凝土路面板弹性模量	基层弹性模量	路基弹性模量	沥青面层弹性模量	应力吸收层弹性模量
K_1	0.692	0.614	0.628	0.628	0.628	0.636	0.630

由表 5-35 可知,各影响因素关联度都在 0.75 以上,说明各因素变异性对强度变异性的关联性较好。对于 K_1,按各因素影响程度大小进行排序为:降温幅度>沥青面层弹性模量>应力吸收层弹性模量>基层弹性模量>路基弹性模量>水泥混凝土路面板弹性模量>降温速率。

4)灵敏性分析

根据试验结果可知,虽然降温幅度、降温速率、水泥混凝土路面板弹性模量、基层弹性模量、路基弹性模量、沥青面层弹性模量、应力吸收层弹性模量与 K_1 关联性较好,但它们的敏感性不同,因此分析这 7 个因素对 K_1 的敏感性。由于这 7 个因素量纲不一致,因此灵敏性分析前对所有因素进行了归一化处理,结果见表 5-36。

均一化结果　　表 5-36

序列	降温幅度	降温速率	水泥混凝土路面板弹性模量	基层弹性模量	路基弹性模量	沥青面层弹性模量	应力吸收层弹性模量
1	0.000	0.000	0.500	0.500	0.500	0.118	0.118
2	0.333	0.000	0.500	0.500	0.500	0.118	0.118

续上表

序列	降温幅度	降温速率	水泥混凝土路面板弹性模量	基层弹性模量	路基弹性模量	沥青面层弹性模量	应力吸收层弹性模量
3	0.667	0.000	0.500	0.500	0.500	0.118	0.118
4	1.000	0.000	0.500	0.500	0.500	0.118	0.118
5	0.667	0.000	0.500	0.500	0.500	0.118	0.118
6	0.667	0.333	0.500	0.500	0.500	0.118	0.118
7	0.667	0.667	0.500	0.500	0.500	0.118	0.118
8	0.667	1.000	0.500	0.500	0.500	0.118	0.118
9	0.667	0.000	0.000	0.500	0.500	0.118	0.118
10	0.667	0.000	0.250	0.500	0.500	0.118	0.118
11	0.667	0.000	0.500	0.500	0.500	0.118	0.118
12	0.667	0.000	0.750	0.500	0.500	0.118	0.118
13	0.667	0.000	1.000	0.500	0.500	0.118	0.118
14	0.667	0.000	0.500	0.000	0.500	0.118	0.118
15	0.667	0.000	0.500	0.250	0.500	0.118	0.118
16	0.667	0.000	0.500	0.500	0.500	0.118	0.118
17	0.667	0.000	0.500	0.750	0.500	0.118	0.118
18	0.667	0.000	0.500	1.000	0.500	0.118	0.118
19	0.667	0.000	0.500	0.500	0.000	0.118	0.118
20	0.667	0.000	0.500	0.500	0.250	0.118	0.118
21	0.667	0.000	0.500	0.500	0.500	0.118	0.118
22	0.667	0.000	0.500	0.500	0.750	0.118	0.118
23	0.667	0.000	0.500	0.500	1.000	0.118	0.118
24	0.667	0.000	0.500	0.500	0.500	0.000	0.118
25	0.667	0.000	0.500	0.500	0.500	0.059	0.118
26	0.667	0.000	0.500	0.500	0.500	0.118	0.118
27	0.667	0.000	0.500	0.500	0.500	0.176	0.118
28	0.667	0.000	0.500	0.500	0.500	0.294	0.118
29	0.667	0.000	0.500	0.500	0.500	0.412	0.118

续上表

序列	降温幅度	降温速率	水泥混凝土路面板弹性模量	基层弹性模量	路基弹性模量	沥青面层弹性模量	应力吸收层弹性模量
30	0.667	0.000	0.500	0.500	0.500	1.000	0.118
31	0.667	0.000	0.500	0.500	0.500	0.118	0.000
32	0.667	0.000	0.500	0.500	0.500	0.118	0.059
33	0.667	0.000	0.500	0.500	0.500	0.118	0.118
34	0.667	0.000	0.500	0.500	0.500	0.118	0.176
35	0.667	0.000	0.500	0.500	0.500	0.118	0.294
36	0.667	0.000	0.500	0.500	0.500	0.118	0.412
37	0.667	0.000	0.500	0.500	0.500	0.118	1.000

计算各因素 K_1，见表 5-37～表 5-44。

降温幅度敏感性分析　　表 5-37

降温幅度	5	10	15	20
K_1	—	0.427	0.617	0.760

降温速率敏感性分析　　表 5-38

降温速率	2.5	5	7.5	10
K_1	—	0.055	0.055	0.055

水泥混凝土路面板弹性模量敏感性分析　　表 5-39

水泥混凝土路面板弹性模量	18000	24000	30000	36000	42000
K_1	—	0.231	0.193	0.165	0.143

基层弹性模量敏感性分析　　表 5-40

基层弹性模量	1560	2080	2600	3120	3640
K_1	—	0.019	0.018	0.017	0.016

路基弹性模量敏感性分析　　表 5-41

路基弹性模量	24	32	40	48	56
K_1	—	0.021	0.018	0.015	0.014

沥青面层弹性模量敏感性分析 表 5-42

沥青面层弹性模量	1200	1600	2000	2400	3200	4000	8000
K_1	—	0.359	0.278	0.225	0.174	0.13	0.074

应力吸收层弹性模量敏感性分析 表 5-43

应力吸收层弹性模量	120	160	200	240	320	400	800
K_1	—	1.163	1.062	0.982	0.887	0.789	0.606

不同因素敏感性结果 表 5-44

因素	降温幅度	降温速率	水泥板混凝土面模量	基层弹性模量	路基弹性模量	沥青面层弹性模量	应力吸收层弹性模量
敏感性	0.601	0.055	0.183	0.017	0.017	0.206	0.915

根据上述计算结果可得，对于路面结构一的 K_1，7 种因素灵敏度排序为：应力吸收层弹性模量>降温幅度>沥青面层弹性模量>水泥混凝土路面板弹性模量>降温速率>基层弹性模量>路基弹性模量。因此，应力吸收层模量的区分度最大，而路基模量的区分度最小。

采用灰色关联分析法，分析各因素对路面结构二 K_1 的影响程度，具体分析过程如下：

1）参考序列与比较序列指标选取

将不同影响因素下的 K_1 作为为评价指标，选取降温幅度、降温速率、水泥混凝土路面板弹性模量、基层弹性模量、路基弹性模量为比较序列指标，分别记作 X_1、X_2、X_3、X_4、X_5。

2）模型建立

选取 23 组试验结果进行研究，形成如下灰色关联分析试验表，其中比较序列数据、参考序列数据见表 5-45。

比较序列与参考序列数据 表 5-45

序列	比 较 序 列					参考序列
	降温幅度/℃	降温速率/(℃/h)	水泥混凝土路面板弹性模量/MPa	基层弹性模量/MPa	路基弹性模量/MPa	K_1
1	5	2.5	30000	2600	40	0.122
2	10	2.5	30000	2600	40	0.380
3	15	2.5	30000	2600	40	0.729

续上表

序列	比 较 序 列					参考序列
	降温幅度/℃	降温速率/(℃/h)	水泥混凝土路面板弹性模量/MPa	基层弹性模量/MPa	路基弹性模量/MPa	K_1
4	20	2.5	30000	2600	40	1.143
5	15	2.5	30000	2600	40	0.041
6	15	5.0	30000	2600	40	0.081
7	15	7.5	30000	2600	40	0.122
8	15	10.0	30000	2600	40	0.163
9	15	2.5	18000	2600	40	0.478
10	15	2.5	24000	2600	40	0.608
11	15	2.5	30000	2600	40	0.729
12	15	2.5	36000	2600	40	0.842
13	15	2.5	42000	2600	40	0.948
14	15	2.5	30000	1560	40	0.737
15	15	2.5	30000	2080	40	0.733
16	15	2.5	30000	2600	40	0.729
17	15	2.5	30000	3120	40	0.725
18	15	2.5	30000	3640	40	0.722
19	15	2.5	30000	2600	24	0.736
20	15	2.5	30000	2600	32	0.732
21	15	2.5	30000	2600	40	0.729
22	15	2.5	30000	2600	48	0.726
23	15	2.5	30000	2600	56	0.723

3)影响因素关联分析

对表 5-45 中的数据进行处理,得到不同比较因素和参考因素的关联度结果,见表 5-46。

参考序列与比较序列关联度　　表 5-46

关联度	降温幅度	降温速率	水泥混凝土路面板弹性模量	基层弹性模量	路基弹性模量
K_1	0.625	0.534	0.568	0.569	0.569

由表 5-46 可知,各影响因素关联度都在 0.75 以上,说明各因素变异性与强度变异性的关联性较好。对于 K_1,按各因素影响程度大小排序为:降温幅度>基层弹性模量>路基弹性模量>水泥混凝土路面板弹性模量>降温速率。

4)灵敏性分析

根据试验结果可知,虽然降温幅度、降温速率、水泥混凝土路面板弹性模量、基层弹性模量、路基弹性模量与 K_1 关联性较好,但它们的敏感性不同,因此分析这 5 个因素对 K_1 敏感性。由于这 5 个因素量纲不一致,因此灵敏性分析前对所有因素进行了归一化处理,结果见表 5-47。

均 一 化 结 果 表 5-47

序列	降温幅度	降温速率	水泥混凝土路面板弹性模量	基层弹性模量	路基弹性模量
1	0.000	0.000	0.500	0.500	0.500
2	0.333	0.000	0.500	0.500	0.500
3	0.667	0.000	0.500	0.500	0.500
4	1.000	0.000	0.500	0.500	0.500
5	0.667	0.000	0.500	0.500	0.500
6	0.667	0.333	0.500	0.500	0.500
7	0.667	0.667	0.500	0.500	0.500
8	0.667	1.000	0.500	0.500	0.500
9	0.667	0.000	0.000	0.500	0.500
10	0.667	0.000	0.250	0.500	0.500
11	0.667	0.000	0.500	0.500	0.500
12	0.667	0.000	0.750	0.500	0.500
13	0.667	0.000	1.000	0.500	0.500
14	0.667	0.000	0.500	0.000	0.500
15	0.667	0.000	0.500	0.250	0.500
16	0.667	0.000	0.500	0.500	0.500
17	0.667	0.000	0.500	0.750	0.500
18	0.667	0.000	0.500	1.000	0.500
19	0.667	0.000	0.500	0.500	0.000

续上表

序列	降温幅度	降温速率	水泥混凝土路面板弹性模量	基层弹性模量	路基弹性模量
20	0. 667	0. 000	0. 500	0. 500	0. 250
21	0. 667	0. 000	0. 500	0. 500	0. 500
22	0. 667	0. 000	0. 500	0. 500	0. 750
23	0. 667	0. 000	0. 500	0. 500	1. 000
24	0. 667	0. 000	0. 500	0. 500	0. 500
25	0. 667	0. 000	0. 500	0. 500	0. 500
26	0. 667	0. 000	0. 500	0. 500	0. 500
27	0. 667	0. 000	0. 500	0. 500	0. 500
28	0. 667	0. 000	0. 500	0. 500	0. 500
29	0. 667	0. 000	0. 500	0. 500	0. 500
30	0. 667	0. 000	0. 500	0. 500	0. 500
31	0. 667	0. 000	0. 500	0. 500	0. 500
32	0. 667	0. 000	0. 500	0. 500	0. 500
33	0. 667	0. 000	0. 500	0. 500	0. 500
34	0. 667	0. 000	0. 500	0. 500	0. 500
35	0. 667	0. 000	0. 500	0. 500	0. 500
36	0. 667	0. 000	0. 500	0. 500	0. 500
37	0. 667	0. 000	0. 500	0. 500	0. 500

计算各因素 K_1，见表 5-48～表 5-53。

降温幅度敏感性分析　　表 5-48

降温幅度	5	10	15	20
K_1	—	0. 702	0. 950	1. 127

降温速率敏感性分析　　表 5-49

降温速率	2. 5	5	7. 5	10
K_1	—	0. 109	0. 112	0. 112

水泥混凝土路面板弹性模量敏感性分析　　表 5-50

水泥混凝土路面板弹性模量	18000	24000	30000	36000	42000
K_1	—	0.472	0.439	0.41	0.385

基层弹性模量敏感性分析　　表 5-51

基层弹性模量	1560	2080	2600	3120	3640
K_1	—	0.015	0.015	0.015	0.011

路基弹性模量敏感性分析　　表 5-52

路基弹性模量	24	32	40	48	56
K_1	—	0.015	0.011	0.011	0.011

不同因素敏感性结果　　表 5-53

因素	降温幅度	降温速率	水泥混凝土路面板弹性模量	基层弹性模量	路基弹性模量
敏感性	0.926	0.111	0.426	0.014	0.012

根据上述计算结果可以看出,对于 K_1,5 种因素按敏感性排序为:降温幅度>水泥混凝土路面板弹性模量>降温速率>基层弹性模量>路基弹性模量。因此,降温幅度的区分度最大,而路基弹性模量的区分度最小。

5.3 交通荷载作用下设置应力吸收层对反射裂缝的影响

交通荷载主要引起张开型反射裂缝和剪切型反射裂缝,在车辆动荷载作用下,复合式路面结构层内呈现拉-压应力和剪切应力交替变化的状态。本节通过建立移动荷载作用时复合式路面三维有限元模型,系统分析了不同复合式路面结构下各结构层弹性模量(面层弹性模量、水泥混凝土路面板弹性模量、基层弹性模量和路基弹性模量)、结构层厚度、超载、车速对反射裂缝扩展的影响。

5.3.1 复合式路面力学分析模型构建

交通荷载单独作用时复合式路面力学分析模型与温度应力分析模型类似,本节模型采取的模型尺寸、材料参数、初始裂缝设置、边界条件和网格划分均与上节相同。但是,为了研究交通荷载对复合式路面反射裂缝的影响,还需要确定移动荷载的作用方式和作用区域。

5.3.1.1　基本假设

考虑到复合式路面水泥混凝土路面板板间接缝及路面结构二特殊的实际工作状态,提出以下简化假定:

①路面各结构层均为无限大的线弹性体,各层之间保持连续。

②路面各结构层材料为均质、各向同性。

③水泥混凝土路面板间接缝的裂缝均贯穿于路面整个宽度,且所有裂缝面均为自由面。

④沥青面层顶面有垂直均布荷载作用,模型无限深处应力、应变和位移均为 0。

5.3.1.2　荷载场确定

建立交通荷载作用的模型时,由于车辆轮胎与路面的接触问题涉及轮胎材料的非线性和轮胎的大变形特性,为了分析的简便和精确,根据作用面积等效原理,本节基准模型采用单轴双轮组标准轴载,接地压强为 $P=0.7\text{MPa}$,轮载作用尺寸为 18.6cm×19.2cm,接触面积为 356.53cm^2,双轮边缘间隙 12.8cm,如图 5-26 所示。

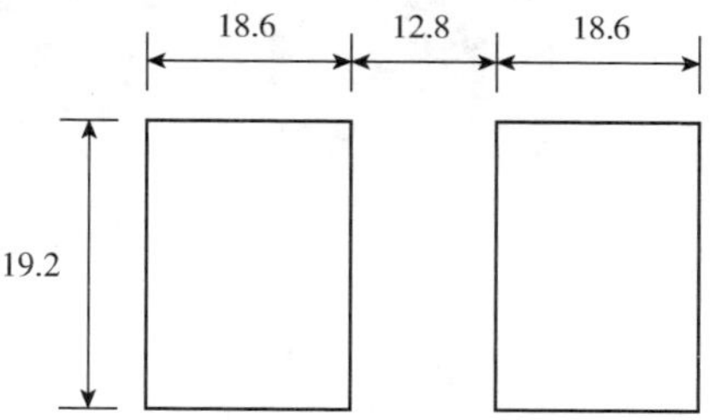

图 5-26　轮载作用尺寸(尺寸单位:cm)

为实现移动荷载的作用,采用显示分析步,编写 DLOAD 用户子程序,在其中设置行车方向和行车速度,实现荷载随时间和空间坐标变化。随着时间变化,荷载沿移动带路径向前移动,用 steptime 与行车速度的乘积来确定车轮荷载的实时位置。标准路面结构一、二在车辆荷载作用下的应力云图分别如图 5-27、图 5-28 所示。

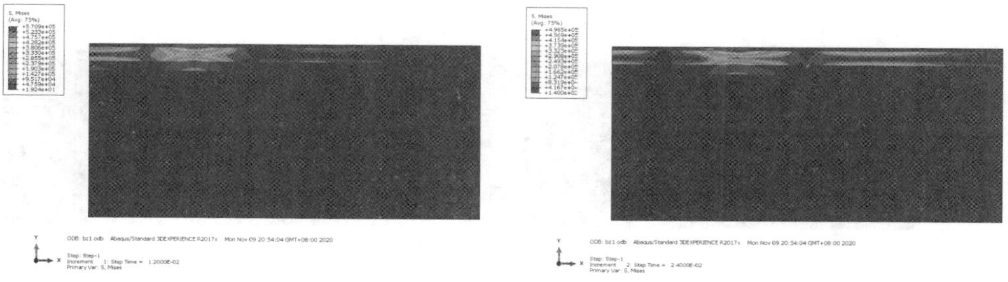

a)incretime 1　　　　b)incretime 2

图　5-27

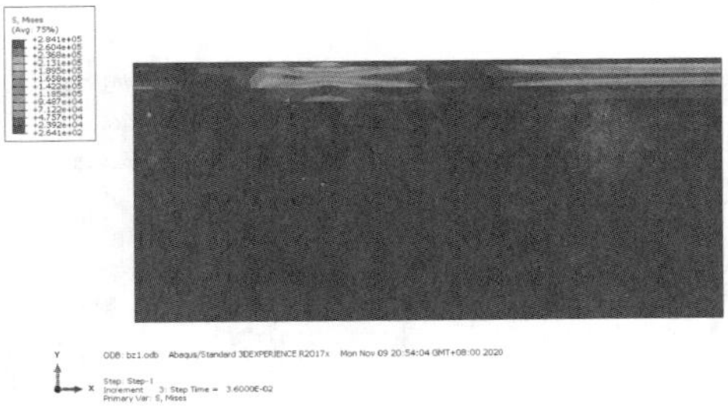

c)incretime 3

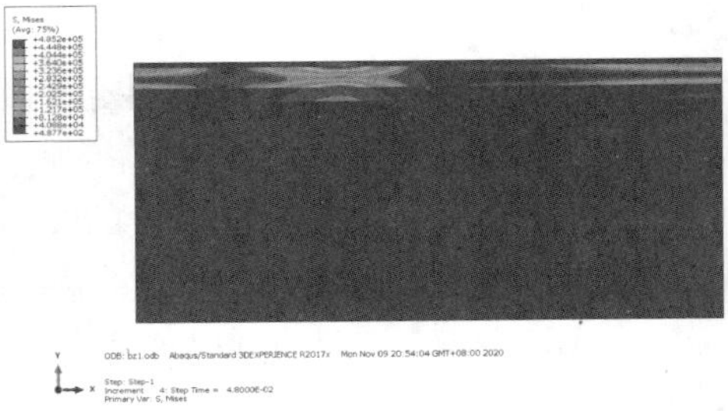

d)incretime 4

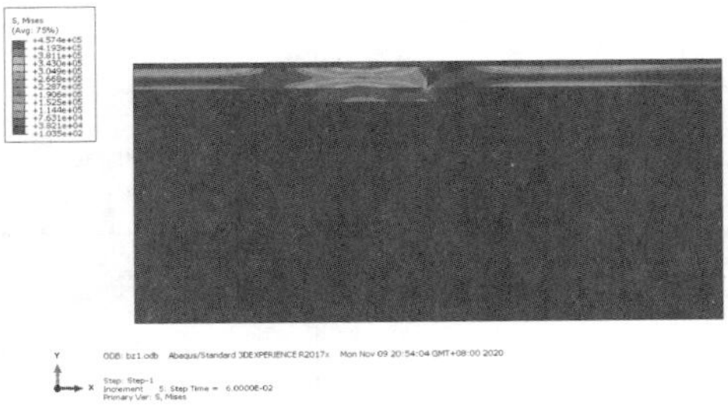

e)incretime 5

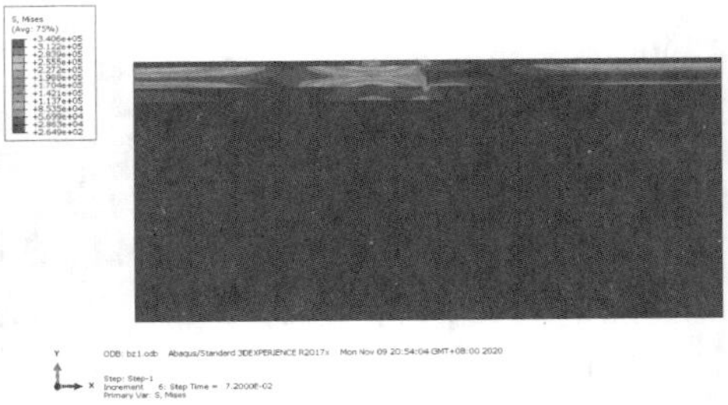

f)incretime 6

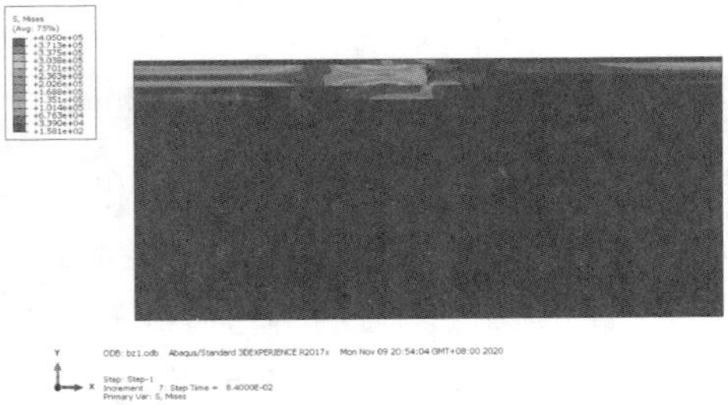

g)incretime 7

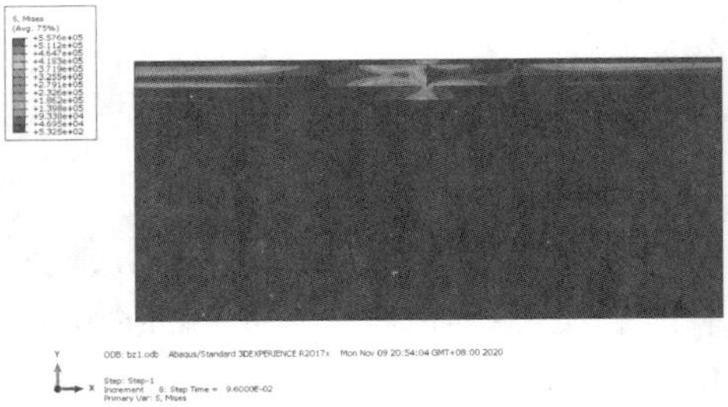

h)incretime 8

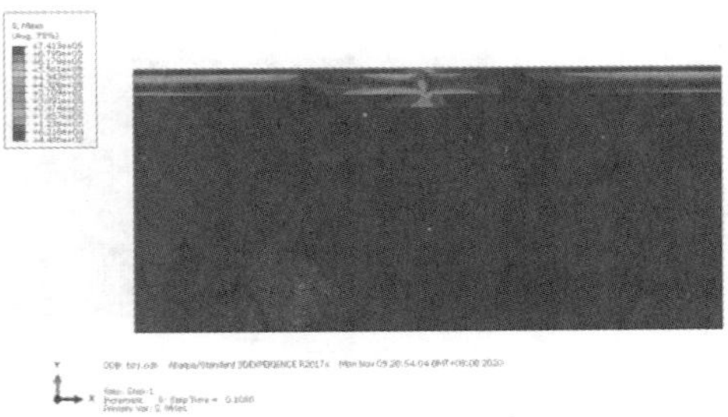

i)incretime 9

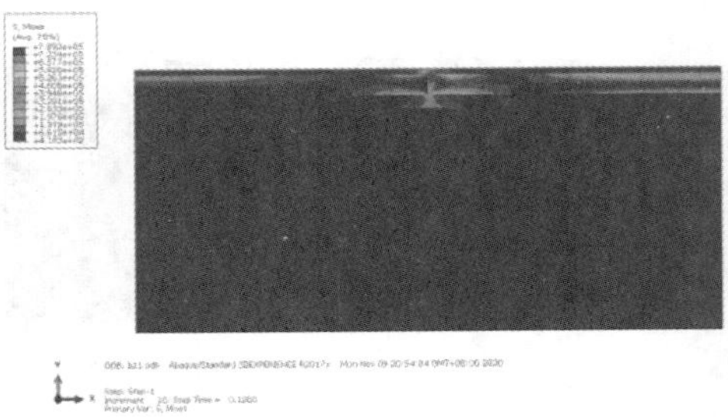

j)incretime 10

图 5-27

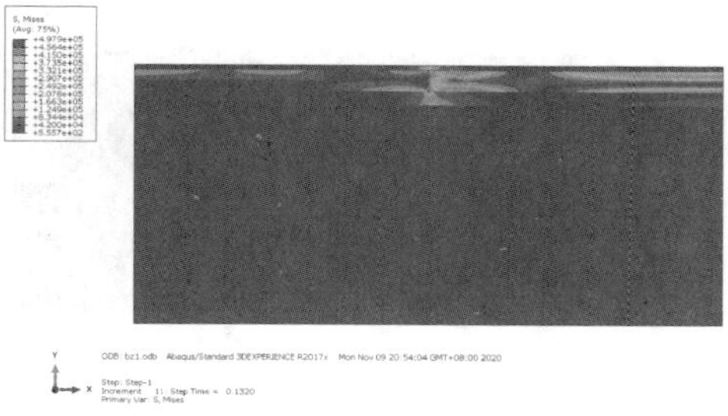

k)incretime 11

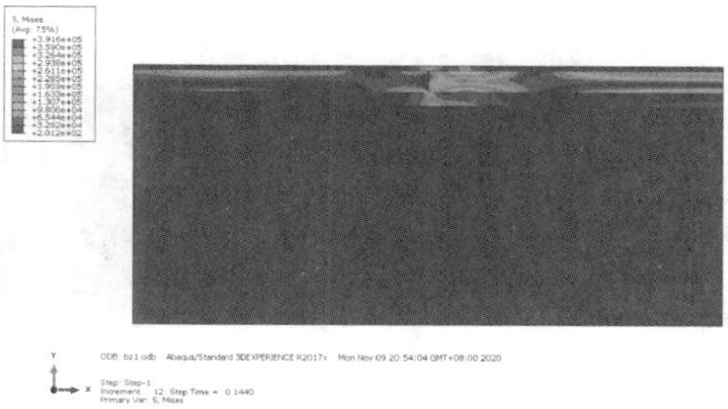

l)incretime 12

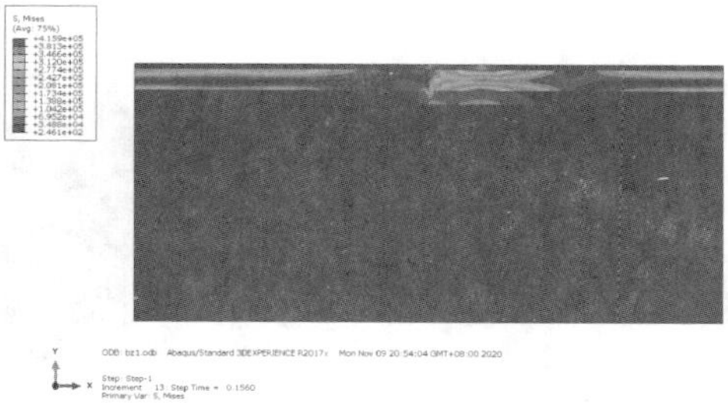

m)incretime 13

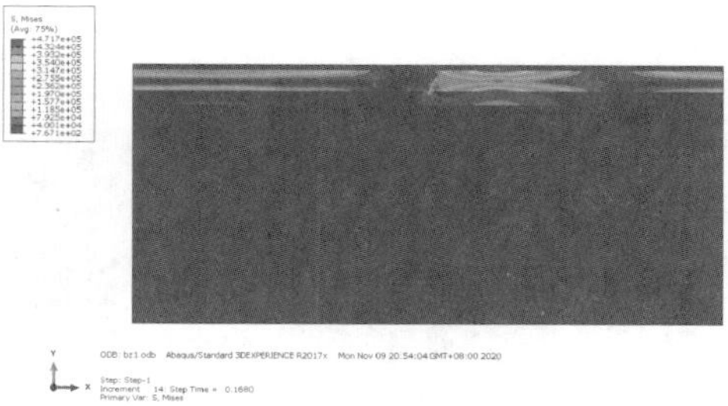

n)incretime 14

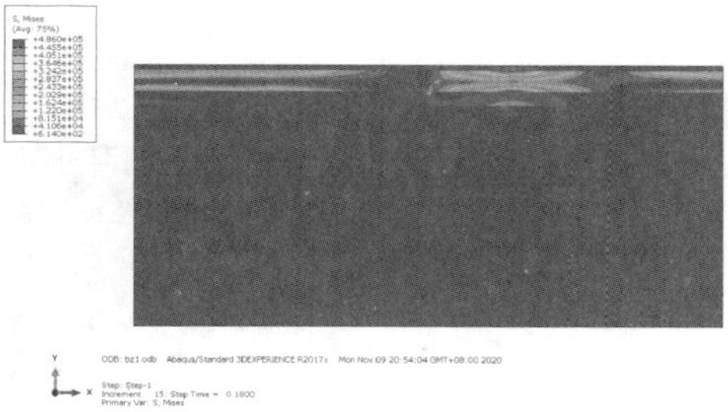

o)incretime 15

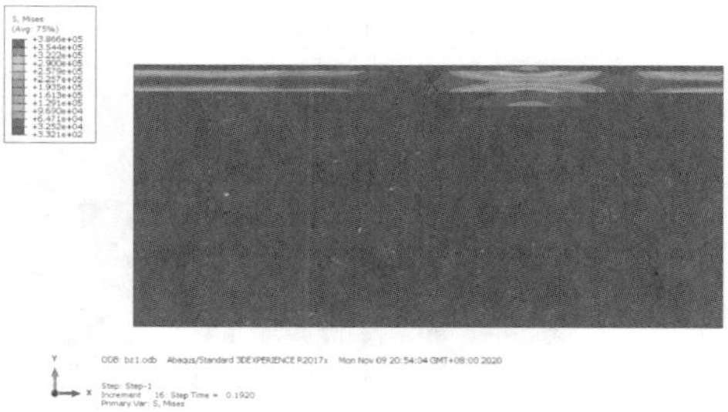

p)incretime 16

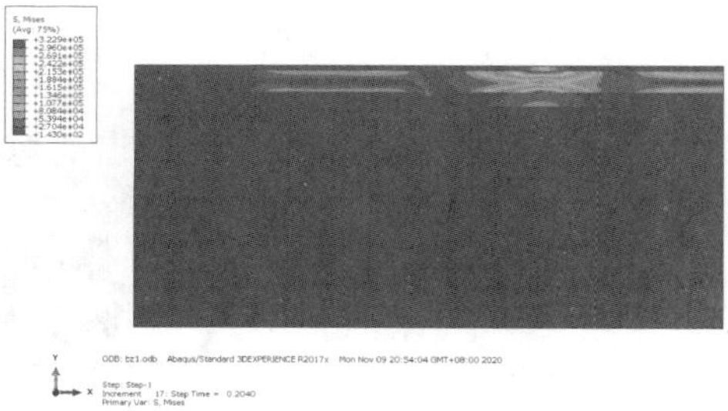

q)incretime 17

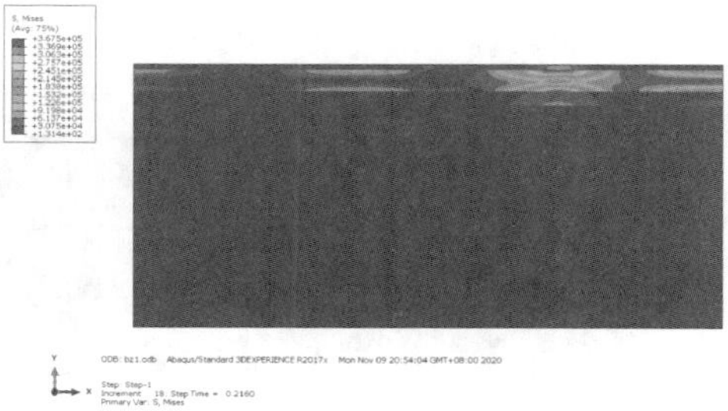

r)incretime 18

图　5-27

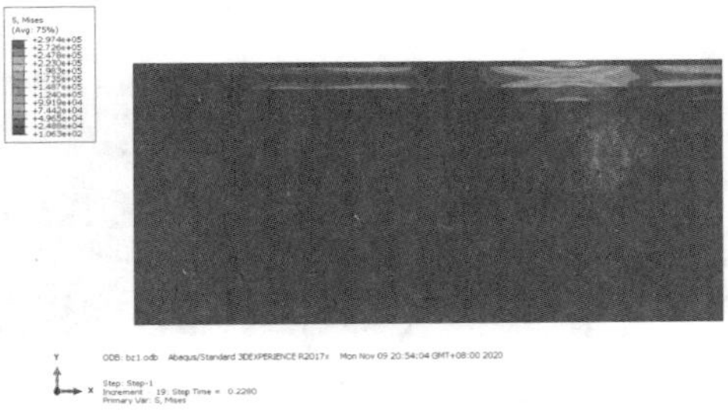

s)incretime 19

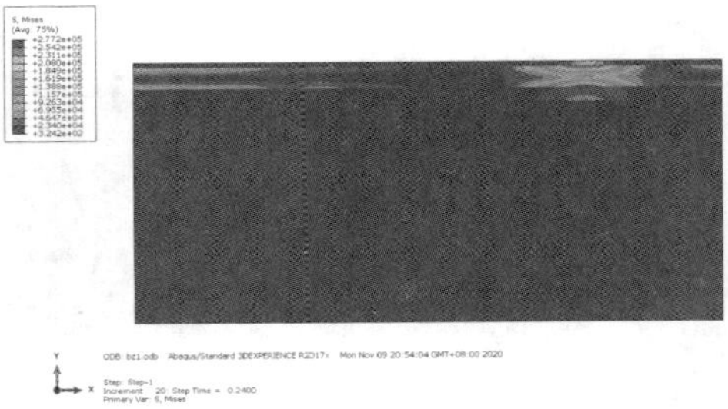

t)incretime 20

图 5-27　标准路面结构一在车辆荷载作用下的应力云图

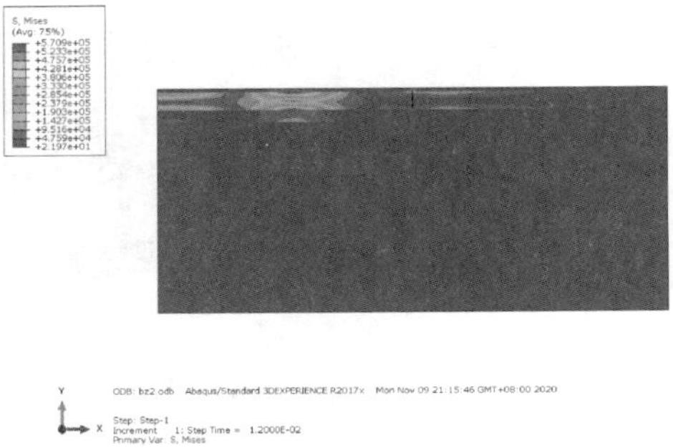

a)incretime 1

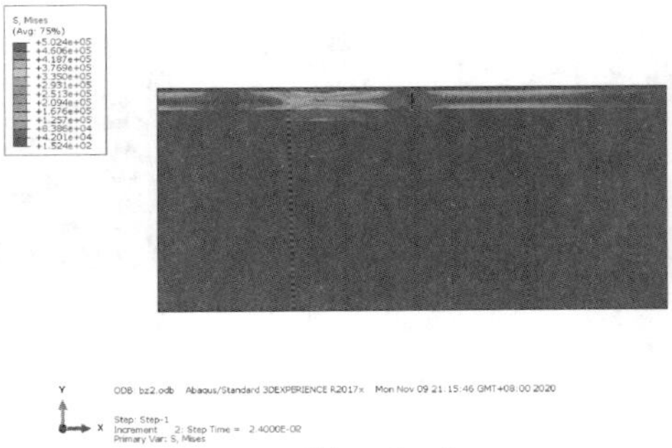

b)incretime 2

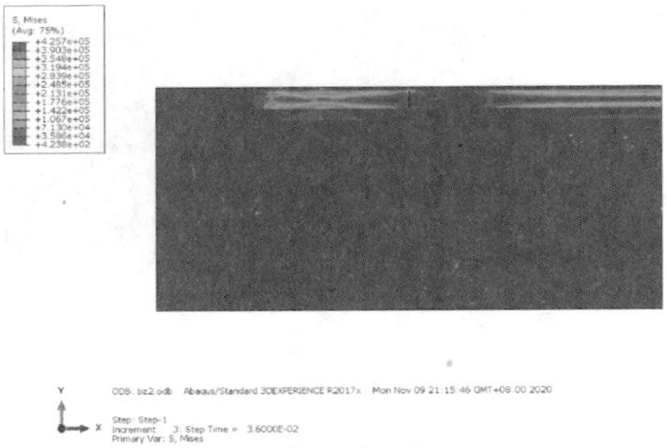

c)incretime 3

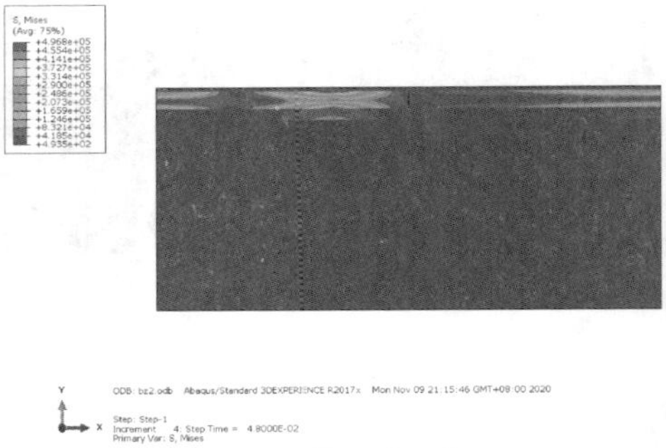

d)incretime 4

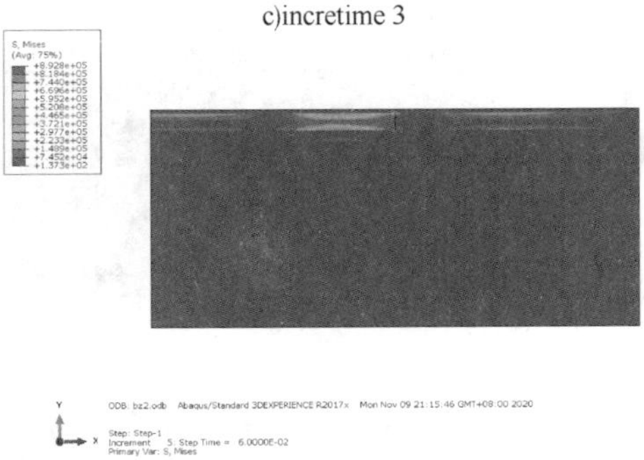

e)incretime 5

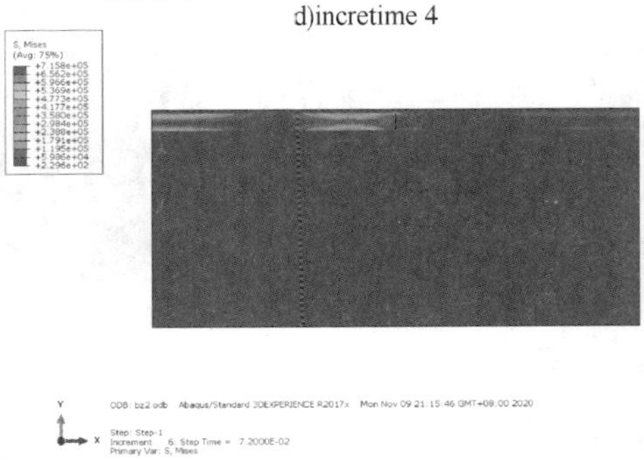

f)incretime 6

图　5-28

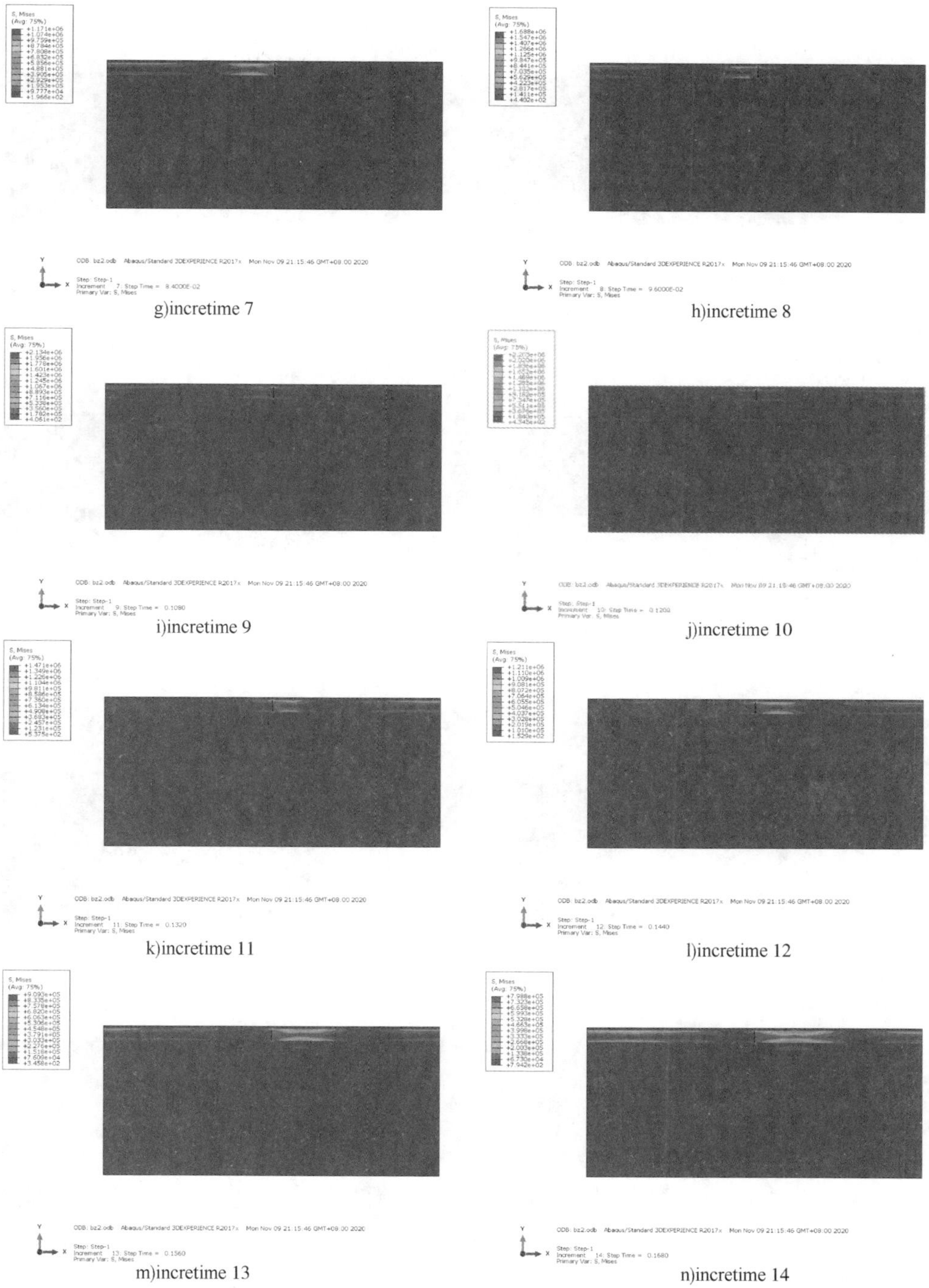

g)incretime 7

h)incretime 8

i)incretime 9

j)incretime 10

k)incretime 11

l)incretime 12

m)incretime 13

n)incretime 14

图　5-28

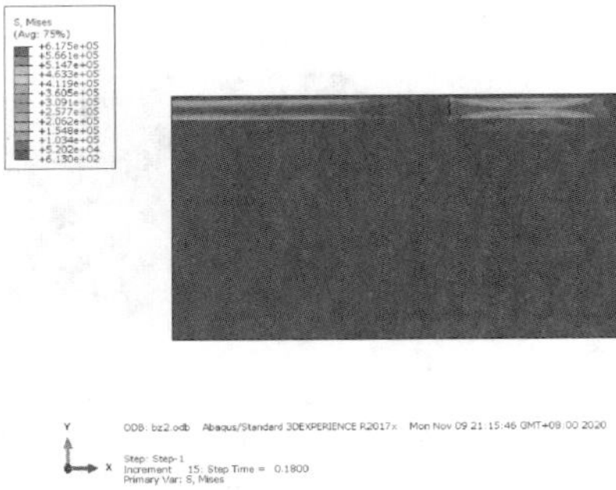

o)incretime 15

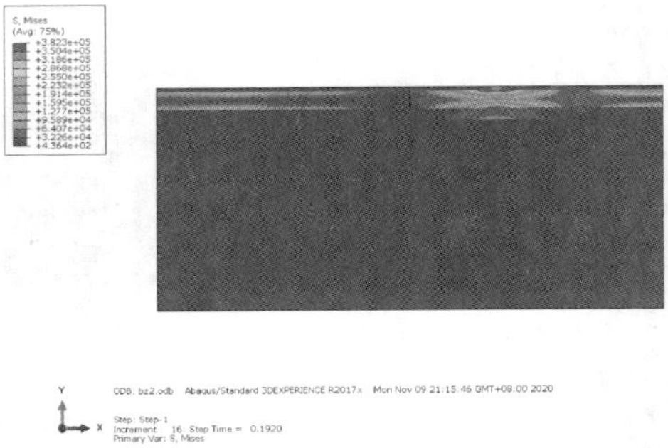

p)incretime 16

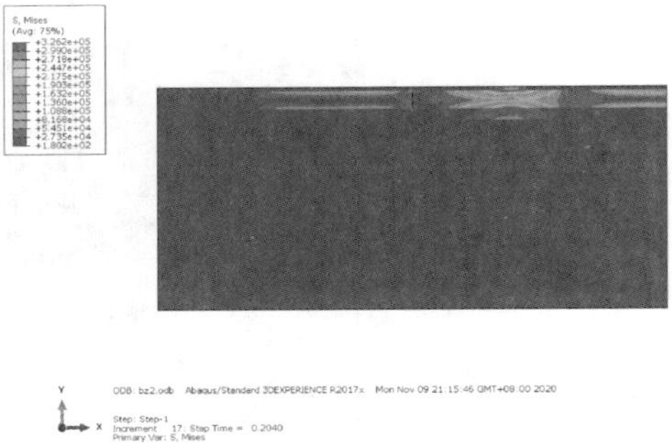

q)incretime 17

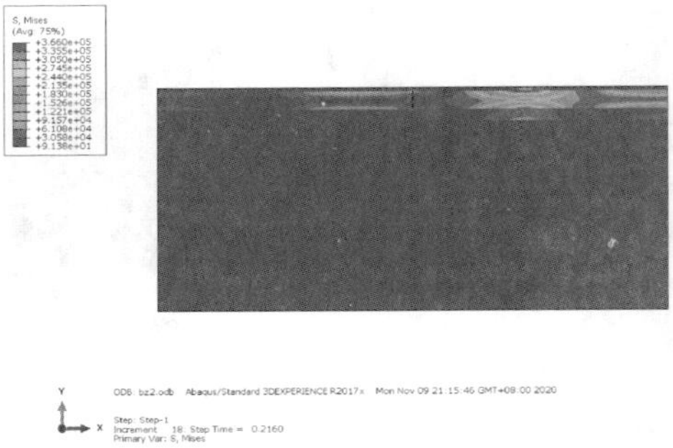

r)incretime 18

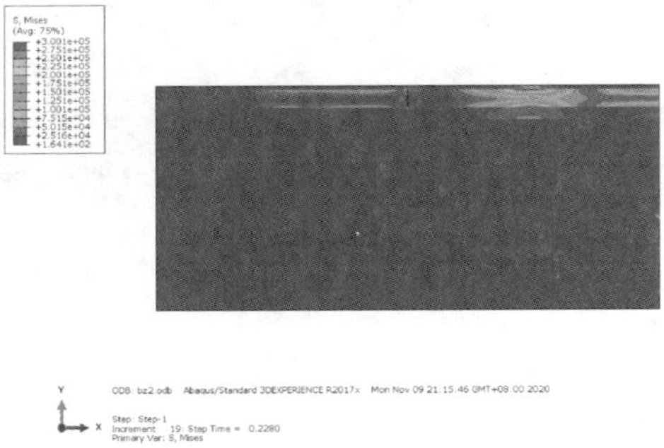

s)incretime 19

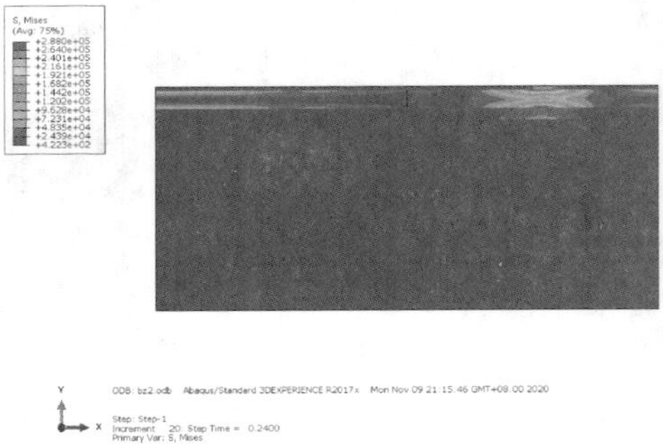

t)incretime 20

图 5-28 标准路面结构二在车辆荷载作用下的应力云图

5.3.1.3 路面结构时程曲线

分别建立两种路面结构在移动荷载作用下的基准模型，模型尺寸及材料模量与上文相同，车辆行驶速度为60km/h，提取初始裂缝处 K_1、K_2随着时间变化的时程曲线，如图 5-29 所示。

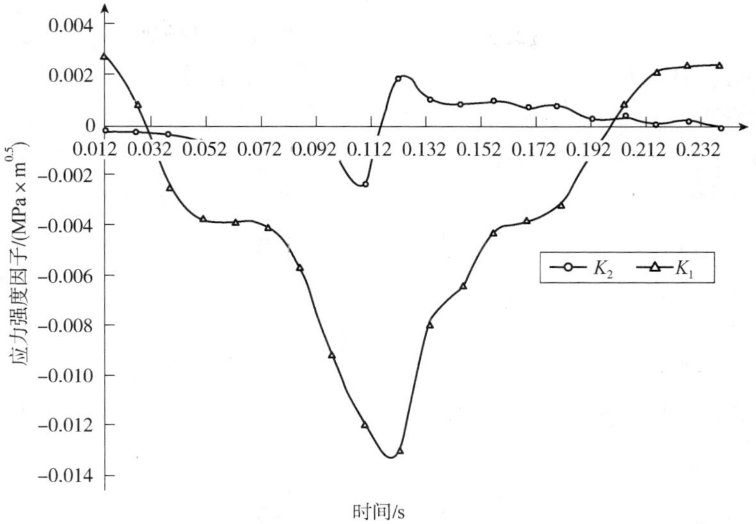

a)路面结构一

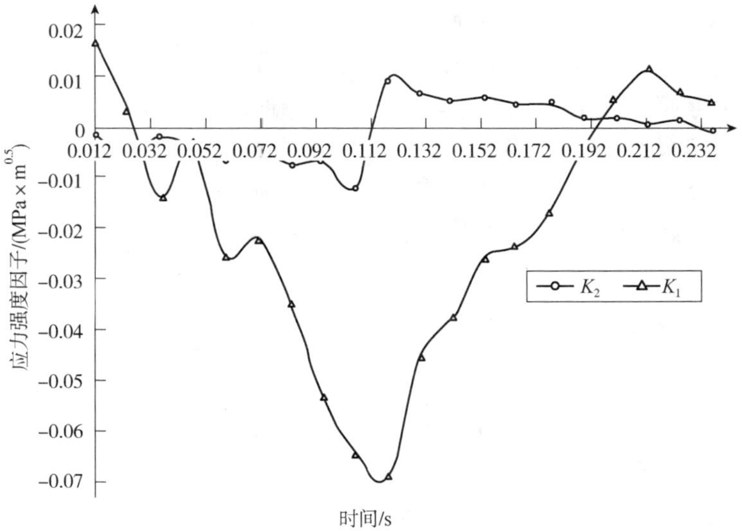

b)路面结构二

图 5-29　移动荷载作用下不同路面结构初始裂缝处应力强度因子时程曲线

由图 5-29 可知，不同路面结构的 K_1、K_2时程曲线呈现出相同的趋势。当移动荷载驶向裂缝时，K_1由正值逐渐减小为负值，且在裂缝处降至最低，随着移动荷载驶离裂缝，K_1逐渐增大为正值。说明在复合式路面结构下，当荷载距裂缝位置较远时，由于水泥混凝土路面板的整体性，使得荷载作用板块裂缝处向上翘曲，导致面层底部初始裂缝位置受拉应力作用，促进张拉型反射裂缝的扩展。而剪切型 K_2随荷载作用的变化表现出了很强的瞬时性，荷载作用区域距裂缝较远时，对剪切型裂缝应力强度因子较小，接近于0；而当荷载移动到裂缝附近时，对剪切型反射裂缝的 K_2的绝对值逐渐变大。随着荷载移动至裂缝附近，裂缝尖端的应力强度因子由0逐渐减小至负极值，此后 K_2迅速改变方向，在荷载到达裂缝正上方时其值为0，随后变为较大的正极值。由此可见，由负极值到正极值的过程即为裂缝剪切扩展开裂程度最高的时刻。

当 K_1、K_2为正值时，才会促进复合式路面反射裂缝的扩展。因此，在后续分析材料弹性模量、结构层厚度、超载、车速对复合式路面反射裂缝扩展的影响时，仅选取 K_1、K_2的最大值。

5.3.2　水泥混凝土路面板弹性模量对反射裂缝的影响

为了研究在交通荷载作用下水泥混凝土路面板弹性模量对裂缝扩展的影响，在其他条件不变的基础上，将水泥混凝土路面板的弹性模量分别设为基准弹性模量的0.6倍、0.8倍、1.0倍、1.2倍、1.4倍，以此研究交通荷载作用下有、无应力吸收层的两种路面结构在不同水泥混凝土路面板弹性模量下对裂缝扩展的影响。水泥混凝土路面板弹性模量分别设为基准弹性模量的0.6倍、0.8倍、1.0倍、1.2倍、1.4倍时，对应的弹性模量数值分别为18000MPa、24000MPa、30000MPa、36000MPa、42000MPa。计算结果如图5-30所示。

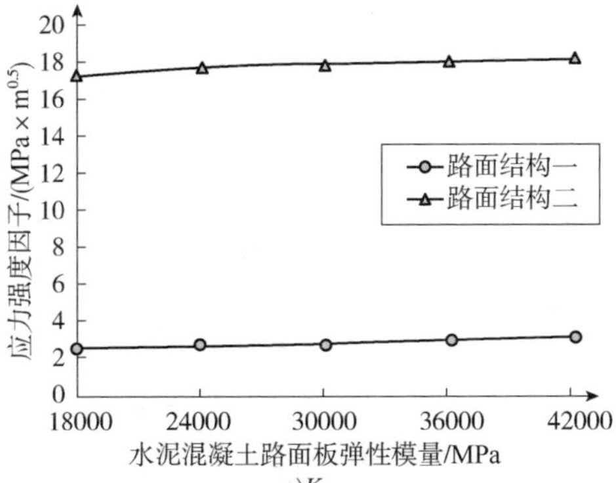

a)K_1

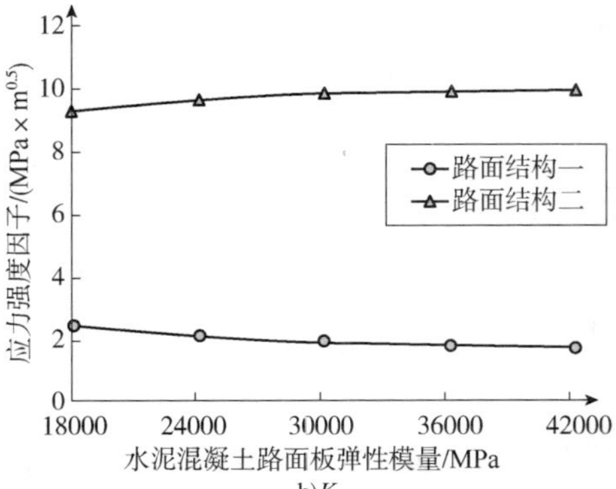

b)K_2

图5-30　移动荷载作用下水泥混凝土路面板弹性模量对复合式路面的影响

由图可知,随着水泥混凝土路面板弹性模量的增大,路面结构一、二的 K_1 逐渐增加。水泥混凝土路面板弹性模量分别为 18000MPa、24000MPa、30000MPa、36000MPa、42000MPa 时,路面结构一的 K_1 分别为 2.67×10^{-3}、2.80×10^{-3}、2.93×10^{-3}、3.07×10^{-3}、3.18×10^{-3},路面结构二的 K_1 分别为 17.13×10^{-3}、17.60×10^{-3}、17.77×10^{-3}、17.89×10^{-3}、18.00×10^{-3}。设置应力吸收层后,K_1 降幅分别为 542%、529%、506%、483%、465%。

随着水泥混凝土路面板弹性模量的增大,路面结构一的 K_2 逐渐减小,路面结构二的 K_2 逐渐增加。水泥混凝土路面板弹性模量分别为 18000MPa、24000MPa、30000MPa、36000MPa、42000MPa 时,路面结构一的 K_2 分别为 2.36×10^{-3}、2.10×10^{-3}、1.93×10^{-3}、1.80×10^{-3}、1.70×10^{-3},路面结构二的 K_2 分别为 9.20×10^{-3}、9.56×10^{-3}、9.75×10^{-3}、9.84×10^{-3}、9.84×10^{-3}。设置应力吸收层后,K_2 降幅分别为 290%、356%、407%、447%、480%。

综上所述,两种路面结构在移动荷载作用下,K_1 最大值随着水泥混凝土路面板弹性模量的增加而增大,路面结构一的 K_2 最大值随着水泥混凝土路面板弹性模量的增加而减小,路面结构二的 K_2 最大值随着水泥混凝土路面板弹性模量的增加而增大。因此,设置应力吸收层能够有效减缓交通荷载引起的反射裂缝;同时,水泥混凝土路面板弹性模量的增加虽然对剪切型裂缝的扩展具有抑制作用,对张拉型裂缝的扩展有促进作用,简单地增加水泥混凝土路面板弹性模量对复合式路面反射裂缝的扩展也有一定的限制作用。

5.3.3　基层弹性模量反射裂缝的影响

为了研究在交通荷载作用下基层弹性模量对裂缝扩展的影响,在其他条件不变的基础上,将基层弹性模量分别设为基准弹性模量的 0.6 倍、0.8 倍、1.0 倍、1.2 倍、1.4 倍,以此研究交通荷载作用下有、无应力吸收层的两种路面结构在不同基层弹性模量下对裂缝扩展的影响。基层弹性模量分别设为基准弹性模量的 0.6 倍、0.8 倍、1.0 倍、1.2 倍、1.4 倍时,对应的弹性模量数值分别为 1560MPa、2080MPa、2600MPa、3120MPa、3640MPa。计算结果如图 5-31 所示。

由图 5-31 可知,随着基层弹性模量的增大,路面结构一、二的 K_1 逐渐减小。基层弹性模量分别为 1560MPa、2080MPa、2600MPa、3120MPa、3640MPa 时,路面结构一的 K_1 分别为 3.01×10^{-3}、2.97×10^{-3}、2.93×10^{-3}、2.89×10^{-3}、2.85×10^{-3},路面结构二的 K_1 分别为 18.01×10^{-3}、17.90×10^{-3}、17.77×10^{-3}、17.62×10^{-3}、17.46×10^{-3}。设置应力吸收层后,K_1 降幅分别为 498%、502%、506%、509%、512%。

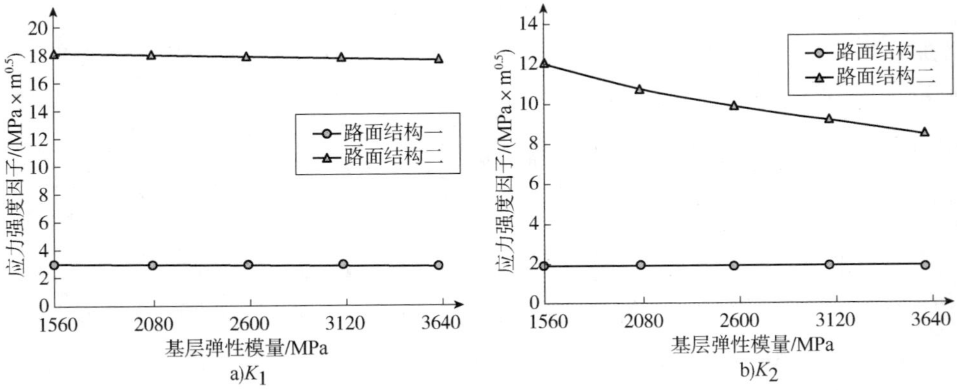

图 5-31　移动荷载作用下水泥稳定碎石基层弹性模量对复合式路面的影响

随着基层弹性模量的增大，路面结构一、二的 K_2 逐渐减小。基层弹性模量分别为 1560MPa、2080MPa、2600MPa、3120MPa、3640MPa 时，路面结构一的 K_2 分别为 1.95×10^{-3}、1.94×10^{-3}、1.93×10^{-3}、1.90×10^{-3}、1.88×10^{-3}，路面结构二的 K_2 分别为 11.92×10^{-3}、10.68×10^{-3}、9.75×10^{-3}、9.04×10^{-3}、8.47×10^{-3}。设置应力吸收层后，K_2 降幅分别为 511%、450%、407%、375%、349%。

由此可见，复合式路面应力强度因子随着水泥稳定碎石基层弹性模量的增加而增大。水泥稳定碎石基层弹性模量的增加对张拉型裂缝、剪切型裂缝的扩展具有抑制作用。

5.3.4　路基弹性模量反射裂缝的影响

为了研究在交通荷载作用下路基弹性模量对裂缝扩展的影响，在其他条件不变的基础上，将路基弹性模量分别设为基准弹性模量的 0.6 倍、0.8 倍、1.0 倍、1.2 倍、1.4 倍，以此研究在交通荷载作用下有、无应力吸收层的两种路面结构在不同路基弹性模量下对裂缝扩展的影响。路基弹性模量分别设为基准弹性模量的 0.6 倍、0.8 倍、1.0 倍、1.2 倍、1.4 倍时，对应的弹性模量数值分别为 24MPa、32MPa、40MPa、48MPa、56MPa。计算结果如图 5-32 所示。

由图 5-32 可知，随着路基弹性模量的增大，路面结构一、二的 K_1 逐渐减小。路基弹性模量分别为 24MPa、32MPa、40MPa、48MPa、56MPa 时，路面结构一的 K_1 分别为 3.05×10^{-3}、2.99×10^{-3}、2.93×10^{-3}、2.88×10^{-3}、2.82×10^{-3}，路面结构二的 K_1 分别为 18.38×10^{-3}、18.07×10^{-3}、17.77×10^{-3}、17.47×10^{-3}、17.18×10^{-3}。设置应力吸收层后，K_1 降幅分别为 502%、504%、506%、507%、508%。

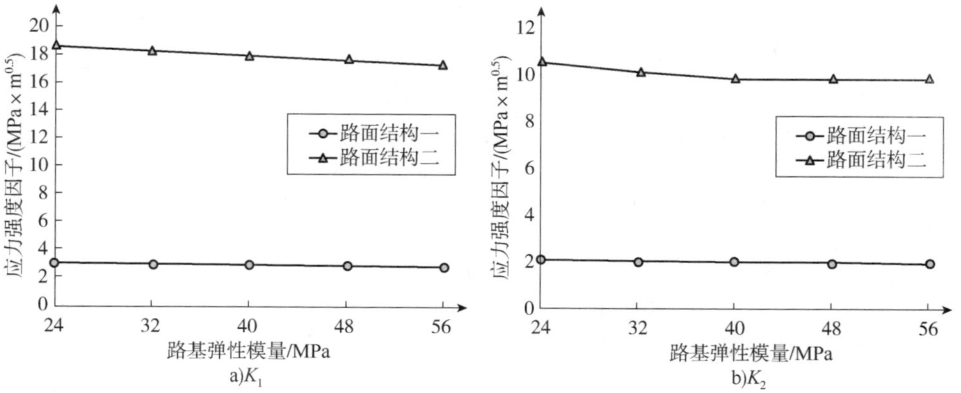

图 5-32　移动荷载作用下路基弹性模量对复合式路面的影响

随着路基弹性模量的增大，路面结构一、二的 K_2 逐渐减小。路基弹性模量分别为 24MPa、32MPa、40MPa、48MPa、56MPa 时，路面结构一的 K_2 分别为 2.04×10^{-3}、1.97×10^{-3}、1.93×10^{-3}、1.92×10^{-3}、1.91×10^{-3}，路面结构二的 K_2 分别为 10.43×10^{-3}、10.04×10^{-3}、9.75×10^{-3}、9.70×10^{-3}、9.69×10^{-3}。设置应力吸收层后，K_2 降幅分别为 412%、409%、407%、406%、405%。

综上所述，K_1 和 K_2 最大值均随着路基弹性模量的增加而减小。路基弹性模量越大，反射裂缝在复合式路面中的扩展程度越小。因此，增大路基弹性模量可作为防治复合式路面反射裂缝的方式之一，但应根据工程实际情况及经济合理性来考虑。

5.3.5　基于正交试验设计的沥青面层与应力吸收层弹性模量对反射裂缝的影响

为了研究在交通荷载作用下沥青弹性模量与应力吸收层弹性模量对裂缝扩展的影响，在其他条件不变的基础上，将沥青面层、应力吸收层的弹性模量分别设为基准弹性模量的 0.6 倍、0.8 倍、1.0 倍、1.2 倍、1.6 倍、2.0 倍、4.0 倍，以此研究交通荷载作用下不同模量对裂缝扩展的影响。

沥青的弹性模量分别设为基准弹性模量的 0.6 倍、0.8 倍、1.0 倍、1.2 倍、1.6 倍、2.0 倍、4.0 倍时，对应的弹性模量数值分别为 1200MPa、1600MPa、2000MPa、2400MPa、3200MPa、4000MPa、8000MPa；应力吸收层的弹性模量分别设为基准弹性模量的 0.6 倍、0.8 倍、1.0 倍、1.2 倍、1.6 倍、2.0 倍、4.0 倍时，对应的弹性模量数值分别为 120MPa、160MPa、200MPa、240MPa、320MPa、400MPa、800MPa。计算结果如图 5-33 所示。

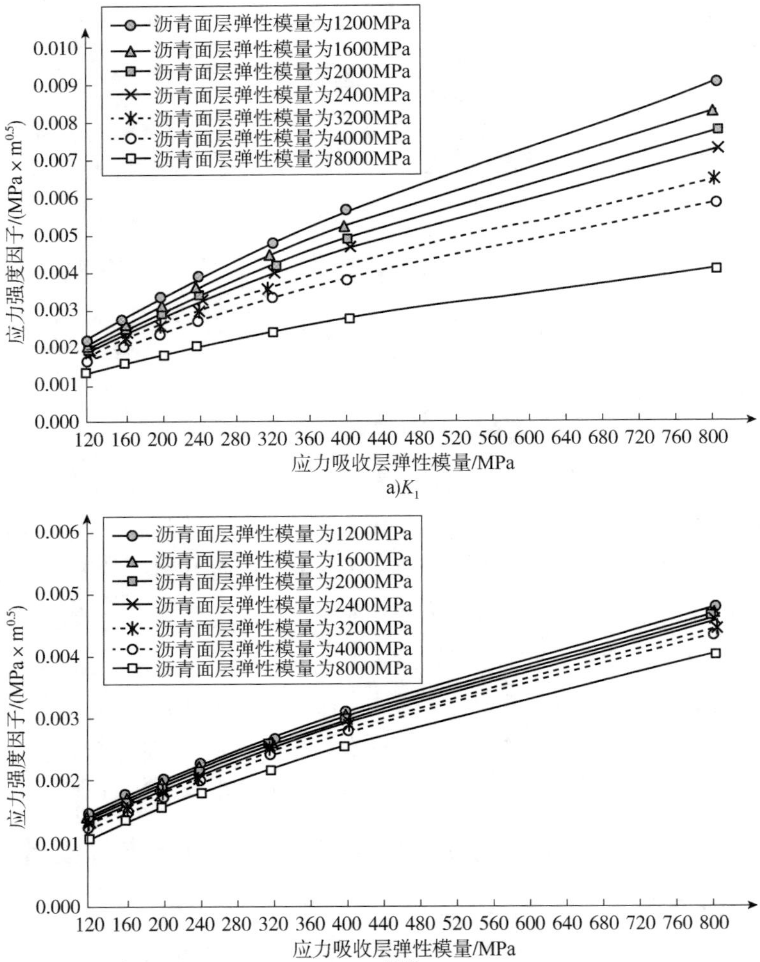

图 5-33　不同应力吸收层弹性模量、不同沥青面层弹性模量对反射裂缝的影响

1)应力吸收层弹性模量一定时,随着沥青面层弹性模量的增加,K_1和K_2逐渐减小

应力吸收层弹性模量为120MPa,沥青面层弹性模量为1600MPa、2000MPa、2400MPa、3200MPa、4000MPa、8000MPa时的K_1和K_2相比于沥青面层弹性模量为1200MPa时,分别降低了5.52%、9.99%、13.73%、19.80%、24.59%、39.29%和3.55%、6.48%、8.98%、13.09%、16.42%、27.37%。

应力吸收层弹性模量为160MPa,沥青面层弹性模量为1600MPa、2000MPa、

2400MPa、3200MPa、4000MPa、8000MPa 时的 K_1 和 K_2 相比于沥青面层弹性模量为 1200MPa 时，分别降低了 6.05%、10.91%、14.98%、21.55%、26.74%、42.74% 和 2.99%、5.51%、7.67%、11.29%、14.25%、24.25%。

应力吸收层弹性模量为 200MPa，沥青面层弹性模量为 1600MPa、2000MPa、2400MPa、3200MPa、4000MPa、8000MPa 时的 K_1 和 K_2 相比于沥青面层弹性模量为 1200MPa 时，分别降低了 6.44%、11.60%、15.91%、22.85%、28.31%、45.17% 和 2.63%、4.85%、6.79%、10.07%、12.78%、22.08%。

应力吸收层弹性模量为 240MPa，沥青面层弹性模量为 1600MPa、2000MPa、2400MPa、3200MPa、4000MPa、8000MPa 时的 K_1 和 K_2 相比于沥青面层弹性模量为 1200MPa 时，分别降低了 6.75%、12.15%、16.64%、23.86%、29.53%、46.99% 和 2.37%、4.39%、6.17%、9.19%、11.72%、20.51%。

应力吸收层弹性模量为 320MPa，沥青面层弹性模量为 1600MPa、2000MPa、2400MPa、3200MPa、4000MPa、8000MPa 时的 K_1 和 K_2 相比于沥青面层弹性模量为 1200MPa 时，分别降低了 7.20%、12.94%、17.71%、25.34%、31.30%、49.56% 和 2.05%、3.82%、5.38%、8.07%、10.34%、18.43%。

应力吸收层弹性模量为 400MPa，沥青面层弹性模量为 1600MPa、2000MPa、2400MPa、3200MPa、4000MPa、8000MPa 时的 K_1 和 K_2 相比于沥青面层弹性模量为 1200MPa 时，分别降低了 7.50%、13.48%、18.45%、26.37%、32.53%、51.30% 和 1.87%、3.50%、4.95%、7.44%、9.56%、17.20%。

应力吸收层弹性模量为 800MPa，沥青面层弹性模量为 1600MPa、2000MPa、2400MPa、3200MPa、4000MPa、8000MPa 时的 K_1 和 K_2 相比于沥青面层弹性模量为 1200MPa 时，分别降低了 8.03%、14.52%、19.93%、28.54%、35.22%、55.25% 和 1.84%、3.37%、4.70%、6.95%、8.85%、15.68%。

2)沥青面层弹性模量一定时，随着应力吸收层弹性模量的增加，K_1 和 K_2 逐渐增加

沥青面层弹性模量为 1200MPa，应力吸收层弹性模量为 120MPa、160MPa、200MPa、240MPa、320MPa、400MPa 时的 K_1 和 K_2 相比于应力吸收层弹性模量为 800MPa 时，分别降低了 75.78%、69.26%、63.19%、57.48%、46.98%、37.47% 和 68.58%、62.89%、57.62%、52.67%、43.50%、35.07%。

沥青面层弹性模量为 1600MPa，应力吸收层弹性模量为 120MPa、160MPa、200MPa、240MPa、320MPa、400MPa 时的 K_1 和 K_2 相比于应力吸收层弹性模量为 800MPa 时，分别降低了 75.12%、68.60%、62.55%、56.89%、46.50%、37.10% 和 69.12%、63.33%、57.96%、52.93%、43.62%、35.09%。

沥青面层弹性模量为 2000MPa，应力吸收层弹性模量为 120MPa、160MPa、200MPa、240MPa、320MPa、400MPa 时的 K_1 和 K_2 相比于应力吸收层弹性模量为 800MPa 时，分别降低了 74.49%、67.96%、61.93%、56.30%、46.00%、36.71% 和 69.59%、63.71%、58.27%、53.17%、43.76%、35.16%。

沥青面层弹性模量为 2400MPa，应力吸收层弹性模量为 120MPa、160MPa、200MPa、240MPa、320MPa、400MPa 时的 K_1 和 K_2 相比于应力吸收层弹性模量为 800MPa 时，分别降低了 73.90%、67.36%、61.35%、55.74%、45.51%、36.32% 和 69.99%、64.05%、58.56%、53.41%、43.90%、35.24%。

沥青面层弹性模量为 3200MPa，应力吸收层弹性模量为 120MPa、160MPa、200MPa、240MPa、320MPa、400MPa 时的 K_1 和 K_2 相比于应力吸收层弹性模量为 800MPa 时，分别降低了 72.81%、66.26%、60.26%、54.70%、44.60%、35.56% 和 70.65%、64.62%、59.04%、53.81%、44.18%、35.41%。

沥青面层弹性模量为 4000MPa，应力吸收层弹性模量为 120MPa、160MPa、200MPa、240MPa、320MPa、400MPa 时的 K_1 和 K_2 相比于应力吸收层弹性模量为 800MPa 时，分别降低了 71.80%、65.24%、59.27%、53.75%、43.77%、34.87% 和 71.19%、65.09%、59.45%、54.16%、44.42%、35.57%。

沥青面层弹性模量为 8000MPa，应力吸收层弹性模量为 120MPa、160MPa、200MPa、240MPa、320MPa、400MPa 时的 K_1 和 K_2 相比于应力吸收层弹性模量为 800MPa 时，分别降低了 67.14%、60.67%、54.90%、49.64%、40.23%、31.94% 和 72.93%、66.66%、60.84%、55.38%、45.34%、36.24%。

5.3.6 基于正交试验设计的沥青面层与应力吸收层厚度对反射裂缝的影响

为了研究在交通荷载作用下沥青面层厚度与应力吸收层厚度对裂缝扩展的影响，在其他条件不变的基础上，分别将沥青面层厚度为 6cm、12cm、24cm，应力吸收层厚度为 1cm、2cm、3cm 时进行组合。计算结果如图 5-34 所示。

1）应力吸收层厚度一定时，随着沥青面层厚度的增加，K_1 和 K_2 逐渐减小

应力吸收层厚度为 1cm，沥青面层厚度为 12cm、24cm 时的 K_1 和 K_2 相比于沥青面层厚度为 6cm 时分别降低了 26.78%、52.24% 和 11.32%、23.97%。

应力吸收层厚度为 2cm，沥青面层厚度为 12cm、24cm 时的 K_1 和 K_2 相比于沥青面层厚度为 6cm 时分别降低了 39.72%、59.56% 和 13.84%、20.67%。

应力吸收层厚度为 3cm，沥青面层厚度为 12cm、24cm 时的 K_1 和 K_2 相比于沥青面层厚度为 6cm 时分别降低了 27.87%、61.24% 和 13.19%、19.11%。

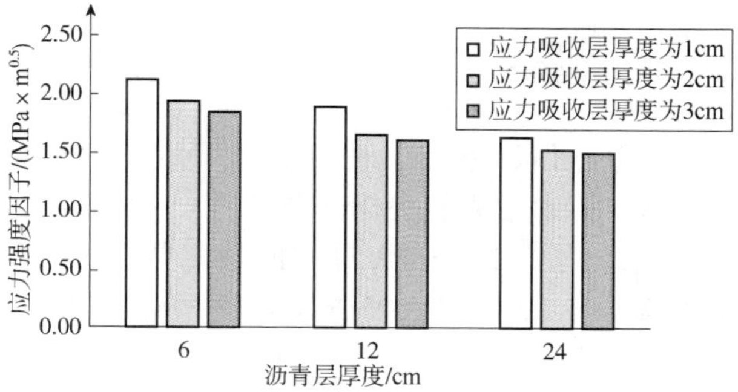

a) K_1

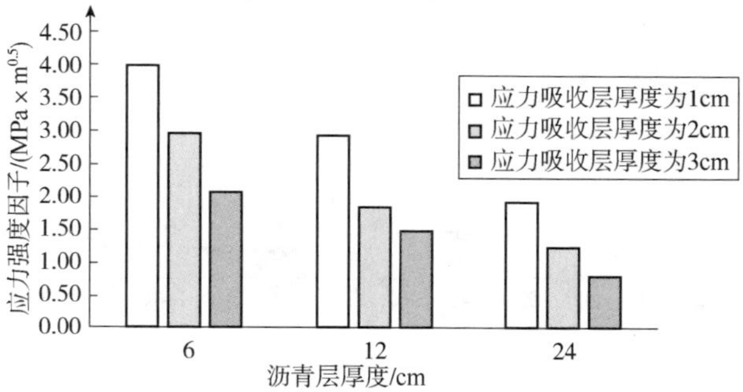

b) K_2

图 5-34 不同应力吸收层厚度、不同沥青面层厚度对反射裂缝的影响

2) 沥青面层厚度一定时，随着应力吸收层厚度的增加，K_1 和 K_2 逐渐减小

沥青面层厚度为 6cm，应力吸收层厚度为 2cm、3cm 时的 K_1 和 K_2 相比于应力吸收层厚度为 1cm 时分别降低了 26. 19%、49. 07%和 9. 49%、13. 25%。

沥青面层厚度为 12cm，应力吸收层厚度为 2cm、3cm 时的 K_1 和 K_2 相比于应力吸收层厚度为 1cm 时分别降低了 37. 42%、48. 82%和 12. 07%、15. 07%。

沥青面层厚度为 24cm，应力吸收层厚度为 2cm、3cm 时的 K_1 和 K_2 相比于应力吸收层厚度为 1cm 时分别降低了 37. 50%、58. 67%和 5. 56%、7. 70%。

综上，在交通荷载作用下，应力吸收层的厚度的增加可以有效减缓反射裂缝的扩展，但应力吸收层厚度大于 2cm 时，应力强度因子的减小幅度很小；同时，沥青面层厚度越大，应力吸收层厚度增加对荷载应力的影响越小。

5. 3. 7 超载对反射裂缝的影响

超载是复合式路面反射裂缝扩展的重要原因，会使水泥混凝土路面板产生过大的竖向位移,导致沥青面层处于最不利的弯拉状态,加速沥青面层张拉型和剪切型反射裂缝的扩展。本节在两种路面结构基准模型的基础上,取车速为60km/h,分别取标准轴载(100kN)的1.0倍、1.2倍、1.4倍、1.6倍、1.8倍、2.0倍、2.2倍、2.4倍、2.6倍,以此研究在交通荷载作用下有、无应力吸收层的两种路面结构在不同荷载作用下对裂缝扩展的影响。交通荷载分别设为标准轴载的1.0倍、1.2倍、1.4倍、1.6倍、1.8倍、2.0倍、2.2倍、2.4倍、2.6倍时,对应的轴载数值分别为100kN、120kN、140kN、160kN、180kN、200kN、220kN、240kN、260kN。计算结果如图5-35所示。

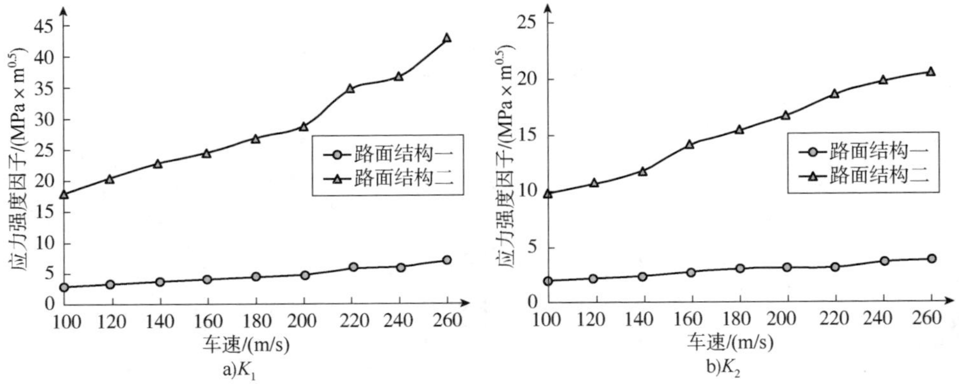

图5-35 超载对反射裂缝的影响

由图5-35可知,随着交通荷载的增大,路面结构一、二的K_1逐渐增大。交通荷载分别为100kN、120kN、140kN、160kN、180kN、200kN、220kN、240kN、260kN时,路面结构一的K_1分别为2.93×10^{-3}、3.36×10^{-3}、3.73×10^{-3}、4.02×10^{-3}、4.40×10^{-3}、4.71×10^{-3}、5.68×10^{-3}、6.00×10^{-3}、6.97×10^{-3},路面结构二的K_1分别为17.77×10^{-3}、20.33×10^{-3}、22.58×10^{-3}、24.35×10^{-3}、26.67×10^{-3}、28.54×10^{-3}、34.43×10^{-3}、36.37×10^{-3}、42.20×10^{-3}。设置应力吸收层后,K_1降幅平均为506%。

随着交通荷载的增大,路面结构一、二的K_2逐渐减小。交通荷载分别为100kN、120kN、140kN、160kN、180kN、200kN、220kN、240kN、260kN时,路面结构一的K_2分别为1.93×10^{-3}、2.10×10^{-3}、2.33×10^{-3}、2.73×10^{-3}、2.99×10^{-3}、3.02×10^{-3}、3.06×10^{-3}、3.53×10^{-3}、3.73×10^{-3},路面结构二的K_2分别为9.75×10^{-3}、10.57×10^{-3}、11.68×10^{-3}、13.96×10^{-3}、15.29×10^{-3}、16.56×10^{-3}、18.43×10^{-3}、19.64×10^{-3}、20.31×10^{-3}。设置应力吸收层后,K_2降幅平均为431%。

综上所述,超载对复合式路面反射裂缝影响是呈直线上升趋势的,其值越大,越会促使裂缝的扩展。在路面实际营运过程中,严格限制超载、超重车辆的行驶对于减少复合式路面结构的裂缝扩展具有十分重要的意义。

5.3.8　车速对反射裂缝的影响

车辆行驶速度过低时，路面结构受到荷载作用的时间变长，也会加剧复合式路面反射裂缝的扩展。因此，本节在两种路面结构基准模型的基础上，取标准轴载100kN，取车速分别为20km/h、40km/h、60km/h、80km/h、100km/h、120km/h。计算结果如图5-36所示。

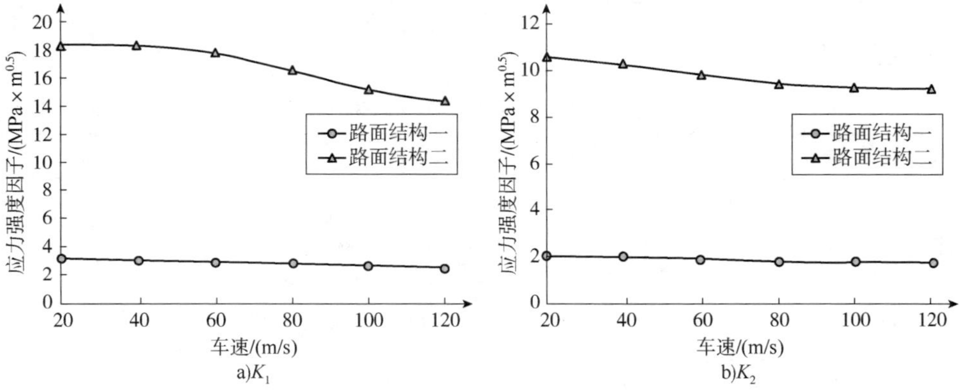

图5-36　车速对反射裂缝的影响

由图5-36可知，随着车速的增大，路面结构一、二的K_1逐渐减小。车速分别为20km/h、40km/h、60km/h、80km/h、100km/h、120km/h时，路面结构一的K_1分别为3.25×10^{-3}、3.11×10^{-3}、2.93×10^{-3}、2.83×10^{-3}、2.71×10^{-3}、2.61×10^{-3}，路面结构二的K_1分别为18.41×10^{-3}、18.34×10^{-3}、17.77×10^{-3}、16.60×10^{-3}、15.18×10^{-3}、14.38×10^{-3}。设置应力吸收层后，K_1降幅平均为477%。

随着车速的增大，路面结构一、二的K_2逐渐减小。车速分别为20km/h、40km/h、60km/h、80km/h、100km/h、120km/h时，路面结构一的K_2分别为2.06×10^{-3}、2.03×10^{-3}、1.93×10^{-3}、1.83×10^{-3}、1.80×10^{-3}、1.74×10^{-3}，路面结构二的K_2分别为10.49×10^{-3}、10.19×10^{-3}、9.75×10^{-3}、9.37×10^{-3}、9.18×10^{-3}、9.14×10^{-3}。设置应力吸收层后，K_2降幅平均为411%。

综上所述，车速越低，对复合式路面反射裂缝扩展的影响程度越高，控制车速对延长复合式路面的使用寿命起到重要的作用。

5.3.9　灰色关联分析法各因素对反射裂缝的影响

采用灰色关联分析法，分析各因素对路面结构一应力强度因子的影响程度，具体分析过程如下：

1)参考序列与比较序列指标选取

将不同影响因素下的K_1和K_2作为为评价指标，选取荷载、车速、水泥混凝土路面板弹性模量、基层弹性模量、路基弹性模量、沥青面层弹性模量、应力吸收层弹性模量为比较序列指标，分别记作X_1、X_2、X_3、X_4、X_5、X_6、X_7。

2)模型建立

选取44组试验结果进行研究，形成灰色关联分析试验表，比较序列数据、参考序列数据见表5-54。

比较序列与参考序列数据 表5-54

序列	比较序列							参考序列	
	荷载/kN	车速/(km/h)	水泥混凝土路面板弹性模量/MPa	基层弹性模量/MPa	路基弹性模量/MPa	沥青面层弹性模量/MPa	应力吸收层弹性模量/MPa	K_1	K_2
1	100	60	18000	2600	40	2000	200	0.00267	0.00236
2	100	60	24000	2600	40	2000	200	0.00280	0.00210
3	100	60	30000	2600	40	2000	200	0.00293	0.00193
4	100	60	36000	2600	40	2000	200	0.00307	0.00180
5	100	60	42000	2600	40	2000	200	0.00318	0.00170
6	100	60	30000	1560	40	2000	200	0.00301	0.00195
7	100	60	30000	2080	40	2000	200	0.00297	0.00194
8	100	60	30000	2600	40	2000	200	0.00293	0.00193
9	100	60	30000	3120	40	2000	200	0.00289	0.00190
10	100	60	30000	3640	40	2000	200	0.00285	0.00188
11	100	60	30000	2600	24	2000	200	0.00305	0.00204
12	100	60	30000	2600	32	2000	200	0.00299	0.00197
13	100	60	30000	2600	40	2000	200	0.00293	0.00193
14	100	60	30000	2600	48	2000	200	0.00288	0.00192
15	100	60	30000	2600	56	2000	200	0.00282	0.00191
16	100	60	30000	2600	40	1200	200	0.00332	0.00202

续上表

序列	比较序列							参考序列	
	荷载/kN	车速/(km/h)	水泥混凝土路面板弹性模量/MPa	基层弹性模量/MPa	路基弹性模量/MPa	沥青面层弹性模量/MPa	应力吸收层弹性模量/MPa	K_1	K_2
17	100	60	30000	2600	40	1600	200	0.00311	0.00197
18	100	60	30000	2600	40	2000	200	0.00293	0.00193
19	100	60	30000	2600	40	2400	200	0.00279	0.00189
20	100	60	30000	2600	40	3200	200	0.00256	0.00182
21	100	60	30000	2600	40	4000	200	0.00238	0.00176
22	100	60	30000	2600	40	8000	200	0.00182	0.00158
23	100	60	30000	2600	40	2000	120	0.00197	0.00140
24	100	60	30000	2600	40	2000	160	0.00247	0.00167
25	100	60	30000	2600	40	2000	200	0.00293	0.00193
26	100	60	30000	2600	40	2000	240	0.00337	0.00216
27	100	60	30000	2600	40	2000	320	0.00416	0.00259
28	100	60	30000	2600	40	2000	400	0.00488	0.00299
29	100	60	30000	2600	40	2000	800	0.00771	0.00461
30	100	60	30000	2600	40	2000	200	0.00293	0.00193
31	120	60	30000	2600	40	2000	200	0.00336	0.00210
32	140	60	30000	2600	40	2000	200	0.00373	0.00233
33	160	60	30000	2600	40	2000	200	0.00402	0.00273
34	180	60	30000	2600	40	2000	200	0.00440	0.00299
35	200	60	30000	2600	40	2000	200	0.00471	0.00302
36	220	60	30000	2600	40	2000	200	0.00568	0.00306
37	240	60	30000	2600	40	2000	200	0.00600	0.00353
38	260	60	30000	2600	40	2000	200	0.00697	0.00373
39	100	20	30000	2600	40	2000	200	0.00325	0.00206
40	100	40	30000	2600	40	2000	200	0.00311	0.00203

续上表

序列	比较序列							参考序列	
	荷载/kN	车速/(km/h)	水泥混凝土路面板弹性模量/MPa	基层弹性模量/MPa	路基弹性模量/MPa	沥青面层弹性模量/MPa	应力吸收层弹性模量/MPa	K_1	K_2
41	100	60	30000	2600	40	2000	200	0.00293	0.00193
42	100	80	30000	2600	40	2000	200	0.00283	0.00183
43	100	100	30000	2600	40	2000	200	0.00271	0.00180
44	100	120	30000	2600	40	2000	200	0.00261	0.00174

3)影响因素关联分析

对表5-54中的数据进行处理,得到不同比较因素和参考因素的关联度结果,见表5-55。

参考序列与比较序列关联度 表5-55

关联度	荷载	车速	水泥混凝土路面板弹性模量	基层弹性模量	路基弹性模量	沥青面层弹性模量	应力吸收层弹性模量
K_1	0.917	0.845	0.762	0.861	0.860	0.838	0.887
K_2	0.860	0.866	0.700	0.881	0.880	0.861	0.878

由表5-55可知,各影响因素关联度都在0.75以上,说明各因素变异性与强度变异性的关联性较好。对于K_1,各因素按影响程度大小排序为:荷载>应力吸收层弹性模量>基层弹性模量>路基弹性模量>车速>沥青面层弹性模量>水泥混凝土路面板弹性模量。对于K_2,各因素按影响程度大小排序为:基层弹性模量>路基弹性模量>应力吸收层弹性模量>车速>沥青面层弹性模量>荷载>水泥混凝土路面板弹性模量。

4)灵敏性分析

根据试验结果可知,虽然荷载、车速、水泥混凝土路面板模量、基层模量、路基弹性模量、沥青面层弹性模量、应力吸收层弹性模量与K_1和K_2关联性较好,但它们的敏感性不同,因此分析这7个因素对K_1和K_2的敏感性。由于这7个因素量纲不一致,因此灵敏性分析前对所有因素进行了归一化处理,结果见表5-56。

均一化结果　　表 5-56

序列	水泥混凝土路面板弹性模量	基层弹性模量	路基弹性模量	沥青面层弹性模量	应力吸收层弹性模量	荷载	车速
1	0.000	0.500	0.500	0.118	0.118	0.000	0.400
2	0.250	0.500	0.500	0.118	0.118	0.000	0.400
3	0.500	0.500	0.500	0.118	0.118	0.000	0.400
4	0.750	0.500	0.500	0.118	0.118	0.000	0.400
5	1.000	0.500	0.500	0.118	0.118	0.000	0.400
6	0.500	0.000	0.500	0.118	0.118	0.000	0.400
7	0.500	0.250	0.500	0.118	0.118	0.000	0.400
8	0.500	0.500	0.500	0.118	0.118	0.000	0.400
9	0.500	0.750	0.500	0.118	0.118	0.000	0.400
10	0.500	1.000	0.500	0.118	0.118	0.000	0.400
11	0.500	0.500	0.000	0.118	0.118	0.000	0.400
12	0.500	0.500	0.250	0.118	0.118	0.000	0.400
13	0.500	0.500	0.500	0.118	0.118	0.000	0.400
14	0.500	0.500	0.750	0.118	0.118	0.000	0.400
15	0.500	0.500	1.000	0.118	0.118	0.000	0.400
16	0.500	0.500	0.500	0.000	0.118	0.000	0.400
17	0.500	0.500	0.500	0.059	0.118	0.000	0.400
18	0.500	0.500	0.500	0.118	0.118	0.000	0.400
19	0.500	0.500	0.500	0.176	0.118	0.000	0.400
20	0.500	0.500	0.500	0.294	0.118	0.000	0.400
21	0.500	0.500	0.500	0.412	0.118	0.000	0.400
22	0.500	0.500	0.500	1.000	0.118	0.000	0.400
23	0.500	0.500	0.500	0.118	0.000	0.000	0.400
24	0.500	0.500	0.500	0.118	0.059	0.000	0.400
25	0.500	0.500	0.500	0.118	0.118	0.000	0.400
26	0.500	0.500	0.500	0.118	0.176	0.000	0.400
27	0.500	0.500	0.500	0.118	0.294	0.000	0.400

续上表

序列	水泥混凝土路面板弹性模量	基层弹性模量	路基弹性模量	沥青面层弹性模量	应力吸收层弹性模量	荷载	车速
28	0.500	0.500	0.500	0.118	0.412	0.000	0.400
29	0.500	0.500	0.500	0.118	1.000	0.000	0.400
30	0.500	0.500	0.500	0.118	0.118	0.000	0.400
31	0.500	0.500	0.500	0.118	0.118	0.125	0.400
32	0.500	0.500	0.500	0.118	0.118	0.250	0.400
33	0.500	0.500	0.500	0.118	0.118	0.375	0.400
34	0.500	0.500	0.500	0.118	0.118	0.500	0.400
35	0.500	0.500	0.500	0.118	0.118	0.625	0.400
36	0.500	0.500	0.500	0.118	0.118	0.750	0.400
37	0.500	0.500	0.500	0.118	0.118	0.875	0.400
38	0.500	0.500	0.500	0.118	0.118	1.000	0.400
39	0.500	0.500	0.500	0.118	0.118	0.000	0.000
40	0.500	0.500	0.500	0.118	0.118	0.000	0.200
41	0.500	0.500	0.500	0.118	0.118	0.000	0.400
42	0.500	0.500	0.500	0.118	0.118	0.000	0.600
43	0.500	0.500	0.500	0.117647	0.117647	0.000	0.800
44	0.500	0.500	0.500	0.117647	0.117647	0.000	1.000

计算各因素应力强度因子,见表5-57~表5-64。

水泥混凝土路面板弹性模量敏感性分析 表5-57

水泥混凝土路面板弹性模量	18000	24000	30000	36000	42000
K_1	—	0.088	0.088	0.095	0.075
K_2	—	0.324	0.212	0.162	0.125

基层弹性模量敏感性分析 表5-58

基层弹性模量	1560	2080	2600	3120	3640
K_1	—	0.027	0.027	0.027	0.027
K_2	—	0.012	0.012	0.037	0.025

路基弹性模量敏感性分析　　表 5-59

路基弹性模量	24	32	40	48	56
K_1	—	0.041	0.041	0.034	0.041
K_2	—	0.087	0.050	0.012	0.012

沥青面层弹性模量敏感性分析　　表 5-60

沥青面层弹性模量	1200	1600	2000	2400	3200	4000	8000
K_1	—	0.606	0.52	0.404	0.332	0.260	0.162
K_2	—	0.265	0.212	0.212	0.185	0.159	0.095

应力吸收层弹性模量敏感性分析　　表 5-61

应力吸收层弹性模量	120	160	200	240	320	400	800
K_1	—	1.443	1.328	1.270	1.14	1.039	0.817
K_2	—	1.430	1.377	1.218	1.139	1.059	0.858

荷载敏感性分析　　表 5-62

荷载	100	120	140	160	180	200	220	240	260
K_1	—	0.584	0.503	0.394	0.516	0.421	1.317	0.435	1.317
K_2	—	0.424	0.573	0.997	0.648	0.075	0.100	1.171	0.498

车速敏感性分析　　表 5-63

车速	20	40	60	80	100	120
K_1	—	0.119	0.153	0.085	0.102	0.085
K_2	—	0.047	0.156	0.156	0.047	0.093

不同因素敏感性结果　　表 5-64

因素	水泥混凝土路面板弹性模量	基层弹性模量	路基弹性模量	沥青面层弹性模量	应力吸收层弹性模量	荷载	车速
K_1	0.087	0.027	0.039	0.381	1.173	0.686	0.109
K_2	0.206	0.022	0.040	0.188	1.180	0.561	0.100

根据上述计算结果，可以看出，对于 K_1，7 种因素按灵敏度排序为：应力吸收层

弹性模量>荷载>沥青面层弹性模量>车速>水泥混凝土路面板弹性模量>路基弹性模量>基层弹性模量。因此,应力吸收层弹性模量的区分度最大,基层弹性模量的区分度最小。

对于 K_2,7 种因素按灵敏度排序为:应力吸收层弹性模量>荷载>水泥混凝土路面板弹性模量>沥青面层弹性模量>车速>路基弹性模量>基层弹性模量。因此,应力吸收层弹性模量的区分度最大,基层弹性模量的区分度最小。

采用灰色关联分析法,分析各因素对路面结构二应力强度因子的影响程度,具体分析过程如下:

1)参考序列与比较序列指标选取

将不同影响因素下的 K_1 和 K_2 作为评价指标,选取荷载、车速、水泥混凝土路面板弹性模量、基层弹性模量、路基弹性模量为比较序列指标,分别记作 X_1、X_2、X_3、X_4、X_5。

2)模型建立

选取 30 组试验结果进行研究,形成灰色关联分析试验表,比较序列数据、参考序列数据见表 5-65。

比较序列与参考序列数据 表 5-65

序列	比较序列					参考序列	
	荷载/kN	车速/(km/h)	水泥混凝土路面板弹性模量/MPa	基层弹性模量/MPa	路基弹性模量/MPa	K_1	K_2
1	100	60	18000	2600	40	0.01713	0.00920
2	100	60	24000	2600	40	0.01760	0.00956
3	100	60	30000	2600	40	0.01777	0.00975
4	100	60	36000	2600	40	0.01789	0.00984
5	100	60	42000	2600	40	0.01800	0.00986
6	100	60	30000	1560	40	0.01801	0.01192
7	100	60	30000	2080	40	0.01790	0.01068
8	100	60	30000	2600	40	0.01777	0.00975
9	100	60	30000	3120	40	0.01762	0.00904
10	100	60	30000	3640	40	0.01746	0.00847
11	100	60	30000	2600	24	0.01838	0.01043
12	100	60	30000	2600	32	0.01807	0.01004
13	100	60	30000	2600	40	0.01777	0.00975

续上表

序列	比较序列					参考序列	
	荷载/kN	车速/(km/h)	水泥混凝土路面板弹性模量/MPa	基层弹性模量/MPa	路基弹性模量/MPa	K_1	K_2
14	100	60	30000	2600	48	0.01747	0.00970
15	100	60	30000	2600	56	0.01718	0.00969
16	100	60	30000	2600	40	0.01777	0.00975
17	120	60	30000	2600	40	0.02033	0.01057
18	140	60	30000	2600	40	0.02258	0.01168
19	160	60	30000	2600	40	0.02435	0.01396
20	180	60	30000	2600	40	0.02667	0.01529
21	200	60	30000	2600	40	0.02854	0.01656
22	220	60	30000	2600	40	0.03443	0.01843
23	240	60	30000	2600	40	0.03637	0.01964
24	260	60	30000	2600	40	0.04220	0.02031
25	100	20	30000	2600	40	0.01841	0.01049
26	100	40	30000	2600	40	0.01834	0.01019
27	100	60	30000	2600	40	0.01777	0.00975
28	100	80	30000	2600	40	0.01660	0.00937
29	100	100	30000	2600	40	0.01518	0.00918
30	100	120	30000	2600	40	0.01438	0.00914

3)影响因素关联分析

对表 5-65 中的数据进行处理,得到不同比较因素和参考因素的关联度结果,见表 5-66。

参考序列与比较序列关联度　　表 5-66

关联度	荷载	车速	水泥混凝土路面板弹性模量	基层弹性模量	路基弹性模量
K_1	0.906	0.776	0.591	0.803	0.801
K_2	0.871	0.728	0.575	0.766	0.768

由表 5-66 可知,各影响因素关联度都在 0.75 以上,说明各因素变异性与强度变异性的关联性较好。对于 K_1,各因素按影响程度大小排序为:荷载>基层弹性模量>路基弹性模量>车速>水泥混凝土路面板弹性模量。对于 K_2,各因素按影响程度大小排序为:荷载>路基弹性模量>基层弹性模量>车速>水泥混凝土路面板弹性模量。

4)灵敏性分析

根据试验结果可知,虽然荷载、车速、水泥混凝土路面板弹性模量、基层弹性模量、路基弹性模量与 K_1 和 K_2 关联性较好,但它们的敏感性不同,因此分析这 5 个因素对应力强度因子的敏感性。由于这 5 个因素量纲不一致,因此在灵敏性分析前对所有因素进行了归一化处理,结果见表 5-67。

均一化结果 表 5-67

序列	水泥混凝土路面板弹性模量	基层弹性模量	路基弹性模量	荷载	车速
1	0.000	0.500	0.500	0.000	0.400
2	0.250	0.500	0.500	0.000	0.400
3	0.500	0.500	0.500	0.000	0.400
4	0.750	0.500	0.500	0.000	0.400
5	1.000	0.500	0.500	0.000	0.400
6	0.500	0.000	0.500	0.000	0.400
7	0.500	0.250	0.500	0.000	0.400
8	0.500	0.500	0.500	0.000	0.400
9	0.500	0.750	0.500	0.000	0.400
10	0.500	1.000	0.500	0.000	0.400
11	0.500	0.500	0.000	0.000	0.400
12	0.500	0.500	0.250	0.000	0.400
13	0.500	0.500	0.500	0.000	0.400
14	0.500	0.500	0.750	0.000	0.400
15	0.500	0.500	1.000	0.000	0.400
16	0.500	0.500	0.500	0.000	0.400
17	0.500	0.500	0.500	0.125	0.400
18	0.500	0.500	0.500	0.250	0.400

续上表

序列	水泥混凝土路面板弹性模量	基层弹性模量	路基弹性模量	荷载	车速
19	0.500	0.500	0.500	0.375	0.400
20	0.500	0.500	0.500	0.500	0.400
21	0.500	0.500	0.500	0.625	0.400
22	0.500	0.500	0.500	0.750	0.400
23	0.500	0.500	0.500	0.875	0.400
24	0.500	0.500	0.500	1.000	0.400
25	0.500	0.500	0.500	0.000	0.000
26	0.500	0.500	0.500	0.000	0.200
27	0.500	0.500	0.500	0.000	0.400
28	0.500	0.500	0.500	0.000	0.600
29	0.500	0.500	0.500	0.000	0.800
30	0.500	0.500	0.500	0.000	1.000

计算各因素灵敏度因子，见表 5-68～表 5-73。

水泥混凝土路面板弹性模量敏感性分析　　表 5-68

水泥混凝土路面板弹性模量	18000	24000	30000	36000	42000
K_1	—	0.068	0.024	0.017	0.016
K_2	—	0.122	0.064	0.030	0.007

基层弹性模量敏感性分析　　表 5-69

基层弹性模量	1560	2080	2600	3120	3640
K_1	—	0.016	0.019	0.022	0.023
K_2	—	0.419	0.314	0.240	0.193

路基弹性模量敏感性分析　　表 5-70

路基弹性模量	24	32	40	48	56
K_1	—	0.045	0.043	0.043	0.042
K_2	—	0.132	0.098	0.017	0.003

荷载敏感性分析 表 5-71

荷载	100	120	140	160	180	200	220	240	260
K_1	—	0.736	0.647	0.509	0.667	0.538	1.694	0.558	1.676
K_2	—	0.554	0.750	1.541	0.899	0.858	1.264	0.818	0.453

车速敏感性分析 表 5-72

车速	20	40	60	80	100	120
K_1	—	0.013	0.102	0.21	0.255	0.144
K_2	—	0.127	0.186	0.16	0.080	0.017

不同因素敏感性结果 表 5-73

因素	水泥混凝土路面板模量	基层弹性模量	路基弹性模量	荷载	车速
K_1	0.031	0.020	0.043	0.878	0.145
K_2	0.056	0.291	0.063	0.892	0.114

根据上述计算结果,可以看出,对于 K_1,5 种因素按灵敏度排序为:荷载>车速>路基弹性模量>水泥混凝土路面板弹性模量>基层弹性模量。荷载的区分度最大,基层弹性模量的区分度最小。

对于 K_2,5 种因素按灵敏度排序为:荷载>基层弹性模量>车速>路基弹性模量>水泥混凝土路面板弹性模量。荷载的区分度最大,水泥混凝土路面板弹性模量的区分度最小。

5.4 交通荷载与温度荷载共同作用研究

复合式路面实际使用过程中,路基路面结构通常受到交通荷载和温度荷载的共同作用,在这些影响因素的综合作用下,路面结构内部及裂缝处的受力状况相对复杂。当水泥混凝土路面板接缝处开裂后,温度和交通荷载的变化会导致路面结构发生不同程度的变形,而变形受到约束时产生的荷载应力和温度应力及共同作用时产生的耦合应力使得裂缝尖端处出现应力集中状况,从而导致反射裂缝向上扩展。

本节通过建立交通荷载和温度荷载耦合作用下的路面结构模型,分别研究交通荷载和温度非周期性变化的共同作用、交通荷载和温度周期性变化的共同作用两种工况时复合式路面反射裂缝的扩展情况。

交通荷载和温度荷载耦合作用下的路面结构模型的尺寸、初始裂缝设置、网格划分和边界条件等与温度荷载单独作用时的计算模型类似，采用顺序法分析交通荷载和温度荷载的共同作用，即先分析温度周期性变化和非周期性变化时路面结构的温度场，在此基础上添加移动荷载，进行共同作用下路面结构内部的耦合应力分析，从而得到反射裂缝的扩展规律。标准路面结构一、二在耦合作用下的应力云图分别如图 5-37、图 5-38 所示。

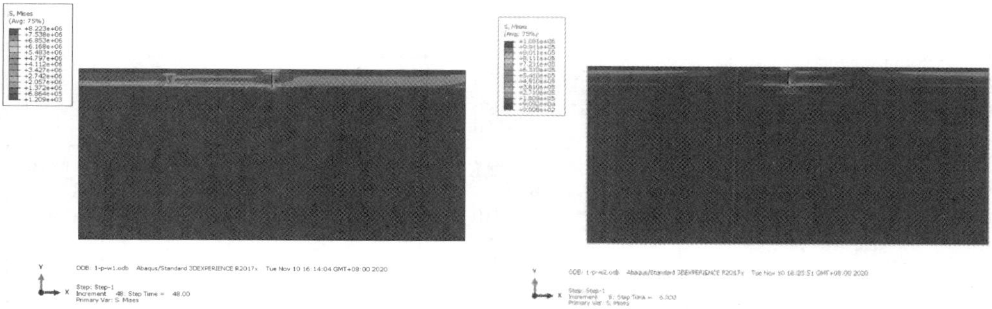

a)交通荷载和周期性温度场耦合　　b)交通荷载和非周期性温度场耦合

图 5-37　标准路面结构一耦合作用下应力云图

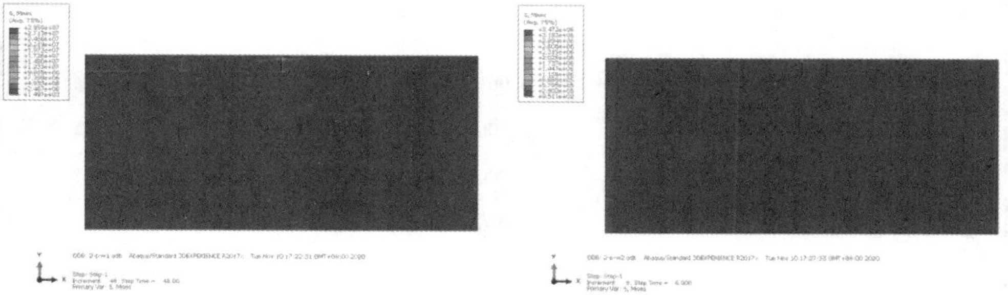

a)交通荷载和周期性温度场耦合　　b)交通荷载和非周期性温度场耦合

图 5-38　标准路面结构二耦合作用下应力云图

5.4.1　交通荷载与温度周期性变化共同作用研究

本节研究交通荷载和温度周期性变化的共同作用下复合式路面反射裂缝的扩展情况。由上节可知，当交通荷载位于裂缝远端时，K_1处于最不利荷载位置；当交通荷载位于裂缝附近时，K_2处于最不利荷载位置。因此，分别提取交通荷载与温度周期性变化耦合作用下，交通荷载位于最不利荷载位置时一天内各个时段的 K_1、K_2值，计算得到应力强度因子总值，当 K_1为负值时取为 0，确定 K_1、K_2在不同时间对复合式路面反射裂缝扩展的影响程度，结果见表 5-74。

周期性温度场耦合作用下 K_1、K_2 权重　表 5-74

时间(h)	路面结构一		路面结构二	
	K_1	K_2	K_1	K_2
1	0.431	0.008	2.585	0.011
2	0.507	0.008	3.046	0.008
3	0.572	0.009	3.435	0.006
4	0.747	0.009	4.477	0.004
5	0.811	0.010	4.847	0.003
6	0.859	0.010	5.113	0.005
7	0.898	0.011	5.248	0.021
8	0.899	0.010	5.106	0.045
9	0.854	0.009	4.651	0.072
10	0.745	0.008	3.831	0.098
11	0.609	0.006	2.871	0.120
12	0.445	0.004	1.791	0.135
13	0.274	0.002	0.743	0.143
14	0.155	0.001	−0.338	0.142
15	−0.150	0.000	−0.905	0.132
16	−0.126	0.000	−1.358	0.115
17	−0.085	0.000	−0.945	0.091
18	−0.033	0.001	−0.374	0.064
19	0.000	0.003	0.000	0.046
20	0.051	0.004	0.374	0.033
21	0.111	0.005	0.779	0.024
22	0.175	0.006	1.201	0.017
23	0.243	0.007	1.630	0.011
24	0.310	0.008	2.046	0.005

由表可知，K_1、K_2 对复合式路面反射裂缝扩展的影响程度随着路面结构周期性温度场的变化而动态变化，在不同复合式路面结构下呈现出类似的趋势。路面结构一在周期性温度场耦合作用下的 K_1 值与温度荷载单独作用时相比，在 0~24 时

内均有不同程度的提高。路面结构一在 0～14 时、20～24 时 K_1 为正,在 15～19 时 K_1 为负,K_1 在早上 8 时达到最大,为 0.899。路面结构二在 0～13 时、20～24 时 K_1 为正,在 14～19 时 K_1 为负,K_1 在早上 7 时达到最大,为 5.248。

5.4.2　交通荷载与温度非周期性变化共同作用研究

本节研究交通荷载和温度非周期性变化的共同作用下复合式路面反射裂缝的扩展情况,分别提取交通荷载与温度非周期性变化耦合作用下,交通荷载位于最不利荷载位置时的 K_1、K_2 值,计算得到应力强度因子总值,结果如图 5-39 所示。

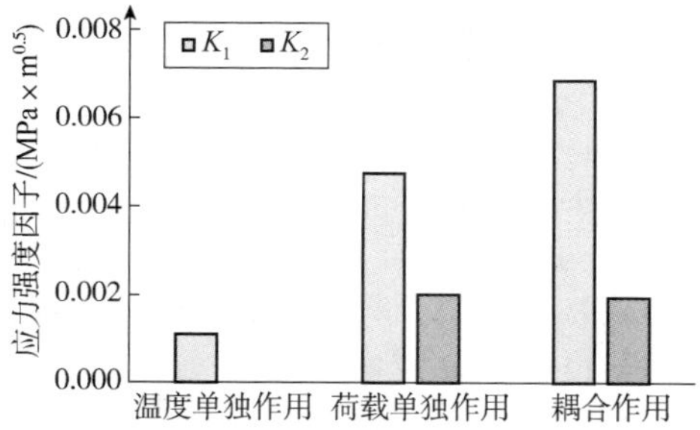

a)路面结构一

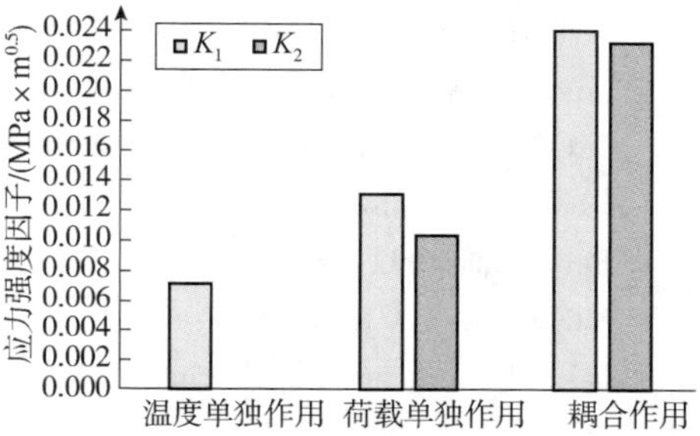

b)路面结构二

图 5-39　路面结构应力强度因子最大值对比

由图 5-39 可知,交通荷载与非周期性温度场产生的温度荷载并非是简单的线性叠加。路面结构一 K_1 最大值在耦合作用时为 6.9×10^{-3},相较于温度单独作用时增大了 5.9×10^{-3},相较于轮载单独作用时增大了 2.1×10^{-3};K_2 最大值在耦合作用时为 2.0×10^{-3},相较于轮载单独作用时增大了 2×10^{-5}。路面结构二 K_1 最大值在耦合作用时为 1.9×10^{-2},相较于温度单独作用时增大了 1.2×10^{-2},,相较于轮载单独作用时增大了 5.9×10^{-3};K_2 最大值在耦合作用时为 2.3×10^{-4},相较于轮载单独作用时增大了 1.3×10^{-2}。

交通荷载与温度非周期性变化共同作用时,当交通荷载位于裂缝附近,复合式路面反射裂缝的扩展形式以剪切型为主导;当交通荷载驶向和驶离裂缝时,复合式路面反射裂缝的扩展形式以张开型为主导。

本章参考文献

[1]　PARIS P C,TADA H.Near threshold fatigue crack growth versus long finite life[J].Fatigue & Fracture of Engineering Materials & Structures,2002,25(8-9):727-733.

[2]　WALKER E K.Effect of stress ratio during crack propagation and fatigue for 2024-t3 and 7075-t6

aluminum, effect of environment and complex load history on fatigue life[C]//ASTM STP 462.1970.

[3] FORMAN R G, KEARNEY V E, ENGLES R M. Numerical analysis of crack propagation in cycle loaded structures[J]. Journal of Basic Engineering, 1967, 89: 459-464.

[4] WEERTMAN J. Rate of growth of fatigue cracks calculated from the theory of infinitesimal dislocations distributed on a plane[J]. International Journal of Fracture, 1966, 2(2): 460-467.

[5] MCEVILY A J. On closure in fatigue crack growth[C]//ASTM STP 982.1988.

[6] DOWHNG N E, BEGLEY J A. Fatigue crack growth during gross plastic and the J integral[C]//ASTM STP 590.1976.

[7] WOLFENDEN A, RAMSAMOOJ D. Prediction of fatigue life of asphalt concrete beams from fracture tests[J]. Journal of Testing & Evaluation, 1991, 19(3).

[8] JACOBS M M J, DE BONDT A H, MOLENAAR A A A, et al. Cracking in Asphalt Concrete Pavements [C]//Proceedings on 7th International Conference on the Structural Design of Asphalt Pavements, 1992: 89-105.

[9] MOLENAAR K R, SONGER A D. Model for public sector design-build project selection[J]. Journal of Construction Engineering & Management, 1998, 124(6): 467-479.

[10] MONISMITH C L, HICKS R G, SALAM Y M. Basic properties of pavement components[J]. Applied Mathematical Modelling, 1998, 33(1): 127-139.

[11] 叶国铮.防治沥青路面反射裂缝的设计方法[J].中南公路工程, 1998(1): 33-38.

[12] 陈篪.On the Criterion for Crack Extension[J].Science in China: Series A, 1978(01): 114-128.

[13] 中国航空研究院.应力强度因子手册[M].北京:科学出版社, 1981.

[14] DAHLBERG T, MALLAT N, ONDRUS J, et al. Past, present and future of mobile payments research: a literature review[J]. Electronic Commerce Research & Applications, 2008, 7(2): 165-181.

[15] ASTM. Fracture Toughness Tesitng and Its Applications: ASTM STP No.381[R].

[16] HUYNH H D, ZHUANG X, NGUYEN-XUAN H. A polytree-based adaptive scheme for modeling linear fracture mechanics using a coupled XFEM-SBFEM approach[J]. Engineering Analysis with Boundary Elements, 2020, 115.

[17] GEBHARDT C, KALISKE M. An XFEM-approach to model brittle failure of wood[J]. Engineering Structures, 2020, 212.

[18] DU C B, ZHAO W H, JIANG S Y, et al. Dynamic XFEM-based detection of multiple flaws using an improved artificial bee colony algorithm[J]. Computer Methods in Applied Mechanics and Engineering, 2020, 365.

[19] SUKUMAR N. Extended finite element method for three-dimensional crack modeling[J]. International Journal for Numerical Methods in Engineering, 2000, 48.

[20] PERES W. Accelerated Pavement testing to compare efficiency of overlay materials used in

Brazil [J].Transportation Research Record,2018.

[21] Vismara S,Molenaar A A A,Crispino M,et al.Toward a better understanding of benefits of geosynthetics embedded in asphalt pavements[J].Transportation Research Record,2018.

[22] JABONERO C,PARK J W,RYU S W,et al.Development of a multi-modal overlay tester for the evaluation of asphalt overlay cracking behaviors[J].Canadian Journal of Civil Engineering,2019.

[23] CHO Y K,KIM S M.Experimental analysis of crack width movement of continuously reinforced concrete railway track[J].Engineering Structures,2019,194:262-273.

[24] ASHRAF,RAHIM,GREGG,et al.performance prediction models for cracked,seated,and overlaid concrete pavements in California[J].Transportation Research Record,2018.

[25] LIAO M, BALLARINI R. toward a fracture mechanics-based design approach for unbonded concrete overlay pavements[J].Journal of Engineering Mechanics,2012,138(9):1195-1204.

[26] SCHRADER E,PAXTON J,RAMAKRISHNAN V.Composite concrete pavements with roller-compacted concrete[J].Transportation Research Record,1984.

[27] GHAUCH Z G,ABOU-JAOUDE G G.Strain response of hot-mix asphalt overlays in jointed plain concrete pavements due to reflective cracking[J].Computers & Structures,2013,124:38-46.

[28] ARUDI R S,KANDULA K,MINKARAH I A,et al.Categorization of asphalt overlays on broken and seated pavements[J].Transportation Research Record,1995.

[29] MOHAB,El-HAKIM,FADI,et al.Sensitivity analysis of field-to-laboratory subgrade conversion factors with AASHTO ware pavement ME design:[J].Transportation Research Record,2018.

[30] JAMILLA,EMI,SUDO,et al.Multiscale model for asphalt mixtures subjected to cracking and viscoelastic deformation[J].Transportation Research Record,2018.

第6章 复合式路面及应力吸收层施工技术要求

6.1 摊铺式应力吸收层施工技术

在“黑白路面”之间设置应力吸收层，既可以起到“承上启下”的黏结作用，防止“二层皮”的产生，又能起到防水与排水作用，防止水损坏的产生，还能吸收水泥路面接缝处的反射应力，起到阻止或延缓反射裂缝产生与扩展的作用。但应力吸收层不能过于柔软，以便于抗车辙和减薄罩面层厚度。鉴于此，应力吸收层必须具有突出的黏结力，以保证与“黑白路面”尤其是水泥路面的黏结；必须具有足够的高温抗变形与低温抗开裂能力，即必须具有突出的高温抗剪切变形能力、低温延展性及柔韧性；还必须能够排水与防水。

6.1.1 原材料要求

6.1.1.1 沥青材料

防反射裂缝应力吸收层的结合料应采用具有特殊性能的聚合物改性沥青，因此推荐采用具有优良低温黏弹特性和高温性能的高黏沥青作为应力吸收层结合料。推荐的应力吸收层结合料技术要求见表6-1。

应力吸收层结合料技术要求 表6-1

<table>
<tr><th colspan="2" rowspan="2">指　标</th><th colspan="3" rowspan="2">单　位</th><th colspan="4">要　求</th></tr>
<tr><th>I-A</th><th>I-B</th><th>I-C</th><th>I-D</th></tr>
<tr><td rowspan="4">关键指标</td><td>RTFOT，针入度 25℃，100g，5s</td><td colspan="3">0.1mm</td><td>>100</td><td>80～100</td><td>60～80</td><td>40～60</td></tr>
<tr><td rowspan="2">RTFOT，(5℃，15℃，25℃，30℃)针入度指数 PI</td><td>—</td><td>≥-1.2</td><td>≥-0.8</td><td>≥-0.4</td><td colspan="3">≥0</td></tr>
<tr><td colspan="3"></td><td></td><td></td><td></td><td></td></tr>
<tr><td>RTFOT，延度 5℃/(5cm/min)</td><td colspan="3">cm</td><td>≥50</td><td>≥40</td><td>≥30</td><td>≥20</td></tr>
</table>

续上表

指　　标		单　　位	要　　求			
			Ⅰ-A	Ⅰ-B	Ⅰ-C	Ⅰ-D
关键指标	RTFOT,拉伸柔度 5℃/(5cm/min)	cm/N	≥0.5			
	RTFOT,弹性恢复 25℃	%	≥75			
	软化点	℃	≥65			
	运动黏度 135℃	Pa·s	≤4			
	拉伸柔度 5℃/(5cm/min)	cm/N	≥0.8			
一般指标	RTFOT,老化后针入度比	%	≥60			
	RTFOT,质量变化	%	≤±1.0			
	针入度 25℃,100g,5s	0.1mm	≥60			
	PG 高温等级	—	70			
	闪点	℃	≥230			
	溶解度	%	≥99			
	储存稳定性离析,48h 软化点差	℃	≤2.5			

注:进行应力吸收层改性沥青的选择时,我国大部分地区高速公路宜选择Ⅰ-C 级,西北和东北地区可选择Ⅰ-B 级,Ⅰ-A 级适用于非常寒冷的地区,Ⅰ-D 适用于非常炎热的地区。

6.1.1.2　粗集料

所用粗集料的主要技术要求包括强度、磨耗性、颗粒形状、表面纹理及与沥青的黏结性等。应力吸收层所用粗集料应接近立方状、多棱角、洁净干燥、无风化、无杂质。粗集料技术要求见表 6-2。

粗集料技术要求　　表 6-2

指　　标	单　　位	要　　求
表观相对密度	—	≥2.50
毛体积相对密度	—	实测值
压碎值	%	≤28
洛杉矶磨耗损失	%	≤30
视密度	t/m^3	≥2.5
吸水率	%	≤2
对沥青的黏结性	—	≥4 级

续上表

指　　标	单　　位	要　　求
坚固性	%	≤12
细长扁平颗粒含量	%	≤15
水洗法(0.075mm 颗粒含量)	%	≤1
软石含量	%	≤5
石料冲击值	%	≤20
集料的破碎面积	%	≤50

6.1.1.3　细集料

细集料应坚硬、级配良好,形状接近立方体,洁净、干燥、无风化、不含杂质。细集料技术要求见表 6-3。细集料应与沥青有良好的黏结性。与沥青黏结性能很差的天然砂、用石英岩或花岗岩等石料破碎的机制砂或石屑不宜用于应力吸收层中。

细集料技术要求　　表 6-3

指　　标	单　　位	要　　求
表观密度	t/m^3	实测值
表观相对密度	—	≥2.5
毛体积相对密度	—	实测值
坚固性(大于 0.3mm 部分)	%	≤12
砂当量	%	≥60
含泥量(小于 0.075mm 的含量)	%	≤3
亚甲蓝值	g/kg	≤25

6.1.1.4　矿粉

矿粉采用石灰岩经磨细得到,要求干燥、洁净、无杂质,不应含有泥土或团粒,应满足表 6-4 的要求。

矿粉技术要求　　表 6-4

指　　标	单　　位	要　　求
视密度	t/m^3	≥2.5
含水率	%	≤1

续上表

指标		单位	要求
粒度范围	<0.6mm	%	100
	<0.15mm	%	90~100
	<0.075mm	%	75~100
外观		—	无团粒结块
亲水系数		—	<1
塑性指数		—	<4

6.1.2　配合比设计标准

6.1.2.1　矿料级配设计范围及要求

应力吸收层混合料矿料级配类型应采用连续级配、密实结构。应力吸收层矿料级配设计要求不仅要具有较宽的上、下限，而且应相对于生产配合比的实际矿料级配变动量小，以保证混合料应力吸收效果的稳定。其级配范围可参考表 6-5，级配设计时宜采用中值。

应力吸收层级配推荐范围　表 6-5

级配类型	筛孔通过质量百分率/%							
	9.5mm	4.75mm	2.36mm	1.18mm	0.6mm	0.3mm	0.15mm	0.075mm
下限	100	80	60	40	25	15	8	6
上限	100	100	85	70	55	35	20	14

6.1.2.2　配合比设计技术指标

配合比设计可采用马歇尔油石比确定方法，以初定油石比 8.5% 上下波动 0.5%，采取 5 个油石比成型马歇尔试件，双面击实 75 次确定最佳油石比。

油石比确定后，应进行路用性能试验，路用性能验证合格后方可进行试铺。

高性能应力吸收层设计指标见表 6-6。

高性能应力吸收层设计指标　表 6-6

测试项目	设计标准	规范要求	指标说明
空隙率 VV/%	2~3.5	3~5	混合料配合比指标
矿料间隙率 VMA/%	>16	—	
谢伦堡沥青析漏质量度/%	≤0.15	≤0.3	

续上表

测试项目	设计标准	规范要求	指标说明
马歇尔稳定度/kN	≥8	≥8	混合料高温性能指标
车辙动稳定度/(次/mm)	600~800	≥800	
真空饱水马歇尔残留稳定度/%	95	85	混合料水稳定性能指标
冻融劈裂残留强度比/%	90	80	
低温小梁弯曲最大破坏应变/$\mu\varepsilon$	>2500	—	混合料低温性能指标
常温劈裂试验抗拉强度/MPa	1.0~1.8	—	

6.1.2.3 指标测试方法及仪器

在沥青原材料及级配设计满足要求后,可进行相关技术指标试验,具体如下。

①马歇尔试验:击实温度宜按照施工温度确定,击实次数为双面各75次。其他试验步骤同常规沥青混合料马歇尔试验。真空饱水马歇尔试验方法同浸水马歇尔试验,试件浸水前抽真空,并保压15min。

②谢伦堡沥青析漏试验:采用5组油石比,分别进行析漏试验,其试验方法可见《公路工程沥青及沥青混合料试验规程》(JTG E20—2011),每组进行平行试验不少于3个。

③将拌和好的1kg沥青混合料倒入已经称重的洁净干燥烧杯中,称取烧杯和混合料的总质量,然后将烧杯放入170℃烘箱中,静置60min后取出烧杯,不加任何冲击和振荡,将混合料向下倒扣在玻璃板上,称取烧杯以及黏结在烧杯上的残留物总质量,计算沥青析漏量。试验结束后,绘制5组油石比析漏值的曲线图,图形的拐点位置可作为确定最佳油石比的依据。同时,要保证确定的最佳油石比所对应的沥青析漏量不超过0.15%。

④车辙试验:成型50mm×300mm×300mm试件,进行60℃的车辙试验。试验过程中应采集变形量数据。

⑤冻融劈裂、常温劈裂:试验设备同马歇尔试验,同时需增加劈裂试验压头及低温箱。试验方法及数据计算参见试验规程。

⑥低温小梁试验:应力吸收层低温小梁试验采用万能材料试验机及低温箱。

6.1.3 拌制

6.1.3.1 施工前的准备工作

沥青混合料拌和设备在开始运转前要进行全面检查,注意连接部件的紧固情况,检查搅拌器内有无积存余料、冷料输送机是否运转正常和有无跑偏现象,仔细检查沥青管道各接头,不得有漏气现象,注意检查电气系统,对于机械传动部分还要检查传动链的张紧度等。试验路采用的拌和设备为美国产 ASTEC-50 型间歇式拌和楼,它采用先进的计量控温、计时设备,可以对混合料进行精确配合比拌和,图 6-1 为拌和楼的照片。

图 6-1　拌和楼

6.1.3.2　混合料的拌和

在正式生产前,首先要试拌混合料,通过试拌及抽样试验确定施工质量控制指标:①确定每盘热料仓的配合比,确定各种矿料送料口的大小及沥青结合料、矿料的进料速度;②试拌后取样进行旋转压实试验,并将其试验值与设计技术标准进行比较,验证设计沥青用量的合理性,必要时可做适当调整;③确定适宜的拌和时间、适宜的拌和温度与出场温度等。

6.1.3.3　质量控制

在生产中,关键工序温度控制和级配控制如下:

①石料加热温度 190~200℃。

②沥青结合料加热温度 170~175℃。

③拌和温度 180~185℃。

判断应力吸收层的施工温度时,应注意以下 3 点:

①所有检测用温度计应采用半导体数显温度计,并及时送当地计量部门检定,或在监理监督下用标准温度计标定。

②所有温度检测均应按正确的方法操作,避免因温度计探头位置不当,导致测得温度不真实。

③碾压温度是指碾压层内部温度。

拌和楼控制室要逐盘打印沥青结合料及各种矿料的用量和温度,并定期对拌和楼的计量结果和测量结果进行校核;每天应用拌和总量检验材料的配比和应力吸收层油石比的误差。

拌和时间由试拌确定。拌和总时间为 65~70s。拌和顺序为:首先加入矿粉、机制砂并干拌 20s~30s,再加入沥青并湿拌约 35 s,最后出料,以拌和均匀为宜。

注意目测检查混合料的均匀性,及时分析异常现象(如混合料有无花白、冒青烟、离析、析漏等现象)。如确认是质量问题,做废料处理并及时予以纠正。在生产开始以前,有关人员要熟悉所用各种混合料的外观特征。

严格控制油石比和矿料级配,避免因油石比不当而产生泛油和松散现象。每台拌和机开拌后,每天上午、下午各取一组混合料试样做马歇尔试验和抽提筛分试验,检查油石比、矿料级配和应力吸收层的物理力学性质,每周应检查 1~2 次残留稳定度。

混合料不得在储料仓中长时间储存,以不发生沥青析漏为宜,且不得储存过夜。

6.1.4 试铺

应力吸收层施工开工之前,须先做试铺路段。通过合格的组成设计,拟定试铺路段铺筑方案,采用重新调试的正式施工机械,铺筑试铺路段。

试铺路段施工分为试拌和试铺两个阶段,需要进行的工作包括:

①根据各种机械的施工能力相匹配的原则,确定适宜的施工机械,按生产能力确定机械数量与组合方式。

②拌和机试拌;验证应力吸收层的生产配合比,确定正式生产用的矿料配合比和油石比。

在试铺段试铺过程中,通过试压获得所要求的压实度,确定适宜压实工艺与压实程序,包括明确具体碾压时间,压实顺序,碾压温度,碾压速度,静压与振压最佳遍数,压路机型组合,压路机型号与吨位,压路机振幅、频率与行走速度的组合等。全面检查材料及施工质量是否符合要求。

6.1.5 混合料的运输

采用数字显示插入式热电偶温度计(必须经常标定)检测沥青混合料的出厂温度和运到现场温度,插入深度大于 150mm。在运料卡车侧面中部设专用检测孔,孔口距车厢底面约 300mm。

拌和机向运料车放料时,应保证运输车轴线与拌和楼卸料斗轴线一致。应保证车厢底板与四壁清洁、光滑,在装料前要涂隔离剂。装车过程中应保证混合料不高于车厢后板,车厢板密实无缝,防止集料遗撒污染路面。

运料车应使用完整无损的双层篷布覆盖,以保温防雨、避免污染环境。每台摊铺机前只允许 1 台待卸车掀开篷布。每车料卸完后应将车厢清理干净,不应有残留,以防混合料粘附车厢。

运至摊铺地点的沥青混合料温度不宜低于 160℃。应力吸收层混合料细料含量多,用油量较大,运输中尽量避免紧急制动,尽量保证匀速行驶,以避免沥青混合料的析漏与离析。

应查明工程所在的具体位置、施工条件、摊铺能力、运输路线、运距、运输时间以及所需混合料的种类和数量，根据拌和与摊铺设备的生产能力确定合适的运输车辆数。要组织好车辆在拌和设备处装料和工地卸料的顺序，尤其要计划好车辆在工地卸料时的停置地点。装料时必须按运输车辆载质量装足，不得超载运输，待安全检查后再启运。

沥青混合料运输车的运量应比拌和能力和摊铺速度有所富余，摊铺机前方应有4~5辆运料车等候卸料。

6.1.6　摊铺

摊铺时采用随原路面等厚摊铺，控制厚度(2±0.5)cm，摊铺前在摊铺机和工具上涂隔离剂，防止黏结混合料，对摊铺机前面深于2cm的坑槽用应力吸收层混合料补平。

用机械摊铺的混合料未压实前，施工人员不得踩踏。一般不用人工整修，只有在特殊情况下，方可在现场主管人员指导下，人工找补或更换混合料。缺陷较严重时应予铲除，并调整摊铺机或改进摊铺工艺。

上面层用移动式自动找平基准装置控制摊铺厚度。注意摊铺机接料斗的操作程序。摊铺集料斗应在刮板尚未露出、尚有约10cm厚的热料时，下一辆运料车即开始卸料，做到连续供料。

应力吸收层混合料摊铺时重点注意：

①在选择合适摊铺宽度时，既应考虑摊铺机的最大摊铺宽度，又要兼顾应力吸收层混合料细料多、油量大的特点。如果摊铺宽度过大、螺旋布料器运送混合料的距离过长，一方面不利于混合料的密实度，另一方面会引起靠边的混合料温度下降较多，从而导致混合料产生温度离析现象。因此，摊铺宽度太大，不利于混合料的压实，对提高路面平整度也不利。当然，摊铺宽度太小，会导致摊铺机、压路机台班费用和员工费用的增加，以及相邻摊铺条带间的施工接缝增多。因此，应合理选择摊铺机摊铺宽度。

②当路面为单向横坡度时采用全幅一次成型摊铺，当路面为双向横坡时必须采用2台摊铺机热接缝梯队作业方式摊铺。

③摊铺机必须带具备振动夯实功能的熨平板。开始摊铺前必须预热熨平板。在熨平板预热时，要掌握预热和保温时间，使熨平板温度接近混合料温度，同时防止熨平板过热变形，采用间歇燃烧、多次加热法，或靠自身导热，或靠热风进行交替加热，每次加热时间最好不大于10min。

④摊铺过程中应严格将摊铺温度控制在155～165℃。如果温度过低,摊铺阻力增大,摊铺时会将混合料拉裂而引起摊铺缺陷。

⑤摊铺速度应适当,太低则工程进度过慢;过高则使铺层疏松、供料困难、预压实度过低等。施工中一般选择2～3m/min的摊铺速度,早晚施工要慢些,中午气温高时可稍快些,但宜保持摊铺速度恒定、摊铺作业连续,不可随开随停摊铺机,以免导致熨平板受力系统平衡发生频繁变化,对铺层平整度和密实度产生不利影响,使路面摊铺质量下降。

6.1.7 压实

根据应力吸收层特性,混合料压实应采用双钢轮压路机静压。由于摊铺厚度薄,在碾压过程中压路机必须紧跟摊铺机进行碾压,以防温度降低过快,影响路面压实效果。施工中,初压采用110型双钢轮压路机静压1遍,速度控制在1.5～2.0km/h;复压采用130型双钢轮压路机静压3～4遍,速度控制在2.5～3.0km/h;终压采用110型双钢轮压路机静压2～3遍,速度控制在2.0～3.0km/h。碾压过程中不应大量喷水,以防混合料表面冷却过快。经过4～5遍碾压即可达到设计压实度,要求不低于90℃时终压完成。图6-2为压路机施工照片。

图6-2　压路机施工照片

如果碾压时温度太高,混合料产生推移和拥包,应停止碾压,待温度符合要求后再进行碾压;若是其他原因(如结合层黏结不实),应采用相应的挖补修复措施。不得在低温状态下反复碾压。必须有足够数量的压路机,初压和复压不得少于3台。

在初压和复压过程中,同类压路机宜并列成梯队压实,不宜采用首尾相接的纵列方式。采用振动压路机压实时,压路机轮迹的重叠宽度不应超过20cm。当采用静载压路机压实时,压路机的轮迹应重叠1/4～1/3碾压宽度。不得向压路机轮表面喷涂油类或油水混合液,需要时可少量喷涂清水或皂水。不可大量喷水,防止混合料表面冷却过快。

每台压路机每遍碾压长度宜控制在20～30m,经计算确定。压路机紧跟在摊铺机后面碾压,以不影响自动找平基准装置为宜。随着摊铺机不断向前移动,压路机的折返点也跟着向前移动,即折返应呈梯形,不应在同一断面上。

在压实过程中,应特别注意:

①应力吸收层混合料经碾压后可能会出现气泡,一般要刺破气泡或采用压路机碾压去除。

②应力吸收层混合料经碾压后会在摊铺机停顿处出现一条黑色油带,主要是摊铺机加长段在路表拖出来的,如果摊铺宽度较短,这一现象会明显减少。这属于正常现象,不影响路面性能。

③应力吸收层混合料经碾压后每隔几米出现30cm左右的油斑。如果不出现油斑,则证明用油量偏低;如果出现大面积的油斑,则表明用油量偏大。这要求最佳沥青用量确定务必严格,因为油量偏低不利于应力吸收层抗反射裂缝和耐疲劳特性的发挥;油量过大,则易引起运输中沥青析漏、通车过程中油量上泛,使其上面的沥青面层油量过高,从而产生车辙等高温变形破坏。

④压实度控制也是施工中的关键点,试验路施工中用最大理论密度的96%±1%进行控制。由于该混合料油量大、细料多,不易准确测出马歇尔试件的密度,因此采用常规沥青路面施工的压实度概念难以控制压实质量。采用最大理论密度的96%±1%进行控制,概念清楚,效果明显。通过试验路铺筑效果看,这种控制工艺是行之有效的。

⑤压实完成后禁止在应力吸收层上停放重型车辆,尽量避免车辆在其上通行。

6.1.8　施工接缝的处理

6.1.8.1　纵向施工缝的处理

对于采用2台摊铺机成梯形联合摊铺方式的纵向施工缝,应在前部已摊铺混合料部分留下10~20cm宽暂不碾压作为后高程基准面,并有5~10cm的摊铺层重叠,以热接缝形式在最后做跨接缝碾压,以消除缝迹,与下层纵缝应错开15cm以上。

6.1.8.2　横向施工缝的处理

全部采取平接缝。以摊铺层与直尺脱离接触处定出接缝位置,用锯缝机割齐后铲除。继续摊铺时,将接缝锯切时留下的灰浆擦洗干净,涂上少量黏层沥青,摊铺机熨平板从接缝后起步摊铺。碾压时用钢筒式压路机进行横向压实,从先铺路面上跨缝逐渐移向新铺面层。

6.1.9　施工阶段的质量管理

原材料的质量检查的内容包括保证沥青结合料、机制砂、填料符合技术指标要求。

混合料的质量检查内容包括油石比、矿料级配、稳定度、流值、空隙率、混合料出厂温度、运到现场温度、初压温度、碾压终了温度、混合料拌和均匀性。

施工质量检查内容包括厚度、平整度、宽度、横坡度、压实度、偏位、摊铺的均匀性。施工压实度的检查以钻芯法为准，钻芯检测频率为单幅每千米每车道 3 个，宜在硬路肩和超车道上钻取，该频率芯样供施工单位、驻地监理组共同使用。

以上检查项目、检查频率和质量要求列于表 6-7。

应力吸收层施工质量检验要求　　表 6-7

项　目	检 查 频 度	质量要求及允许差	试 验 方 法
外观	随时	无油斑、推挤、离析、轮迹等现象	目测
接缝	随时	紧密、平整、顺直、无跳车	目测、3m 直尺
矿料级配	每台拌和机 2 次/d	筛孔尺寸与设计标准配合比的容许差为±2%	抽提后筛分
油石比	每台拌和机 2 次/d	与设计标准油石比的容差为±0.2%	抽提
马歇尔试验：稳定度、流值、密度、空隙率	每台拌和机 2 次/d	符合设计要求	拌和厂取样试验
车辙试验	必要时	不小于设计要求	拌和厂取样送试验室成型
透水试验	随时	基本上不透水	向路面倒水观察
	1 处/单幅 200m	实测记录	用渗水仪测定
压实度	2 个/500m/单幅	不小于马歇尔密度的 98%（单点）	钻孔法
应力吸收层空隙率		3%～5%	
平整度	对每日铺筑的路段全线测定 1～2 次	不大于设计要求	连续式平整度仪

总体来说，由于应力吸收层混合料可采用同普通沥青混合料一样的摊铺与碾压工艺，因此易于推广应用，但在施工和检测过程中应注意以下几点：

①摊铺应力吸收层前应仔细处理旧水泥混凝土路面板下卧层，消除接缝、裂缝、错台、板体破碎等病害，以防混合料摊铺成型后产生对应的裂缝变形。

②雨后、下卧层湿度过大时，不宜进行应力吸收层混合料施工；同时应避开中午高温时段摊铺，或适当增大应力吸收层混合料设计空隙率（而不是降低压实度），以利于减少气泡产生。

③在进行混合料摊铺之前最好要洒铺黏层油,而且以改性乳化沥青为宜,这有利于促进应力吸收层混合料与水泥混凝土路面板的结合。

④当条件允许时,可采用 2 台摊铺机前后梯形作业,这有利于提高应力吸收层混合料初始预压实度,减缓混合料温度散失,为混合料压实提供足够的可压实时间,也有利于避免料的离析和混合料温度离析,从而有利于提高应力吸收层混合料的摊铺质量。

6.2　撒布式改性沥青应力吸收层施工要点

撒布式改性沥青应力吸收层是为防治反射裂缝而设计的铺筑于半刚性基层与沥青面层(或旧水泥混凝土路面与沥青加铺层)之间的一种特殊的碎石封层,通常以聚合物改性沥青材料作为黏结剂,其上撒布单一粒径碎石并经碾压而成。撒布式改性沥青应力吸收层充分利用了改性沥青的高弹性、高变形能力,以及石料可消解应力集中但不传递拉应力的特性,因而具备防治反射裂缝的能力。此外,撒布式改性沥青应力吸收层采用的单一粒径碎石还为沥青面层提供了较大的摩阻力,改性沥青经碎石挤压后可形成一层较厚的防水层,为路面结构提供封水能力。

6.2.1　基本要求

①在沥青面层与旧水泥混凝土路面板之间必须设置应力吸收层,此层应在裂缝处理完毕后进行。

②撒布式改性沥青应力吸收层应满足设计技术指标要求。

③撒布式改性沥青应力吸收层的用量为 2.2~3.0kg/m^2。

④撒布式改性沥青应力吸收层喷洒完成之后,应撒布 16~19mm 的单一粒径碎石,碎石对沥青膜的覆盖率为 50%~60%。

⑤撒布式改性沥青应力吸收层撒布长度应比沥青碎石层有富余的工作量。

6.2.2　施工准备工作

①喷洒改性沥青的工作面,应整洁、无尘埃。路面有脏物时应清除干净,粘有土块时用水刷净,待表面干燥后喷洒改性沥青。

②改性沥青的喷洒温度应符合规范要求。

③改性沥青应均匀撒布,喷洒过量处应刮除。并按现行《公路路基路面现场测试规程》(JTG 3450)的要求和方法检测撒布量,每次检测不少于 3 处。

④改性沥青撒布设备应配备适用于不同稠度改性沥青喷洒用的喷嘴,在沥青

撒布机喷洒不到的地方可采用手工撒布机。

⑤喷洒撒布式改性沥青时,须采用沥青撒布车一次性喷洒均匀,喷油管与路表面形成约 90°角,并有适当高度,以使路面上喷洒的撒布式改性沥青形成重叠。

⑥对喷洒区附近的结构物和树木表面应加以保护,以免因溅上改性沥青而受到污染。

6.2.3 施工与碾压

①喷洒撒布式改性沥青后、未撒布碎石之前,严禁车辆通过。撒布式改性沥青撒布后应紧接撒布碎石层,并采用 YL-12 轮胎式压路机碾压 2 遍。

②集料应采用坚硬、清洁、干燥、无风化、无杂质的玄武岩或石灰岩碎石,按 16~19mm 单粒级选择,严禁使用石料的下脚料,同时要严格控制含泥量(或粉尘量),必要时用水清洗。

③撒布改性沥青:改性沥青撒布量为 2.2~3.0kg/m^2(不得低于该撒布量),改性沥青的温度为 170~180℃;喷油管与路面垂直,并位于适当高度(以喷出的改性沥青扇面完全重叠为宜),要求撒布均匀、不露白。在喷油管外端设置遮护铁皮,以防改性沥青污染路缘石。

④撒布碎石:为保护沥青膜不受摊铺机破坏,并为摊铺机提供施工平台,需在改性沥青膜上撒布碎石,撒布量为 3~4m^3/1000m^2(最佳量为 3.6m^3/1000m^2)。改性沥青撒布后,温度稍下降,即撒布 16~19mm 碎石,石料撒布车倒向行驶,要求车速稳定,撒布均匀,碎石对沥青膜的覆盖率为 50%~60%。如有漏撒或堆积,应人工处理。

⑤碾压:用轮胎式压路机碾压 2 遍。若局部露黑处发生粘轮,应再补撒少量集料。

⑥严禁车辆在已撒布改性沥青而未撒石料的基层上行驶。撒布式改性沥青应力吸收层施工完毕后应封闭交通 1~2d 养生,确保黏结稳固。

6.3 复合式路面工程应用情况及施工要求

6.3.1 复合式路面工程应用情况

本小节系统调查了复合式路面结构,对其路面结构组合进行总结。

1)上海大亭一级公路复合式路面结构

上海市“三环十射”公路网中郊区环线中的大亭一级公路在 K11+510~K12+

105 铺筑了复合式路面，结构见图 6-3。

2）漳州 S318 省道山城至书洋段公路路面“白加黑”改造方案

漳州 S318 省道山城至书洋段公路改造前为水泥混凝土路面，全长 45.6km，路面结构见图 6-4。

3cm沥青混凝土防滑层
3cm细沥青
22cm粉煤灰水泥混凝土
26cm三渣基层
15cm二灰土底基层

图 6-3　大亭一级公路复合式路面结构

24cm水泥混凝土路面面层
18cm 5%水泥稳定碎石基层
15cm填隙碎石底基层

图 6-4　S318 省道山城至书洋段改造前路面结构

项目于 2008 年竣工通车，运营 9 年后出现不同程度的病害及破损，已经影响行车舒适性、安全性与路面使用寿命。考虑到该项目旧路面水泥混凝土路面板断板率差异小、板块完好，弯沉值小，选用的路面加铺设计方案见图 6-5。

4cm SBS改性AC-13C
8cm SBS改性AC-20C(兼调平层)
1cm橡胶沥青应力吸收层
24cm旧路水泥混凝土面板铣刨2cm (病害处治)
旧路基层

图 6-5　S318 省道山城至书洋段公路路面“白加黑”改造方案

该项目的路面改造方案对降低路面噪声、提高行车舒适性、提升道路使用品质发挥了显著作用，节省了交通投资，减少环境破坏与污染，缩短改建道路的施工时间，对公共交通的干扰少，极大提高了原有道路的通行能力。

3）河南尉许高速公路复合式长寿命路面结构

尉氏至许昌高速公路起点位于尉氏县东北十八里乡西南侧，接兰考至尉氏段高速公路的尉氏互通式立交，路线向西南经过鄢陵县、建安区，终点在许昌市区东南侧孙刘赵互通式立交与许平南高速公路相接。河南尉许高速公路长寿命路面结构设计方案见图 6-6。

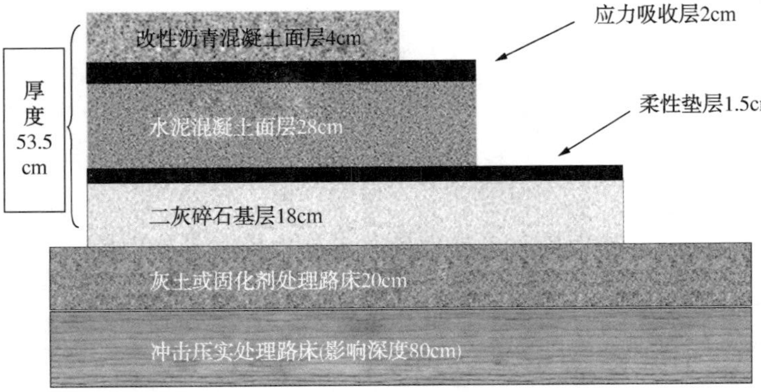

图6-6　河南尉许高速公路长寿命路面结构

调查分析复合式路面结构,发现我国复合式路面大多采用水泥混凝土路面板加铺沥青混凝土面层的结构形式。其中,沥青面层多选用改性AC-13C或SMA;水泥混凝土路面板选用普通水泥混凝土或碾压混凝土,其板厚一般在22~26cm;多用橡胶沥青作为应力吸收层。

复合式路面结构将刚性路面和柔性路面的优点结合在一起,不仅具有刚性路面承载力大的优点,而且有柔性路面行车平稳、噪声小、运营养护简单的优点。应力吸收层是防治路面反射裂缝的主要方法,效果较好。

6.3.2　旧水泥混凝土加铺沥青面层施工要求一般规定

道路石油沥青、改性沥青、改性乳化沥青、粗细集料、填料、纤维稳定剂等材料的选择、应用、储存、运输应符合现行《公路沥青路面施工技术规范》(JTG F40)的规定。

按现行《公路工程质量检验评定标准　第一册　土建工程》(JTG F80/1),对原有的水泥混凝土路面外观质量及内在质量进行全面检查,对局部质量缺陷(如严重错台、裂缝、板底脱空、断板等)应按规定进行修复。只有修复后的水泥混凝土路面板达到设计要求后,才能进行沥青加铺层的施工。原路面的污染物(如油迹、交通标志线等)须清洗干净,必要时采用高压水冲刷。

沥青加铺层的各种施工方法应符合现行《公路沥青路面施工技术规范》(JTG F40)的相关规定。

旧水泥混凝土路面沥青加铺层的检测、评价应符合现行《公路水泥混凝土路面养护技术规范》(JTJ 073.1)、现行《公路沥青路面养护技术规范》(JTG 5142)和现行《公路沥青路面施工技术规范》(JTG F40)的相关规定。

沥青加铺层的施工质量管理和检验验收应符合现行《公路沥青路面施工技术规范》(JTG F40)的规定。

6.3.3 旧水泥混凝土路面板糙化处理

旧水泥混凝土路面表面糙化的处理方法分为物理方法和化学方法。

6.3.3.1 物理方法

1)喷射处理

①喷砂打毛法是利用喷射机把小粒径的石子或铁珠喷射到旧混凝土路表面,使路表面形成粗糙面。打毛的工作原理是利用高速运动的硬质颗粒对路面的撞击将路面打毛,能很好地改善原路面的微观构造,进而提高原路面和加铺层之间的黏结力。通过控制喷射机喷射速度和喷射密度可以得到满意的粗糙度,但在操作过程中铁珠或石子会从路表面反弹回来,容易对操作人员造成伤害。

②射流打毛法是利用高速喷出的水柱,直接作用在旧水泥混凝土路表面上,在冲击压力的作用下,路表面有一部分混凝土被水冲刷掉,形成凹凸不平的表面。利用这种方法处理的路表面的粗糙度与水的压力有很大的关系。射流打毛法的工作效率高,粗糙度较均匀,不会对旧路表面造成过大的损伤,但需要购买高压水泵或高压水枪。

2)机械处理

①凿毛处理法。机械凿毛是采用硬合金刃具凿击路面,从而使路面起毛的机械处理方法。人工凿毛是使用钢钎和锤凿毛旧水泥混凝土路表面。人工凿毛过程中会产生很强的振动,使旧路表面产生许多新的小裂缝,对路面易造成较严重的损伤,削弱界面的黏结强度,且处理效果差异性较大。

②铣刨恢复法。在国外,路面板多采用滑模摊铺,其弯拉强度高,匀质性好,板厚富余度较大,常采用铣刨法恢复路面的抗滑和平整功能。但是,铣刨过后的路面抗滑与硬刻槽不同,其表面形状是圆弧形的,而且只能是纵向的,机械铣刨无法做出横向圆弧槽。美国有很多这样处理过的路面,铣刨厚度按错台高度控制,当最大错台高度为5mm时,铣刨厚度应不小于7mm,最深铣刨厚度不大于10mm,这样在恢复抗滑构造的同时,路面错台也全部消除,同时改进了路面的平整度。推荐在沥青加铺层较厚或水泥混凝土路面板厚度有富余的情况下使用铣刨恢复法。

③钢刷划毛法对旧水泥混凝土路表面只能做轻度处理。

6.3.3.2 化学方法

常用的化学方法是酸浸蚀法。将酸性化学剂喷洒在路面上,化学剂与水泥混凝土表面发生化学反应，形成凹凸不平的麻点，从而增加路面的粗糙度。一般采用50%盐酸以 0.2～0.5L/m^2 的用量喷洒在路面上，当盐酸和水泥砂浆起化学作用15min 左右后，用水将可溶解物冲洗掉，腐蚀路面形成麻点，增加路面的粗糙度。但是费用较高，污染环境，工程经验不够成熟。

6.3.4 旧水泥混凝土路面板裂缝修补与嵌缝处理

裂缝修补与嵌缝材料实际是一种胶粘剂，用于修补水泥混凝土路面的裂缝或嵌缝结构。此类材料必须具备较好的黏结力、较高的拉伸率、较好的低温塑性及耐久性。目前常用的有环氧树脂及改性环氧树脂类，聚氨酯及改性聚氨酯类，烯类修补材料，以及聚氯乙烯胶泥、橡胶沥青等嵌缝材料。

采用热熔型密封胶进行处理的裂缝可分为以下几种情况：

①对于缝宽在 5mm 以下、长度小于 1m 且弯曲的裂缝，建议采用高分子聚合物抗裂贴直接进行封贴。

②对于缝宽较大但走向弯曲的裂缝，建议采用手提砂轮切割机进行扩缝。

③对于缝宽较大但走向较直的裂缝，可以采用专业的开槽机进行扩缝，以提高工作效率。

开槽法灌缝的主要操作过程如下。

①开槽：开槽机的锯片应调整到适当高度，确保切入深度在 1.5～2cm，开槽时必须沿着裂缝的走向切缝，槽口应保持规则形状。

②清槽：开槽扩缝后应进行清缝处理，最好使用鼓风机并配合钢丝刷，把槽口内的灰尘和松散的碎料清理干净，以提高黏结力。

③烘槽：必要时须用火焰枪对槽口进行烘烤，烘烤时注意对温度的控制，一般不得超过 70℃。

④备料：密封胶的加热温度应控制在 200～210℃，出料温度应高于 180℃，温度过高或过低均对处理效果不利。

⑤灌胶：胶体灌入时应控制好灌缝机的走向，在灌好第一遍的 5min 后再一次找平灌缝，并使裂缝表面形成 T 形密封层。注意控制灌入胶体的高度，如在气温相对较高的季节，胶体应该略高于路面 0.5～1mm；气温低的季节，胶体应该略低于路面 0.5～1mm。

⑥开放交通：施工结束后开放交通时间一般为 30min 后。但如果在胶体表面撒上砂或石粉，防止开放交通后车轮带走灌缝料，这样大约 10min 便可开放交通。

⑦禁止在路面潮湿或温度低于 4℃ 的环境下施工，否则会降低密封胶的黏合力，易造成脱落，影响施工质量。

6.3.5　旧水泥混凝土路面板脱空处治

对于高等级路面,应按断板标准处治严重脱空的板,可采用灌浆处治一般脱空的板;对一般脱空水泥板必须反复压浆处治,如果反复压浆处治仍不能使水泥板的弯沉满足要求,可考虑采用破碎下挖进行基层处治,然后重新浇筑新板。

压浆材料宜选择流动性强、具有一定微膨胀能力、早期强度高、无离析、无泌水的水泥砂浆或水泥浆。

压浆设备主要有钻孔取芯机、灰浆拌和机、灰浆泵、膨胀螺栓压浆头。

水泥混凝土路面板底压浆时宜选择沉降量大的地方开始压浆孔,逐步由大到小,压浆机压力控制在0.5~1.0MPa。

主要施工过程如下。

①定位:根据外观及弯沉检测相结合的方法调查唧泥脱空板,标画钻孔位置。

②钻孔:使用钻孔取芯机按标定的位置钻孔,钻孔深度与板厚一致,孔径与压浆头直径相匹配。

③制浆:按配合比将材料在灰浆拌和机中拌和,至均匀、无灰团,方可使用。使用中应持续拌和,防止沉淀。

④压浆:用灰浆泵将拌和好的灰浆由压浆孔压入水泥混凝土路面板底,压力控制在2.0MPa左右,直至邻孔或接缝中溢浆、板块略有上升为止。压浆过程中溢浆的孔应及时用圆状木塞封堵,防止压力过度散失。在压浆头拔除后应及时用木塞封堵注浆孔,防止灰浆反流。所有木塞应保持3~5min方可拔除。

⑤压浆孔封堵:木塞拔除后,用灰浆或取出的混凝土芯样将压浆孔封严。

⑥交通控制:压浆完成后的板块,禁止车辆通行。待灰浆强度达到5MPa以上时方可开放交通,一般需要3d。

⑦弯沉检测:压浆完成3d后,用标准轴载车、贝克曼梁复测压浆板四角的回弹弯沉值,若弯沉值超过0.3mm,应重新钻孔补压。

6.3.6　SMA罩面加铺

SMA适用于高速公路的维修罩面。

SMA面层集料的最大粒径宜从上至下逐渐增大,并应与压实层厚度相匹配,铺筑的压实厚度不得小于集料公称最大粒径的2.5倍。

SMA罩面的材料规格和用量应符合现行《公路沥青路面施工技术规范》(JTG F40)的相关规定。

SMA罩面施工准备如下:

①SMA 罩面施工以前,应检查老路面的完整性和黏结性,对局部质量缺陷按规定进行修复。

②老路表面的污染物必须清扫干净,必要时用水冲刷。对于局部被水泥等杂物污染冲刷不掉的,应人工将表面水泥砂浆凿除。

③对老路面进行彻底清扫,冲洗的水迹晾干后才可摊铺新面层。

④SMA 罩面宜在较高温度条件下施工,当气温或下卧层表面温度低于 10℃时不得铺筑 SMA 罩面。

⑤施工温度应根据沥青标号、黏度、改性剂的品种及剂量、气候条件及铺装层的厚度确定。

⑥沥青结合料(含改性沥青)的加热温度或改性沥青的加工温度不得超过 175℃。沥青混合料的温度应采用具有金属探测针的插入式数显温度计测量,不得采用玻璃温度计测量。在运料车上测量时宜在车厢侧板下方打一个小孔,插入不少于 15cm 量取。碾压温度可借助金属螺丝刀在路面上打洞后迅速插入温度计测量得到(必要时应移动位置)。

配合比设计施工要点如下:

①SMA 混合料的配合比设计应遵循现行规范关于热拌沥青混合料配合比设计的目标配合比、生产配合比及试拌试铺验证的 3 个阶段,确定矿料级配及最佳沥青用量。

②SMA 配合比设计采用马歇尔法,应遵循下列原则:

——SMA 必须具有相互嵌挤的粗集料骨架。SMA-16 和 SMA-13 的粗集料骨架是 4.75mm 以上的粗集料,SMA-10 的粗集料骨架是 2.36mm 以上的粗集料。马歇尔试件的最小粗集料骨架间隙率必须小于捣实状态下的粗集料骨架间隙率。

——填充在 SMA 的粗集料骨架间隙中的沥青结合料应符合最小沥青用量的要求,马歇尔试件的空隙率必须在要求的范围内。

——按照工程最大粒径的大小及压实层的厚度,SMA 分为 SMA-20、SMA-16、SMA-13、SMA-10。铺筑 SMA 的压实厚度不得小于集料公称最大粒径的 2.5 倍。

混合料拌和施工要点如下:

①生产 SMA 应采用间隙式沥青拌和机拌和,且必须配有材料配比和施工温度的自动检测和记录设备,逐盘打印各传感器的数据,对每个台班做出统计,计算矿料级配、油石比、施工温度、铺装层厚度的平均值、标准差和变异系数,进行总量检验,并作为施工质量检测的依据。

②使用于 SMA 的改性沥青可以采用成品改性沥青或现场制作改性沥青。当使用成品改性沥青时,应经常检验改性沥青的离析情况,各项指标应符合规定的技

术要求。当现场制作时,加工工艺根据改性剂的品种和基质沥青确定。改性剂必须存放在室内,不得受潮或老化变色。拌和厂的电力条件应满足现场制作改性沥青的生产需要。基质沥青的导热油加热炉应具有足够的功率。改性沥青生产后宜进入储存罐,经过不少于 0.5h 的继续搅拌发育后使用,储存和运输过程不得发生离析。

③拌和机应配有专用的纤维稳定剂投料装置,直接将纤维自动加入拌和机的拌和锅或称量斗中。根据纤维的品种和形状的不同,可采取不同的添加方式。添加纤维应与拌和机的拌和周期同步进行。松散的絮状纤维应采用风送设备自动打散上料,并在矿料投入后干拌及喷入沥青结合料的同时一次性喷入拌和机内。颗粒纤维宜在集料投入后立即加入,经 5~8s 的干拌,再投入矿粉,总的干拌时间应比普通沥青混合料增加 5~10s。

④喷入沥青结合料后的湿拌时间,应根据拌和情况适当增加,通常不得小于 5s,保证纤维能充分、均匀地分散在混合料中。由于拌和时间增加、投放矿料时间加长、废弃回收粉尘等原因而降低拌和机生产率,应在计算拌和能力时充分考虑到,以保证不影响摊铺速度,避免造成停顿。

⑤各种原材料都必须堆放在硬质地面上,在多雨潮湿地区,细集料(含石屑)应处于有棚盖的干燥条件下,当细集料潮湿使冷料仓供料困难时,应采取相应措施。

⑥矿粉必须存放在室内,保证干燥,不结块,能自动流动。拌和时,矿粉投入能力应符合配合比设计数量的需要。原有矿粉仓不敷使用时,宜增加投入矿粉的设备,或将矿粉投料口扩大,以减少矿粉投入时间。

⑦拌和过程中,回收粉尘的用量不得超过矿粉总用量的 25%。对逸出及废弃的粉尘,应添加矿粉补足,使 0.075mm 筛孔通过率达到配合比设计要求。

⑧拌和的 SMA 混合料应立即使用,需在储料仓中存放时,以不发生沥青析漏为度,且不得储存至第二天使用。

⑨当采用直接投入法制作改性沥青混合料时,改性剂必须计算准确,拌和均匀分散。乳胶类改性剂必须采用专用的计量投料装置,按使用比例在喷入改性沥青后 10s 内投入拌和锅中。必须经常检查供应乳胶的泵和管道、喷嘴,保持通畅。颗粒状改性剂可在投放矿料后直接投入拌和锅中。

⑩沥青拌和厂宜设置专用的取样台,供在运料车上对混合料取样、测量温度、盖苫布使用。

混合料运输要点如下:

①SMA 宜采用大吨位运料车运输。运料车在开始运输前,应在车厢及底板上

涂刷一层油水混合物,使混合料不致与车厢黏结。

②任何情况下,运料车在运输过程中都应加盖苫布,以防表面混合料降温结成硬壳。

③运料车在运输途中,不得随意停歇。运料车卸料必须倒净,如发现有剩余的残留物,应及时清除。

④运料车到达现场后,应严格检查 SMA 混合料的温度,不得低于摊铺温度的要求。

SMA 罩面摊铺施工要点如下:

①SMA 可采用常规的沥青混合料摊铺方法进行摊铺。1 台摊铺机的摊铺宽度不宜超过 6m,最大不得超过 8m。高速公路的沥青面层应采用 2 台以上相同型号的摊铺机成梯队形式摊铺,相邻 2 台摊铺机应具有相同的压实能力,摊铺间距不超过 20m,保证纵向接缝为热接缝。改性沥青 SMA 混合料宜使用履带式摊铺机铺筑。

②摊铺机开始铺筑前应将熨平板预热至 100℃以上,铺筑过程中应开动熨平板的振动或捶击等夯实装置。

③SMA 混合料的摊铺速度应调整到与供料速度平衡,必须缓慢、均匀、连续不间断地摊铺。摊铺过程中不得随意变换速度或中途停顿。当供料不足时,宜采用运料车集中等候、集中摊铺的方式,尽量减少摊铺机的停顿次数。此时摊铺机每次均应将剩余的混合料铺完,做好临时接头。如等料时间过长,混合料温度降低,表面结硬成硬壳,影响继续摊铺时,必须将硬壳去除。

④SMA 混合料在运输、等候及铺筑过程中,应注意观察,如发现有沥青析漏情况,应停止卸料,分析原因,采取降低施工温度、减少沥青用量或增加纤维用量等措施。

⑤不得在雨天或下层湿潮情况下铺筑 SMA 路面。

⑥SMA 表面层铺筑宜采用平衡梁自动找平方式,平衡梁的橡胶轮应适当涂刷废弃机油等防黏结材料,在每次铺筑结束后必须清理干净。

SMA 罩面压实施工要点如下:

①SMA 施工必须有足够数量的压路机,压路机的最少数量根据与铺筑速度匹配的原则,由压路机的碾压宽度、碾压速度、要求的碾压遍数计算配置。铺筑双车道高速公路沥青路面时,用于初压、复压和终压的各种压路机数量不得少于 4 台。

②混合料摊铺后,必须紧接着在尽可能高的温度状态下开始碾压,不得等候。除必要的加水等短暂歇息外,压路机在各阶段的碾压过程中应连续不间断地进行。不得在低温状态下反复碾压 SMA,以防止磨掉石料棱角或压碎石料,破坏集料

嵌挤。

③SMA 路面的初压宜采用刚性碾静压。每次碾压应直至摊铺机跟前，初压区的长度通过计算确定，以便与摊铺机的速度匹配，一般不宜大于 20m。高速公路宜采用 2 台压路机同时进行，初压遍数一般为 1 遍，以保证尽快进入复压。摊铺机的摊铺宽度越宽，摊铺机自身的碾压效果越差，初压的要求也越高。

④SMA 路面的复压应紧跟在初压后进行。如果经试验证明直接使用振动压路机初碾不造成推拥，也可直接用振动压路机初压。如发现初压有明显推拥，应检查混合料的矿料级配及油石比是否合适。压路机的吨位以不压碎集料、能达到压实度为度。复压宜采用重型振动压路机进行，碾压遍数不少于 3 遍；也可用刚性碾静压，复压遍数不少于 6 遍。

⑤终压采用刚性碾，紧接在复压后进行，以消除轮迹，终压遍数通常为 1 遍。若复压后已无明显轮迹或终压看不出明显效果，可不再终压。即允许采用振动压路机同时进行初压、复压、终压。

⑥通常情况下 SMA 不宜采用轮胎式压路机碾压，以防搓揉过度造成沥青玛碲脂挤到表面而达不到压实效果。在极易造成车辙变形的路段等特殊情况下，由于减少沥青用量必须使用轮胎式压路机时，必须通过试验论证，确定压实工艺，但不得发生沥青玛碲脂上浮或挤出等现象。

⑦振动压路机碾压 SMA 应遵循“紧跟、慢压、高频、低幅”的原则。即压路机必须紧跟在摊铺机后面碾压，碾压均匀、速度慢，并采取高频率、低振幅的方式碾压。

⑧SMA 路面应防止过度碾压，在压实度达到 98%以上或者现场取样的空隙率不大于 6%后，宜终止碾压。如碾压过程中发现有沥青玛碲脂部分上浮或石料压碎、棱角明显磨损等过碾压的现象时，应停止碾压，并分析原因。

⑨为了防止混合料粘在轮子上，应适当洒水使轮子保持湿润，水中可掺加少量清洗剂。应严格控制水量，以不粘轮为度，且喷水必须是雾状的，不得采用自流洒水的压路机。

⑩压路机碾压过程中不得在当天铺筑的路面上长时间停留或过夜。

接缝处理要点如下：

①SMA 混合料的铺筑应避免产生纵向冷裂缝，横向施工缝应采用平接缝。平接缝切缝应在混合料尚未完全冷却结硬之前进行，切缝后必须用水冲洗干净，待干燥后涂刷黏层油，方可铺筑新混合料。

②应特别注意横向接缝处的平整度，刨除端部或切缝的位置应通过 3m 直尺测量确定。

6.3.7 稀浆封层处理

稀浆封层可采用普通乳化沥青或改性乳化沥青,其品种和质量应符合现行《公路沥青路面施工技术规范》(JTG F40)的规定。

稀浆封层应选择坚硬、粗糙、耐磨、洁净的集料。各项性能应符合现行《公路沥青路面施工技术规范》(JTG F40)的规定。当用于抗滑表层时,还应符合现行《公路沥青路面施工技术规范》(JTG F40)中有关磨光值的要求。细集料宜采用碱性石料生产的机制砂或洁净的石屑。对集料中的超粒径颗粒必须筛除。

根据铺筑厚度、处治目的、公路等级等条件,按照现行《公路沥青路面施工技术规范》(JTG F40)相关规定选用合适的矿料级配。

稀浆封层混合料中乳化沥青及改性乳化沥青用量应通过配合比设计确定。

稀浆封层混合料的配合比设计按下列步骤进行:

①根据选择的级配类型,按现行《公路沥青路面施工技术规范》(JTG F40)的规定,确定矿料的级配范围。计算各种集料的配合比例,使合成级配在要求的级配范围内。

②根据经验初选乳化沥青、填料、水和外加剂用量,进行拌和试验和黏聚力试验。拌和试验温度应考虑最高施工温度,黏聚力试验的温度应考虑施工中可能遇到的最低温度。

③根据上述试验结果和稀浆混合料的外观状态,选择1~3个认为合理的混合料配方,按相关规定测试稀浆混合料的性能。如不符合要求,适当调整各种材料的配合比例再试验,直至符合要求为止。

④当设计人员经验不足时,可将初选的1~3个混合料配方分别变化不同的沥青用量(沥青用量一般在6.0%~8.5%)重复试验,得出沥青用量的可选择范围。

⑤根据经验在沥青用量的可选范围内选择适宜的沥青用量。

⑥根据经验及配合比设计试验结果,在充分考虑气候及交通特点的基础上综合确定混合料配方。

施工工序如下:

①准备工作包括:对原路面进行路况调查及修补,通过弯沉检测确保处理路段强度符合要求。对原路面的油包,深度大于2cm的车辙、坑槽,宽度大于2mm的裂缝应做预处理;检修与调试专用机械,对稀浆封层机的计量、行走、拌和、摊铺、清洗系统应进行预调试或标定;选定材料、机具临时停放场地。

②原路面清扫:采用清扫车或空压机或洒水车清除原路面的泥土、杂物。

③划导向线:按设定的稀浆封层铺筑宽度,先用石灰水画出稀浆封层机导向

标线。

④交通管制:设置施工和交通安全标志,配备交管人员,确保稀浆封层施工安全。

⑤摊铺:应按设计厚度调整整平器高度和封层机的行驶速度,严格按标线控制封层机行驶方向,防止纵向接缝出现搭接或漏铺现象。必要时,接缝处可辅以人工修补。

⑥碾压:为缩短封闭交通时间,混合料达到初凝时,可用轮胎式压路机碾压 2~3 遍。

⑦养生:稀浆封层混合料摊铺后凝固期间(约 1h),不应有车辆、行人通行。

⑧开放交通:稀浆封层凝结成型后即可开放交通。

⑨检查验收:完工后的稀浆封层应按有关规定进行竣工外形检查。封层表面的平整度、透水系数、摩擦系数(构造深度)应以通车 3 个月后的检测结果为准。

施工中注意事项如下:

①严格材料材质、规格、级配等,不合格材料不准进场。

②稀浆封层施工前应进行试验段试铺,达到质量要求并经驻地工程师认定后方可进行施工。

③刮痕处理。应去除由过大集料引起的刮痕。

④接头处理。在纵向或横向接头处不允许有过高的突起。为了使纵向接头减少到最少,纵向接头应尽量放在车道线上。半幅或奇幅施工应尽量减少。若必须采用奇幅施工,则不应作为最后的施工程序。纵向接头放在车道线上时,其重叠量最大为 76.2mm。同时,用 3m 直尺在接头处测量高差时,其值不超过 6mm。

⑤混合料摊铺。摊铺速度要均匀,供料要及时。已摊铺的混合料不应有过量水分和沥青结合料,也不应发生沥青结合料和细集料、粗集料分离的现象。施工时,不允许将水直接喷入摊铺箱中。

⑥边角施工。对于角落稀浆封层摊铺机不能到位的地方,要用人工刮板封层。有时需要在手工作业的区域预先喷洒一点水。压路机压不到的地方,人工夯实,但表面要平整。

⑦一般施工温度不低于 10℃。如果道路温度或气温都在 10℃以下并继续下降,则不允许施工;如果道路温度和气温都在 7℃以上并继续上升,则可以施工。若施工后 24h 内有可能产生冻结,则不允许施工。

⑧对于深度不足 12.7mm 的不规则车辙或浅车辙,只需按要求一次全宽度刮平摊铺。深于 12.7mm 的车辙须用专门的车辙箱填平,这种车辙箱宽度为 1.52m 或 1.81m。深于 39mm 的车辙需用车辙箱多次摊铺并恢复到原来截面。

⑨封层摊铺结束后、尚未达到通车所需的黏聚力之前,如果突然降雨冲刷封层表面,应在雨后立即进行检查。如有局部轻度损坏,待路面干硬后人工修补;如果普遍损坏,应在路面强度较低的情况下,将全部雨前摊铺封层铲除,重新摊铺。

⑩铺筑稀浆封层后要封闭交通,禁止一切车辆和人员进入防护区。混合料由褐色转变成黑色、固化成型后方可开放交通。

本章参考文献

[1] 交通运输部.公路沥青路面施工技术规范:JTG F40—2004[S].北京:人民交通出版社,2004.

[2] 潘烨,周琦人.公路路面应力吸收层的施工技术[J].黑龙江交通科技,2019,42(11):256-257.

[3] 范恒宇.公路路面应力吸收层施工技术[J].交通世界,2019(30):26-27.

[4] 袁玉卿,郭涛,周鑫,等.旧水泥路面沥青加铺层层间压应力分析[J].河南大学学报(自然科学版),2013,43(03):333-338.

[5] 王芳,王选仓,刘凯.旧水泥板加铺沥青层设计方法研究[J].合肥工业大学学报(自然科学版),2010,33(04):548-553.

[6] 刘建兰,王朝辉,王选仓.旧沥青路面加铺层结构层间工作状态研究[J].郑州大学学报(工学版),2009,30(03):90-93.

[7] 赵晓晴,王选仓,侯荣国.长寿命路面应力吸收层有限元分析[J].中外公路,2009,29(01):64-68.

[8] 杜恒.橡胶改性沥青加铺应力吸收层技术研究[J].交通世界,2020(31):57-58.

[9] 布穷.半刚性基层沥青路面抗裂土工布应力吸收层施工[J].筑路机械与施工机械化,2019,36(10):72-76.

[10] 阳经培.基于高性能SBS改性乳化沥青冷再生应力吸收层的研究[D].广州:华南理工大学,2018.

[11] 饶剑,谢鋆.公路路面应力吸收层施工技术探讨[J].交通世界,2017(32):35-36.

[12] 蒋姗,刘军.公路路面应力吸收层的施工技术研究[J].交通世界,2017(22):62-63.